U0176590

新科技通识课

陈安　陈宁　陈垟羊 等◎编著

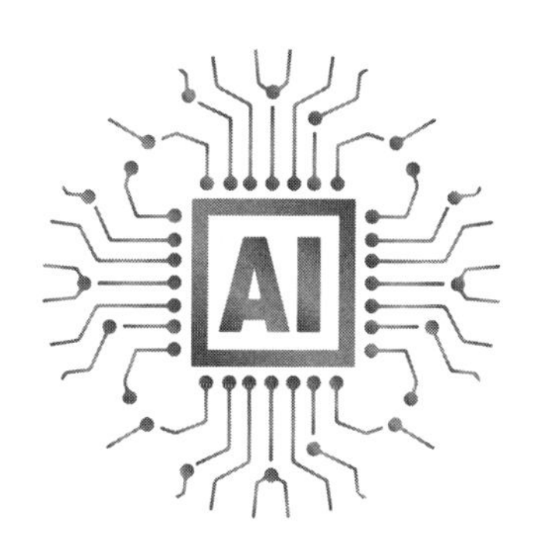

中央编译出版社
CCTP
Central Compilation & Translation Press

图书在版编目 (CIP) 数据

新科技通识课 / 陈安等编著 . — 北京 : 中央编译出版社 , 2024.5

ISBN 978-7-5117-4709-9

Ⅰ . ①新… Ⅱ . ①陈… Ⅲ . ①科学技术—发展—研究—世界 Ⅳ . ① N11

中国国家版本馆 CIP 数据核字（2024）第 062795 号

新科技通识课

出版统筹 潘 鹏
责任编辑 李媛媛 彭永强
责任印制 李 颖
出版发行 中央编译出版社
地 址 北京市海淀区北四环西路 69 号（100080）
电 话 （010）55627391（总编室） （010）55627116（编辑室）
（010）55627320（发行部） （010）55627377（新技术部）
经 销 全国新华书店
印 刷 北京文昌阁彩色印刷有限责任公司
开 本 710 毫米 ×1000 毫米 1/16
字 数 445 千字
印 张 31
版 次 2024 年 5 月第 1 版
印 次 2024 年 5 月第 1 次印刷
定 价 88.00 元

新浪微博：@ 中央编译出版社 **微 信：**中央编译出版社（ID：cctphome）
淘宝店铺：中央编译出版社直销店（http://shop108367160.taobao.com）（010）55627331

本社常年法律顾问：北京市吴栾赵阎律师事务所律师 闫军 梁勤

序

科学技术是时代发展的最强动力

人类自从在地球上出现以来，经历了数万年的时间，才发展到了今天，中间比较值得一书的包括直立行走、火的使用、工具的制造等，而制造石器工具的漫长岁月又可以细分为旧石器时代和新石器时代，这些在今天看来是很一般的，但是当时应该算是人区别于一般动物的重要能力了。如果我们一定要定义科学与技术，那么认识到适合于手的工具的价值和制造过程，就都可以说是古早科技了。

有文字记载的人类历史只有五六千年的时间。也就是说，人类不但可以进行生产，还可以将生产以文字的形式记载下来，有了符号就可以在人之间进行低成本的传递，用文字而非仅仅是语言作为沟通介质，这一下子就超越了一般动物，所以，当时的文字也是科技的一种原初表现形式。

后来就有了青铜器和铁器的加工使用，即便从今天来看，大规模青铜器的生产技术依然是属于冶炼技术的一个方面，除了如后母戊大方鼎这样的祭祀用途，金属冶炼因其包含了门槛极高的技术内容而成为一个划时代的事件。

接下来，几乎所有地区的人类生存依然相当不易。但是，相比之下，亚洲大陆的人类似乎更好地掌握了科学技术的路数，几大文明古国以至后来欧洲的希腊文明都成为人类发展的曙光，某种意义上领先了美洲、非洲和大洋洲。其间，能够发展的原因更多在于交流的便利，这当然有赖于文字以及地理的陆上可达性。此时，行走或者基于马、驴、骡、骆驼这类可以用作运输工具的动物就成为进一步发展和进化的重要手段，《枪炮、病菌与钢铁》解释说亚洲大陆恰好拥有了比较容易被驯化的动物，而美洲、非洲的动物相对较难被驯化，一下子成为人类发展的障碍。从这里看，运输工具大约是此时最为关键的要素。我们也或可这样认为：大型动物被驯化的技术成为几大洲之间差异化发展的要素。

随后改变整个世界的实际上是水上的航运工具，甚至有说法认为黑死病就是船运带来的，而当时的威尼斯也成为整个欧洲著名的城邦。文艺复兴更是把对科学和技术的重视提升到了更为重要的位置，“文艺复兴”这个词原本就是“复兴”，后来因为文艺的表现更为亮眼，而科学和技术总是默默地作着贡献，很难展现出有形的样子，才在中文的说法“复兴”前加了“文艺”。实际上，当时最火的代表人物达·芬奇就同时是科学家和工程师，而不仅仅是一个画家。

从葡萄牙和西班牙开始的大国崛起也是因为有了更为有力的航运工具，随后的荷兰、德国、英国、法国、俄罗斯的崛起都有赖于更强的科学与技术。拿破仑说让学者和驴子走在中间，虽有戏谑之意，也还是表达了对于掌握了一定技艺的学者的重视。拿破仑本人也愿意侧身于法兰西科学院院士的行列里面。

英国的工业革命是技术开始部分地替代人的一个最早的规模化尝试，所以英国抢过了“日不落帝国”的名头，取代了之前的荷兰。科学技术决定论也从此走上了世界的大舞台，随后这些技术上强起来的国家开始抢掠其他国家，包括曾经在农业社会中因其规模而属于老大帝国的清朝。

接下来就是坚船利炮的时代，技术的威力在水上运载工具所承载的武器上展露得格外充分，而那些技术上不如人的国家也开始意识到这个问题，准备“师夷长技”，准备“中体西用”了。这是技术的胜利，也是促使技术得以突现和发展的管理制度之胜利。

新中国成立后，在苏联的支援下，我国的重工业突飞猛进。慢慢地，我们也可以开始生产汽车、轮船、飞机。轻工业技术能力也在不断提升，我们甚至有了支援其他国家的能力。“两弹一星”更是展示了中国的科学研究和技术开发的实力。从这个意义上说，中国人才算真的站立起来，不再受其他国家的核讹诈。到了今天，核能的和平利用也是弥补中国能源生产的重要技术手段。没有这些技术，我们很难称自己为一个大国。

在当今快速发展的科技时代，人工智能技术正以前所未有的速度和规模改变着我们的生活、工作和社会。正如在二三十年前，人们无法想象足不出户就可以买到几乎所有的生活必需品一样，在ChatGPT出现之前，人们也未曾想到计算机可以模拟人类对话，并为每一个交流对象提供个性化的反馈建议和量身定制的问题解决方案。从智能助手到自动驾驶汽车，从语言翻译到医疗诊断，以ChatGPT为典型代表的人工智能已经深刻地渗透到我们的日常生活中，改变了人们与技术之间的互动方式。过去，人们使用电子邮件、社交媒体或在线聊天来沟通，但ChatGPT的出现允许人们通过文本信息与一个虚拟的智能实体进行自然交流，人们开始更多地与ChatGPT互动来寻求建议、获取信息，甚至寻找情感支持。

2024年，OpenAI推出的文生视频大模型Sora引爆全网，成为继ChatGPT之后的又一款现象级产品。Sora能够通过深入理解文本中的情感、场景、角色等语义信息，生成高质量、高清晰度的视频内容，并根据文本描述自动匹配适合的镜头、角度与特效。Sora为广告、宣传、娱乐等领域提供了广泛的应用场景，无需摄影机拍摄、没有真实演员的电影和电视剧即将成为现实。

之前，我们虽然重视技术，但是并不重视科学研究，甚至一度作为中国科学研究重镇的中国科学院是否应该继续存在下去都是一个问题。在国民经济若干大的门类里面，科、教、文、卫、体这五个部门曾作为比较弱势的组成机构，其地位距离不可或缺甚远。

我们看到了科学与技术的力量，国家对它的重视程度与日俱增。我们的领导人出访其他国家常会给高铁代言，而中国的高铁事实上也在非洲、东南亚等地区成为抢手货。

我们的航天也有了巨大进步，中国的空间站在太空已经漂泊了若干年，中国的宇航员在太空最长的也待了半年多的时间。而其他国家有的已经放弃了空间站，有的勉强运转，相比之下，我们在这方面的技术已经达到了先进国家的行列。

入地的手段、下海的能力都以技术为先导逐渐展现出来，中国在各个领域的技术都让某些国家有了被追赶的危机感，有些技术在国际上有了一定的领先，也因此引起了之前技术先进国家的不快，甚至带来了对方主动构建的技术壁垒和制度防备。各地纷纷以科学技术为发展的着眼点，希望通过科技创新带动经济发展，而不仅仅是靠投资和房地产拉动。

但是，哪些科学技术是一个地方主政者需要关注的？了解这一点并不容易，因为科学技术发展到今天，门类众多，数理化天地生之外还有信息材料等，而更多新兴或交叉领域的科技也如笋萌芽，一天一个样。判断本地区应该发展怎样的科学技术，需要对整个的前沿技术有了解。

这就是撰写本书要达成的目标，使阅读者获得对于整个新兴科技的概念性认知，在阅读内文时能够对每一类技术产生稍微详细的了解。

我们将科学技术分成了六大类：（一）上天—下海—入地，介绍我国陆、海、空领域科技的迅猛发展和资源的开发与利用；（二）信息技术主要介绍了从人工智能（AI）、区块链（BlockChain）、云计算、大数据、边缘计算到防火墙与信息安全的主要内容，基本涵盖了近十几年来的热点发展；（三）生物技术与健康产业，是能够解决人类吃饱穿暖以及寿命延长这类问题的最关键的技术；（四）能源、材料与制造新技术的发展也是日新月异，在整个地球未来的发展困境前提下准备寻找一条可行的道路；（五）环境保护与风险治理则关注气候变化和环境污染，化工产业和海绵城市建设等诸多问题，都是人类必须面临的难题；（六）关注高技术的落地和产业化问题，最终建设一个人类乐居的智慧城市。

因为涉及的科学技术门类太多，所以本书的作者众多，包括陈宁博士、牟笛博士、李季梅副研究员、陈垟羊博士，以及博士生冯佳昊、刘国佳、李玟玟、张首昊、丁上于，硕士生许静斯、刘梦洁、陈雅楠、李泽齐、黄卓逸、张若晨等，他们分别参与了书中不同内容的资料搜集和撰写。本书也特别邀请了多位数据库、网络、优化等方面的知名学者担任技术顾问，如中国科学院数学与系统科学研究院的周龙骧先生、陆维明研究员，山东大学的刘家壮教授、戎晓霞教授，中国科学院科技战略咨询研究院的王小梅和姬强研究员、莫建雷副研究员，以及中国科学院软件研究所的金蓓弘和范国闯研究员等，特此感谢他们的鼎力相助。

陈　安

2023 年 11 月 20 日

目录

第一章
上天—下海—入地

中国人自古就对宇宙有着极大的兴趣，《千字文》的开头就在说“天地玄黄，宇宙洪荒”。各种上古传说也昭示着当时的人类虽然能力有限，但探究天地奥秘的欲望和努力却并不弱于今人，其中又颇有一些人类想要改变世界的奇思妙想。

到了今天，我们拥有了上天入地的能力，包括资源、技术、设备、设施，都可以支撑我国的科学家去更深更远更透彻地探秘宇宙，使“上九天揽月，下五洋捉鳖”的梦想变成现实。

本章将从上天、下海、入地三个方面对我国的科技发展进行阐释。

第一节　观天：FAST

观天巨目，国之重器；
攻坚克难，千钧之力；
筑器之人，国之脊梁。

在中关村中国科学院的科学文化广场北侧树立着一个人的铜像，他生前为人低调朴素，但功绩却真正可以称作“名满天下”，这就是天文学家南仁东。他是我国 500 米口径球面射电望远镜（Five-hundred-meter Aperture Spherical radio Telescope，FAST）工程首席科学家兼总工程师。2017 年 9 月 15 日去世后，国家专门授予他“人民科学家”国家荣誉称号，获得这个称号的人不多，和“人民艺术家”一样，十分光荣。

从 1984 年开始，南仁东就利用各种机会进行天文观测和研究，如运用国际甚长基线干涉测量（Very Long Baseline Interferometry，VLBI）网研究活动星系核，先后在荷兰德云格勒天文台，以及加拿大、美国、英国、意大利及日本等国家的天文机构进行客座研究，成功实现了基于欧洲及全球网的十几次观察实验。1993年，国际无线电科学联盟大会在日本召开，大家提出建造新型射电望远镜的倡议，以获取更多外太空的信息。从那时起，南仁东就决定回国搞这方面的研究，随后一头扎进国内的射电望远镜科研中。从1994年“天眼”概念的提出到2016年9月25日“天眼”项目的完成，南仁东带领团队用了22年的时间建成了具有中国自主知识产权、世界第一大单口径球面射电望远镜，解决了我国射电天文研究方面的需求，他为我国在射电天文方面的国际交流与合作贡献了毕生心血。

一、观天·探梦

平塘县，地处黔南，地貌复杂，形态各异，这里的自然景观十分优美。

克度镇，是贵州省黔南布依族苗族自治州平塘县的一个宁静的小镇，地形以山地为主，间有盆地、丘陵、台地，平均海拔845米，峰峦叠嶂，山水连绵。小镇如一位远离尘世喧嚣的仙子般安静而美好。如今这里有了一个新的名字——“天眼小镇”，这里的地势恰好构成一个小盆地，所以，“中国天眼”选址时经历了多轮循证考察，最终落户这里。

从天眼小镇到达天眼有十几千米的山路，需要坐摆渡大巴，之后要实际看到天眼，还要走上700多级台阶到山顶的三层观景台，在不同层级通过不同的角度可以观看世界最大的单口径射电望远镜的全貌。

从1994年起，南仁东团队着手选址工作。通过对球面体望远镜的研究，结合我国的地理情况，他们认为要想建成500米级别的超大型口径望远镜，就应该选用喀斯特洼地作为望远镜的台址。选址的艰辛难以形容。为了给这个“大家伙”选一个合适的台址，团队在云贵地区的深山老林中跋山涉水，借助卫星遥感技术，又实地勘察了1000多个洼地，并对这些洼地进行全方位多角度的评比。单单为“天眼”选一个合适的台址，就耗尽了 12 个春秋[①]。在选址过程中，为获取最直接最准确的信息，方便下一步的对比筛选工作，贵州的深山老林里不时出现拿两根竹竿当拐杖，在没有道路的区域翻山越岭的一道道身影。无论是悬崖峭壁还是峻峭险峰，科研专家都坚持亲自勘察，把自己的安危置于勘察之后。承载着这种献身科研的探索精神，FAST 的观天之梦一点点地落地扎根。

二、观天 · 逐梦

为了拥有射电望远镜，我国几十年来一直在努力，但是射电望远镜口径却始终停留在 20 多米，直到 2016 年 9 月 25 日才最终建成世界最大的 500 米口径球面射电望远镜（表 1），其间中国科学家的矢志不渝再次创造了天文学上的奇迹，为众多科学发现提供了前所未有的机遇。

表 1　FAST 的主要技术指标

名称	设计指标
主动反射面	半径约 300m，口径约 500m，球冠张角约 120°
有效照明口径	大约 300m
焦比	约为 0.46
天空覆盖	最大天顶角 40° ，实现观测跟踪 4—6h
观测频率	70MHz—3GHz
灵敏度（L 波段）	系统噪声温度大约 20K；望远镜有效面积与系统噪声温度之比大约 2000m²/K
偏振	全偏振（双圆或双线偏振），极化隔离度优于 30dB
分辨率（L 波段）	2.9′
多波束（L 波段）	19 个波束
观测换源时间	<10min
馈源指向精度	8′′

表格出处：严俊、张海燕：《500 米口径球面射电望远镜（FAST）主要应用目标概述》，《深空探测学报》，2020 年第 2 期。

① 参见侯新杰、王超：《南仁东：打造“中国天眼”的天文学家》，《物理教学》2019 年第 7 期。

FAST 基于以上设定的主要技术指标，展开了 6 项主要建设内容。

（1）场地测试和开挖：仔细检查工程地质和水文地质条件，开挖和清理洼地，满足望远镜的施工要求。

（2）主动反射器：构建由数万根缆线和数千个反射器单元组成的球形的索膜结构，反射器直径为 500 米，球面角为 110 度至 120 度，抛物线变形的均方误差在 5 毫米以内。

（3）馈源支撑系统：搭建长度为 1000 米的钢缆支撑结构，并在进给舱内安装平行机器人进行二次调整，最终将定位精度调整到 10 毫米。

（4）测量与控制：建立洼地测量网和站点，以及激光全站仪和近距离测量系统，100 米内的测量精度为 2 毫米，采用现场总线技术，实现 1000 点自动控制。

（5）接收器和终端：开发多波束馈线、高质量接收机，频率覆盖范围为 70MHz 至 3GHz，包括馈线、低噪声冷却放大器、宽带中频数字传输系统、高稳定性时钟和高精度频率标准设备，以及多用途数字天文终端。

（6）观测基地建设：建设望远镜观测室、终端设备室、数据处理中心、各类关键技术实验室、办公楼、综合服务楼等。

FAST 项目从最初期的设计到最后的制造安装，在技术上有三项创新。

第一，找到体积、形状、工程、水文和地质都适合作望远镜的台址的喀斯特洼坑，新的设计理念和独特的场地优势，使 FAST 突破射电望远镜 100 米的限制，开创了建造巨型射电望远镜的新模式。它是世界上最大的单口径球面射电望远镜，是中国综合国力的完美体现。第二，建成 500 米口径的主动反射面球冠，通过主动控制在观测方向形成 300 米口径瞬时抛物面，将电磁波汇聚在焦点上，实现宽频带观测。建设团队巧妙利用贵州喀斯特漏斗洼地的独特自然地形条件，在低洼地带铺设了 4450 块反射单元的 500 米球冠状主动反射面，远看像一个大锅，球冠状反射器在无线电功率方向形成直径 300 米的瞬时抛物面，使望远镜的功能与传统抛物面天线一样处于聚焦状态，并采用轻缆拖动机构和平行机器人实现接收器的高精度定位。第三，500 米空降尺度，研制了 500 兆帕超高应力幅及毫米级精度的结构钢索，发明了多种大跨度、高精度施工法，突破了现场极其苛刻的复杂场地限制，实现了建设完成跨度极大、精度极高的望远镜主体结构，是建筑工程史上一大创举。通过 6 根钢索解决焦点处的接收机与反射面之间的连接问题，同时又借助精调机器人来抵消由于钢索的震动而造成的误差，从而实现了高精度的指向跟踪。

FAST 的接收面积近 30 个足球场，主反射面面积为 25 万平方米，由近 46 万个三角形单元组成。它的环形梁由 50 根高 6 米至 50 米高低不等的钢柱支撑在半空中，周长约为 1.6 千米，绕行一圈大约需要 40 分钟。与号称“地面最大机器”的德国波恩 100 米望远镜相比，FAST 的灵敏度提高约 10 倍；与被评为“人类 20 世纪十大工程”之首的美国阿雷西博（Arecibo）300 米望远镜相比，FAST 的综合性能提高约 10 倍。

作为世界最大的单口径望远镜，FAST 将在未来至少 20 年到 30 年保持世界一流设备的地位。它的工作原理就像一个卫星电视接收器。简单地说，天线感应电磁波并将其转换为电压信号，从电压信号中获得功率，功率值是记录的信息。收音机、广播电视和卫星电视也是类似的原理，只不过比射电望远镜多了解调的步骤。

“中国天眼”是一个多学科基础研究平台，可以完成宇宙多个参数的跟踪。

巡视宇宙中的中性氢。中性原子氢是星际介质的主要成分，当中性氢原子中的电子和质子发生跃迁时，就会产生超精细结构跃迁谱线，从而示踪星系结构、运动和动力学演化途径，勾勒银河系旋臂走向。

搜索脉冲星。脉冲星诞生于大质量恒星耗尽其燃料后的超新星爆发。一般认为，质量为 8-25 个太阳质量的恒星，在其演化末期超新星爆发后将形成脉冲星，脉冲星的密度比原子核还要高，是验证强引力场、强磁场、高密度等极端物理环境下物理规律的“天然实验室”。银河系中有大量脉冲星，但是由于其信号暗弱，易被人为电磁干扰淹没，目前只观测到少部分，具有极高灵敏度的 FAST 望远镜是发现脉冲星的理想设备。FAST首次发现每秒自转上百次的特殊中子星——毫秒脉冲星，有望促进对中子星演化、奇异物质状态的理解。

对于FAST射电望远镜这个标志着我国在前沿科学领域获得重大原创突破的科技成果，有许多通识性问题围绕其展开。本着科普科技知识的初衷，本书整理了其中较为关键的10个问题，以帮助人们更轻松地理解FAST的工作原理、更深入地思考FAST的科技创新点、更发散性地展望FAST在各领域的应用价值。

（一）FAST能望多远

射电望远镜的主要工作原理是接收更大天区、更微弱的无线电信号，而非发射信号。FAST可以接收到100亿光年外的星际信号，类似于收集卫星信号的天线，通过反射将信号从几平方米聚焦到几千平方米。而FAST则是世界上最复杂的太空望远镜。由于来自空间物体的无线电信号非常微弱，所以需要更大的望远镜来“读取”来自更远和更暗的宇宙射电束的信息。

（二）FAST有哪些独到之处

突破了射电望远镜的100米限制，为建造巨型射电望远镜创造了新的模式。

4450块反射单元被铺设在坑内，形成一个500米的球冠状主动反射器，在射电源方向形成一个300米的瞬时抛物面，使望远镜的接收功能与传统抛物面天线一样集中。同时，采用轻质电缆拖动机构和平行机器人来实现接收器的高精度定位。由于自重和风引起的变形的限制，传统的全动式望远镜的最大孔径只能达到100米，而我国这个直径500米的“大锅”还是口“变形锅”，其索网结构可以随着天体的运动而自动变化，带动4450块反射单元的活动产生变化，足以观测任何方向的天体，同时，馈电舱也随着索网运动，收集反馈信息。

（三）FAST 能否看到外星人

如果它存在，就可以被探测到。FAST 的灵敏度非常高，能接收到远方世界发过来的极其微弱的信号，有助于揭开宇宙起源和演化之谜，甚至发现外星人、地外文明（如果存在的话）。有学者认为，FAST 可以探测宇宙中的遥远信号，包括电磁波、微波、激光、宇宙中的各种气体、有机物、星际物质、恒星等的辐射信息。它将对脉冲星、类星体等各种暗弱辐射源进行更精确的观测，并进一步探索其物质结构和产生机制。

（四）FAST 可以被看作是 Arecibo 的替代品吗

2020 年底，当位于波多黎各的直径为 305 米的 Arecibo 望远镜被飓风损坏，无法继续使用进而将被拆除时，射电天文学遭受了打击。好在建造于中国西南部的这个更大的望远镜——FAST 出现了，它可以超越 Arecibo。

（五）FAST 与 Arecibo 相比有何异同点

两个天文台都建在天然碗状凹地，都跟随地球的旋转来改变视角的方向。悬挂在每台望远镜的宽盘上的探测器，在一个被称为机舱的结构中，可以被移动，以便每次跟踪一个物体几个小时。FAST 在观测时，整个探测器舱都可以移动，碟子本身由大约 4400 块独立的铝板组成，移动灵活，可以指向天空的不同区域。FAST 的收集面积大约是 Arecibo 射电望远镜的两倍，FAST 的灵敏度约为 Arecibo 射电望远镜的 2.5 倍。事实上，Arecibo 射电望远镜的工作波长为 3 厘米至 1 米，而 FAST 能够观察到 10 厘米到 4.3 米的波长。

（六）FAST 究竟能够带来怎样的潜在科学成果

FAST 的接收区大大增加了观测对象的数量，可以为科学家提供更多更好的观测统计样本，更可靠地验证现代物理学和天文学的理论和模型。这些研究将涵盖广泛的天文学内容，从宇宙最初的混沌、暗物质和大规模结构、星系和星系的演化、类星体，到太阳系的行星，以及附近的太空事件。我们目前甚至很难预测它能够带来的所有潜在科学成果。

（七）FAST 项目能推进当前国家哪些重点科研项目的攻关

FAST 可以将中国的深空探测能力从月球延伸到外太阳系，并将深空通信的下行数据率提高几十倍。脉冲星信号到达时间的测量精度将从目前的 120ns 提高到 30ns，是世界上最精确的脉冲星计时阵列，能够为自主导航提供脉冲星时钟。它还可以进行高分辨率微波测量，用于诊断和识别分辨率为 1Hz 的空间信号，是一种面向全国的非相干散射雷达接收系统。

（八）银河系外的脉冲星可以被观测到吗

观测脉冲星，发现和探测脉冲星与快速射电暴，进行稀有品种射电瞬变源的巡天，探测引力波等，以研究极端状态下的物质结构和物理规律[①]，这一系列的天文研究不仅局限于银河系本地的脉冲星，也包括其他星系的。

银河系外的脉冲星以前是不可能被观测到的，因为它们从遥远地方发出的信号对其他望远镜来说太微弱了。自 FAST 投入运行以来，它所发现的脉冲星总数已经超过了 740 颗。而在此之前，系外行星还没有在射电波段被准确探测到。即使 FAST 的大尺寸也不会提供足够的分辨率来确定像行星这样小的东西，但这可以通过在一个阵列中增加 36 个 5 米口径的小盘子来实现，使得分辨率提高 100 倍。

（九）FAST 是否对外开放参观

自 FAST 运行以来国内科学家累计申请观测时间为 15000 小时，实际获批时间将近 2000 小时。2021 年 1 月 6 日，国家宣布自同年 4 月起“中国天眼”将对全球开放。这展现了中国的高度自信和与世界融合的信心。国家天文台还会对应公开网站进行全英文化，并且逐步完成宣传

① 参见严俊、张海燕：《500 米口径球面射电望远镜（FAST）主要应用目标概述》，《深空探测学报》2020 年第 2 期。

及服务网站的全英文化。但是如果想访问观测则需要进行申请，因此，越来越多的天文数据和知识将会被科学和工程界共享。

（十）FAST 的建成对于其所在地贵州有何意义

FAST 对贵州本地的经济发展具有重要的推动作用。贵州地区 2020 年 GDP 仅处于第 20 位，且由于地理条件、历史遗留等问题，贵州的经济发展急需新动能。FAST 作为世界最大的射电望远镜，可以作为贵州省的一张名片，改善贵州省的国际形象和国际地位；FAST 的落成将形成壮美的科技、人文奇观，这将帮助贵州旅游市场加速走向国际化，带动贵州旅游文化发展；作为国家九大科技基础设施之一，贵州可以借 FAST 成为国际天文学术中心，吸收众多的先进教育资源，进而提高贵州整体教育素质，再对贵州天文研究进行人才反哺，从而形成良性循环。FAST 甚至可以助力贵州战略性大数据产业的发展。FAST 建成后将产生海量的天文数据，需要解决计算与存储、数据处理与分析、数据挖掘与统计、大数据信息安全、数据共享与交换等关键技术问题。[①]

三、观天 · 圆梦

星空浩瀚，苍穹广袤。

天文学是一门催生伟大原创性发现的前沿科学，是科技进步和创新的战略制高点。“中国天眼”的推出对于中国在科学前沿领域实现重大原创性突破、加快创新驱动发展具有重要意义。首先，FAST 包含了天文学意义上的诸多内容。往远了说，包括暗物质的演化、宇宙初始状态的推演、星系的形成等；往近了说，FAST 可以参与太阳系行星和地球临近空间的监测研究。由此可见，FAST 对中国天文学研究具有现有其他射电望远镜无法比拟的推动能力。FAST 不仅仅具有天文学意义，基

① 参见张立云、皮青峰：《500m 口径球面射电望远镜对贵州发展推动》，《中国新技术新产品》2016 年第 1 期。

于它的探测结果对于物理学、电子技术、并联机器人、天线技术、结构工程、动光缆技术、电磁兼容技术、高精度动态测量等其他领域也有许多帮助①。

（一）探索宇宙的起源及演化，研究宇宙大尺度物理学

除了形成恒星之外，星系中的一些氢气也会残留下来，以中性氢的形式存在，它可以辐射出21厘米的氢谱线，穿过宇宙尘埃、暗云和其他星际物质。FAST可以通过研究星际中性氢的分布、银河系和河外星系的结构来帮助人们解开宇宙大爆炸之谜。

根据天文学家的推算，宇宙由约70%的暗能量、25%的暗物质，以及只占5%的普通重子物质所组成。而重子物质则包含76%的氢和24%的氦，氢是宇宙中最丰富和最古老的元素，大约在宇宙大爆炸后20分钟形成。2020年FAST第一次明确探测到银河系外星系的中性氢发射线，为探索宇宙大尺度物理学及宇宙的起源和演化作出卓越贡献。

（二）研究极端的物质状态和物理规律

脉冲星（Pulsar）即旋转的中子星（neutron star），是20世纪60年代的天文四大发现之一。中子星是由恒星演化到末期经由引力塌缩发生超新星爆发后的一种归宿，另外的两种则是白矮星和黑洞，三者密度从低到高依次是白矮星、中子星、黑洞。脉冲星的自转速度非常快，最高可达到1000转每秒，表面温度约为110万摄氏度，有极强的磁场，这些条件在地球的实验室里都无法实现。拉塞尔·艾伦·赫尔斯对于脉冲双星的发现证明了广义相对论中引力辐射的存在，获得了1993年诺贝尔物理学奖。

FAST的高灵敏度和全覆盖性对发现脉冲星非常有益，特别是对弱脉冲星、脉冲双星、河外强脉冲星、非球状星团毫秒脉冲星、毫秒脉冲星、（双）脉冲星行星系统等。迄今为止FAST发现的超过740颗脉冲

---

① 参见严俊、张海燕：《500米口径球面射电望远镜（FAST）主要应用目标概述》，《深空探测学报》2020年第2期。

星已经超过世界上所有其他望远镜发现总数的好几倍。如果 FAST 能做 1 小时积分时间的巡视，则仅用一年就可以发现 4000 余颗未被探测的脉冲星[①]。在如此巨大的巡天样本中，也许可以找到新品种进而推动理论进步。比如说中子星—黑洞双星系统，可以为引力理论提供一个更好的测试。还可以发现更多具有子脉冲漂移和模式变化的脉冲星，有助于研究脉冲星的辐射物理学。

（三）寻找地外文明

FAST 的发明，有望帮助探索可能的星际通信，寻找地外理性生命。过去 50 年，越来越多的数据显示生命所必需的成分和条件在宇宙各个地方普遍存在，比如分子云中有大量糖、酸、亚胺等前生物分子，这些是大型复杂有机结构所必需的反应物存在的迹象。而搜寻地外文明计划（SETI）已经有很长的历史了，最早的是美国国家射电天文台（NRAO）的 Ozma 项目[②]。FAST 可以将恒星巡视目标扩大至少 5 倍。

（四）探索太空生命起源

FAST 能探测星际分子，促进对恒星形成与演化的理解，探寻宇宙生命的起源。它的设计工作带宽内包含羟基（−OH）、甲醇（CH_3OH）等 12 种分子谱线，可对超强红外星系、高红移星系、活动星系和类星体进行广泛搜寻。天文学家在红移为 0.6 处探测到了最亮的 OH 超脉泽，当时用了 Arecibo 望远镜。如果用 FAST，它可在 z−1 处被探测到。如果将望远镜指向猎户分子云，可期待发现新的与生命现象相关的含碳长链有机分子[③]。

---

① 参见南仁东、姜鹏：《500m 口径球面射电望远镜（FAST）》，《机械工程学报》2017 年第 17 期。

② 参见张志嵩、张海燕、朱岩等：《基于 FAST 望远镜的地外文明共时观测》，《深空探测学报》2020 年第 2 期。

③ 参见南仁东、姜鹏：《500m 口径球面射电望远镜（FAST）》，《机械工程学报》2017 年第 17 期。

（五）获得天体超精细结构

FAST 作为最大的单元参与国际低频甚长基线干涉测量网，能够有效提高基线灵敏度，开展高分辨率观测与研究，获得天体超精细结构，该望远镜还将成为干涉测量观测的一部分，它将与世界上的其他望远镜相连，如 VLBI 网络。有 FAST 参加的洲际 VLBI 网观测，基线检测灵敏度可提高 5 倍①。

大国重器 FAST 的建成，诠释了中国实力，打造了中国名片，承载着国人梦想，促进了人类对宇宙演化的理解。习近平总书记强调，全面建设社会主义现代化国家，必须坚持科技为先，发挥科技创新的关键和中坚作用。②广大科研人员在进行科技创新、科研攻关、科创兴国的过程中必定会遭遇重重阻碍和难题，但是当我们征服了一座座科学高峰后，必将为中国创造出更广阔的发展版图，也将为人类探索宇宙奥秘凝聚更多的中国智慧！

第二节　飞天：C919

2022 年 5 月 14 日 6 时 52 分，编号为 B-001J 的 C919 大飞机从上海浦东机场第 4 跑道起飞，于 9 时 54 分安全降落，标志着中国商用飞机有限责任公司（以下简称中国商飞）即将交付首家用户的首架 C919 大飞机首次飞行试验圆满完成。在这 3 小时 2 分钟的飞行中，试飞员与试飞工程师协调配合，完成了预定的各项任务，飞机状态及性能良好。自 2019 年起，6 架 C919 在上海、阎良、东营、南昌等地进行飞行试验，开展了一系列地面试验和飞行试验。2020 年 11 月，C919 获型号检查核准书（TIA），全面进入局方审定试飞阶段。2021 年 3 月 1 日，东航与中国商飞在上海签署 C919 采购合同。首批 5 架 C919 引进后，将以上

---

① 参见南仁东、姜鹏：《500m 口径球面射电望远镜（FAST）》，《机械工程学报》2017 年第 17 期。

② 《习近平春节前夕赴贵州看望慰问各族干部群众 向全国各族人民致以美好的新春祝福 祝各族人民幸福吉祥祝伟大祖国繁荣富强》，《人民日报》2021 年 2 月 6 日。

海为主要基地。2023 年 5 月 28 日上午 10 时 32 分，航班号 MU9191 的 C919 首航飞机从上海虹桥机场起飞，12 时 31 分，C919 顺利降落在北京首都国际机场。C919 大型客机圆满完成首次商业飞行。

回望 6 年之前的 2017 年 5 月 5 日下午 2 点，C919 在上海浦东国际机场接受了检验、完成首飞。当时看台上的观众好似望子成龙的父母，一个个都对 C919 满怀希望、信心满满。C919 从慢慢滑行到冲上云霄，不负众望，成功首飞。

一、翱翔：华丽的翅膀

飞机按用途可划分为民用航空飞机和国家航空飞机，民用航空飞机主要是指民用飞机和直升机，包括民用客机、货机、客货两用机。还可以按照航程分为近、中、远程。近程飞机航程一般小于 3000 千米，一般用于支线，故也称支线飞机；中程飞机的航程为 3000 千米至 8000 千米；远程飞机的航程则大于 8000 千米，具有在中途不着陆的情况下完成洲际跨洋飞行的能力。

航空制造业被形容为“现代工业之花”，而“大飞机”更是被誉为“工业皇冠上的明珠”，其制造水平直接反映一个国家民用航空工业甚至整个工业体系的水平。目前世界范围内的大飞机种类众多，但多年来国际市场主要被波音和空中客车（简称空客）垄断，生产了许多著名大飞机，如波音 777-200、波音 747-400、空客 A330-300 等。我们不妨先来认识认识这些国外的“大飞机”。

（1）波音 777-200。波音 777 是一款由美国波音公司制造的长程双发动机宽体客机，是目前全球最大的双发动机宽体客机，三级舱布置的载客量由 283 人至 368 人，航程由 5235 海里至 9450 海里（9695 千米至 17500 千米）。

（2）波音 747-400。波音 747 是波音公司生产的四发（动机）远程宽机身运输机和宽机身客机，采用双层客舱及独特外形设计。该系列在 1988 年 4 月 29 日首飞，1989 年 2 月 9 日交付美国西北航空公司投入使用，曾是美国西北航空公司的主力机型。英国航空公司曾是波音 747-400 的主要运营商之一，但受疫情影响，它的 747 机队被全体淘汰。

（3）空客 A330-300。1992 年 11 月试飞，1993 年底开始运营，作为现役空客飞机中航程最远的双发飞机，A330 系列在全球拥有 70 多家客户和运营商可以适应大部分航线的飞行，此飞机的运营成本较低，同时对客舱布局进行了重大优化，大大提升了乘客的舒适度。

我国把 150 座以上的客机称为大飞机，C919 飞机是我国首款完全按照国际先进适航标准研制的单通道大型干线客机。C919，全称 COMAC919，COMAC 是 C919 的主制造商中国商飞的英文名称 Commercial Aircraft Corporation of China Ltd 的缩写，“C”既是“COMAC”的第一个字母，也是中国的英文名称“CHINA”的第一个字母，体现的是国家意志、人民期望，第一个 9 寓意天长地久，19 代表最大载客量为 190 座，C919 客机全长 38.90 米，高 11.95 米，翼展 35.80 米，巡航速度为 0.785 马赫，最大飞行高度为 12100 米，标准航程为 4075 千米，最大航程可达到 5555 千米，相当于北京直飞新加坡的距离，或漠河到海南的距离。

C919 采用先进气动布局和新一代超临界机翼等先进气动力设计技术，比现役同类飞机巡航气动效率更高；采用先进的发动机以降低油耗、噪声和排放；采用先进的结构设计技术和较大比例的先进金属材料和复合材料以减轻飞机的结构重量；采用先进的电传操纵和主动控制技术以提高飞机综合性能；采用先进的综合航电技术以减轻飞行员负担、提高导航性能、改善人机界面；采用先进的客舱综合设计技术以提高客舱舒适性；采用先进的维修技术和方法以降低维修成本。各项综合性能达到了同类型空客 A320 系列与波音 737 系列的水平。

二、从运 10 到 C919：艰难起飞之路

世界上第一架飞机由莱特兄弟在 1903 年发明，第一架大型飞机于 1968 年由美国波音公司研制成功，是第一架可以直接飞越太平洋的大型

飞机。我国飞机研制的起步时间并不算晚，我国第一位飞机设计师，被誉为“中国航空之父”的冯如早在 1910 年就成功研制了第一架飞机并在奥克兰进行飞行表演大获成功。由于种种原因，我国在之后的几十年间在“大飞机”制造方面并未取得多少成就。直到新中国成立以后，才重新“提刀上马”。

1954 年，中华人民共和国接到邀请出席以促进亚非地区合作发展为目标的万隆会议，这对于刚刚成立的新中国具有重大意义。经过周密准备，由周恩来任领队的中国代表团出发了。虽然对安全保障有着周密的安排，然而千算万算，还是在租借于印度的一架飞机上发生了意外，飞机上被安放了炸弹，除三名机组人员，飞机上的代表团成员全数罹难。此事件第一次在生产大飞机的重要性方面敲响了警钟。战火之中新生的中国在当时只具备生产轻型运输机的能力，后来周总理提出设想，希望在轰 6 的基础上设计一款喷气式飞机。数年之后毛泽东在听取火箭等项目汇报时也指出：“上海工业基础这么好，可以搞飞机嘛。”

简简单单一句话掀开了一页荡气回肠的大飞机制造往事。在 C919 之前，我国曾生产过飞机，就是人们熟知的 708 工程，飞机代号运 10。当时人们不知道的是，在地球的另一边，欧洲航空界的精英们也在思考聚合全欧洲的力量打造和波音公司相抗衡的企业。同样的决定，结果却不尽相同。

制造运 10 的集结号发出之后，全国的飞机设计人才便踏上征途前往上海，那时的中国，物质条件可以说是相当匮乏，即便是如此重大的项目也无法拥有优越的工作环境，甚至只达到勉勉强强能用的程度：工作组没有像样的办公楼用，怎么办？东找找西看看，最后征用了一座早已废弃的候机楼。食堂和办公室融为一体，工作时趴在上面绘图，吃饭时便是餐桌，需要计算数据时在木箱里计算。当时国内设计飞机的经验严重不足，只设计过 10 吨的小型飞机，突然放大 10 倍，造 100 吨的飞机，则完全丈二和尚摸不着头脑。以发动机的选择为代表的许多重难点密集地压在工作组的身上，再加上“文化大革命”对设计工作的干扰，运 10 的制造可谓举步维艰。即便这般艰难，十年磨一剑，运 10 最终研制成功了，全机使用了近百种新材料，机体国产化率 100%。实现了中国航空史上少有的突破，这更使得中国成为美、苏、英、法之后，第 5 个能够设计干线飞机的国家。

然而好景不长，美国麦道公司闯入中国市场，加上决策层外购合作主张的抬头，运 10 终因经费不足停止研发，并于 1985 年 2 月停飞。

某种意义上说，我们的主角 C919 是对运 10 的一种神圣的继承。泱泱大国数亿人民无法制造大飞机，会导致什么样的结果？20 世纪 90 年代就有了教训。1994 年，我国与空客达成协议共同生产 AE100 飞机，但我国的“礼贤下士”没有得到尊重，空客不但强硬地索要 18 亿美元的所谓“技术转让费”，而且得寸进尺每次见面会谈时都要收钱，后来空客又在范堡罗航展上宣布研制自己的飞机，放弃研制 AE100，最终 AE100 无疾而终，连个样机都没有制造出来。我国被结结实实地“耍”了一把。1999 年，中国驻南联盟大使馆被北约轰炸机轰炸，运送遗体回国的依然是美国制造的大飞机。“这对我们航空界是奇耻大辱！”中航工业前董事长林左鸣常常这样慨叹。

哑巴吃黄连，敢怒不敢言，长久的不忿与被欺压的屈辱终于在新世纪有了出口。

三、觉醒：逐渐丰满的翅膀

虽经历了“造不如买，买不如租”的低迷时期，好在经济实力和工业实力在改革开放之后取得了迅猛的发展。我国加入世界贸易组织之后带来了经济和工业的飞速提升：几年间成为“世界工厂”，且建立了完整的工业产业链，C919 终于应运而生。

2001 年 2 月，专家在北京召开的第 159 次香山科学会议上达成“搞飞机迫在眉睫”的共识。

2006 年，大飞机被列入国家 16 个重大科技专项。8 月 17 日，国务院成立大型飞机重大专项领导小组。

2008 年 5 月 11 日，干线飞机 C919 正式启动。由 30 多年前运 10 开辟的大飞机研制之路，兜兜转转重新出发。国家也给予大力支持：发动机业务独立成为航发集团，助力大飞机“心脏”的保障。被拆分的中航总公司也重新整合了起来。然而，危机总是时刻存在的。

国际压力。空客和波音“称霸已久”，绝对不允许有人来“分蛋糕”。尤其是100座以上的飞机，历史已经证明，每当有国家试图抢着分一杯羹，最后全都被两个霸主联合绞杀，无一如愿。

人才短缺。上次研制大飞机已是数十年之前，当初队伍悲凉地解散之后，其成员几乎都已另谋他路。现在除了花甲之年的老人，就是初出茅庐的20多岁年轻人，一时间寻找堪当大任之人极为艰难[①]。幸好中华民族总是不缺少在关键时刻挺身而出的英雄好汉。一路坚持没有改行的吴光辉挑起了大梁，成了C919的总设计师。“吴光辉们”深知肩上的担子有多重，“受命以来，夙夜忧叹，恐托付不效”是他们的真实写照，新成立的攻关小组抖擞精神，全力拼搏，“五月渡泸，深入不毛”的也是他们。

2009年1月6日，中国商飞正式发布首个单通道常规布局150座级大型客机，机型代号“COMAC919”，简称“C919”。12月21日，中国商飞与CFM公司在北京正式签署C919大型客机动力装置战略合作意向书，选定CFM公司研发的LEAP-X1C发动机作为C919大型客机的启动动力装置。12月25日，C919大型客机机头工程样机主体结构在上海正式交付。

2012年7月31日，《C919飞机专项合格审定计划（PSCP）》在上海签署。12月4日，历时19个月的C919飞机七大部件之一的复合材料后机身部段强度研究静力疲劳试验项目全部完成。

吴光辉和他带领的团队凭着夜以继日的精神，终于实现了2017年5月5日，C919的成功首飞。

C919大型客机于2020年12月25日飞抵内蒙古呼伦贝尔市海拉尔东山机场开展高寒试验试飞专项任务，试验试飞期间，当地最低气温已

① 参见林喆：《C919客机总装背后的“酸甜苦辣”》，《工会博览》2019年第21期。

近零下40摄氏度。2021年1月，在经历了20天的测试后，C919大型客机高寒试验试飞专项任务取得了圆满成功，验证了在极寒条件下飞机各系统和设备的功能和性能符合适航标准[①]。3月1日，中国东方航空与中国商飞公司正式签署首批5架C919购机合同。5月10日至12日举办的中国品牌日活动上，C919大型客机亮相。

四、首飞成功：挥动闪亮的翅膀

（一）“挥动”产业链升级

由于大飞机属于高端制造业，在大飞机的研制过程中会涉及数目众多的产业链，例如，发动机、航空零部件、航空材料、芯片电路系统等。这些是很大的方向，而这每个大方向背后又需要有众多细分领域的支撑，比如数控机床、操作软件、冶金技术、稀土材料等。发动机方面，目前C919还没有实现国产替代，使用的是CFM公司的LEAP-1C发动机。但是中国商飞正在为C919研制国产CJ-1000发动机。单航发动力等已经有拿得出手的产品。航空零部件方面，国产替代正在加速，一批小而美的产业链企业开始进入大飞机的供应名单，这一块后面会迎来国产替代的加速。航空材料方面，主要是看好高性能材料的用量提升，目前国内不少企业做得不错。

大飞机也是目前国内主推高端制造和科技创新中的重要一环，其中的产业链投资机会很大，相关龙头会受益明显，特别是一些小企业，成长会非常迅速。第一个，高温合金领域，这是军工领域最基础也是最重要的细分领域，高温合金材料领域技术含量很高，目前具有完整高温合金体系的国家只有美、英、俄、中四国，能够生产航空航天用高温合金的企业全世界也不超过50家。目前国内主要代表企业是钢研高纳、抚顺特钢。第二个，钛合金领域，钛合金主要用于制作飞机发动机压气机部件，其次为火箭、导弹和高速飞机的结构件。目前国内代表企业是西

---

① 参见余健：《C919完成高寒专项试验试飞》，《经济日报》2021年1月21日。

部超导和宝钛股份。第三个，碳纤维领域，碳纤维耐高温居所有化纤之首，是制造航空航天等高技术器材的优良材料。目前国内代表企业有光威复材和中材科技。目前 C919 碳纤维复合材料占比 11.5%，未来将提升到 23%—25%，CR929 将达到 50%。这个市场空间是相当巨大的。第四个，被动元器件以及芯片，广泛应用于包括各种军用、民用电子整机中。目前代表企业有振华科技、火炬电子以及鸿远电子等。

（二）“挥别”陈旧的格局

波音历史悠久，自 1916 年至今已超百年，是世界航空“霸主”。波音不仅是全球最大的民用和军用飞机制造商，也是导弹防务、航天系统和运载火箭发射领域的全球市场领导者、最大的商业卫星制造商，同时也是美国国家航空航天局（NASA）最大的承包商。公司立足军品研制，培育了强大的技术和生产能力，通过率先推出喷气式客机和民用大飞机奠定了全球最大军民用飞机制造的地位，客户遍及全球 145 个国家。空客作为航空飞机制造的“双寡头”之一，创建于 1970 年，是一家集法国、德国以及后来加盟的西班牙与英国公司为一体的欧洲集团。其创建的初衷是使欧洲飞机制造商能够与强大的美国对手形成有效竞争。空客克服国家间的分歧，分担研发成本，致力合作开发更大的市场份额。

我国研发的 C919 大飞机未来将冲击现有的“双寡头”格局。当今世界正经历百年未有之大变局，值此经济结构不断优化调整、大批产业面临升级之际，我们党和政府正着眼于变局中开新局。我国大飞机受益于近年来军用及民用支线飞机的不断突破，运 20、ARJ21、AG600 等新型飞机不断涌现，航空产业正在经历快速发展，未来在军用技术溢出效应下，C919 有望挑战波音与空客的“双寡头”垄断地位。此外，波音频发的空难事故也将大幅度影响波音公司未来的发展，随着波音宣布重新设计模拟机，可以想象未来将会有更多订单被取消，届时，这些订单如果落入我国的“口袋”，想必波音、空客的霸主地位将会不可避免地被“撼动”。

五、展望：飞翔的模样

C919 采用“主制造商—供应商”的研制模式。中国商飞公司是 C919 的主制造商，负责产品整体设计、供应链构建、总装集成、改进优化等，机体、发动机、机载设备等部件则外包给供应商。具体来看，C919 机体部件已实现全部国产，分别由成飞民机、洪都集团、中航西飞、中航沈飞供应。C919 的发动机，由美国的 CFM 公司供应。C919 的航电、飞控、空气管理系统等机载设备，则由柯林斯、霍尼韦尔、GE、利勃海尔、古德里奇等国外公司与国内企业联合设立的 16 家合资公司进行供应。

C919 将直接与空客 A320 系列和波音 737 系列产生竞争。从航程、座位数量和发动机等具体性能参数来看，C919 主要对应的竞争机型是波音 737MAX8 和空客 A320NEO。相比 737MAX8、A320NEO，C919 的优势是乘客舒适度更好，飞机客航宽度 3.96 米，长于波音的 3.76 米、空客的 3.70 米，劣势是客座数及航程要小于竞争机型。

未来 20 年，中国商飞预计全球航空旅客周转量将以 4.3% 的年均速度递增，到 2040 年，预计全球客机机队规模将达 49558 架，考虑老旧机型替换，全球需要 4.54 万架新飞机，价值约 6.6 万亿美元。其中 C919 所处的单通道细分市场，需求量大约为 30367 架新机，价值约 3.643 万亿美元。

基础核心技术的突破必须与以设计引领的系统集成创新相结合，才能转化为推动人类社会进步的产业变革。C919 大型客机就是基础技术与系统集成创新相结合的最好载体，可以实现基础技术在工业产品上的转化，带动工业基础水平的提升。C919 距离真正量产并投入正常运营还需要一些筹备，但好事不怕等，自 2022 年 12 月 9 日东航正式接收全球首架 C919 起，截至 2023 年 7 月 31 日，首架 C919 共执行商业航班 125 班次，累计商业运营 360.32 小时，累计服务旅客超 1.5 万人次。8 月 2 日，东航的第二架 C919 飞机已从上海虹桥机场飞往成都天府机场，正式投入商业运营。

第三节　巡天：北斗

一、缘起：自航海到航天的文明跨越

上古时期，中国古代先民就已经十分重视北斗七星，并且能够通过观测来定节候。先秦古籍《鹖冠子》中记载："斗杓东指，天下皆春；斗杓南指，天下皆夏；斗杓西指，天下皆秋；斗杓北指，天下皆冬。"古人根据北斗相对于北极星的不同位置，依据斗杓所指来确定大致的时间和方向，甚至确定二十四节气。北斗七星作为古代重要的时空依据，开始受到人们的崇拜，逐渐演变为文明的图腾。

汉代纬书《春秋运斗枢》有云："北斗七星，第一天枢，第二璇，第三玑，第四权，第五衡，第六开阳，第七摇光。第一至第四为魁，第五至第七为杓，合而为斗。"在满天的繁星中，北斗七星居于北天，其地位备受尊崇。在现代天文学中，北斗七星属大熊座的一部分恒星，七颗亮星在北部天空排列成斗形。由于较易被观星者辨认，常被当作指示方向和认识星座的重要标志。

据《淮南子·齐俗训》记录："夫乘舟而惑者，不知东西，见斗极则寤矣。"以北斗辨位是古代航海技术中至关重要的一环，当时很多船队都是靠着夜观星象来辨识船队的前进方向。将位于北斗斗口的天璇星与天枢星的连线延长五倍左右，就可以找到明亮的北极星。在过去的数百年里，北极星恰好位于地球自转轴的方向，所以从北半球来看，它的位置变化很小。由于地球的自转，北斗七星在视觉上每天都会围绕北极星逆时针旋转，就像天空中的时钟一样。

在中国航海博物馆，保存着一块牵星板，记载着郑和船队横渡海洋的古老航海导航技术。在郑和的航海图上，有着船到北辰星四指的记录，指是牵星板的计算单位，代表测量船体与北斗之间的距离。通过测量得到相对位置。

从 1405 年开始，郑和所率领的庞大船队先后七次远赴西太平洋和印度洋，到访30多个国家和地区，最远抵达了东非与红海沿岸，是当时世界上最大规模的海上舰队探险行动。

1420年，明永乐皇帝朱棣下令建造故宫建筑群，在立意阶段他就将对北斗的崇拜纳入了布局。将七颗北斗星辰藏入屋顶的宝瓶装置之中，神话、科学、艺术共融为一体，工匠们把美学幻想中的九天宫殿变为人间的现实。御花园西北处的澄瑞亭在清代时成为专门供奉北斗神明的特殊空间，人们在此祈求北斗能够庇佑天下太平。

从中国人发明指南针开始，不断进步的导航术自航海延伸向航天，人类终于完成了从依赖星空到经略时空的文明跨越。

二、发展：从起步到全球组网的历史跨越

早在20世纪60年代末，我国就准备研制导航卫星“灯塔”，但后期由于多种原因而终止。“七五”计划中提出了“新四星”计划，随后又提出过单星、双星、三星、三到五颗星的区域性系统方案，以及多星的全球性系统构想，相关的研究论证从未停止。20世纪80年代初，随着综合国力的不断增强，我国又开始积极探索适合国情的卫星导航定位系统。

1983年，我国67岁的无线电电子专家、中国科学院院士陈芳允提出了“双星定位系统”的设想，就是通过采用卫星无线电测定业务方式来确定用户的位置。在空间中定位，需要三个坐标，只有两颗卫星是不能够定位的。基于两颗地球同步通信卫星，以卫星与用户之间的距离为半径，形成两个虚拟的球体，球体相交的两个点中的一个便是用户的位置，再利用地面中心的计算，形成以地球中心与用户之间距离为半径的第三个虚拟球体，求解圆弧线与地球表面交点即可获得用户位置。

1989年，陈芳允率领科研团队利用现有的两颗通信卫星进行了双星定位的实验，证明了双星定位系统的技术可行性，中国第一次利用两颗卫星实现定位的功能演示获得成功。

1991年，海湾战争中美国动用了72颗军用、民用卫星，首次全面

使用全球定位系统 GPS 导航系统支援海陆空部队，该系统为美军提供了每天 24 小时的经纬度导航定位服务和每天 19 小时的三维定位服务，虽然当时 GPS 尚未全部建成，但仍然在战争中发挥了重要作用，创造了多个精准打击目标的案例，为美军赢得海湾战争发挥了重要作用。[①] 美国国防部把这场战争称为“第一次太空战争”。

1993 年 7 月，美国宣称驶往伊朗阿巴斯港的中国“银河”号货轮载有制造化学武器的前体化学品，要求中国政府立即采取禁止措施，否则将按国内法制裁中国。在印度洋公海上，美国直接切断货轮所在海域的 GPS 信号，致使该货轮无法确定位置及航向。该货轮进而被美国两艘军舰和五架直升机在印度洋上拦截了三周。最终，该货轮在沙特海军基地接受美国的登船检查。对该货轮全部集装箱的检查证明，“银河”号没有美方指控的化学品。美国代表不得不签署否定其指控的检查报告。事后，美国政府态度强硬，坚持拒绝公开道歉，轻飘飘地把责任甩给了情报错误。

GPS 系统在海湾战争的表现以及“银河”号事件的刺激，使我国意识到了建设我国自主的卫星导航系统的重要性。

20 世纪后期，中国开始探索适合国情的卫星导航系统发展道路，北斗卫星导航系统首任总设计师孙家栋院士，进一步组织研究，提出“三步走”发展战略：2000 年底，建成北斗一号系统，向中国提供服务；2012 年底，建成北斗二号系统，向亚太地区提供服务；2020 年，建成北斗三号系统，向全球提供服务。

1993 年初，中国空间技术研究院提出了卫星总体方案，初步确定了卫星技术状态和总体技术指标。次年，中国政府正式批准了陈芳允院士的“双星定位系统”的方案，启动了我国第一代卫星导航系统北斗一号工程的研发建设。

2000 年，我国建成了由 2 颗北斗一号轨道卫星组成的国内导航卫星试验系统，北斗一号系统建成并投入使用。2003 年和 2007 年，我国又

① 参见冯昭奎：《以 GPS 为例看北斗的未来应用》，《世界知识》2020 年第 17 期。

发射了第 3 颗、第 4 颗北斗一号轨道卫星，进一步增强了系统的性能。北斗一号系统的建成，迈出了探索性的第一步，初步满足了中国及周边区域的定位、导航、授时需求。

北斗一号全面建成开通，使中国卫星导航系统实现了从无到有的跨越，中国成为世界上第三个独立拥有自主全球卫星导航系统的国家，当时采用的是有限用户容量的有源定位体制，用户需要发射信号，系统才能对其定位，这个过程要依赖卫星转发器，所以有时间延迟，且容量有限，满足不了高动态的需求。并且只能向中国及周边范围提供导航定位服务，系统整体技术水平与 GPS 存在较大差距，但是其标志着中国卫星导航产业源头技术不再受制于人，而是自主拥有了一整套有源定位体制的卫星导航源头技术①。

2004 年，北斗二号系统工程建设启动。北斗二号创新构建了中高轨混合星座架构，到 2012 年，完成了 14 颗卫星的发射组网。这 14 颗卫星中，有 5 颗地球静止轨道（Geostationary Orbit，GEO）卫星、5 颗倾斜地球同步轨道（Inclined GeoSynchronous Orbit，IGSO）卫星和 4 颗中地球轨道（Medium Earth Orbit，MEO）卫星。北斗二号系统在兼容北斗一号有源定位体制的基础上，增加了无源定位体制，也就是说，用户不用自己发射信号，仅靠接收信号就能定位，解决了用户容量限制，满足了高动态需求。所以，北斗二号系统既能为用户提供卫星无线电导航服务（低、中、高动态连续服务，用户自主完成连续定位和测速），又具有位置报告及短报文通信功能，弥补了北斗一号的不足之处②。北斗二号系统的建成，不仅可以服务中国，还可为亚太地区用户提供服务。

作为“三步走”发展战略的最后一步，2009 年，我国正式启动了北斗三号系统工程的建设。建设高性能、高可靠的北斗三号全球卫星导航系统作为我国科技领域中长期发展规划的 16 个重大科技专项之一，能使我国卫星导航系统达到国际先进水平。到 2020 年，完成 30 颗卫星发

---

① 参见赵耀升、宋立丰、毛基业等：《“北斗”闪耀——初探中国卫星导航产业发展之道》，《管理世界》2021 年第 12 期。

② 参见庞之浩、王东：《艰苦卓绝的“北斗”发展历程》，《国际太空》2020 年第 8 期。

射组网，全面建成北斗三号系统。这 30 颗卫星中，有 3 颗 GEO 卫星、3 颗 IGSO 卫星和 24 颗 MEO 卫星。其中，MEO 卫星具备卫星无线电导航业务和星间链路功能，IGSO 卫星、GEO 卫星具备卫星无线电导航业务、卫星无线电测定业务、星间链路功能[①]。北斗三号系统继承了有源定位和无源定位两种技术体制，通过“星间链路”——也就是卫星与卫星之间的连接“对话”，解决了全球组网需要全球布站的问题。在北斗二号的基础上，北斗三号进一步提升性能、扩展功能，为全球用户提供定位、导航、授时、全球短报文通信和国际搜救等服务；同时在中国及周边地区提供星基增强、地基增强、精密单点定位和区域短报文通信服务，卫星使用寿命也大大增加。

自 2017 年 11 月开始，中国以百分之百的成功率，在 32 个月中发射了 30 颗北斗三号组网卫星和两颗北斗二号备份星，以月均一颗卫星的速度，创造了世界导航卫星组网发射的新纪录。2020 年 7 月 31 日，北斗三号全球卫星导航系统建成暨开通仪式在人民大会堂举行。习近平总书记郑重宣布：“北斗三号全球卫星导航系统正式开通！”[②] 这标志着中国自主建设、独立运行的全球卫星导航系统已全面建成开通，中国北斗迈进了高质量服务全球、造福人类的新时代。

从北斗二号、北斗三号分步实施的战略决策，到中国特色卫星导航系统的体制设计，再到星间链路高精度原子钟等 160 余项关键核心技术攻克和 500 余种器部件国产化研制的突破，无不透射着我国技术创新的志气和追求。

如今，北斗三号核心器部件国产化率达到 100%，卫星使用寿命大于 10 年，定位精度优于 10 米，授时精度优于 20 纳秒，各项性能指标均达到世界一流。提供全球定位导航授时、短报文通信、国际搜索救援、精密单点定位、星基地基增强等多样化服务，已是功能强大的全球卫星导航系统。

---

① 参见庞之浩、王东：《艰苦卓绝的“北斗”发展历程》，《国际太空》2020 年第 8 期。
② 《习近平出席建成暨开通仪式并宣布北斗三号全球卫星导航系统正式开通》：《人民日报》2020 年 8 月 1 日。

三、应用：由想象到现实图景的成就跨越

北斗卫星是中国重要的国家时空基础设施，为全球用户提供全天候、全天时、高精度的定位、导航和授时服务。北斗导航以其世界一流的技术深刻影响了这个星球上人类的社会生活。基于北斗的技术，我们可以捕捉到几毫米的位置运动，可以传输极其精确的时间，精确到百万年只差一秒。北斗已形成环绕地球的导航星座，由 30 颗北斗三号卫星、15 颗北斗二号卫星以及多颗在轨试验卫星和备用卫星组成。它们各自以不同的高度和角度在太空轨道上飞行。虽然我们无法直接看到卫星，但智能手机的内置芯片却在不断地接收来自北斗的信号。

卫星能够实现定位的基本原理是基于时间的计算，从卫星发出信号到用户接收到信号，通过这一过程所花费的时间能够推算出两者之间的距离，以这个距离作为半径形成一个虚拟的球体。当用户同时连接四个不同位置的卫星，形成四个虚拟的球体时，四球的交点恰好是精确的位置所在。现在，在世界的任何地方、任何时间，我们的头顶上都至少有 8 颗以上的北斗卫星在工作着。无论我们走到哪里，北斗卫星都能从遥远的太空计算出我们所处的精确位置，而这种了不起的计算在我们看不到的太空中每时每刻都在进行着。伴随经济与技术的发展，现代生活对于各类位置信息的需求相比从前显得更加迫切。

基于北斗系统的导航服务已被电子商务、移动智能终端制造、位置服务等厂商采用，并广泛进入中国大众消费、共享经济和民生领域，相关应用的新模式、新业态不断涌现，对人们的生产生活方式产生着深刻的影响。

跨越时空，在距离郑和下西洋 600 多年后的今天，一个普通人简单的一天当中使用北斗卫星的场景几乎无处不在。

清晨，闹钟把我们从睡梦中唤醒，我们可以通过查看天气预报决定当天的着装，这取决于北斗导航卫星的授时功能，它校正着每天的时间，为我们提供更加准确的天气预报；

洗漱后来到桌前享用早餐，北斗服务着我们的大坝和水源输送，也

包括国家电网的能量运动，中国的农产品正在依靠北斗获得更高的产量和更便捷的运输，智慧农业必须有高精度的信息支持；

我们还可以随时得知购买的商品将在何时抵达，现代物流基于北斗提供的高精度位置跟踪和时间同步；

通勤路上，行驶的汽车中可以依靠卫星导航来寻找更快的路径；在城市的地下交通，北斗计算着下一班地铁到达的时间，调度着整座城市的公共交通；

出差途中，机场、铁路和港口依靠北斗能更好地运转；9 点 30 分，金融市场开启，北斗能够确保每一笔交易分毫不差……

5G、区块链、人工智能、物联网、大数据、云计算等数字经济，在技术层面和应用层面都离不了北斗提供的时空信息。

在交通运输领域，北斗系统正向铁路运输、内河航运、远洋航海、航空运输及交通基础设施建设管理纵深推进，提升了我国综合交通管理效率和运输安全水平。

北斗卫星提供的服务不仅能带来效率和便利，更有至关重要的安全监控和保障作用。汽油和液化天然气的输送有着极高的危险性，在中国每年通过道路运输发生危险的货运量超过四亿吨，占货运总量的 30% 以上。基于北斗导航技术的终端设备可以全程监测车辆的精确位置，记录行驶轨迹。监测车辆位置信息意味着车辆所在位置的天气、路况、运行状态都可以被北斗导航技术掌控，甚至实现主动干预和智能控制，有效降低潜在危险和事故危害。当车辆偏离预定路线或出现异常时，监控中心将在瞬间发出警告。有效提升了道路运输领域车辆监管、监控效率，减少了道路交通事故的发生，取得了巨大的经济效益和社会效益。北斗系统的规模化应用使得近年来中国道路运输重特大事故发生率和死亡率均下降约 50 个百分点。北斗系统的加入切实提高了交通部门的整体指挥调度与监管能力。在内河船舶、国际救援等领域，北斗提升了有关部门对于险情的信息获取与调度能力，提高了跨区域、跨部门的协同效率，更加有效地保障了人民群众的生命财产安全[①]。

在国际贸易领域，中国作为全球贸易的重要角色，各大港口货物吞吐量每年达 1 万亿美元，全球各地驶来的货轮昼夜不息地停靠中国沿海港口。港口码头、集装箱吊装更能体现高精度定位。集装箱的发明让全球物流有了统一尺寸标准，如同搭积木一般的装修模式，让北斗高精度定位与自动化吊装作业实现完美融合。随着国家智慧城市战略的推进，智慧港口建设势在必行，而港口轮胎吊智能运行控制系统是其中重要的组成部分。针对当前人工操纵轮胎吊作业方式存在精准控制难、安全隐患高和作业效率低等问题，有学者基于集成北斗卫星导航系统、5G、可编程逻辑控制器（PLC）等现代信息技术，研究构建轮胎吊智能运行控制系统的方法，可以在 3D 场景中实现轮胎吊运自动导航、运行轨迹监控与报警、集装箱智能拾取、任务调度等功能。应用该系统可实现轮胎吊智能化运行控制和实时在线 3D 显示，大大减少人力消耗，降低安全风险[②]。

2020 年 1 月 17 日，天津港 25 台无人驾驶电动集装箱卡车实现全球首次整船作业。天津港将 5G 与北斗技术结合，作为港口智慧化转型重要推动力，推进传统集装箱码头自动化升级。载有北斗终端的无人驾驶卡车应用了 5G 技术，将运输效率和安全系数大幅提升。这些无人卡车能够迅速识别周围的集装箱、机械设备等，自主做出减速、刹车、转弯、绕行、停车等动作，提供最优路线以精准驶入指定区域。在 5G、北斗、人工智能、云计算等新技术的加持下，2020 年天津港集团完成集装箱吞吐量 1835 万标准箱，同比增长 6.1%，增幅位居全球十大港口首位。

在技术融合创新方面，实现大范围无人驾驶正是大多数人对未来生活的理解。北斗导航卫星系统的定位精度等功能为全球用户提供可靠、高精度的定位服务。同时，5G 无线通信技术的高速度和低时延数据传

---

① 参见陈飚、孙宝忱、杭雨欣：《北斗交通领域政策分析》，《卫星应用》2021 年第 12 期。
② 参见冯康、赵相伟、吴博等：《基于 BDS 的轮胎吊运行控制方法研究》，《导航定位学报》2021 年第 3 期。

输等技术特点，能够极大提高各个行业的发展水平，满足各种应用场景中对网络进行无缝、可靠的衔接与集成的需求[①]。有中国学者提出采用高性能芯片及多种传感器，并基于5G通信技术，来设计无人驾驶系统，北斗导航实现定位以及导航功能，车载传感器对行驶数据进行采集，实现对外部环境感知以及内部状态的感知，并在数据分析以及控制器的操作下实现环境感知、智能决策、控制执行、智能导航、泊车等自动驾驶功能[②]。这些奇妙的体验已经或将会是我们每一个人真实生活的方式。

在灾害应急管理方面，大范围重大自然灾害现场点位多、面积广、地形分散、地质条件复杂，需要聚焦低延时、高带宽、全覆盖、强时效性的应急通信能力，以及交通路网一体化应急通信协同指挥系统。有学者基于北斗高精度定位和通信，结合天通卫星通信、宽带卫星融合应用技术，进行空天地一体应急通信网络保障体系设计，实现空天地应急通信无缝对接。采用应急移动通信指挥终端群，来实现灾害现场应急移动通信，辅助形成快速响应灾后应急预案，支撑灾害现场交通路网运力优化配置和形成应急态势，提升交通运输能力[③]。

基于北斗卫星构建的灾害应急救援能够同时实现对被救人员位置信息和生命信息的探测。施救人员利用北斗功能获取灾区地表信息、灾情信息，以及被救援人员信息，结合现场施救人员实时传回的信息制订科学有效的救援方案，能够在黄金72小时内争取营救更多的受灾对象。目前，这一技术已经在救援车辆、直升机调度、灾民转移安置路径设计等方面得到了应用。北斗系统现已成为自然灾害应急处置中的主要救灾通信工具之一。

基于高精度，北斗可以有效减少自然灾害对人类生活造成的影响。北斗极致的感知力能够发现水坝、桥梁、大楼等建筑内部最细微的形

---

①　参见蒋杰：《北斗导航卫星系统和5G技术在无人驾驶系统领域的应用前景分析》，见《卫星导航定位与北斗系统应用2019——北斗服务全球融合创新应用》，测绘出版社2019年版，第195—197页。

②　参见张健、齐胜男、王纪圣等：《一种基于北斗导航和5G通信的无人驾驶汽车系统设计》，《中国科技信息》2020年第3、4期合刊。

③　参见叶清琳、刘玲、翟晓晓：《基于北斗的交通路网应急通信协同指挥系统设计》，《无线电工程》2022年第3期。

变。比如，浙江省湖州市安吉县境内的天荒坪抽水蓄能电站就应用了北斗系统来进行风险监控，该水电站距上海175千米、南京180千米、杭州57千米，有着接近600米的高度落差。夜间抽水，白天放水发电，工作量相当于每日搬一个西湖的水量。由于抽蓄电站水工管理人员少，大坝安全管理力量薄弱，为了确保水坝的安全，工程人员必须在相应的位置上设立北斗导航卫星地面辅助设备，其中水工班结合北斗监测技术，可以实时观测水工建筑物的变形情况，研发基于机器视觉学习的巡检机器人在廊道和洞室内定时智能巡检，统计和跟踪裂缝发展，解决了大坝24×7全天候不受外部环境影响的有效监测；无GPS定位、基于智能飞行的无人机全息感知视觉技术则可以对长斜井高压水道进行检查，解决了抽蓄行业内高压输水道不能有效检查的难题，有效提升了大坝的安全管理水平①。

今天，北斗系统已全面服务交通运输、公共安全、救灾减灾、农林牧渔、城市治理等各个行业，融入电力、通信等国家核心基础设施建设，与通信、区块链、物联网、人工智能等新技术深度融合，让想象力成为现实图景。每一颗北斗卫星都是我们这一代人最具想象力的恢宏巨作，而这种想象力的终极价值，是每一个人日复一日的生活、对美好生活的向往，以及关乎全体人类命运的共同未来。

四、展望：从中国走向世界的共同跨越

北斗全球卫星导航系统是我国迄今为止规模最大、覆盖范围最广、服务性能最高、与人民生活关联最紧密的巨型复杂航天系统。参研参建的400多家单位、30余万名科研人员塑造了“自主创新、开放融合、万众一心、追求卓越”的新时代北斗精神②。

自主创新。中国始终坚持自主建设、发展和运行北斗系统。研制团队首创星间链路网络协议、自主定轨、时间同步等系统方案，填补了国

① 参见田伟:《提升大坝安全管理的基于北斗和机器视觉的智能监测技术》，载《抽水蓄能电站工程建设文集2021》，中国水利水电出版社2021年版，第456—459页。
② 参见巩慧:《中国智慧 北斗精神》，《中国档案》2020年第8期。

内空白。北斗导航卫星单机和关键元器件的国产化率达到100%。

开放融合。北斗系统鼓励开展全方位、多层次、高水平的国际合作与交流，提倡同其他卫星导航系统开展兼容与互操作。

万众一心。北斗三号全球卫星导航系统的建成与开通，充分体现了我国社会主义制度能够集中力量办大事的政治优势。

追求卓越。“中国的北斗、世界的北斗、一流的北斗”。这就是北斗系统的发展理念。北斗三号卫星采取了多项可靠性措施，使卫星的设计寿命延长至12年，达到国际导航卫星的先进水平。

在联合国全球卫星导航系统国际委员会的标识图案中，有4颗飞翔着的导航卫星，其中一颗便是中国的北斗。2018年11月5日，联合国全球卫星导航系统国际委员会第十三届大会在陕西西安召开，中国国家主席习近平在给大会的贺信中写道：“中国愿同各国共享北斗系统建设发展成果，共促全球卫星导航事业蓬勃发展。”①

在过去半个多世纪的导航卫星发展史上，虽然各国都是独立进行开发建设，所使用的技术途径也各不相同，但是人类追求科学真理的精神，最终会让我们共同携手构建人类命运共同体。

在过去的10年中，北斗系统已陆续与美国、俄罗斯及欧洲卫星导航系统实现了兼容与互操作。中国依靠自己的力量建设北斗系统，建成后愿意主动向全世界开放。目前，北斗正在不断进入移动通信、海事、搜救、民航、卫星等多个国际组织，许多支持北斗系统的国际标准已经发布。

目前中国已在全球建成2600余个北斗地基增强站，可为全球提供实时米级、分米级、厘米级和后处理毫米级高精度定位服务；国产北斗芯片、模块已实现自主可控，性价比达到国际先进水平，完成了从早期的130纳米、90纳米工艺，到目前的17纳米工艺的演进，单位成本显著低于GPS、格洛纳斯和伽利略三个国际卫星导航系统，可靠性达到国

---

① 《习近平向联合国全球卫星导航系统国际委员会第十三届大会致贺信》，《人民日报》2018年11月6日。

际一流水平。

在“一带一路”沿线国家和地区，已经有超过1亿用户正在使用北斗服务。北斗应用逐步在海外落地，北斗相关产品和服务已输出到120余个国家和地区，对于助力相关国家和地区经济社会发展产生了影响深远的效果。基于北斗的国土测绘、精准农业、数字施工、智慧港口等已在东盟、南亚、东欧、西亚、非洲等地区成功应用。合作内容涉及卫星导航系统兼容与互操作、增强系统、测试评估、技术交流、人才培养、联合研发、宣传推广、应用产业化等多个领域。北斗正在成为“世界品牌”[①]。

如今，导航卫星已布满地球上空，但这绝不是人类导航的终点。北斗的故事还在继续，室内与地下空间、水下空间以及星际深空等，这些还是现有的导航卫星所无法提供服务的区域，有待人类进一步探索。

未来，北斗系统发展的脚步不会停歇，到2035年，北斗将成为一个更泛在、更融合、更智能的国家综合定位导航授时体系，新时代的北斗将在实现中华民族伟大复兴的历史征程上、在构建人类命运共同体的美好愿景中，作出新的更大贡献。无论时间几何，北斗导航卫星始终都会为人类的美好未来而继续飞行。

第四节　浑天：大型直升机、运载火箭与载人航天

曾几何时，在楚国的大河边，屈原写下《天问》：“圜则九重，孰营度之？”这里的“圜”就是天球的意思。在华夏第一帝国之前，那个时代的社会精英已经开始意识到，这个世界可能是个球。

400年后，东汉大发明家兼天文学家张衡在其《浑仪注》中写道：

> 浑天如鸡子，天体圆如弹丸，地如鸡子中黄，孤居于内。天大而地小。天表里有水，天之包地，犹壳之裹黄。天地各乘气而立，载水而

① 参见韩立岩、陈建宇、姚婷：《北斗走出去，赋能数字“一带一路”》，《经济与管理研究》2021年第5期。

浮……天转如车毂之运也，周旋无端，其形浑浑，故曰浑天也。

当时主流的学术观点依然认为世界是“天圆地方”的，盖天说就是这一认知的理论化成果。而兴起于东汉的浑天说则比盖天说更进一步，认为世界是一个鸡蛋，天空就是蛋清，人类生活在蛋黄上。后来，随着古代一代代数据的积累以及观测技术的进步，浑天说渐渐得到了更多的佐证并逐渐成为主流，直到现代科学证明，这个世界真的是个球。

与浑天说的发展相辅相成的还有农业时代人类对天空的向往，那个时代几乎所有的宗教都相信，天空乃是神明所在，进入天空即意味着得到永恒。很多人总是在想，到底该怎样离开地面进入真正的天空，以及到底该怎样突破这个“鸡蛋”进入未知。从竹蜻蜓、风筝再到孔明灯、火箭，古人在有限的技术条件下不断突破。据记载，在以血腥屠杀著名的北齐王朝，高洋就曾将北魏皇室成员绑在风筝上，从山顶放飞，美其名曰“放生”。在《资治通鉴·陈纪一》中有这么一段记载，“使元黄头与诸囚自金凤台各乘纸鸱以飞，黄头独能至紫陌乃堕”[①]。这里的“纸鸱”就是风筝，根据现代人估算，元黄头可能乘风筝飞了至少500米，这应该算是最早的滑翔机。

中国古代最著名的飞天尝试当属明代万户的“火箭风筝”。根据民间的记载，万户是明朝初年人，“万户”到底是他的真名还是他的职位已经难以考证。当时万户随军征战，他在火器的研究设计上的天赋被班背将军赏识，随后一路提拔（可以确定这个“班背”不是真名，可能是武将职称）。后来将军卷入政治斗争被害入狱，万户决定造一只大鸟去救人，还没等他设计出来大鸟，将军就被砍头。得知此事的万户心灰意冷，他决定“上天”。于是他自己制造了一个飞行装置，这个飞行装置即便在今天看来，都是有相当的合理性的。飞行装置的主体是一把结实的椅子，万户就坐在椅子上，椅子后面绑上火箭，这些火箭提供飞行的动力，椅子上面固定着风筝，在火箭燃烧完之后，就依靠风筝滑翔着

---

① 司马光:《资治通鉴》卷第一六七，中华书局2013年版，第5363页。

地。万事俱备之后，万户和他的随从就带着他精心设计的飞行器来到了山顶。随着万户一声令下，随从点燃了火箭，火箭剧烈燃烧着将万户和他的飞行器推向天空……生活在现代的我们可以想见万户的结局，他的生命如同火箭喷涌出的浓烟很快烟消云散。随从随后在山脚下发现了万户的尸体和已经坠毁的飞行器。

万户的飞行尝试应该算是前工业时代人类最激进的飞天尝试，在那时的技术条件下，他尽力了。直到 20 世纪初，进入工业化时代，人类才真正地触碰到了天空。

一、入天：触碰天空

1903 年 12 月 17 日，莱特兄弟首次试飞了完全受控、依靠自身动力、机身比空气重、持续滞空不落地的飞机，也就是世界上第一架真正意义上的飞机——“飞行者一号”。之后至一战前短短 10 年时间，飞机因其在军事应用上的巨大潜力而发展迅猛。当时的飞机都是固定翼飞机（机翼是固定的，用来在飞行中提供升力），它们需要跑道进行起降，依靠机械动力可以在空中快速飞行。但是固定翼飞机并未满足人类对飞行的全部追求，在前工业时代，人类依靠总结生活经验就已经认识到：飞行是可以直上直下的，这种飞行方式就是后来的旋翼机（又称直升机）。

中国人最早的实践来源于一种玩具——竹蜻蜓，这是我国古代一个很精妙的发明，外国人称之为“中国螺旋”，现代直升机的螺旋桨就是在这个基础上发明的。其实，古人依照竹蜻蜓也做过类似于直升机的东西。在《香山小志》中有记载：“下有机关，齿牙错合。人坐椅中，以两足击板，上下之机转，风旋疾驰而去，离地可尺余。”虽说这个东西飞得不高，但在农业时代进行这样的尝试，依然是非常具有前瞻性的。在百花齐放的文艺复兴时期，欧洲人也没闲着，达·芬奇在他的手稿中就设计了一种可以垂直飞行的飞行器。这种飞行器上面由木质骨架加上帆布制成螺旋体飞行结构，由中轴拧紧的弹簧提供旋转动力，操作手可以拉动绳索控制飞行方向。从现在的角度来看，这个东西可能飞不起来，就算飞起来也是和万户的火箭一样动力持续性极短。但这一设计仍旧是达·芬奇最著名的发明之一。直到今天，人们还将达·芬奇视为双旋翼直升机概念的鼻祖。

二战时期，航空业飞速发展，工程师们开始设想一种可以脱离跑道限制的飞机。1939 年 9 月 14 日，世界上第一架实用型直升机诞生，它是美国工程师西科斯基研制成功的 VS－300 直升机。

在此之后，随着技术的成熟，直升机因其相比于固定翼飞机机动灵活便于部署的优势，迅速发展。20 世纪 60 年代，美国海军陆战队选择 CH-53“海上种马”直升机作为下一代海军陆战队的主力机种，至今这种直升机的后代仍是中坚运输力量。最新服役的美军改进版 CH-53K 最大起飞重量达到约 38 吨，载重接近 17 吨，其飞行性能、载重和载重比在当今的直升机中都极为优秀，至今没有任何一款直升机可以媲美。当然，有“种马”就有“米格”。

作为苏联直升机设计的鼻祖，米里和他的设计局在完成米-4 直升机后，将目光瞄向了“重型直升机”领域。米-6 随之诞生，并成为苏联第一种使用“涡轴发动机”的直升机。1957 年 6 月，米-6 实现了首飞，并轰动一时，其问世仅 4 个月后便以“载重 12 吨飞行到 2432 米”的成绩，打破了美国 S-56 的世界纪录。

继实现米-6 的飞跃之后，在重型直升机领域又研制出了“大长腿”米-10，随后是怪物般的 V-12。之所以说它是怪物，首先是它区别于传统“单旋翼”的“横列双旋翼”布局，其在机翼的两端各装有两台涡轴发动机和一组五片桨叶的金属旋翼，这样的造型使 V-12 远远看起来更像是一架固定翼运输机。当然，更重要的是 V-12 在尺寸上堪称空前绝后。其体长 37 米，翼展（带桨叶）可达 67 米，与一架波音 747 的翼展相当。V-12 最大起飞重量达到了 105 吨，堪称有史以来最大的直升机。1969 年，V-12 共获得了 8 项世界纪录。纵使时间已经过去了半个多世纪，其中包括“载重 30 吨飞到 2951 米”“载重 40 吨飞到 2250 米”在内的 4 项纪录至今仍未被打破。

V-12 只停留在了原型机阶段，由于技术上存在隐患、操纵灵活性差、价格昂贵等因素，V-12 未能真正服役。随后的米-32 是当之无愧的巨无霸，并成为苏联开发西伯利亚颇为倚重的工具。针对一些超大件货物的运输问题，米里设计局规划了米-32 的设计。米-32 的外形极为“清新脱俗”，采用了罕见的三角机身和 6 台发动机，最大起飞重量达到了 140 吨，最大载荷 60 吨，几乎等同于一架运 -20 的载荷，可惜最后只停留在了计划阶段。

在一系列尝试之后，米里设计局转而研发后来大名鼎鼎的米-26。1977 年 12 月 14 日，第一架原型机首飞，三年后首架米-26 完成交付。该型直升机空重就有 28 吨，最大起飞重量 56 吨，最大载重可达 20 吨。这些数据使得米-26 稳坐现役最大直升机的宝座。

米-26 直升机的民用功能也相当出色，在森林消防、自然灾害救援等方面起到了不可替代的作用。国人对米-26 最大的印象应该是 2008 年 5 月 12 日发生汶川大地震之后的救援、抢险，一遇到运输问题就频繁使用米-26。当出现唐家山堰塞湖之后，中国民航总局下令哈尔滨飞龙专业航空公司的米-26 直升机直飞汶川地震灾区参与救灾，同时从俄罗斯临时租用一架。由于地震对地面道路破坏非常严重，参与救援的大型设备很难到达救灾现场，米-26 担负了吊运大型设备飞往救灾现场的运输任务，共计吊运推土机、挖掘机、铲车、油罐及集装箱等 60 余台，吊运总重达 800 余吨。米-26 强悍的运载能力为地震抢险的顺利进行起到了非常关键的作用。5 月 20 日，1 架米-26 仅飞行 2 架次就将一个村的近 230 名村民疏散到安全地带。

二、出天：征战太空的尝试

1926 年 3 月 16 日，在美国马萨诸塞州的奥本，冰雪覆盖的草原上，一个中年男人缓慢地抬起了头，天空倒映在他的眼中，他决定挑战地球引力。他的名字叫罗伯特·戈达德，就在这一天他发射了人类历史上第一枚液体火箭。火箭长约 3.4 米，发射时重量为 4.6 公斤，空重为 2.6 公斤。飞行延续了约2.5秒，最大高度为12.5米，飞行距离为56米。这是一次了不起的成功，宣告了现代火箭技术的诞生。

1930年12月30日，戈达德研制的新液体火箭发射成功，高度达到610米，飞行距离300米，飞行速度达到800千米/小时。5年后，他研制的液体火箭最大射程已达到20千米，时速达到1103千米，是人造飞行器第一次超过音速。因其在火箭工程领域突出的成就，戈达德也被公认为“现代火箭技术之父”。

1944年9月8日，在伦敦，一颗“流星”坠落到地面发生剧烈爆炸。随后，这种“流星”在伦敦越发频繁地出现，人们在政府通知中才知道，那不是流星，而是人类历史上划时代的V2导弹。1927年，以赫尔曼·奥伯特为首的一批德国科学家与工程师成立了民间的太空旅行学会——德国宇宙航行协会，这是全世界第一个航太科技研究协会，德国民间对火箭的研究正式展开。纳粹政府上台后，不甘心于《凡尔赛和约》对德国军备的限制，开始秘密开展能绕开条约限制的火箭武器试验。

1932年，瓦尔特·多恩伯格上尉开始受命负责火箭项目，他招募了一批科学家和工程师，其中有一个名叫韦恩赫尔·冯·布劳恩的20多岁年轻人，没过多久这个年轻人就成了该项目的负责人。在他的领导下，火箭团队花费整整8年时间，研究了3种实验性火箭，大体获得成功。随后，他们将火箭研发基地转移到一个名叫佩内明德的渔村，开始了A4火箭的研究工作。希特勒对于火箭项目非常支持，在1937年特批了高达2000万马克（约合7000万人民币）的火箭研究经费，当时德国原子弹项目的经费也只有几百万马克。A4火箭在1942年正式研发成功，被取名为V2导弹（1944年9月正式命名V2火箭）。后来英军得到了德国发展火箭武器的情报，派遣轰炸机对德国火箭制造基地佩内明德进行了地毯式轰炸。这次轰炸摧毁了海边城市佩内明德，大大延缓了V2的生产。1944年6月20日，V2的测试大获成功，这是人类第一种能将人造物体送进太空的飞行装置。尽管V2经常被称作火箭，但实际上它使用了导弹的所有元素。作为一种新技术成果，V2及其后续计划，成为二战后很多导弹的鼻祖。比如 V2 后续计划中的 A9，就成了后来一些空天飞行器的雏形，这是一种安装了后掠机翼的有翼版 V2，该型火箭配备了用于巡航的冲压发动机。

V2 导弹并未取得希特勒预想的战果，在战争即将结束之际，冯·布劳恩带领他的团队掩埋了所有的资料，躲过了党卫军的搜捕，成功逃到了德国南部向美军投降。美国人意识到这些火箭专家是无价之宝，即提出一项为期 6 个月的合同，建议冯·布劳恩及其研究团队中的 126 名关键人为美国服务，这些人签约后正式加入美国的太空和导弹计划。随后苏军也缴获了部分德国火箭计划实验设备和工程人员，并随即开始了类似的工作。

1956 年 2 月 27 日，苏共中央第一书记赫鲁晓夫与苏联火箭之父科罗廖夫举行了一次会面，后者成功说服赫鲁晓夫，只要“花一点点钱”，就可以先美国一步，把苏联的人造卫星送上太空。于是，次年 10 月 4 日，苏联拜科努尔航天中心发射了第一颗人造地球卫星，标志着人类正式开启了太空时代。

就在那一天晚上，苏联驻美国大使馆举行了一个晚间招待会。就在这个招待会上，得意扬扬的苏联人向在场的美国人宣布：苏联成功发射了世界上第一颗人造地球卫星“斯普特尼克 1 号”。从此，那一天被美国人称为“‘斯普特尼克 1 号’之夜”，足见这个划时代的消息对美国人的刺激之深。

当时，美国“前卫”卫星发射计划的负责人约翰·哈根就在现场。在场的其他人回忆，听到苏联人宣布卫星发射成功的消息后，哈根的脸色是苍白的。

苏联成功发射卫星之后 3 个月的 1958 年 1 月 4 日，人类历史上第一颗人造地球卫星“斯普特尼克 1 号”从轨道上坠落。虽然它的寿命只有 3 个月，却开启了美苏两大强国火星四射的太空竞赛。

苏联人没有为“斯普特尼克 1 号”的坠毁而惋惜，因为在 1957 年 11 月 3 日，也就是“斯普特尼克 1 号”升空一个月后，苏联的也是人类的第二颗人造地球卫星“斯普特尼克 2 号”发射成功，这颗卫星重量是第一颗的 5 倍以上，寿命则是其 2 倍，甚至还携带了一条叫作“莱伊卡”的实验小狗。

美国在之后的一个月立即发射了一枚“前卫计划”的火箭作为对苏联卫星不断飞向太空的回应。不过这枚火箭离地还不到两米就爆炸解体了。哈根在 1958 年 2 月第二次组织发射“前卫计划”火箭，然后亲眼看着火箭在升空 6.4 千米后再次爆炸。

哈根的火箭事业从此终结。但是，美国的火箭事业却从此开始了，因为作为“前卫计划”的替代品，“探索者计划”在此前的 1958 年 1 月 31 日成功把美国人的“探索者 1 号”卫星送上太空。

美国的人造卫星发射成功使得两国的太空竞赛更加激烈。1961 年 4 月 12 日，苏联成功发射了世界上第一艘载人宇宙飞船“东方 1 号”。苏联宇航员尤里·加加林成为人类进入太空第一人。当时苏联为了准备载人航天工程，挑选了 20 名飞行员作为第一批宇航员进行培训，最后选中了加加林，当他的飞船返回地球降落时，赫鲁晓夫得到相关报告后问的第一句话就是:“加加林还活着吗？”

美国则以 1969 年 7 月 21 日载着两名宇航员的“阿波罗 11 号”飞船飞上月球作为回应。美国宇航员阿姆斯特朗成为人类登月第一人。这个过程也是惊险万分的，当时的美国总统尼克松甚至提前为这两名登月者准备了悼词。开篇就是“两位探索月球的和平勇士已经长眠在了月球上，他们的牺牲中蕴含着全人类的希望”。

由于美苏太空竞赛期间正好是冷战最激烈的时候，因此双方在航天上的任何进步都被视为占据了航天领域的优势，为了赶进度争领先，双方都犯了不少错误，交了不少学费，也付出了巨大的牺牲，众多宇航员甚至献出了宝贵的生命。

因此，在太空竞赛如火如荼的 1971 年，美国“阿波罗 15 号”飞船执行登月任务时，将一份金属墓志铭永远留在了月球表面，这份金属墓志铭上没有区分国籍，镌刻了当时所有为探索太空而牺牲的宇航员的名字。

三、御天：中国人对宇宙的向往

让我们把目光转到新世纪的中国。

2003年10月15日9时，酒泉卫星发射中心，随着火箭启动的一声轰鸣，在场所有人的心都提到了嗓子眼。这是要载入历史的时刻，这是中国人第一次载人航天的尝试。

随后控制台传出消息：

火箭一级发动机和4个助推发动机同时点火；

火箭飞行120秒逃逸塔分离；

137秒助推器分离；

159秒火箭一、二级分离；

200秒整流罩分离；

460秒二级主发动机关机；

587秒船箭分离；

飞船进入倾角42.4度、近地点高度199.14千米、远地点高度347.8千米的椭圆轨道。

随后杨利伟搭乘飞船在轨运行14圈，历时21小时23分，其返回舱于北京时间2003年10月16日6时23分返回内蒙古主着陆场，其轨道舱留轨运行半年。至此，中国人终于实现了千年的飞天梦想，在浩瀚的太空留下了属于中国的印记。

神舟五号的成功背后是中国人数十年的付出。1956年10月8日，我国第一个火箭导弹研制机构——国防部第五研究院成立，钱学森任院长。1958年4月，我国第一个运载火箭发射场开始兴建。1964年7月19日，我国第一枚内载小白鼠的生物火箭在安徽广德发射成功，我国的空间科学探测迈出了第一步。1968年4月1日，我国航天医学工程研究所成立，开始选训航天员和进行载人航天医学工程研究。1970年4月24日，随着我国第一颗人造地球卫星“东方红一号”在酒泉发射成功，我国成为世界上第5个发射卫星的国家。1975年11月26日，中国首颗返回式卫星发射成功，3天后顺利返回，我国成为世界上第3个掌握卫星返回技术的国家。2005 年是我国返回式卫星成功发射 30 周年，截至 2005 年 9 月，我国已经成功发射 22 颗返回式卫星。利用返回式卫星开展的科学试验成果已在国民经济发展的很多领域广泛运用。

改革开放以后，我国的航天事业继续加速。1979 年，远望 1 号航天测量船建成并投入使用，我国成为世界上第 4 个拥有远洋航天测量船的国家。目前我国已形成先进的陆海基航天测控网，由北京航天飞行控制中心、西安卫星测控中心、陆地测控站、4 艘远望号远洋航天测量船以及连接它们的通信网组成，技术达到了世界先进水平。1985 年，我国正式宣布将长征系列运载火箭投入国际商业发射市场。1990 年 4 月 7 日，长征三号运载火箭成功发射美国研制的“亚洲一号”卫星，我国在国际商业卫星发射服务市场中占有了一席之地。1990 年 7 月 16 日，长征二号捆绑式火箭首次在西昌发射成功，其低轨道运载能力达 9.2 吨，为发射载人航天器打下了基础。1990 年 10 月，载着两只小白鼠和其他生物的卫星升上太空，开始了我国首次携带高等动物的空间轨道飞行试验。试验的圆满成功为我国载人航天器生命保障系统的设计以及长期载人太空飞行收获了许多宝贵数据。1992 年，我国载人飞船正式列入国家计划进行研制，这项工程后来被定名为神舟号飞船载人航天工程。神舟号飞船载人航天工程由神舟号载人飞船系统、长征运载火箭系统、酒泉卫星发射中心飞船发射场系统、飞船测控与通信系统、航天员系统、科学研究和技术试验系统等组成，是我国在 20 世纪末期至 21 世纪初期规模最庞大、技术最复杂的航天工程。1999 年 11 月 20 日、2001 年 1 月 10 日、2002 年 3 月 25 日、2002 年 12 月 30 日，我国先后 4 次成功发射神舟一号至四号无人飞船，载人飞行已为时不远。

2003 年 10 月 15 日，我国成功发射第一艘载人飞船神舟五号。航天英雄杨利伟乘坐神舟五号飞船顺利完成了我国首次载人航行，实现了中华民族“飞天”的千年梦想。21 个小时 23 分钟的太空行程标志着中国已成为世界上继苏联和美国之后第 3 个能够独立开展载人航天活动的国家。

历史上，远洋航海技术的兴起促进了世界贸易的发展、世界市场的开辟和近代科学的进步，开始了一个“全球文明”的时代。当代载人航天技术的问世使人类走出地球到达太空，开始了一个“空间文明”的新时代。

第五节　问天：火星探测器

火星是太阳系里四颗类地行星之一，也是太阳系中仅次于水星的第二小的行星。其外表为橘红色是因为地表被赤铁矿覆盖，故被古巴比伦人称为“红色星球”。火星的直径约为地球的一半，自转轴倾角和自转周期则与地球相近。火星的公转周期是地球的两倍，所以一个火星年约为两个地球年。火星上也有大气层，但因为缺乏磁场保护，其大气层非常稀薄。大气以二氧化碳为主（95.3%），十分干燥，且时常刮起火星沙尘暴。火星上遍布撞击坑、峡谷、沙丘和砾石，其中南半球是古老、充满撞击坑的高地，北半球则是较晚形成的低地平原。和地球一样，火星也有天然卫星。火卫一和火卫二是火星的两颗卫星，但其形状不规则，并不能像月亮一样呼作白玉盘。在生命的起源水资源上，火星被认为存在固态水。根据观测，在火星有类似地下水涌出的现象，雷达数据显示两极和中纬度地表下存在大量的水冰。

火星被认为是人类移民的最佳选择，虽然它干燥寒冷，但多种水资源存在的证据表明了生命存在的可能。所以有人认为，火星的现在就是地球的未来，是地球演化历史和未来的重要参照，因而开展火星探测和研究，对于认识人类居住的地球环境，特别是认识地球的长期演化过程，是十分重要的。火星探测器作为人类探测和研究火星的重要手段，在 20 世纪 60 年代后受到了很大重视，苏联、美国、日本和欧洲等国家和地区都先后发射了各自的火星探测器，但其中大部分都失败了。我国的第一颗火星探测器“萤火一号”于 2011 年 11 月 9 日在哈萨克斯坦发射，但也不幸遭遇失败。直到 2020 年 7 月 23 日，我国才成功发射“天问一号”火星探测器，其携带的着陆器于 2021 年 5 月 15 日成功着陆火星。遥远的距离、极端的环境和严苛的要求让火星探测器成了集各种尖端技术于一身的重大科学仪器，它小小的身躯承载了人类对深空探索无尽的渴望。

一、什么是火星探测器

火星探测器，是一种用来探测火星的人造航天器，包括从火星附近掠过的人造飞行器、环绕火星运行的人造卫星、登陆火星表面的着陆器、可在火星表面自由行动的火星漫游车以及未来的载人火星飞船等。这些探测器分别完成飞掠、环绕、降落、巡视和未来可能的返回任务。迄今为止，人类已经发射了数十个火星探测器对火星进行探测，其中有10个火星探测器成功登陆火星，分别为海盗1号、海盗2号、探路者、机遇号、勇气号、凤凰号、好奇号、洞察号、毅力号和天问一号。

二、人类的火星探测史

1960年，苏联向火星发射了火星1A号探测器，它是人类探测火星的开端。1964年，美国成功发射水手4号火星探测器，它是历史上第一个成功飞掠火星的探测器，第一次将人类的声音带到了火星周围的太空。

1971年，美国发射水手9号探测器，于1971年11月13日到达火星轨道。水手9号是人类有史以来第一枚成功进入环绕火星轨道的探测器，它首次拍摄到火星全貌，取得了空前的成功。

1973年苏联连续向火星发射了四枚探测器火星4号至7号。火星5号于1974年2月12日进入环绕火星轨道，拍到世界第一张火星彩色照片，一共工作了9天。除此以外，其他的探测器均在途中失败。

1975年美国发射海盗1号和海盗2号着陆器以探测火星生命迹象。海盗1号于1976年7月20日在火星着陆，它发回的照片显示火星的天空是略带桃粉色的，并非科学家们原先所想的暗蓝色。海盗2号于1976年9月3日成功着陆火星，它携带的地震波探测器第一次记录到了火星地震。

1988年苏联发射火星探测器福波斯1号和福波斯2号。福波斯1号在飞往火星途中失踪。福波斯2号则在1989年3月27日探测器进入环绕火星轨道后不久与地球失去了通信联系。福波斯2号最后发回地球的图像是一个巨大的圆柱形“太空船”照片——一个估算有25千米长、直径1.5千米的雪茄状“母船”，它就悬浮在火星卫星“火卫一”的下方。福波斯2号传回这张令人震惊的图像后，就和地球失去了联系。

1992年9月25日，美国发射火星观察者号探测器，其进入火星轨道时与地球失去联系。

1996年11月7日，美国的火星全球勘测者探测器发射升空，于1997年9月11日进入绕火星运行轨道。这枚探测器持续运作了10年，最后在2006年11月5日失去信号联络，成为迄今服役时间最长的火星探测器。它发回的信息量比之前升空的所有火星探测器的总和还要大，是最成功的火星探测任务之一。

1996年12月4日，美国发射火星探路者号探测器，携带第一部“索杰纳号”火星车于1997年7月4日在火星表面着陆。

1998年7月3日，日本发射希望号火星探测器，但因偏离轨道而失败。

1999年1月3日，美国发射火星极地着陆者探测器，在进入火星大气层时失去联络而坠毁。

2001年4月7日，美国发射“2001火星奥德赛号”探测器。探测器于2001年10月23日到达火星轨道，它发现火星表面可能有丰富的冰冻水。在“勇气号”“机遇号”“凤凰号”和“好奇号”登陆期间，“2001火星奥德赛号”扮演了通信中继站的角色并工作至今。

2003年6月2日，欧洲发射“火星快车号”探测器，于2003年12月25日成功进入环绕火星轨道。搭载的“猎兔犬2号”着陆器在着陆过程中失去联络。

2003年美国实施“火星探测漫游者”计划，先后将“勇气号”和“机遇号”两部火星车送往火星。两部火星车的任务时间都被设计为3个月，但它们的实际工作时间都远超设计时间。“勇气号”于2003年6

月 10 日发射升空，于 2004 年 1 月 3 日在火星表面成功着陆，在工作了 7 年后于 2011 年 3 月 22 日失去联络。“机遇号”于 2003 年 7 月 7 日发射升空，于 2004 年 1 月 25 日成功着陆火星。在工作大幅超出原本设计 3 个月的时间后，“机遇号”于 2018 年 6 月因火星上的沙尘暴永久地与地球失去联系。2019 年 2 月 13 日，NASA 正式宣布终止“机遇号”的任务，至此它已经工作了约 15 年。

2005 年 8 月 12 日，美国成功发射火星侦察轨道器，其于 2006 年 3 月 10 日进入火星轨道。

2007 年 8 月 4 日，美国成功发射“凤凰号”火星探测器，于 2008 年 5 月 25 日在火星北极成功着陆。2008 年 6 月 15 日，“凤凰号”火星着陆探测器在着陆地点附近挖到的发亮物质是冰冻水，从而证实火星上的确存在水。“凤凰号”还探测到来自火星云层的降雪，而且找到了火星上曾经存在液态水的最新证据。任务完成后，随着火星进入严冬，“凤凰号”由于电量难以维持而失去联络。

2011 年 11 月，俄罗斯发射“福布斯－土壤号”火星探测器，因主动推进装置未能点火而变轨失败。其搭载的中国第一个火星探测器“萤火一号”也宣告失败。

2011 年 11 月 26 日，美国“好奇号”火星探测器成功发射，并于 2012 年 8 月 6 日成功登陆火星。其搭载的“好奇号”火星车是第一辆采用核动力驱动的火星车，其使命是探寻火星上的生命元素。2013 年 9 月，美国航天局“好奇号”火星车发现火星表面土壤约 2% 是水分，只需将土壤稍稍加热，就可获得水。

2013 年 11 月 5 日，印度发射其首颗火星探测器“曼加里安号”火星探测器。2014 年 9 月 24 日，印度“曼加里安号”成功进入火星轨道。

2013 年 11 月 18 日，美国“火星大气与挥发演化”探测器发射升空，于 2014 年 9 月 22 日成功进入火星轨道。“火星大气与挥发演化”探测器旨在调查火星的上层大气，帮助了解火星大气层的气体逃逸对火星气候与环境演变所产生的影响。

2018 年 5 月 5 日，美国“洞察号”火星探测器发射升空，执行人类首个探究火星“内心”的探测任务。同年11月26日，“洞察号”无人探测器在火星成功着陆。

2020年7月23日，中国的天问一号火星探测器发射升空。2021年5月15日，天问一号着陆巡视器成功着陆于火星。

2020年7月30日，美国发射“毅力号”火星探测器，同时搭载了人类首架火星直升机“机智号”。2021年2月，“毅力号”火星车和“机智号”火星直升机成功着陆火星。

三、我国的火星探测器——天问一号

在2011年“萤火一号”火星探测器发射失败后，我国开始规划自主发射火星探测器。2016年1月，中国自主火星探测任务获得国家批准立项。任务要求通过一次发射任务实现火星环绕、着陆和巡视，对火星开展综合性的环绕探测。2020年4月24日，中国行星探测任务被正式命名为“天问系列”，首次火星探测任务被命名为“天问一号”，后续行星任务依次编号。天问一号的名称来源于中国古代爱国主义诗人屈原的长诗《天问》，表达了中华民族对真理追求的坚韧与执着，体现了对自然和宇宙空间探索的文化传承，寓意探求科学真理征途漫漫，追求科技不断创新永无止境。2021年4月24日，中国首辆火星车被命名为“祝融号”。祝融被视为最早的火神，象征着祖先用火照耀大地，带来光明。首辆火星车命名为“祝融”，寓意点燃中国星际探测的火种，指引人类对浩瀚星空、宇宙未知的接续探索和不断超越。

（一）天问一号探测器构成

天问一号探测器由环绕器和着陆巡视组合体组成，总重量达到5吨左右。

环绕探测是火星探测的主要方式之一，也是行星探测开始阶段的首选方式。环绕器要完成的主要科学探测任务包括5大方面：火星大气电离层分析及行星际环境探测；火星表面和地下水冰的探测；火星土壤类型分布和结构探测；火星地形地貌特征及其变化探测；火星表面物质成分的调查和分析。

天问一号环绕器搭载了 7 台有效载荷，用于火星科学探测，包括 7 个部分。

（1）中分辨率相机，绘制火星全球遥感影像图，进行火星地形地貌及其变化探测。

（2）高分辨率相机，获取火星表面重点区域精细观测图像，开展地形地貌和地质构造研究。

（3）环绕器次表层探测雷达，对行星表面和内部结构的岩性、电磁参数及主要组成成分进行探测研究。开展火星表面地形研究；开展行星际甚低频射电频谱研究。

（4）火星矿物光谱分析仪，分析火星矿物组成与分布。

（5）火星磁强计，探测火星空间磁场环境。

（6）火星离子与中性粒子分析仪，研究太阳风和火星大气相互作用、火星激波附近中性粒子加速机制。

（7）火星能量粒子分析仪，绘制火星全球和地火转移轨道不同种类能量粒子辐射的空间分布图。

天问一号环绕器进入环火轨道后，先开展约三个月的对地观测，特别是对预选着陆区进行详细勘测。之后携带“祝融号”火星车的着陆器将与环绕器分离，利用降落伞和反推火箭在火星表面着陆，并开展为期 90 个火星日的巡视探测任务。

“祝融号”火星车要完成的科学探测任务有：火星巡视区形貌和地质构造探测，火星巡视区土壤结构（剖面）探测和水冰探查，火星巡视区表面元素、矿物和岩石类型探查，以及火星巡视区大气物理特征与表面环境探测。

火星车搭载了 6 台科学载荷，包括：

（1）火星表面成分探测仪，用于元素组成分析；用于矿物和岩石的分析和识别；空间分辨率图像。

（2）多光谱相机，获取着陆点周围的地形、地貌和地质背景信息，进行空间分析，获得岩石、土壤等可见近红外光谱数据；采集各种白天和黑夜的天空图像，以进行特定的大气、气象和天文研究。

（3）导航地形相机，拍摄广角图片，指导火星车的移动并寻找感兴趣的目标（岩石 / 土壤等）；结合环绕器上搭载的高分辨率相机，将它们拍摄到的地面图像进行比对，可以校准火星表面的真实情况。

（4）火星车次表层探测雷达，次表层探测雷达可以探测火星土壤的地下分层和厚度。包含两个通道，低频通道（15 —95MHz）可以穿透10 —100 米的深度；高频通道（0.45 —2.15GHz）可以穿透 3 —10 米的深度。次表层探测雷达可以随火星车移动，持续收集地下雷达信号，探测地下物质的大小和分布特征。

（5）火星表面磁场探测仪，检测火星表面磁场，火星磁场指数以及火星电离层中的电流。其主要优点是可随火星车移动；与环绕器上搭载的磁强计协同观测，将对理解火星内部的演变具有极其重要的意义。

（6）火星气象测量仪，用于监测火星表面温度、压力、风场和声音等的时间和空间变化。

天问一号火星车相较于国外的火星车，其移动能力更强大，设计也更复杂。它采用主动悬架，6 个车轮均可独立驱动，独立转向。除前进、后退、四轮转向行驶等功能外，还具备蟹行运动能力，用于灵活避障以及大角度爬坡。更强大的功能还包括车体升降（在火星极端环境表面可以利用车体升降摆脱沉陷）、尺蠖运动（配合车体升降，在松软地形上前进或后退）和抬轮排故（遇到车轮故障的情况，通过质心位置调整及夹角与离合的配合，将故障车轮抬离地面，继续行驶）。

（二）组成材料

为了适应太空和宇宙的极端的环境条件，天问一号使用了多种新型材料，包括：

（1）超轻质的蜂窝增强低密度烧蚀防热材料：在探测器着陆的阶段，该材料表面与火星大气摩擦并发生复杂的物理化学反应，带走大量的热量；同时该材料还具有良好的保温隔热性能，将热浪排除在探测器之外，有效保护探测器不被烧坏。

（2）连续纤维增强中密度防热材料：该材料相比低密度材料强度更高，密度为 0.9g/cm^3，兼顾了耐烧蚀和承载能力。

（3）超轻质的烧蚀防热涂层材料：应用在气动加热较为缓和的背景部位。

（4）特种吸能合金：应用于着陆机构。该合金具有突出的强韧性、轻质性和吸能性，可吸收探测器着陆的冲击能。

（5）高性能碳化硅基增强铝基复合材料：应用于探测器高精密仪器。该材料重量轻、强度高、刚性好、宽温度范围下尺寸稳定，满足天问一号长时间运行时对关键机构的材料需求。

（6）铝硅封装外壳：应用于探测器着陆系统的 TR 组件等核心元器件封装解决方案，保障探测器着陆系统电路的安全，为器件内部电路穿上安全可靠的保护衣，保障探测器在火星的安全平稳着陆。

（7）新型铝基碳化硅复合材料：用于火星车结构、机构、仪器等几十种零部件。火星车要在工况复杂的火星表面长距离行走，这对火星车材料的轻量化、高强韧性、高尺寸稳定性、耐冲击性提出了极高的要求，传统铝、钛合金难以兼顾综合要求，新型铝基碳化硅复合材料可胜任。

（8）新型镁铝合金：用于探测器结构。目前世界上最轻的金属结构材料之一，可实现探测器轻量化。

（9）高精尖铝材（蒙皮板、自由锻件、超大规格板、锻环、铝锂合金）：应用于探测器。保障天问一号火星探测器长期的太空行驶及完成着陆。

（10）有机热控涂层：用于航天器外表面及仪器表面。探测器在进入轨道后，处于地球大气层以外的超高真空空间环境，朝向太阳的部分表面温度非常高，而背向太阳的部分表面温度非常低，导致航天器“冰火两重天”。该材料可以保证探测器能够在极端复杂的温度下保持正常工作，通过调控温度达到热控需求。

（11）纳米气凝胶：用于火星车。该材料质量轻、隔热性能好，在探测器“落”与“巡”两项任务中发挥作用。

（12）聚合物智能复合材料：用于可展开柔性太阳能电池系统。实现柔性太阳能电池的锁紧、释放和展开，以及展开后高刚度可承载等功能。

（三）飞行控制

探测器在出发阶段，需要陆基航天测控站和万吨级远望系列航天测量船全程保驾护航。出发后，需要庞大的深空探测天线网络覆盖整个天域，保证它在整个探测火星过程中都能跟地球有效通信。要知道，天问一号距地球最远的时候达到 4 亿千米，这个距离需要光速飞行 22 分钟。另外，天问一号也需要自主导航和控制，精准确定自身位置和姿态，例如利用恒星敏感器把自己的姿态确定到角秒级的精度。

为了接收中国首次火星探测任务天问一号来自 4 亿千米距离之遥微弱的信号，地面应用系统在天津武清站新建了 70 米高性能接收天线（GRAS-4），它是亚洲最大的单口径全可动天线，是完成天问一号探测器科学数据接收任务的关键设备。除此以外，远望六号探测船等移动探测接收设备时刻监视天问一号的轨迹。

（四）飞行目标

天问一号执行中国首次火星探测任务，其飞行目标是在国际上首次通过一次发射，实现火星环绕、着陆、巡视探测，使中国成为世界上第二个独立掌握火星着陆巡视探测技术的国家。

天问一号探测任务的三大科学问题：（1）探测火星生命活动信息；（2）火星的演化以及与类地行星的比较研究；（3）探索火星的长期改造与今后大量移民建立人类第二个栖息地的前景。

天问一号探测的五个科学目标：（1）火星形貌与地质构造特征；（2）火星表面土壤特征与水冰分布；（3）火星表面物质组成；（4）火星大气电离层及表面气候与环境特征；（5）火星物理场与内部结构。

天问一号火星探测器的成功发射、持续飞行以及后续的环绕、降落和巡视，表明深空探测是当今世界高科技中极具挑战性的领域之一，是众多高技术的高度综合，也是体现一个国家综合国力和创新能力的重要标志。中国开展并持续推进深空探测，对保障国家安全、促进科技进步、提升国家软实力以及提升国际影响力具有重要的意义。

“探索浩瀚宇宙，发展航天事业，建设航天强国，是我们不懈追求的航天梦。”未来 5 年及今后一个时期，中国将坚持创新、协调、绿色、开放、共享的发展理念，推动空间科学、空间技术、空间应用全面发展，为服务国家发展大局和增进人类福祉作出更大贡献。

天问一号任务成功是中国航天事业自主创新、跨越发展的标志性成就。在中国航天发展史上，天问一号任务实现了 6 个首次：一是首次实现地火转移轨道探测器发射；二是首次实现行星际飞行；三是首次实现地外行星软着陆；四是首次实现地外行星表面巡视探测；五是首次实现 4 亿千米距离的测控通信；六是首次获取第一手的火星科学数据。在世界航天史上，天问一号不仅在火星上首次留下中国人的印迹，而且首次成功实现了通过一次任务完成火星环绕、着陆和巡视三大目标，充分展现了中国航天人的智慧，标志着中国在行星探测领域跨入世界先进行列 。

四、探测器如何到达火星

（一）抓住发射窗口

火星比地球距离太阳更远，公转周期更长。地球环绕太阳一周需要约 365 天，火星则需要约 687 天。这种“不同步”导致地球和火星之间距离在 5500 万千米到 4 亿千米之间不断变化。地球和火星约 780 天会合一次：在 780 天内地球运行了 2 周 49 度角，恰好超过了火星 1 周，二者距离达到一次最近。因而，火星探测器的发射时间要求很苛刻，必须在每次地球和火星会合时机之前几个月、火星相对于太阳的位置领先于地球 44 度角左右的时候出发，瞄准 6 —11 个月之后火星的位置，开启火星探测之旅。

由于地球和火星每次会合机会带来的理想探测窗口仅在 1 个月左

右，探测任务如果赶不上出发，就要等待26个月后的下一次机会。这对于存在设计寿命且有着巨大保管维护成本的探测器而言，是很难接受的。所以，火星探测器的研制工作需要严格规划时间，以免错过后续发射窗口。“毅力号”火星车就因错过2020年7—8月的发射窗口损失了至少5亿美元。

（二）运载火箭发射

在人类航天探索中，航天器的速度是最重要的核心。实现火星探测意味着探测器不仅要突破第二宇宙速度，完全摆脱地球引力，还要在此基础上进一步加速，在抵达火星前尽力摆脱太阳引力的巨大影响。这对探测火星的运载火箭要求极高，基本是各国最为强力的火箭系列。天问一号使用长征五号系列运载火箭进行发射，其起飞总质量约为869吨，只为运输约5吨的天问一号到达火星。

（三）霍曼转移轨道

1925年，德国航天工程师瓦尔特·霍曼博士出版了图书*Die Erreichbarkeit der Himmelskörper*（大意为“天体的可抵达性”），在书中提出了著名的霍曼转移轨道。他或许没有想到，这个理论成为后来人类几乎所有火星探测任务的基础。

霍曼转移方案非常简单，轨道是半个椭圆，链接了地球轨道和火星轨道，全程耗时6—11个月。基本操作分为以下三步。

（1）探测器被发射进入太空后首先进入地球轨道；

（2）在地球轨道上瞬间加速后，进入一个椭圆形的转移轨道；

（3）待探测器接近火星时，探测器进行减速操作，被火星引力捕获进入火星轨道。

霍曼转移轨道能够最大限度节省推进剂，最大限度减少操作，这成为行星探索的首选方案。

（四）环绕火星

经过约半年的长途旅行，火星探测器制动进入环绕火星轨道。

探测器抵达火星后可以选择立即分离，也可以选择绕行后再进行分离。立即分离的方案可以大大降低环绕器的制动变轨压力，但给着陆留下的选择窗口太短，非常容易失败。“火星快车号”和“微量气体探测器”的着陆部分便是因此宣告失败。探测器可以先充分地对火星进行探测后，反复确认着陆地点和最优着陆窗口，再进行分离，使着陆器登陆火星。

（五）着陆火星

着陆器与环绕器分离后，便开始最为危险的着陆阶段。由于距离过于遥远，地球和火星双向通信延时将长达几十分钟，地面工作人员不可能人工控制复杂的火星着陆过程，这一切全要靠着陆器自己完成。

以天问一号的着陆过程为例，着陆器首先通过气动减速约 5 分钟，着陆器速度从约 5 千米 / 秒减速到数百米 / 秒。随后，着陆器展开其携带的巨型降落伞，在短时间内把速度进一步降低到约 100 米 / 秒。随后，着陆器自带的反推火箭开始全力工作，逐渐降低速度。着陆器先是在火星表面数十米的高度悬停，对地表情况进行探测，然后确认着陆地点，最后缓慢软着陆到火星表面。

（六）巡视器出发，开机工作

着陆器稳定着陆后，会与环绕器联络，确定工作状态，上传记录的全部数据，传回地球。一切确认后，着陆器将放出导轨，巡视器开机，积累到足够能量后，行驶抵达火星表面，开始工作。

五、总结

火星探测器作为人类探测火星的重要手段，需要投入巨大的人力物力和财力。自 20 世纪 60 年代以来，有能力探索太空的国家为此付出巨大努力。作为人类太空移民的首选目的地，关于火星的探测在未来必将越来越重要。

第六节　下海：蛟龙

一、蛟龙号是什么

蛟龙号载人潜水器是一艘由中国自行设计、自主集成研制的载人潜水器，在类别上，蛟龙号属于深海载人潜水器。深海载人潜水器是运载科学家、工程技术人员和各种装置、特种设备，能快速、精确到达多种深海复杂环境，进行高效勘探、科学考察和特种作业的装备，它可以使科学家亲临海洋的内部研究海洋。科学家对海洋研究越深入，对深海载人潜水器的需求就越紧迫①。开展深海载人潜水器的研制工作与中国大洋矿产资源研究开发协会（简称“中国大洋协会”）的海洋开发与资源调查需求密切相关，对于维护国家主权，保障海洋权益，开发海洋资源，以及提高国防实力都具有重要的战略意义。

随着铜、镍、钴、锰等大洋矿产资源的战略作用日益凸显，加强国际海底勘探开发的研究势在必行②，大深度载人潜水器的论证与研发工作也逐步开展。蛟龙号载人潜水器的成功研制使中国的载人深潜技术实现了跨越式发展，挤进了国际深海载人“高技术俱乐部”。在蛟龙号之前，只有美国、俄罗斯、法国、日本拥有4500—6500米的作业型深海载人潜水器，而当时中国载人深潜的技术水平只有600米③。人类认识海洋、开发海洋、保护海洋都要依靠最先进的科技装备。因此，建设海洋强国的核心问题是发展海洋高技术。载人潜水器能够满足海底复杂地形下的精确定位、精细调查取样和近距离观察的要求，对于完成中国的国际海底矿区的勘探任务和开展深海科学研究具有重要的现实需求。蛟龙

---

① 参见徐芑南：《对发展我国载人深潜器高技术的研讨》，《中国海洋平台》1994年第Z1期；刘峰、李向阳编著：《中国载人深潜“蛟龙”号研发历程》，海洋出版社2016年版，第3页。

② 参见金建才：《大洋多金属结核资源的研究开发》，《自然杂志》1992年第3期；贾明星：《七十年辉煌历程　新时代砥砺前行——中国有色金属工业发展与展望》，《中国有色金属学报》2019年第9期。

③ 参见崔维成、宋婷婷：《“蛟龙号”载人潜水器的研制及其对中国深海探索的推动》，《科技导报》2019年第16期。

号是我国自行设计、自主集成研制的首台大深度载人潜水器，于2002年正式立项，2009年开始海试。2012年6月27日，蛟龙号在马里亚纳海沟创造了下潜7062米的纪录，这是当时世界上同类作业型载人潜水器最大下潜深度，这一深度覆盖了世界海洋面积99.8%的范围。近年来，蛟龙号已完成了近200次安全下潜，获得了丰硕的深海科考成果。其中超过6000米深度的下潜多达30余次，充分验证了它的安全性、可靠性和先进性，为推进我国海洋资源勘探开发、深度参与全球海洋治理提供了有力保障。

二、蛟龙号载人潜水器的立项背景

1960年起，随着近海石油开采的兴起，国际上出现了一批浅海的载人潜水器和带缆水下机器人（Remote Operated Vehicle，ROV）。一些海洋大国开始把目光转向蕴藏着丰富资源的大洋海底，因此深海科学研究和深海资源勘探开发利用逐步形成了热点。1980年后，美、法、俄、日等相继研发了6000—6500米深的载人潜水器和无缆自治水下机器人（Autonomous Underwater Vehicle，AUV），在潜水器研制方面进入了一个新高潮，特别是大深度载人潜水器的直接观察、直接取样、直接测绘和及时判断决策的优势，在深海资源勘查和深海科学研究方面，更展现出不可替代的作用。

我国改革开放后科技快速发展，针对浅海ROV开展了一系列的研究开发和应用，尤其是通过中俄合作6000米水下机器人“CR-01”AUV的研发成功，在耐压结构及密封、槽道螺旋桨推进、水声通信导航定位、环境探测、预编程控制、主从式机械手控制等技术上已取得了初步实用化成果；在路径规划、动力定位、光学、声学图像识别及导引等方面也都取得了实质性突破，并且也初步培养锻炼了一支深海技术装备研发的国家队，积累了深海装备研发的组织管理经验，为发展我国的深海装备建立了从0到1的技术和人才队伍储备。

1990年初，在分析国内外发展趋势的基础上，我国海洋科技界提出了“载人潜水器与深海工作站技术”发展战略论证的建议，中国大洋协会也于1990年成立。1991年，经联合国批准，中国大洋协会在国家管辖范围外的国际海底区域分配到15万平方千米的开辟区，富钴结壳资源也成为国际关注的新热点，需要做大量海底的勘查工作[①]。在这样的形势下，我国大深度载人潜水器的研制已迫在眉睫，大洋协会明确提出研制我国自己的大深度载人潜水器的需求。

2000年，大洋协会再次邀请了国内相关专业领域的院士和专家召开了深海运载技术需求论证会。2001年，大洋协会与ISA正式签订了《国际海底多金属结核资源勘探合同》，这更是成为中国载人潜水器研制立项的直接推动因素。当时，国际上6000米级的载人潜水器有美国的Seacliff、法国的Nautile、俄罗斯的Mir-I和Mir-Ⅱ以及日本6500米级的Shinkai6500，均已下水10年以上。在这种情况下，如何根据国内深海装备研发经验和技术装备总体水平，确定符合中国实际的深海载人潜水器发展目标，制定科学合理的技术路线，如何组织国内力量开展项目研发等，成为建议者和决策者需要具体考虑和审慎处理的问题。

中国政府和中国科学家历来积极推动世界海洋技术装备的进步和发展，中国应该为世界海洋科学的研究和发展作出中国人应有的贡献。在综合国力的强力支撑下，中国理应把国际深海载人潜水器的水平向前推进一步。在国际上作业型载人潜水器最大下潜深度为6500米的基础上，我国确定7000米的目标就成了必然选择。同时7000米载人潜水器的研制也将为未来向全海深进发实现阶段性突破。为此，中国工程院2001年召开了7000米载人潜水器立项论证专题座谈会，参加座谈会的有国家各部委领导、相关技术优势单位的院士和专家。会议统一了认识，明确了7000米载人潜水器研发的迫切性，明确了我国已具备可以立项的技术条件。

在目标明确、技术路线清晰之后，国家科技部组织专家对《7000米载人潜水器总体方案论证报告》进行了评审。2002年6月，国家科技

---

① 参见岳峰:《我国大洋科考发展历程》,《百科探秘（海底世界）》2015年第Z2期。

部正式批准设立国家“十五”863计划“7000米载人潜水器”（即后命名的蛟龙号载人潜水器）重大专项，确定了四项标志性技术目标。具体研制目标是：根据中国大洋协会勘查锰结核、富钴结壳、热液硫化物矿和深海生物等资源的计划及要求，瞄准国际深海勘查作业前沿技术的发展，研制一台采用多种高新技术、新材料和新工艺集成的、拥有自主知识产权的7000米载人潜水器，其总体技术指标达到国际领先水平。国家海洋局是项目的组织部门，中国大洋协会作为业主，具体负责项目的组织实施。中国船舶重工集团公司第七〇二研究所作为总师单位，联合中国科学院沈阳自动化研究所、中国科学院声学研究所等负责载人潜水器本体研制任务，以及载人潜水器总装与集成、潜航员培训等工作，一场深海技术领域的攻坚战由此拉开帷幕[①]。

开展深海载人潜水器研制这样的大型科技项目，是需要政府部门间、不同企事业单位间相互协调，通力合作，联合攻关而成的庞大系统工程，潜水器本体、母船及水面支持系统、潜航员培训、深海基地建设等四大版块需齐头并进，建立完善的组织保障体系至关重要。国家海洋局、科技部、中国船舶集团公司、中国科学院、教育部等部门联合成立了7000米载人潜水器重大专项领导小组，负责对项目的全面领导与决策；由业主中国大洋协会组织成立的7000米载人潜水器重大专项总体组，在负责项目具体组织实施的基础上，又相继任命了潜水器本体总师组和水面支持系统总师组，各自负责相应的技术任务。之后还成立了潜航员培训专家组，负责对潜航员选拔和培训进行技术指导与协调。又成立了国家深海基地筹建办公室，对潜水器今后的业务化运行模式等进行深入研究。

与以往不同，这种重大专项任务由业主作为任务大乙方总负责制的模式，更有力保障了项目的功能目标管控以及最终成果的及时转化，更能满足实际应用的需要。按照确定的“自主设计、集成创新”技术总路线，项目总体组对当时的国际载人深潜技术状况和发展趋势进行了全面

---

①　参见徐芑南、张海燕：《蛟龙号载人潜水器的研制及应用》，《科学》2014年第2期。

系统的分析研究，与俄罗斯、美国、英国、法国等有关国家的深海装备供应商开展广泛接触，综合考虑国际地缘政治等各种因素，进一步细化了各系统研发的技术路线，逐个部件落实自主研发或国外采购的具体技术实现途径。在研制过程中，提出了"'适用'须贯穿研制主线，'安全'是所有工作底线"的设计理念，首次提出载人潜水器研制的五个设计准则，即载体性能与作业要求一体化准则，技术先进性与工程实用性统一准则，技术要素规范化、标准化准则，结构分块化和功能模块化准则，以人为本的多层面安全保障准则。基于上述五个设计准则，采用多学科化技术，提出了超大深度载人潜水器总体研制思路[①]。项目组贯彻了"丰富继承、重点突破、集成创新、整体跨越"的设计思想，制订了"自行设计、自主集成、独立完成海上试验"的研制路线，着力继承和发展国内无人潜水器的相关技术，吸收、消化可能获得的国外先进技术，自主创新、重点突破"深、准、通、新"四方面技术难点，实现跨越发展。针对四方面技术难点归纳出的四大核心关键技术，经细化分解，项目组梳理出本体研制必须攻克的31项关键技术，组织国内上百家相关技术优势单位实现强强联合、协同创新，各自承担研制技术责任，实行全程质量控制[②]。提出"四同步"研发模式，即同步研制，同步建造试验设备，同步形成方法、标准和体系，同时强调同步自主能力的培育与突破。蛟龙号开始研制时，受当时国内技术水平和科研力量的限制，我们对整个载人潜水器是自行设计的，而对一些部件和配套设备的加工采用三种途径来实现。

（1）自主设计、自主研制，即边试验、边改进、边应用，积累经验再创新；

（2）自主设计、委托国外加工制造，即设立专项由国内专业单位研制出更新的材料、更好的工艺；

---

① 参见崔维成、刘正元、徐芑南：《大型复杂工程系统设计的四要素法》，《中国造船》2008年第2期。

② 参见顾继红：《浅析国家科技重大专项档案管理——以蛟龙号载人潜水器研制项目为例》，《兰台世界》2020年第6期；张磊、侯德永、史淦君：《蛟龙号载人潜水器研制过程中的质量控制方法》，《质量与可靠性》2015年第6期。

（3）购买国际市场可供应的成熟产品，即引进、消化、再创新。

到蛟龙号研制任务完成时，也初步实现了各种部件的同步自主研发。另外，在蛟龙号研发过程中培训潜航员，全面掌握运维知识与技能，确保了潜水器及时交付与运营。可以说，蛟龙号载人潜水器研发与应用项目的组织实施模式，是大型科研项目新型举国体制的成功典型案例。

三、蛟龙号的技术优势和应用情况

在我国科技人员的奋力拼搏、艰苦攻关下，一个个技术难关被攻克。经过 10 年的努力，研制完成的蛟龙号与国际同类作业型深海载人潜水器相比，具有以下 6 大技术优势。

（1）最大工作深度：7000 米。工作范围可覆盖全球海洋面积的 99.8%。

（2）最佳操纵控制：自动定高、定深、定向，自动巡航、近底爬坡等，特别是具有悬停定位功能。

（3）最全作业手段：复杂地形条件下取样能力、定点作业能力、高清航拍能力，尤其是高精度地形地貌测绘能力。

（4）最强通信探测：可实时传输语音、图像、信号和文字，9000 米的通信距离在当时载人潜水器中最大，测深侧扫声呐的分辨率高达 5 厘米。

（5）最多安全保障：互为备用的动力，冗余的生命支持与通信，故障检测与应急处理，6 套应急抛载措施[①]。

（6）最高电池容量：容量为 110kW · h 安全稳定的银锌电池电源系统。

蛟龙号载人潜水器于 2009 年开始海上试验，连续 4 年成功完成了 1000 米级、3000 米级、5000 米级、7000 米级海上检验，2012 年在马里亚纳海沟创造了 7062 米的世界同类作业型载人潜水器最大下潜深度纪录。国家海洋局从实际出发，决定从 2013 年开始进入 5 年的试验性

① 参见张奕、丁忠军：《“蛟龙”号载人潜水器安全保障制度构建研究》，《海洋开发与管理》2017 年第 11 期。

应用阶段。到 2017 年，蛟龙号载人潜水器先后在我国南海、东北太平洋多金属结核勘探区、西太平洋海山结壳勘探区、西南印度洋脊多金属硫化物勘探区、西北印度洋脊多金属硫化物调查区、西太平洋雅浦海沟区、西太平洋马里亚纳海沟区七大海区下潜，涵盖了海山、冷泉、热液、洋中脊、海沟、海盆等典型海底地形区域，主要为大洋协会深海资源勘探计划、环境调查计划，科技部“973”计划，中国科学院深海先导计划，国家自然科学基金委南海深部计划等提供技术和装备支撑①。

蛟龙号的应用开创了我国深海资源高效精细勘探的新模式。利用蛟龙号，我国实现了沿预定测线间隔 1 米距离的全断面近底调查、200 千克的多点大容量取样，揭示了结壳区资源分布特征、矿体边界；验证了多波束回波强度结壳勘探方法的有效性；首次取得原位洋中脊热液流体样品，揭示了超慢速扩张洋中脊热液流体特征，查明了龙旂热液区热液活动及热液产物分布特征；为在大洋协会和 ISA 已签订的勘探区内划定潜在的开矿选址提供了重要依据。

蛟龙号的应用为我国精准选划和申请新的矿区勘探合同提供了核心调查资料。利用蛟龙号，我国首次在西北太平洋采薇海山区 5000 米深的海底发现了大面积的高品位富钴结壳；首次在西北印度洋热液区获取了高质量海底矿物、岩石、热液流体、生物样品以及大量的海底高清视频、照片和同步的环境数据；为我国富钴结壳和多金属硫化物新矿区的申请积累了可靠数据。蛟龙号的应用助力我国成为海底勘探合同数量最多、矿种最全、矿区面积最大的国家。

蛟龙号的应用也开辟了我国深渊科学研究的新领域。利用蛟龙号，我国首次在马里亚纳海沟发现活动的泥火山地质新现象，对研究超深渊区板块构造活动、俯冲与沉积作用具有重要意义；首次揭示了维嘉海山与采薇海山巨型底栖动物具有很高的相似性，改变了海山间生物种类相似性低的传统认识；取得了深海生态环境新认识，发现不同类型热液喷

① 参见张同伟、唐嘉陵、李正光等：《蛟龙号载人潜水器在深海精细地形地貌探测中的应用》，《中国科学：地球科学》2018 年第 7 期。

口生物群落的巨型底栖生物种类和数量有显著差异。蛟龙号亲临海底开展的科学调查，为提升我国在国际海底治理的话语权发挥了重要作用。

通过试验性应用阶段，衔接海上试验与日常应用，蛟龙号已累计成功下潜 192 次，搭乘了近 600 人次的海洋科学家和科技工程人员下达深海海底进行直接观测、取样、测绘。其中，31 个潜次作业水深超过 6000 米，累计获得了 1200 千克岩石和结核、结壳样品，398 管沉积物样品，3953 件生物样品和 6225.5GB 地形地貌视频等资料。

2015 年 3 月，蛟龙号结束在印度洋的科考任务后，停靠在青岛母港的国家深海基地码头，国家深海基地管理中心正式启用。该中心建立了一套国家重大深海装备开放共享的应用管理机制，培养了一支载人深潜应用发展队伍，全面负责蛟龙号的业务运行和保障[①]。

在 2018 年启动的蛟龙号技术升级工作中，根据科学应用需求，完成了载人球壳结构全寿命监测系统、载体框架的优化设计与建造、水下灯光视频系统改进设计、作业接口规范与增加、控制系统升级和测深侧扫声呐国产化等 6 项技术改进工作，进行了 7000 米级油浸锂电池组样机试制和试验，完成锂电池换装技术设计。通过技术升级，蛟龙号载人潜水器的技术先进性、安全性、可维性、可用性和作业能力均有显著提高，可以满足新的应用需求，保持技术领先优势。

蛟龙号载人潜水器的新母船“深海一号”于 2018 年 12 月 8 日正式下水，开展试航和船载装备适航性试验验收工作。“深海一号”船先后在国家深海基地管理中心码头开展了 3 次蛟龙号布放回收演练；在威海近海试验基地和鳌山卫锚地开展了 5 次蛟龙号浅海下潜演练；在蛟龙号南海 1000 —3000 米海试期间，面对最大 6 级风、浪高 2.5 米的恶劣海况开展了 5 次下潜；在蛟龙号马里亚纳海沟与雅浦海沟 7000 米级海试中 21 天内完成 12 次下潜。“深海一号”船与蛟龙号载人潜水器适配性得到了充分验证，水面布放回收作业规程日渐成熟，在最近的 D192 潜

① 参见李超、史先鹏、李正光等:《浅谈“蛟龙”号载人潜水器试验性应用航次陆基保障工作》,《海洋开发与管理》2020 年第 5 期。

次中，从潜水器挂上龙头缆到回收到甲板用时仅仅15分钟。

ISA秘书长迈克尔·洛奇先生对蛟龙号给予高度评价，称赞蛟龙号“无疑是使人类进入深海探索的先进的科技成果之一”。中国常驻ISA代表处也表示，蛟龙号研发和应用对我国深海海底矿区资源勘探和开发发挥了不可替代的作用。

四、蛟龙号推动深海技术和新兴产业发展

蛟龙号推动了我国深海技术、应用体系的跨越发展和深海关键装备的国产化进程。在蛟龙号研制与应用过程中，蛟龙号原引进的深海磁耦合推进器、深海直流电机、浮力材料、水下灯、水密接插件、七功能机械手、超短基线、长基线定位声呐、超高压海水泵等部件已实现国产化。

为提高我国深潜装备关键技术的自主可控能力，早在2009年蛟龙号尚未完成海试之时，863计划又创办了450米载人潜水器也就是深海勇士号设计与关键技术研究项目。历经8年持续艰苦攻关，深海勇士号实现了载人舱等耐压结构和材料、锂电池新能源、海水均衡系统、液压作业系统、声学通信、水下定位、控制软件和执行机构等关键部件的国产化，潜水器装备自主化率达到95%，并于2017年10月成功完成海试，为深海载人深潜高端装备实现“中国制造”探索了一条切实可行的路径。深海勇士号的成功极大拓展了中国企业相关领域的制造能力，实现了我国载人潜水器由集成创新向自主创新的历史性跨越。

有了蛟龙号和深海勇士号的基础，瞄准全球海洋最深处逐渐成为可能。2016年，国家科技部适时支持了奋斗者号全海深载人潜水器研制项目，开启了历时5年的集智攻关工作。2020年11月，奋斗者号在马里亚纳海沟完成8次万米级下潜，并且实现了全球首次万米深海作业现场的高清视频直播，使我国具有了进入世界海洋最深处开展科学探索和研究的能力，实现了我国在同类型载人深潜装备方面的超越和引领。

“用字当头”是大深度载人潜水器工程研发的首要宗旨，“要用”是

工程立项的原动力，“顶用”是工程发挥作用的生命力，“用好”是工程寿命期实现的保障。蛟龙号、深海勇士号、奋斗者号三台大深度载人潜水器研制成功后，迄今已累计完成580余次下潜任务，成功率达100%，成果丰硕。我国载人深潜遵循严谨的科学发展路线，一步一个脚印走出了中国特色的自主自强之路。

从蛟龙号到深海勇士号再到奋斗者号，我国载人深潜技术实现了自主设计、自主制造、核心关键技术自主可控，特别是在设计计算方法、基础材料、建造工艺、通信导航、智能控制、能源动力等方面实现了重大技术创新。以奋斗者号的核心部件载人球舱为例，其钛合金材料由我国自主研发，强度高、韧性好、可焊性强，这是国际上30年来在载人深潜技术新材料应用上取得的首次突破之一。

蛟龙号的研制有效促进了我国深海战略性新兴产业发展，带动了我国深海能源、材料、结构、通信导航定位等高技术和产业全面发展，带动深海通用元器件、高性能电池、精密传感器、特种功能材料等研发和产业化，实现自主可控，改变对外高度依赖的局面。这些深海通用技术和装备，在深海油气勘探开发、深海考古乃至旅游观光等方面的应用前景十分广阔，支撑我国深海战略性新兴产业发展的潜力巨大。

以蛟龙号载人潜水器研发与应用为依托，我们国家闯出了一条挺进7000米的深海海底之路。在创造世界同类作业型载人潜水器最大下潜深度纪录的同时，实现了我国深海技术发展的新突破和重大跨越，成为我国深海技术发展的重要里程碑。更重要的是，我们的深海工程技术人员从此树立了进军深海大洋的信心和决心，我们的深海科学家具有了进入海洋内部探索海洋奥秘的良机。可以说，蛟龙号研发与应用任务的圆满完成，为“建设海洋强国”战略创造了良好的社会氛围。一系列潜水器的研制，不仅推动了我国载人潜水器形成谱系，而且有力促进了无人技术的发展，为我国深海大洋研究和开发工作的全面开展奠定了坚实基础。

“严谨求实、团结协作、拼搏奉献、勇攀高峰”的中国载人深潜精神首次在2009年蛟龙号第一阶段1000米海试总结时被提出。从海上试验“没有单位，只有岗位”的理念，到“我的工作无差错，我的岗位请放心”的具体要求，中国载人深潜精神的内涵不断凝练与充实。伴随着深海实践的不断探索，团队力量不断凝聚，团队自信心不断增强，中国载人深潜精神逐渐成为整个载人深潜团队的灵魂。严谨求实，传承了“实事求是”的思想路线，体现了追求真理的科学态度，是指导深海载人潜水器研制和应用的思想基础和客观要求。团结协作，传承了集体主义精神，体现了友爱互助、和谐共进、创新发展的时代特色，是完成载人深潜研制和应用任务的根本保障和坚强基石。拼搏奉献，传承了艰苦奋斗和革命英雄主义优良传统，体现了胸怀祖国、不畏艰险、勇往直前的豪迈气概和忠于职守、攻坚克难、敢于担当的奋斗精神，是中国载人深潜团队完成研制和试验任务的精神力量和内在支撑。勇攀高峰，传承了永不满足、奋发图强的进取意识，体现了与时俱进、敢为人先、追求卓越的创新思维，是夺取载人深潜研制和试验胜利的执着追求和强大动力。

2013 年 5 月，党中央、国务院授予了蛟龙号载人潜水器 7000 米级海试下潜人员“载人深潜英雄”称号，授予研发与海试团队“载人深潜英雄集体”称号，并肯定了团队凝练形成的“严谨求实、团结协作、拼搏奉献、勇攀高峰”的载人深潜精神。2020 年 11 月 28 日，习近平总书记在奋斗者号成功完成万米海试并胜利返航后发来贺信指出：“从‘蛟龙’号、‘深海勇士’号到今天的‘奋斗者’号，你们以严谨科学的态度和自立自强的勇气，践行‘严谨求实、团结协作、拼搏奉献、勇攀高峰’的中国载人深潜精神，为科技创新树立了典范。”[①]

深海大洋蕴藏着无穷的奥秘和宝藏。进入深海大洋，离不开深海装备。目前，我国正在全力打造以蛟龙号载人潜水器、海龙号无人有缆潜水器、潜龙号无人无缆潜水器等“三龙”大型装备体系，以深海钻探“深龙”、深海开发“鲲龙”、海洋数据云计算“云龙”以及海面支

① 《习近平致信祝贺“奋斗者”号全海深载人潜水器成功完成万米海试并胜利返航》，《人民日报》2020 年 11 月 29 日。

持的“龙宫”为一体的“七龙”协同作业，服务于“深海进入、深海探测、深海开发”战略，更好地推进国际海底和深海大洋资源开发工作可持续发展。未来，中国载人深潜技术和装备将为服务深海大洋事业发挥更大的作用。

第七节　探海：半潜式平台、深海空间站与钻探船

一、《海底两万里》

《海底两万里》是法国作家儒勒·凡尔纳创作的长篇小说，主要讲述了博物学家和生物学家阿龙纳斯及其仆人康塞尔和鱼叉手尼德·兰一起随鹦鹉螺号潜艇船长尼摩周游海底的故事。该作品表达了人们对于海底未知世界进行探索的欲望。

该书围绕鹦鹉螺号潜艇展开。1866 年，海上发现了一只疑似为独角鲸的大怪物，阿龙纳斯教授及仆人康塞尔受邀参加追捕。在追捕过程中，他们与鱼叉手尼德·兰不幸落水，落到了怪物的脊背上。他们发现这怪物并非什么独角鲸，而是一艘构造奇妙的潜艇。潜艇是尼摩在大洋中的一座荒岛上秘密建造的，船身坚固，利用海水发电。尼摩船长邀请阿龙纳斯进行海底旅行。他们从太平洋出发，经过珊瑚岛、印度洋、红海、地中海、大西洋，看到海中许多罕见的动植物和奇异景象。途中还经历了搁浅、土著围攻、同鲨鱼搏斗、冰山封路、章鱼袭击等许多险情。

在《海底两万里》中，尼摩是个不明国籍的神秘人物，他在荒岛上秘密建造的这艘潜艇不仅异常坚固，而且结构巧妙，能够利用海洋来提供能源，他们依靠海洋中的各种动植物来生活。潜艇船长对俘虏也很优待，但为了保守自己的秘密，尼摩船长不允许他们离开。阿龙纳斯一行人别无选择，只能跟着潜艇周游各大洋。在旅途中，阿龙纳斯一行人遇到了无数美景，同时也经历了许多惊险奇遇。他们眼中的海底，时而景色优美、令人陶醉；时而险象丛生、千钧一发。通过一系列奇怪的事

情，阿龙纳斯终于了解到神秘的尼摩船长仍与大陆保持联系，用海底沉船里的千百万金钱来支援陆地上人们的正义斗争。最后，鹦鹉螺号在北大西洋里遇到一艘驱逐舰的炮轰，潜艇上除了三位俘虏外个个义愤填膺，他们用鹦鹉螺号的冲角把驱逐舰击沉。不久，他们在潜艇陷入大漩涡的极其险恶的情况下逃出了潜艇，被渔民救上岸。回国后，博物学家才将旅行中所知道的海底秘密公之于世。

《海底两万里》最初于 1869 年至 1870 年间在法国的杂志上连载。由此可见在 19 世纪中期，人们对于海底探险的欲望已经非常高涨。但当时的海底探测还仅限于科幻作品中。时至今日，半潜式平台、深海空间站、钻探船等多种设备已经能够成熟应用于海底探测。海底探测的科幻早已成为现实。

二、半潜式平台

半潜式海上平台是移动式海上平台的一种。由浮筒、甲板、立柱组成。执行工作任务时，向浮筒和立柱内注射压载水，浮筒和立柱下沉。浮筒只淹没在海中某一水深处，平台呈半潜状态。作业完成后，排出浮筒和立柱内的水，平台浮起。工作水深为几十米到几千米，有自航和拖航两种航行作业形式。

半潜式平台是浮动型的移动式平台，其稳性主要靠稳性立柱，它也是柱稳式平台。柱稳式平台包括半潜式和坐底式平台，坐底式平台在浅水作业，半潜式平台主要在深水作业，但也可以在浅水坐底作业，作业时和坐底式平台性能相同。半潜式平台是用数个具有浮力的立柱将上壳体连接到下壳体或柱靴上，并由其浮力支持的平台。在深水半潜作业时，下壳体或柱靴潜入水中，立柱局部潜入水中，为半潜状态；浅水坐底作业时，下壳体或柱靴坐在海底为坐底状态。半潜式钻井平台的产生晚于浮船式平台，它是克服了浮船式钻井平台抗风浪性能差的缺点而产生的。它可以在深水海域、恶劣环境条件下作业，具有良好的运动特性，抗风浪性能好。半潜式平台在设计中巧妙地运用了一些原理，使其减小外力，增加稳性，具有良好的性能。

2018 年，我国建造了国内最先进的半潜式生活平台。这个平台被誉为“海上希尔顿”，生活区超过五星级酒店的居住条件，也标志着我国在海工装备领域取得新突破。该平台型长 106.45 米、型宽 68.9 米、配有露天球场、室内电影院、健身房、图书馆等生活设施，最多可供 600 人工作居住。平台犹如一座移动的海上酒店，能够在低油耗、绿色环保的前提下，为深海油气开采人员提供安全舒适的工作生活环境。据了解，该平台由我国自主完成概念设计、基础设计和详细设计，拥有 100% 自主知识产权，平台的交付标志着我国海工配套装备研发制造能力迈上了新台阶。平台交付后将在海关的护送下开赴巴西，为巴西国家石油公司服务，助推金砖国家能源领域合作。

三、深海空间站

深海空间站，外形类似一艘小型潜艇，就好比把地面的房间搬到了水下，在狭小的空间尽可能把各种功能都考虑到。2012 年 5 月 23 日，第 15 届北京国际科技产业博览会（简称科博会）主题展览在北京国际展览中心开展，本届主题展览以“凝聚创新智慧、做强实体经济”为主题，其中首次设立了海洋科技展区，旨在全面展示中国在海洋技术和海洋经济领域的最新成就，促进蓝色国土开发与和平利用。深海空间站在北京科博会上首次亮相。该工作站工作潜深远大于一般的军用潜艇，可达 1500 米；采用电池动力，可在水下连续逗留 15 —18 个昼夜，水下航速 4 节，最大载员 12 人，正常排水量 260 吨级，长 24 米，可携带多种水下机器人（ROV）、大型多功能作业机械手、重型水下起吊装置等。

深海空间站可为中国深水油气田开发、海洋观测网络建设与运行维护、海洋科学研究提供深海作业装备。它与水面平台（6000 吨级母船，可拖带工作站，支持其长期水下作业）、穿梭式多功能载人潜水器（往返于工作站与母船之间，具备输送、维修、通信、救生等功能）构成“一主两辅”的三元深海作业体系。深海技术也可以兼顾国防。不论是攻击还是防御，都可利用海底基地扩大探测能力。深潜科技能力的发展对国防有很大好处。未来若也能在 1000 米、2000 米的深海开发旅游项目，则深海空间站发展前景更为广阔。

人们将我国的深海空间站戏称为“龙宫”。我国是一个半内陆国家，拥有着广阔的海洋资源，现如今，为了更好地利用这里的宝藏，我国还在水下 2000 米的地方，专门建立了一个用于探测和开发海洋资源的工作平台。深海空间站虽小，但五脏俱全。在通过各种考验后，深海空间站已经能够正式投入使用了。深海空间站的规模的确不大，但具备各种基础生活设施，活动空间就环境恶劣的大洋深处来说不算小。深海空间站使得人们能够持续在水下停留。我国的蛟龙号载人潜水艇，可以潜入 7000 米的海底，但蛟龙号载人潜水艇的乘载人数较少、工作时间短。相比蛟龙号载人潜水艇，深海空间站能够在 1500 米以下的海域里逗留数十天。

潜艇的主要价值是军事价值，而深海空间站则是为了满足海洋科考工作，所以两者存在本质区别，既然是海洋科考工作，深海空间站上携带的设备也主要以各种探测器为主。一般潜艇的水下活动深度不会超过 500 米，而深海空间站却能够在 1500 米深的水下活动。通常情况下，深海空间站并不像潜艇一样需要四处活动，而是会选择停留在相对固定的海域，方便观察海洋生物以及海底环境变化。无论是海洋生物还是海底环境，都需要一个较长的观察周期，深海空间站就能够很好地满足这一需求，目前中国建造的深海空间站并不是终点，而仅仅是一次大胆的尝试，随着中国科研实力的不断增强，中国研制工作深度更大、载人更多、续航时间更长的深海空间站也势在必行。

四、钻探船

钻探船是专用于对海底地质构造进行钻井作业的船只。钻探船可以用来钻探水底地质结构，设有井架、钻机，以及采样、化验等设备；可分为地质取芯船和海洋石油钻探船。钻探船的船型一般采用排水式船型，也有采用双体式船型，排水量从几百吨到一两千吨，航速每小时一二十海里，续航力几十天。也有水面式钻井船，又称水面式钻井装置，是用于海洋地质勘探的海洋工程船舶，由于它像一艘船舶漂浮在水面，故叫水面式钻井船。钻探船的特点是吨位大、抗风浪能力强、航速快、自供能力天数多，适于远海作业。船上装有专门的海洋地质调查的仪器设备，主要包括地震测量、磁力测量、重力测量、海底取样等调查设备。主要任务是运用地球物理勘探和采样分析等手段研究海底的沉积与构造，评估海底矿产资源的蕴藏量。

大洋钻探是深海研究乃至整个地球科学领域规模最大、历时最久、成就最显著的国际大科学计划，历经了深海钻探计划、大洋钻探计划、综合大洋钻探计划和国际大洋发现计划四大阶段，目前已累积取得岩芯超过 40 万米，为板块构造理论、古海洋学和气候演变规律等研究领域的发展作出了突出贡献。作为深海矿产资源勘探开发的重要支撑平台，大洋钻探船是不可或缺的“硬件”支撑。美国、日本和欧洲一些国家研发大洋钻探船较早，技术力量雄厚，现已成功应用钻探船开展海底岩芯取样、矿产资源勘探，特别是美国“格罗玛 · 挑战者号”“乔迪斯 · 决心号”和日本“地球号”3 艘大洋钻探船专门为国际合作项目服务。经过多年发展，我国大洋钻探方面的国际地位逐步提高，作用日益凸显，而大洋钻探船的建造，仍是目前的短板，已引起业界人士的高度重视。

中国于 1998 年参加大洋钻探，当时只是参与国身份，每年交 1/6 的成员国费用。1999 年，中国争取到了第一个大洋钻探航次，首次对南海进行大洋钻探即取得岩芯 5460 米，获取了气候演变周期性规律等重大成果。之后，我国多次参加大洋钻探航次，取得亚洲季风变迁和南海盆地演变等多项成果，培养和壮大了深海人才队伍。2013 年开始的大洋钻探第四阶段，中国不仅以全额会员身份加入该国际计划，还以“匹配性建议项目”的形式资助其他航次，中国在国际大洋勘探领域的影响力逐渐提升。但由于缺少自己的大洋钻探船和相应设备，严重制约了我国深入参与大洋钻探活动。

我国自 20 世纪 70 年代开始进行海洋矿产资源勘探，但由于没有大洋钻探船，只能利用“大洋一号”“海洋六号”和“海洋十八号”等船以及蛟龙号、海龙号、潜龙号等潜水器。近年来，为满足海洋矿产资源勘探需求，我国积极开展大洋钻探船的设计和建造，积累了宝贵的经验。中国海洋石油集团有限公司所属“海洋石油 708 深水工程勘探船”，具有探测天然气水合物、大洋浊流沉积和浅层高压水等功能，可在 3000 米水深实施工程地质勘查和工程地质特性测试。中国船舶工业集团公司第七〇八研究所联合国内高校和船厂，完成拥有自主知识产权的 3000 米水深钻井船的总体方案开发，并通过挪威船级社的审查。2011 年 9 月，中船集团公司所属的上海船厂船舶有限公司与华彬集团旗下公司签署 1500 米水深钻井船建造合同，这是国内首个拥有完全自主知识产权并负责完整建造的钻井船项目，首只船已于 2014 年交付。

第八节　深海：海底资源开发

我国陆地面积约 960 万平方千米，大陆海岸线长 1.8 万多千米，岛屿岸线长 1.4 万多千米，内海和边海的海域面积 470 多万平方千米，领海由渤海（内海）和黄海、东海、南海三大边海组成，海域内分布着 7600 多个岛屿。

在人类历史上，中华民族是最早开发利用海洋资源的民族之一。早在 2000 多年前，古人以广东徐闻港和广西合浦港等港口为起点开创了“海上丝绸之路”，以南海为中心，到中南半岛、南洋群岛、印度、斯里兰卡等地，后来发展到波斯湾和非洲北部，成为我国与西方国家之间经济文化交流的重要渠道，促成了世界性的贸易网络。作为海上丝绸之路中的三大港口，广州、泉州、宁波被列入了世界文化遗产预备名单中。在 21 世纪，如何积极有效地开发海洋资源，对我国国民经济可持续发展有着重要意义。

一、海洋资源分类

众所周知，地球表面 2/3 以上是海洋，海洋资源非常丰富，蕴含着人类生存所需的生产和生活资料。从是否有生命来看，海洋可分为生物资源和非生物资源；从来源看，可分为太阳辐射资源和地球本身资源；从是否可恢复看，可分为再生资源和非再生资源；从属性看，可分为海洋矿物资源、海水化学资源、海洋生物资源、海洋动力资源。

表2　四类海洋资源

类别	资源
海洋矿物资源	石油、煤、铁、铝矾土、锰、铜、石英岩等
海水化学资源	氯、钠、镁、硫、碘、铀、金、镍等
海洋生物资源	鱼类资源、软体动物资源、甲壳动物资源、哺乳类动物、海洋植物等
海洋动力资源	潮汐能、波浪能、海流能、温差能、盐差能等

二、海洋资源开发技术

海洋开发利用是指应用海洋科学和相关工程技术开发利用各种海洋资源的活动。按资源类型，可分为海洋资源开发、海洋空间利用、海洋能利用等。按地域类型，可分为岸滩、海岸、近海和深海的开发利用。

（一）海水淡化

地球表面有71%被水覆盖。地表水的97%是海洋，只有3%是淡水。除去两极冰盖，人类可利用的淡水资源不到1%，而全球用水量持续增长，水资源严重不足。海水淡化是开发新水源，解决沿海和苦咸水地区淡水危机的重要途径。

海水淡化是指从海水中获取淡水，早期多采用多效蒸发法和多级闪蒸法，后来发展为电渗析法、反渗透法、低温多效蒸发法等方法（表3）。全球海水淡化技术超过20种，其中，反渗透法是目前世界上应用最多的海水淡化技术。

表 3　几种主流海水淡化法的原理和优点

方法	原理	优点
蒸馏法	将蒸汽冷凝在蒸发结晶器内，使得海水析出冰晶	不消耗常规能源，绿色环保，水质高
反渗透法	对海水一侧施加外压，使得海水中的纯水反渗透到淡水中	节能，成本低
电渗析法	利用新型离子交换膜，选择性透过正负离子，由阴阳两膜交替排列形成隔室，实现海水和淡水分离	既可淡化海水，也可处理污水
纳渗析法	用纳滤膜法处理海水	有效去除海水中的钙、镁、硫酸根和碳酸根等易结垢的二价离子
电去离子法	电渗析与离子交换结合的新型膜分离技术	能耗低，无污染

我国水资源贫乏，且时空分布不均，平均年缺水量约为 404 亿立方米，水资源的匮乏严重影响了人民群众的生活，制约了经济发展。因此，海水淡化被列入国家“十一五”规划和《国家中长期科学和技术发展规划纲要（2006—2020 年）》。《中华人民共和国国民经济和社会发展第十二个五年规划纲要》明确指出：“大力推进再生水、矿井水、海水淡化和苦咸水利用。”《海水淡化利用发展行动计划（2021—2025 年）》指出，到 2025 年，全国海水淡化总规模预计达 290 万吨 / 日以上。目前，我国主要以反渗透技术为主，海水淡化的成本较高，主要包括电力费用、固定资产折旧费用、材料更换费用及检修维护费用等。为了降低海水淡化的成本，需要大力发展海水淡化技术，提高工艺，推进关键技术和设备的国产化，提高设备的利用率，建立智能淡化工厂，从而降低运营成本和人力成本。

（二）海底采矿

海底采矿是对海底矿产资源的开采。早在 16 世纪，英国就开始在爱尔兰海开采海底燃煤。海底矿产资源主要包括海水中溶解的矿物、海底表层矿床和海底基岩矿床。其中，海水中溶解的金属和非金属元素高达 80 多种，可以从中提取食盐、镁、溴、钾、碘等多种有用物质。

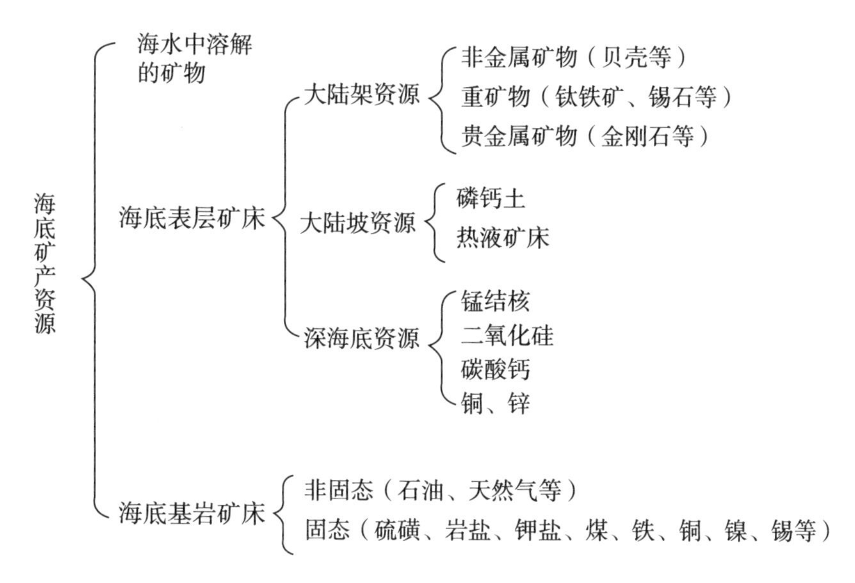

图 1　海底主要的矿产资源

海底矿产资源大多数位于公共区（国家管辖范围以外的海床和海底）。根据《联合国海洋法公约》，这些资源被纳入国际管辖权，必须在国际海底管理局的监管下可持续地开发。我国海洋矿资源蕴藏非常丰富，经初步勘测，海洋石油和天然气面积超过 100 万平方千米，原油储量约 90 亿吨到 140 亿吨，海滨砂矿数亿吨，矿种 60 多种。海洋开发在我国具有重要战略地位，据智研咨询《2020 年中国海洋经济生产总值分析》显示，2020 年全国海洋生产总值达到 80010 亿元，占全国生产总值的 7.88%。其中，北部海洋经济圈海洋生产总值约 2.34 万亿元（占全国海洋生产总值的 29.2%），东部海洋经济圈海洋生产总值约 2.57 万亿元（占全国海洋生产总值的 32.1%），南部海洋经济圈海洋生产总值约 3.09 万亿元（占全国海洋生产总值的 38.7%）。

海洋采矿涉及诸多专业（机械、电子、通信、冶金、化工、物理、化学、流体力学等）和行业（造船业、远洋运输业等）。与陆地相比，海洋特有的巨浪、海冰、高压、腐蚀等恶劣条件使得海洋矿物开采难度大，技术要求高。而海洋采矿过程中采矿船排放的废水以及海底泥浆、液压泄漏、噪声污染和光污染等势必会破坏海洋的生态平衡。因此，海洋采矿应以保护海洋环境为前提，合理有序地进行。海底资源的开采关键技术包括海底矿体的采掘、矿石的水下提升运输。海底开采装置有链斗式采矿装置、气压式采矿装置和水泵式采矿装置。

（三）人工岛

人工岛是为了开发利用海洋资源，拓展城市发展空间，用人工填海造地的方式在小岛和暗礁基础上建造而成的岛屿。人工岛的面积小至数百平方米，大到几千平方米不等。我国自 2013 年开始，陆续在南沙群岛上修建人工岛，其中美济岛的面积最大，不仅是水产基地，还有巨大的旅游经济价值以及军用价值。一般来说，人工岛有以下几种用途。

宣示主权。按照联合国有关经济区的认定，人工岛的所属国拥有周围 12 海里的领海和 200 海里的经济区，以及海底矿藏的开采权和周边海域的捕鱼权。

改善土地不足的状况。由于土地资源匮乏，人造岛可以用于机场、航道灯塔、深水港、房地产开发等。例如，阿联酋迪拜棕榈岛、日本大阪关西国际机场、中国的香港国际机场。

改善海底环境。建设人造海洋牧场，可以吸引海洋生物繁衍生息。例如，美国加利福尼亚州人造鱼礁和海洋牧场。

军事用途。人工岛可以作为军事基地，部署军事设施。

环保。荷兰科学家提出在太平洋中收集 4400 万公斤漂浮的塑料垃圾，建造一个人工岛，逐步实现自给自足。

旅游。由于人工岛拥有得天独厚的地理优势与生态环境，特别适合旅游度假。海南的海花岛就是集主题乐园、度假酒店、购物美食、会议会展、滨海娱乐、文化演艺等于一体的度假区。

表 4　世界著名的人工岛

国家 / 地区	人工岛
日本	神户人工岛海港、新大村海上飞机场、海萤人工岛
迪拜	棕榈群岛、世界群岛、迪拜海岸
美国	威尼斯人群岛、爱丽丝岛、吴丹岛
中国	珠澳口岸人工岛、香港国际机场、香港会展中心、澳门国际机场
韩国	汉江浮岛、首尔人工岛、马山湾人工岛
欧洲	奥地利穆尔浮岛、苏爱人造岛“克兰诺格”、英国北星岛、荷兰弗莱福兰岛

人工岛工程主要包括岛身填筑、护岸、岛陆交通。岛身填筑有先抛填后护岸和先围海后填筑两种方法。前者适用于掩蔽较好的海域，先用驳船运送土石料直接抛填，然后修建护岸设施；后者适用于风浪较大的海域，先将水域用堤坝圈围起来，再运送土石料进行抛填或用挖泥船进行水力吹填。护岸有斜坡式和直墙式两种，斜坡式护岸采用人工砂坡，用块石、混凝土块或人工异形块体护坡。直墙式护岸采用钢板桩或钢筋混凝土板桩墙、钢板桩格形结构或沉箱、沉井等。人工岛与陆上的交通方式主要有陆地（海底隧道或海上栈桥）运输、设备运输（皮带运输机、管道或缆车等）、海上（船舶）运输等。

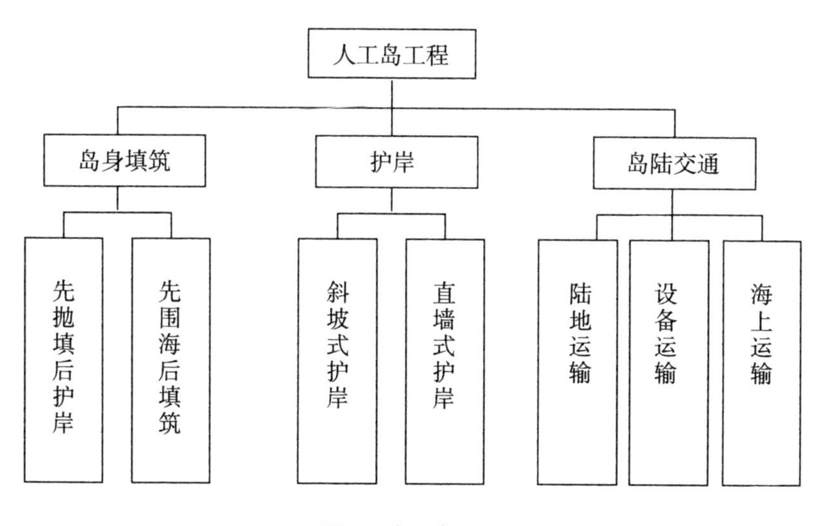

图 2　人工岛工程

三、我国海洋资源开发的机遇与挑战

习近平总书记在党的十九大报告中指出："坚持陆海统筹，加快建设海洋强国。"[①] 海洋强国战略包括海洋安全、海洋经济、海洋环境、海洋科技。目前，我国对海洋的开发主要在浅海海域，而对海洋深处的资源开发明显滞后于西方国家。长期以来，在海洋开发过程中存在着海洋资源意识不强、海洋产业布局不合理、海洋开发政策不统一、海洋资源开发法制不完善、海洋开发综合协调机制不健全、海洋资源开发技术落后等问题[②]。

（一）发展高端海洋工程装备，提高海洋深处开发建设的能力

海洋科技是海洋强国战略的重要组成部分，在海洋强国战略的推动下，我国应该发挥科技要素的核心作用，建设引领型的海洋强国。深水油气开发已成为世界石油工业的热点和科技创新的前沿。我国深水海域蕴藏着丰富的油气资源，但深水区域特殊的自然环境和复杂的油气储藏条件使深水油气开发在钻探、开发工程、建造等方面面临诸多技术难题，整体技术水平与国外先进技术水平有很大差距。针对我国的实际情况，我们要发展海洋高新技术，开发研制高端海洋工程装备，提高在海洋深处独立进行开发建设的能力和经验，推动海洋生物技术、海洋油气业、海洋医药产业、海洋农牧化、海洋生物深加工、海水综合利用、海洋能利用技术等高技术产业的发展[③]。

（二）完善海洋法制建设，规范海洋开发

《中华人民共和国海域使用管理法》自 2002 年 1 月 1 日起正式施行，对海洋功能区划、海域使用的申请与审批、海域使用权、海域使用

---

① 习近平：《决胜全面建成小康社会 夺取新时代中国特色社会主义伟大胜利——在中国共产党第十九次全国代表大会上的报告》，人民出版社 2017 年版，第 33 页。

② 参见杨盼盼：《我国海洋资源开发中存在的问题及对策》，《对外经贸》2015 年第 3 期；徐冰：《我国海洋资源开发存在的主要问题及对策研究》，中国太平洋学会海洋维权与执法研究分会 2016 年学术研讨会论文集，2017 年 1 月，第 439—454 页。

③ 参见李清平：《我国海洋深水油气开发面临的挑战》，《中国海上油气》2006 年第 2 期。

金等做了明确规定，但海洋资源法律体系中仍存在许多法律空白和缺陷，缺少综合型的海洋资源开发立法和海洋资源产权制度，“重污染防治，轻资源保护”，“重海洋资源的开发利用，轻海洋资源的保护或养护”，各单行海洋资源法律（规）之间协调性差，造成海洋资源开发不规范。因此，应该大力推进海洋资源立法，健全海洋资源法律制度，建立完备的海洋综合管理法律体系，明确合理的奖赏惩罚制度及海洋资源有偿使用制度[①]。

（三）统一海洋开发规划，提高海域综合利用效益

海洋开发活动存在缺乏统一规划、海域使用不合理、破坏海洋的生态环境等问题。例如，著名的国家级旅游度假区——北海银滩，由于建设开发中的诸多错误决策，出现了萎缩和退化的趋势。在海洋资源的开发中，应该遵循海洋发展的科学规律，在海洋自身的环境承载范围内进行统一的规划和开发，才能实现海洋资源的可持续发展[②]。

（四）建立综合协调机制，促进海洋开发利用的健康发展

我国海洋开发多以行业各自开发为主，由于各行业仅仅以本行业的利益为出发点，缺乏行业之间的综合协调机制，造成行业争夺海域的矛盾，严重影响海洋经济的健康发展。例如，20 世纪 90 年代大连港的多起外轮被养殖网具绞缠事件，造成了严重的国际影响。为了提高海洋资源的综合开发利用，在法律法规的指导下，建立管理部门和各行业共同参与的综合管理体制和合理高效的综合协调机制势在必行。

---

①　参见金永明：《完善我国的海洋资源开发法律制度》，《探索与争鸣》2005 年第 12 期；臧化焱：《我国海洋资源开发的法制保障研究》，东北林业大学硕士学位论文，2013 年。
②　参见杨国强：《浅论海洋经济可持续发展与海洋环境保护》，《现代商业》2020 年第 9 期。

第九节　入地：无处不钻的盾构机

一、盾构机的发明

（一）盾构机的发明灵感竟来源于船蛆

时间追溯到遥远的18世纪，那时英国人计划在伦敦地下修建一个横贯泰晤士河的隧道，然而，在当时的施工技术条件下，修建如此规模的河底隧道简直比登天还难。工程开始不久就因为施工问题而停工。法国工程师布鲁诺尔是一个有心人，一直惦记着泰晤士河隧道工程问题。一个偶然的机会，布鲁诺尔发现一种船蛆的钻洞行为很有意思。船蛆为一种软体动物，因其穴居于木制船而危害船舶，被称为船蛆，又被称为凿船贝。这种巨型船蛆生活在一个硬壳内，以木材为食，用一个阀门状的器官进食，并且有两个虹吸管吸水和排水。布鲁诺尔仔细地观察了船蛆在船体中钻洞的行为，发现它还会从体内分泌一种液体涂在孔壁上形成保护壳，以抵抗木板潮湿后发生的膨胀。他从这个现象中获得灵感，发现了盾构掘进隧道的原理，并取得了专利，这就是所谓开放型手掘盾构机的原型。

布鲁诺尔的盾构机为一种金属圆柱体，内有复杂的机械和辅助设备。由千斤顶推动金属筒框向前水平推进，并有金属筒框支撑土（岩）体防止塌方，同时还在金属筒框后进行衬砌结构的施工。其构架分成36个小单元，每个单元内有一名矿工把他面前的黏土挖开。当许多名矿工挖去同一数量的黏土时，构架就可以向前移动了，挖空的地方被铺上了砖块。布鲁诺尔的盾构施工法一开始进行得并不顺利，在施工过程中出现了多次波折。1835年，经过布鲁诺尔改良的盾构施工法重新投入使用，经过数年的精心施工，终于建成泰晤士河水底隧道。

布鲁诺尔发明的盾构机是手掘式盾构机，为盾构机的初级形态。尽管该发明的意义非凡，但仍没有摆脱手掘的束缚。我们通常把布鲁诺尔发明的盾构机称为第一代盾构机。

我们把机械式和气压式盾构机称为第二代盾构机。机械化盾构机的研发是盾构机演化史上的一个重要的里程碑。第一个机械化盾构机的专利是英国的布伦敦等人于 1876 年申请的，其进步的标志是采用了压缩空气，机械开挖代替了人工开挖。

第三代盾构机以闭胸式盾构机为代表，主要包括泥水式盾构机和土压式盾构机。泥水平衡式盾构机是通过调节出泥舱的泥水压力稳定开挖面，弃土以泥水方式排出的盾构机。土压平衡式盾构机是通过调节出泥舱的土压力稳定开挖面，弃土可以从出泥舱排出的盾构机。

第四代盾构机以大直径、大推力、大扭矩以及高智化和多样化为主要特色，正在隧道建设中发挥着重要作用。研制具有深度感知、智慧决策、自动执行功能的盾构机及其控制系统，是未来盾构机的发展方向。

（二）盾构机的内部构造

盾构机为什么能在地层内部打洞？这和它的内部构造密不可分。盾构机内部一般可分为盾构壳体、推动系统、拼装系统、出土系统等四个部分。

其中壳体部分是指盾构机外部的圆柱状壳体，作为支护可以防止地层的坍塌。盾构机的前部主机有点像一个巨大的电动剃须刀，只不过它刮的是泥土而不是胡子。为了让原本坚硬密实的土壤变得蓬松些，在切削土体时会向土体喷一些专门制作的泡沫剂。

盾构机的刀盘上安装有先行刀、重型刮刀和边缘刮刀等各种类型的刀具，刀具多达几百把，盾构机在工作的时候，利用回旋刀具进行开挖。当刀具磨损到一定程度的时候，工作人员可以进行更换。

刀盘的旋转由电动马达驱动，功率在几千千瓦到一万千瓦不等，需要专线进行供电。盾构机的推动系统由盾构千斤顶和液压设备组成。盾构机千斤顶需要克服盾构机重以及周围土体产生的正面和侧壁的摩擦阻力。

盾构机前端的刀盘每转一周，就会切削下来不少泥土。这样一来，盾构机就能整体前进一段距离，并把挖出的渣土“吐”出去。盾构机的内部装备有专门的出土系统。在盾构机的刀盘后方有一个收集渣土的土仓，用来盛装盾构机切削下来的泥土。在土仓的后面装有螺旋输送机和传输皮带，可以不断地把土仓中的泥土运送到盾构机后部的拖车中去。

当刀盘向前推进一段距离后，管片在盾构机壳内进行拼装，拼装时管片由输送机供给，由工人操作拼装机拼出一环厚厚的钢筋混凝土盾壳（管片），从而支撑起挖掘的隧洞，使其不发生坍塌。千斤顶支撑在已拼装好的环形隧道衬砌上，每拼装一环管片，就向前推进一个衬砌环间宽度。

盾构机在液压千斤顶的推动下前行，旋转的刀盘挖掘地层，并通过螺旋输送机运出，每前进一段距离，便拼装一环新的管片，这一工作流程是持续循环进行的，掘进、拼环、再掘进、再拼环，隧道在不断的循环中向前延伸。

在漆黑的地下工作，盾构机如何确保前进的方向呢？原来，现代盾构机都装有高精度的测量和导航系统，因此能够动态显示当前位置相对于隧道设计轴线的位置偏差，从而确保盾构机沿着正确的方向前进。

现代大型盾构机技术附加值高，制造工艺复杂，以前国际上只有欧美和日本的几家企业能够研制生产。2015 年 11 月 14 日，由中国铁建重工集团和中铁十六局集团合作研发的中国首台国产铁路大直径盾构机在长沙下线，拥有完全自主知识产权，打破了国外近一个世纪的技术垄断，加速了中国快速城市化大铁路网建设的步伐。目前，盾构机已广泛用于地铁、铁路、公路、市政管网、过江隧道、水电等隧道工程。

二、盾构机的发展历程以及国产盾构机的追赶之路

（一）盾构机的国外发展史

盾构机的发展大概经历了 200 余年，从人工掘进盾构机到全断面隧道机械化掘进的土压平衡式或泥水加压式盾构机。早在 19 世纪，法国工程师布鲁诺尔发明了世界上第一台矩形盾构机，并建造了世界上第一条水底隧道。该隧道宽 11.43 米、高 6.78 米、长 458 米，历时近 20

年，耗费大量人力、物力才完工。1847 年，在英国伦敦地下铁道城南线施工中，格雷特·海德首次采用气压盾构法。1892 年美国开发了封闭式盾构。之后，盾构工法被广泛地应用于隧道施工中，包括法国巴黎下水道隧道（1892 年），德国柏林隧道（1896—1899 年）和易北河隧道（1913 年），日本国铁羽越线（1917 年）、关门隧道（1939 年）、东京地铁隧道（1957 年），苏联莫斯科地铁隧道（1931 年）和列宁格勒地铁隧道（1948 年），中国阜新圆形盾构疏水隧道（1953 年）和北京盾构下水道隧道（1957 年）等。从 20 世纪 60 年代开始，各种新型的盾构工法相继研制成功，例如英国滚筒式挖掘机（1960 年）、美国油压千斤顶盾构（1960 年）。日本的盾构工法以泥水盾构（1964 年）、土压盾构（1972 年）、气泡盾构（1981 年）、注浆盾构工法（1989 年）为主。

（二）国产盾构机发展史

国产盾构机的发展可以分为三个阶段：黎明期（1953—2002 年）是中国盾构技术发展从无到有的时期，技术创新期（2003—2008 年）是盾构机从有到优的突破时期，跨越发展期（2009 年至今）是盾构机从优秀到卓越的时期。2002 年底，国家科技部将"盾构刀盘刀具与液压驱动系统关键技术研究及其应用"列入国家高技术研究发展计划（863 计划），极大地促进了国产盾构机的发展。从 2008 年，我国第一台具有自主知识产权的盾构机研制成功开始，中国盾构机技术逐步走向国际，2014 年首次出口到新加坡，2017 年出口欧洲，在研发和生产方面都处于世界领先地位。

表 5　国产盾构机大事记

时间	研制单位	盾构机	应用
1953 年	东北阜新煤矿（组装）	直径 2.6 米手掘式盾构机	疏水巷道工程
1962 年	上海城建局	直径 4.16 米手掘式盾构机	—
1965 年	上海隧道工程设计院、江南造船厂	直径 5.8 米网格挤压盾构机	—

续 表

时间	研制单位	盾构机	应用
1966 年	上海隧道工程设计院、江南造船厂	直径 10.22 米网格挤压盾构机	上海打浦路越江公路隧道工程
1973 年	上海市	1 台直径 3.6 米和 2 台直径 4.3 米的水力机械化出土网格盾构机	污水排放隧道和引水隧道施工
1980 年	上海隧道股份	直径 6.412 米网格挤压盾构机	上海地铁 1 号线试验段施工
1982 年	上海隧道股份、江南造船厂	直径 11.3 米网格挤压水力出土盾构机	上海外滩延安东路北线越江隧道工程
1987 年	上海隧道股份	直径 4.35 米加泥式土压平衡盾构机	上海市南站过江电缆隧道工程
1990 年	法国 FCB 公司、上海隧道股份、上海隧道工程设计院、沪东造船厂	直径 6.34 米土压平衡盾构“友谊号”	上海地铁 1 号线工程
1999 年	上海隧道股份	3.8 米 ×3.8 米组合刀盘式土压平衡矩形顶管机	陆家嘴车站 5 号出入口地下通道工程
2002 年	上海隧道股份	6 米 ×4 米偏心多轴式刀盘土压平衡矩形顶管机	宁波市开明街—药行街地下通道和地铁车站过街人行地道工程
2004 年	上海隧道股份	土压平衡盾构“先行号”样机	上海地铁 2 号线西延伸段区间隧道工程
2008 年	上海隧道股份、浙江大学、中铁隧道集团	直径 11.22 米国产泥水平衡盾构机	上海打浦路复线隧道工地
2013 年	中铁装备	超大断面矩形盾构机	城市下穿隧道和地下停车场的施工
2016 年	中铁装备	世界最小直径 3.5 米硬岩盾构机	—
2016 年	中铁装备	马蹄形盾构机“蒙华号”	蒙华铁路白城隧道
2019 年	中交天和	直径 13.19 米泥水加压平衡盾构机	印度尼西亚雅万高铁 1 号隧道
2023 年	中铁隧道局、中铁装备	国内最大直径土压 /TBM 双模盾构机“永安号”	珠肇高铁圭峰山隧道

目前，中国盾构机主要企业有中铁装备、铁建重工、中交天和、三三工业、上海隧道、北方重工等，产品出口实现了欧洲、美洲、亚洲、非洲、大洋洲等五大洲全覆盖。其中，中铁装备具备年产盾构 150 台套的产业化能力，拥有 13 大盾构制造基地。铁建重工拥有先进生产设备 200 多台套，盾构年产能力达 120 台套。中交天和具备年产盾构 60

台套的生产能力。三三工业具备年产100台套盾构的能力。中船重装为盾构制造领域广东省国产品牌第一，具备年产50台套的能力。可以说，中国盾构机技术已经具备了完全自主知识产权的研发能力，实现了本土化、产业化、市场化。

三、地下蛟龙的跟跑、并跑、领跑之路

（一）艰难跟跑

2009年之前，我国大约有85%的盾构掘进机依赖进口。其中，占据欧洲大半市场份额的德国海瑞克、以产量1670台居世界首位的三菱重工，以及拥有多个品牌的德国维尔特的表现最为抢眼。其中海瑞克就占据国内盾构机市场的70%以上。

2010年，中国交通建设集团有限公司（简称中国交建）承接的南京纬三路过江隧道工程需要两台开挖直径超过15米的超大直径盾构机，一台外商要价达7亿元，并且态度强硬地表示，不通融、不降价，制造周期远超工程预期。此外，外国专家对设备进行检修的时薪要价竟然超过5000元人民币，为了技术保密，还禁止中国人观看。没有技术，就得任人宰割。在盾构机领域，顾客并不是上帝。

如果说盾构机是“工程机械之王”“地下蛟龙”，那么超大直径盾构更是“工程机械之王”的王中王。超大直径盾构机的设计与普通盾构机的设计完全不同，肩负着重大使命的中国盾构人，从此开始了超大直径盾构机研制的跟跑、并跑、领跑的10年，从落后百年逆袭到世界领先，这一条路走得并不容易。

（二）实现并跑

超大型盾构机和中小型盾构机的设计理念完全不同，没有任何资料可以借鉴。南京纬三路过江隧道是我国首个复合地质条件下的超大型隧道工程，也是当时世界上同类隧道中规模最大、距离最长、水压最高、

地质条件最复杂的隧道，堪称超级工程。限于当时国内科研实力和装备水平，不仅外国人认为中国人不可能造出这种大型装备，就连大多数国内同行也没有信心。

2010 年 4 月，中国交建的盾构机企业——中交天和在常熟注册成立，工厂还没建好，办公就在铁皮板房。做梦都想造出超大型盾构机的中交人接下了研发两台开挖直径超过 15 米的超大直径盾构机的任务。从此，有骨气的盾构人吃住在公司，边建设厂房，边培养员工，边科技攻关，边制造设备，通宵达旦地刻苦钻研。在研发过程中，我方多次遭到国外的技术封锁。如管片同步施工搬运系统是超大型盾构机的重要组件，是集起重、液压震动、同步控制于一体的高端设备，当时国际上只有一家德国企业能够生产，起初我方想直接购买这套组件。不过，当这家企业知道中国交建在自主研发盾构机后，开出了天价合作费。他们认为中国企业没有研发能力，最终只能接受他们的条件。谈判陷入僵局，中国研发人员狠下决心："这套设备和港口机械原理相通，我们争一口气，自己开发！"经过几个月的攻关，这套设备成功问世，不仅节约费用近千万元，而且为今后制造全系列盾构机提供了技术保障。

油缸是盾构机的关键部件之一，盾构机向前掘进的推力就来自油缸。此前，大型盾构机的油缸全部依赖进口，我方最初的想法也是直接从国外购买。一台超大直径盾构机设计推力接近 3 万吨，需要 58 根油缸，每根油缸重达 8 吨，国外企业开价每根 50 万元。我国的盾构人再一次给自己加压，找来一家志同道合的企业，给出标准和要求与他们共同研发。中交天和的技术人员来到合作企业，带领两个研发团队夜以继日地进行攻关。经过近半年的连续奋战，国产超大型盾构油缸破茧而出，成本降低一半以上。现在该油缸不仅被国内盾构机采用，还远销日本及欧美国家。

14 个月，420 个日日夜夜，6700 多张设计图纸，10 万多个大小零部件，最后汇成了刀盘开挖直径达 15.03 米、足有 5 层楼高、长达 130 米、重达 4800 吨的中国首台泥水气压平衡复合式盾构机，这是当时世界上最大的复合式盾构机之一。这两台盾构机的成功研发，共为国家节约支出近 8 亿元，并在国际上首创了多项新技术，其中刀盘伸缩技术、氦氧饱和带压换刀技术、长距离掘进刀盘都解决了盾构机领域的世界性难题；在南京纬三路过江隧道掘进过程中创造了复杂地质条件下单日掘进 26 米、砂卵石地层连续掘进 2580 米不换刀等新纪录，打破了国外同类盾构机的极限纪录，书写了国产盾构机的传奇，结束了大型和超大型盾构机完全依赖进口的局面。

2018 年 3 月 13 日，孟加拉国卡纳普里河河底隧道用超大直径盾构机下线仪式如约而至，这场庆典首开多个先河，甚至被视为中国盾构品牌历史的里程碑事件，终结了海外超大直径盾构机市场一直为国外垄断的局面。2020 年 8 月，孟加拉国历史上首条超大直径隧道贯通，成就了该国人民的隧道梦想。2018 年 9 月 29 日，中印尼两国元首亲自确认和直接推动的新时代中印尼两国发展战略对接、共建“一带一路”的旗舰项目和印尼海洋支点战略对接的重大项目，中国高铁全方位整体走出去的第一单，东南亚第一条最高时速达 350 千米的高铁——印尼雅万高铁 1 号隧道的中国出口海外直径最大盾构机下线。2020 年 11 月，雅万高铁 1 号隧道被中交盾构机顺利贯通，为该高铁早日实现全线通车奠定了坚实基础。中交超大直径盾构产品还正源源不断地走向海外。

（三）实现领跑

通过不断创新发展，我国的盾构机王牌企业中交天和已将超大直径盾构核心技术牢牢掌握在自己手中，并实现了弯道超车，掌握着诸多世界首创或先进技术。如超大直径盾构机超长距离不换刀技术，可实现该盾构连续掘进 5000 米不换刀；超大直径盾构机创抗浮技术，能有效解决管片上浮难于控制的世界级工程难题；刀具光纤磨损检测技术，实现了刀具实时监测；盾尾磨损检测技术，实现了盾尾磨损实时监测；全智能化管片拼装技术，只需一个按钮，盾构机就能实现隧道内管片的自动运输抓举拼装，可以大幅提高管片拼装质量，更可减轻工人作业强度；同步掘进技术实现了盾构机掘进拼装同步，较国内外同类装备掘进效率提升 30%—50%；智慧化远程安全监控管理系统，可实时记录盾构掘进数据，管理风险边界，及时报警并提供解决措施预案，还可实现盾构机远程故障诊断及远程控制，实现盾构机全生命周期管控；绿色环保管路延长装置，彻底解决了隧道内泥水溢出的施工环境污染；泥水分层逆洗循环技术，能有效应对岩溶复合地层及断裂带的掌子面塌方、泥水管路堵仓滞排、刀盘结泥饼等施工风险，迅速恢复刀盘掘进功能等。

2021 年，由中交天和自主研发、中国最大直径（超越“长城号”盾构机的直径）、可实现连续掘进 5000 米不换刀、用于江阴过江通道建设的超大直径盾构机——“聚力一号”及世界首台无人化操作盾构机成功问世，这成为世界盾构发展的新高度。

第十节　出地：矿产资源的可持续开发

矿产资源为一国的经济发展提供了原料基础，近年来随着国民经济的高速发展，矿产资源的消耗速度也在不断提高，高需求必然要求更大的资源开发力度，而大规模的资源开采和加工又不可避免地造成生态环境的严重污染，生态系统正处在退化的边缘。如何实现资源节约、环境保护的矿产资源可持续开发已成为当前的重要发展议题。我国的绿色矿业发展之路又将何去何从？

一、新中国的矿业发展之路

矿业为发展国民经济提供了坚实基础，经济社会的发展也离不开矿业的支撑。在当代中国，矿业为国家经济建设和社会发展提供了 95% 的能源资源和 80% 的原材料。根据新中国成立后我国矿产资源的不同时期的不同发展特点，我们将新中国矿业发展历程划分为开创基业、奠定基础、对外开放、稳步前进四个阶段。

（一）开创基业

新中国成立前，由于列强掠夺和常年战争，许多矿山受到严重破坏，设备老旧，各地矿产开采混乱，矿产储量不明。1949 年 10 月 1 日，中华人民共和国宣告成立，自此开启了中国矿业发展史的新纪元，中国矿业迈进了近代矿业发展的新时期。

1949 年，全国主要矿产品产量：原煤仅 3243 万吨，原油 12 万吨，天然气 0.07 亿立方米，铁矿石 59 万吨，黄金 4.073 吨，十种有色金属 1.3 万吨，原盐 298.5 万吨，磷矿石 1.3 万吨[①]。

新中国成立后，为了尽快恢复工厂生产和推动国民经济复苏，稳定和改善人民生活，政府要求我国矿业生产要承担起两项重任：一是尽快恢复生产；二是要组织专业的地质小组对现有矿山资源进行科学的调查勘探，查明矿产资源的现存背景，为复产和扩大新矿山建设创造条件。经过三年的努力，全国在恢复矿业生产和经济恢复方面都取得了令人可喜的成果，比如 1952 年原煤的产量约为 1949 年的两倍；铁矿石产量约 429 万吨，是 1949 年的 8.5 倍……金矿、建材非金属矿产、化工矿产的开发生产也都取得了显著成绩，为矿业的后续发展打下坚实的基础。

（二）奠定基础

伴随着我国第一个五年计划的启动，中国矿业的发展开始进入计划经济时期。煤矿方面，重点扩建了开滦、大同、阜新、鹤岗、阳泉等 15 个老矿区，同时开始了平顶山、包头、潞安、鹤壁等 10 个新矿区的建设工作。铁矿方面，扩建和新建了辽宁鞍山和本溪、河北迁安和邯郸、四川攀枝花、内蒙古白云鄂博等地的铁矿。石油方面，建设起了大庆、胜利、大港、辽河、中原、克拉玛依、苏北等地的油田。此外，还在云南、湖南、广东、辽宁、甘肃、河南等地新建了一大批有色金属和贵金属矿。金矿方面，在河南小秦岭地区、山东招远地区、内蒙古赤峰地区发现一批新的金矿和新的矿床类型。

在 1953 —1978 年的 25 年间，我国累计发现有探明储量的矿产达 131 种（1949 年仅有 2 种），同时我国的主要矿产品产量大幅增长。如

① 参见《新中国矿业发展历程》，人民网 2014 年 10 月 20 日。

1978年，我国原煤产量已突破6亿吨，约为1949年的19倍；原油产量达10405万吨，为1949年的800多倍；铁矿石产量达11779万吨，几乎是新中国成立时产量的200倍；其余有色金属、黄金、原盐等众多产品的产量也实现了大幅增长[①]。

（三）对外开放

改革开放以来，我国的矿业生产都严格遵守从实际出发的原则来进行，矿产勘查开发也取得了重要成果。随着我国进入社会主义市场经济体制发展新时期，中国的矿业发展也开始逐渐迈向社会主义市场经济体制的轨道。正是在改革开放时期，我国矿业经济所有制结构产生了重大调整，由原有的公有制逐渐转变为全民、集体、股份、民营、个体、中外合资、外资等多种所有制成分并存与共同发展的新格局。

改革开放之后，中国矿业以党的十一届三中全会精神为指导，积极消除“洋冒进”时期提出的“搞十个大庆”“建十个鞍钢”等不切实际的高指标给矿业生产带来的负面影响，从实际出发安排矿业生产，矿产勘查开发取得重大成就。到2000年底，全国发现矿产171种，探明储量的矿产155种，其中能源矿产8种，金属矿产54种，非金属矿产90种，水气矿产3种。据原地质矿产部资料，截至1996年底，全国（含台湾省）探明储量矿产的潜在价值985437亿元，仅次于美国和独联体国家，居世界第三位[②]。

（四）稳步前进

迈入新世纪后，我国矿业发展又经历了一系列新的变化，矿业投资主体也逐渐由中央财政投入向社会资本投入转变。2011年以来，根据政府《找矿突破战略行动纲要（2011—2020年）》文件要求，国土资源部（现为中华人民共和国自然资源部）、国家发展和改革委等多个部门开始组织实施一系列具体行动以取得搜寻矿产资源的实际突破。根据行

---

① 参见《新中国矿业发展历程》，人民网2014年10月20日。
② 参见《新中国矿业发展历程》，人民网2014年10月20日。

动纲要，主要分为3个阶段实施，努力实现“3年有重大进展，5年有重大突破，8年到10年重塑矿产勘查开发格局”3个阶段性目标。3年来，全国累计投入找矿资金约3500亿元，与2008—2010年的3年投入相比，增长了28%，其中社会资金投入占85%以上。当然，全国能源和重要矿产资源的找矿成果也非常显著，新发现中型及以上的矿产地有451个（其中大型矿产地162个），包括一批世界级的大矿床，如天然气、铀、钼、钨等。

2013年全国矿产资源的潜力评价实现了我国煤炭、铀、铁、铜、铝等25种重要矿种的定量预测，25种矿种资源的现存情况已基本掌握。评价结果表明目前我国已查明资源量占预测资源总量的1/3，未来仍有较大的发掘新矿空间，同时圈定预测区，为今后找矿和勘探布局提供了科学依据。另外，为了最大限度地实现绿色资源节约和资源综合利用，我国于2011年启动了矿产资源综合利用示范基地建设，首批40个示范基地建设进展顺利。[①]

二、我国矿产资源现状

根据《中国矿产资源报告2022》，截至2021年底，中国已发现矿产173种，其中，能源矿产13种，金属矿产59种，非金属矿产95种，水气矿产6种。

（一）能源矿产

表6　2021年中国主要能源矿产储量

序号	矿产	单位	储量
1	煤炭	亿吨	2078.85
2	石油	亿吨	36.89
3	天然气	亿立方米	63392.67

① 参见《新中国矿业发展历程》，人民网2014年10月20日。

续 表

序号	矿产	单位	储量
4	煤层气	亿立方米	3659.68
5	页岩气	亿立方米	5440.62

数据来源：《中国矿产资源报告 2022》

注：油气（石油、天然气、煤层气、页岩气）储量参照国家标准《油气矿产资源储量分类》（GB/T 19492—2020），为剩余探明技术可采储量；其他矿产储量参照国家标准《固体矿产资源储量分类》（GB/T 17766—2020），为证实储量与可信储量之和。

（二）金属矿产

表 7　2021 年中国主要金属矿产储量

序号	矿产	单位	储量
1	铁矿	矿石 亿吨	161.24
2	锰矿	矿石 万吨	28168.78
3	铬铁矿	矿石 万吨	308.63
4	钒矿	V_2O_5 万吨	786.74
5	钛矿	TiO_2 万吨	22383.35

数据来源：《中国矿产资源报告 2022》

（三）非金属矿产

表 8　2021 年中国主要非金属矿产储量

序号	矿产	单位	储量
1	菱镁矿	矿石 万吨	57991.13
2	萤石	矿物 万吨	6725.13
3	耐火黏土	矿石 万吨	28489.19
4	硫铁矿	矿石 万吨	131870.73
5	磷矿	矿石 亿吨	37.55

数据来源：《中国矿产资源报告 2022》

《中华人民共和国国民经济和社会发展第十二个五年规划纲要》将资源节约、环境保护列为经济社会发展的主要目标之一，提出了加强矿产资源勘查、保护和合理开发，推进节能降耗等加强资源节约和环境保护的政策导向，凸显了转变经济发展方式、追求增长质量、实现绿色发展的战略思路。

三、面向未来可持续发展的绿色矿产技术

（一）保水开采技术

保水开采是实现绿色开采的主要技术之一。对于井工煤矿，绿色开采技术就是通过对采动岩层破断规律的研究，实现煤矿安全稳定高效的开采技术。保水开采技术是依靠煤矿开采过程中通过调整开采工艺进而不破坏含水层或者对含水层虽有一定程度破坏，但开采结束后的一段时间内可以自行恢复的技术实现的，除此之外，结合矿井水净化等水资源处理技术对井下水资源进行再利用[①]。另外，在开采过程中也需要采取积极有效的保水方法，尽可能地保护水资源，这就需要在开采过程中对表土剥离、开采等操作进行科学合理的安排。如通过采取临时排水沟的方式来实现有效减少水土流失，改善生态环境的目的。

（二）无废开采技术

无废开采的目的就是最大限度地利用资源，达到最大程度降低废料的产出量和排放量，从而有效减少对环境造成的不良影响。我国安钢集团舞阳铁矿与罗河铁矿就是采用了深部贫矿床大规模上行式无废开采技术的典型成功案例，既降低了对地表造成的影响，保护了矿区地表附近村庄、农田、道路的安全，又解决了废渣和废石地表堆存难的问题，取得了显著的经济效益，为我国铁矿山深部矿体上行式开采模式提供了一个很好的示范作用。位于湖北远安县的东扬矿业响水槽矿区为积极实现

① 参见孙学阳、梁倩文、苗霖田：《保水采煤技术研究现状及发展趋势》，《煤炭科学技术》2017 年第 1 期。

矿产资源的节约集约高效利用，在绿色矿山的建设中，使生态与发展和谐共生，内部采用“认养制”让矿区重披绿装，让所有员工都参与到绿色矿山建设中。矿场还建立自动感应平台，当矿车驶过，平台会自动喷洒水雾，将车身残留的灰尘冲洗干净，实现无废开采[①]。

（三）填充开采技术

根据我国矿产资源的分布特点，大多数矿产开采工作都是在地下进行的，因此不可避免地要进行开挖矿井，以获取丰富的矿产资源。但开挖矿井的过程通常会对地下土层结构造成破坏，且如果地下巷道没有坚实的支撑和加固，就很容易发生内部地层的沉降或塌陷情况。而如果采用填充开采技术来进行矿产开采则可以很好地避免这一点。作为一项绿色开采技术，填充开采以“边开采，边填充”为原则，即一方面要做到矿山开采中废弃物的有效回收和再利用，另一方面要保证采矿过程中采空区的及时有效填充，避免出现采空区地面沉降等情况。因此在实际应用填充开采技术时，为确保填充开采技术能够发挥出最大化功能成效，施工人员应注意以下几点内容：其一，在使用填充开采技术时，施工人员需要合理确定填充位置，然后根据采矿工程的实际情况，合理进行填充浇筑，并在浇筑过程中均匀加入其他材料，严格按照设计标准进行混合搅拌，确保在完成填充后，不会再出现地面沉降等情况。其二，在填充开采技术实际应用过程中，施工人员需要结合设计要求，合理选择废弃物。例如，对于填充物粘连性要求较高的区域，应将大粒径的废弃物打碎成为小粒径，然后再将废弃物应用到实际填充开采过程中[②]。

除了保水开采、无废开采、填充开采等几种绿色矿产技术外，还有如煤矿和气体共同开采、矸石处理、无矿柱开采等技术，都帮助降低了矿产开采对周边环境所造成的影响。另外，除煤炭、铁矿石等大宗矿产的开采技术外，我们也需要注意到一些关键矿产资源（如铟、镓、锗）

---

① 参见侯胜军：《基于可持续发展理论下绿色矿山开采技术研究》，《低碳世界》2021 年第 7 期。

② 参见张波：《绿色开采技术在采矿工程中的应用研究》，《广州化工》2021 年第 11 期。

的开采技术的创新及进步。关键矿产资源的成矿地质条件更加特殊，矿石类型更加复杂，市场规模也相对较小，主要需求就是科技领域。由于关键矿产资源独特的科技属性和高附加值，其开采技术的创新突破就显得更加重要。为了保障我国关键矿产资源的稳定供应，要积极推动技术创新，尤其要推进关键矿产利用核心技术的进步，才能有效促进我国关键矿产资源的绿色可持续发展。

四、我国矿产资源可持续利用问题

（一）采矿中资源浪费明显

我国能源和重要矿产资源潜力分析结果表明，我国成矿地质条件优越，矿产勘查程度低，已探明资源总量不足 1/3，潜在资源的开发空间很大。由于矿产资源的利用模式粗放，各地采富弃贫，一矿多开、大矿小开现象严重，造成了严重的矿产资源浪费。以钢铁产业为例，到 2012 年底，国内炼钢产能约 9.76 亿吨，而国务院《关于化解产能严重过剩矛盾的指导意见》表明，这一年年底，我国钢铁产能利用率仅为 72%，相当于 2.7 亿吨钢铁产能被闲置[①]。目前全国固体矿产选材每年产生约 5 亿吨尾矿废弃物，其总回收率和伴生矿产资源综合利用率分别为 30% 和 35%，相比国外还有较大差距。我国现存的约 43% 的大中型矿山几乎没有进行开采及综合利用，潜在资源利用潜力巨大。

（二）环境破坏严重

虽然采矿业为我国的经济发展带来了坚实的推动力量，但在采矿过程中产生的废气、废水、废渣给矿区的生态环境又造成了严重的破坏，随之而来的就是土地占用、环境污染、资源浪费以及经济损失、成本提高等一系列负面后果。尾矿的长期堆放也会导致如植被破坏、山体滑坡、泥石流等地质灾害；未经严格处理的工业废水也会含有大量的砷、镉、铅等超标元素，长此以往会对矿区附近居民的生命健康安全带来较

---

① 参见李伟锋：《警惕产能过剩中的矿产资源浪费》，《中国国土资源报》2013 年 11 月 5 日。

大的威胁。

正常情况下，随着矿山开采的进行，矿山周围的良好环境会逐渐受到破坏，尤其是遇到强降雨天气，岩石风化严重的矿区更容易发生滑坡和泥石流灾害。目前我国大部分矿山都采用露天开采的方式，在露天开采的过程中会产生大量的废水、废渣以及噪声污染，稍有不慎就有可能出现局部滑坡的情况。

（三）矿产资源产权界定不够清晰

根据我国相关法律法规，矿产资源产权可以概括为矿产资源的所有权、勘探权、开采权、管理权、收益权和交易权（处置权），以及这些权利主体之间的微观经济关系。我国的矿产资源所有权为国家所有，由国务院代为行使权利，具体行使主体为自然资源部及各级地方政府。但是在所有者委托代理主体行使权利的过程中，由于代理主体不明确、问责制度不完善，导致矿产资源由国有向地方政府甚至部分企业进行转移，由此就造成了国家矿产资源权益的损害。

受社会制度和现行体制的影响，我国矿产资源的产权被划分为所有权和矿业权，这是传统评价方法难以解决的问题。我国政府拥有所有矿产资源的所有权和掌控最初的矿业权，即使实行了两权的分离，而两权分离带来的管理复杂性也使政府在产权管理上力不从心，尤其在经济评价中，由于所有权没有市场特征，无法定价，相应导致本属于国家的所有权流失，并沦为公共产权[①]。

五、未来我国矿产资源的可持续发展战略

“十四五”规划建议提出，坚定不移贯彻新发展理念，以推动高质量发展为主题，以深化供给侧结构性改革为主线，以改革创新为根本动力，以满足人民日益增长的美好生活需要为根本目的，协调推进全面建

① 参见曾海、胡锡琴、张桦：《我国矿产资源开发利用中的问题及对策分析》，《国土资源科技管理》2007 年第 2 期。

设社会主义现代化国家。这不仅为我国矿业发展提供了新的增长空间，更对我国加快建设现代化矿业体系，把绿色可持续发展贯穿于矿山建设全过程和各方面，切实转变矿业发展方式，推动矿业实现更高质量、更有效率、更加公平、更可持续、更为安全的发展具有深刻意义，为新发展阶段全面推动我国绿色矿业可持续发展明确了努力方向。

（一）合理利用矿产资源，提高资源利用率

中国矿产平均总回收率比发达国家低 10%—20%，仅为 30%—50%，2/3 以上矿山综合利用指数低于 25%；工业废渣的综合利用率仅 29%，成为相当严重的二次污染来源；铜矿平均回收率仅为 50%，煤炭总回收率仅 32%，钨矿平均回收率仅 28%。矿产浪费导致了中国资源大量依赖进口以及对环境的污染[①]。要充分发展高科技技术，在当前技术经济条件下，对目前我国已探明的矿产资源进行最大程度的开发利用，鼓励和支持矿山企业开发和利用如二次资源、替代资源等，开拓多渠道资源供应，从而实现降低生产成本的目标。

此外还要推进再生资源的回收利用，开展钢铁、有色金属、稀贵金属等城市矿产的循环利用、规模利用和高值利用，开展二次资源分类、技术和产品可再生性评价，鼓励废旧金属保质和梯级利用、二次资源与原生矿协同冶炼，限制新建单一再生铅冶炼项目，防止金属再生过程二次污染，力争实现金属再生比例提高 5%—10%，缓解原生矿产资源利用的瓶颈约束。实施原料替代战略，鼓励企业提高再生金属的使用比例。

（二）积极开拓新的矿产资源

随着现代社会科技水平的不断发展进步，我们要加快探索发现新的矿产资源，从而实现矿产资源的接替持续供应。我国西部地区要重点开展优势矿产和稀缺矿产的勘查开发，中东部地区要重点挖掘潜在矿产资

---

①　参见秦江波、于冬梅、孙永波：《中国矿产资源现状与可持续发展研究》，《经济研究导刊》2011 年第 22 期。

源，以新矿接替老矿山的资源供应。还要强化综合利用，积极发展完善地区矿产资源产业链。根据国家产业结构调整目标，开展钨、锡、锑、铅、锌、稀土等矿产资源的勘查，充分发挥中东部地区非金属矿产开发的区位、技术优势，提高非金属矿产的深加工水平和集约化利用程度，开拓新的应用领域，增强市场竞争力[①]。

此外，在我国管辖海域内也存在着丰富的矿产资源，因此要加强海域矿产资源的勘查开发，积极贯彻实施海洋强国战略，维护国家海洋权益，积极推进海域基础地质调查，加快深海矿产资源开采探测技术的创新研发，同时积极推进海域油气勘探开发，开展天然气水合物资源勘查与商业化试采。积极参与国际海底矿产资源综合调查，加快推进大洋矿产资源勘查开发，持续开展南北极环境综合考察与资源潜力评估。统筹陆地和海洋资源利用，有序推进近岸、近海、深远海资源开发，着力发挥海洋在资源环境保障中的重要作用。

（三）加快建设我国绿色矿山新发展模式

《中华人民共和国国民经济和社会发展第十三个五年规划纲要》和《全国矿产资源规划（2008—2015年）》中明确提出了要以资源综合利用、节能减排、保护生态环境和社区和谐为主要目标，努力在不断地试点推进和建设发展中探索出更加经典且可以推广的典型绿色矿山建设发展模式，如大幅减少固废排放和更多利用资源的井下充填绿色开采模式，实现共伴生资源效益最大化的资源综合利用模式，立体化工厂化的集约化建设模式，矿山土地复垦和节约用地的采矿用地新模式，工矿景观旅游与矿区复垦绿化相结合的矿山遗迹多功能融合模式等。

另外，开展绿色矿山和绿色矿业发展示范区建设，充分发挥地方政府积极性，由点到面、集中连片推动绿色矿业发展，着力打造在全国具有良好示范作用的样板区。通过打造全方位、系统性、全流程的综合开发模式，推动矿产资源勘查开发的绿色综合转型，建设真正能够高效利

① 参见杨沈生：《我国矿产资源现状与应对措施》，《科技创新导报》2010年第12期。

用、生态环保、惠民富民、走出国门的绿色矿山，打造新时期现代化矿业发展新标杆。

（四）促进资源型城市可持续发展

“十五”计划纲要明确指出，“积极稳妥地关闭资源枯竭的矿山，因地制宜地促进以资源开采为主的城市和大矿区发展接续产业和替代产业，研究探索矿山开发的新模式”。支持资源型城市发展壮大矿业经济，加快经济结构调整和转型升级，增强可持续发展能力。努力提高资源型城市矿产资源勘查能力，规范矿产资源开发秩序，率先建设一批能源资源基地。鼓励开展规模化经营，建设全方位生产产业链，加快转型来推进成熟型资源型城市矿产资源的高效开发利用。

要实现资源型城市矿山产业的可持续发展，也面临必要的政策支持。如应设立专门用于矿业城市企业产业结构调整的专项资金，用于发展高新技术产业；利用宏观调控手段积极促进地区间经济结构调整，引导经济发达地区向矿业城市实施产业战略转移和技术辐射，特别是向劳动密集型产业的转移，帮助解决矿业城市产业结构和就业结构问题；在产业布局上，优先安排能够发挥资源优势、市场潜力大、国际竞争力强的重大项目；建立社会保障体系，对于一些“特困型”矿业城市，国家拿出一定专项资金，专项解决下岗职工、退休职工“低保”生活待遇，以减轻矿业城市自身压力[①]。

（五）建立新时期矿业（包括矿产勘查）发展的长效机制，实现良性循环

要实现矿业高质量、高效率、更加安全可持续的发展，第一，要做到绿色理念的更新，要充分理解绿色矿山在开发利用、节能减排、生态保护、社会和谐等方面的丰富内涵，从生态文明建设的系统工程考虑，

①　参见余际从、李凤：《国外矿产资源型城市转型过程中可供借鉴的做法经验和教训》，《中国矿业》2004 年第 2 期。

推动资源利用方式的根本转变。第二，要认识到企业作为矿山建设的主体在促进生态文明建设中所肩负的社会义务和责任，要从根本上改变企业“要我建”的传统认识，逐步发展为“我要建”的主动行动。第三，绿色发展以制度保障为根本，积极推进制度的供给侧创新，要将物理性规则、法律法规和软性规则充分结合起来，落实政府的积极引导和管理服务责任，为矿山企业生产创造良好的环境和氛围。第四，要充分利用好现代高科技技术，大力推动科技创新，积极探索新的勘查方法、模式及标准，推广先进的勘查装备和设施，建设更多的绿色科技成果，从而使我国的矿业发展质量取得更大的突破。第五，要强化社会监督、失信惩戒的机制，打造全流程全过程监管，健全绿色矿山评价指标体系和考核制度，规范绿色矿山发展，把矿产资源的勘查开采与整体统筹布局的各个环节结合起来，全面推进矿业绿色发展新格局的形成。

第二章
信息技术——ABCDEFG

信息技术作为超越了人类最初的种植业、制造业和服务业的新业态，在甫一出现的时候就引起了各国的重视。但是由于这方面的知识积累和设计能力有限，在最初因为过于新颖而进展不够迅速，直到信息的传输摆脱了过去通过口信或纸质信件传达，能够远超万里瞬间可达的那一刻，才引起几乎所有国家、机构、个人的兴趣，快速发展起来。相对于电报和电话，信息技术可以传输更丰富的文本格式，从文字到图像再到视频，跨越了时空和传统的表现形式。随着信息技术更加丰富和快捷，今天的信息技术已经不限于存储和传输，而是全方位地改变了人类的沟通方式。

第一节　A：人工智能（Artificial Intelligence）

人工智能最初于 1956 年提出，此后在几十年的发展中不断完善，不仅从概念上进行了提升，而且从方法和理论上有了极大的扩充。人工智能、空间技术（本书第一章中有详细阐述）与能源技术并称为“世界三大尖端技术”。

一、人工智能的学科基础和应用领域

人工智能是在计算机科学、控制论、信息论、神经生理学、心理学、哲学、语言学等多种学科相互渗透的基础上发展起来的一门边缘学科，研究如何用计算机来模仿和实现人类的智能行为。

人工智能可以用来解决非数值计算、知识获取、自动推理和规划、决策等各种复杂问题，在图像处理、自然语言理解、文本分析、语音识别、推荐系统、计算机视觉等领域有着非常广泛的应用，可以说人工智

能已经渗透到人类生活的各个方面，对自然科学、经济、社会产生了深远的影响。《中国互联网发展报告（2021）》显示，2020 年中国人工智能产业规模为 3031 亿元，预计到 2025 年将突破 5000 亿元，其中，交通场景和医疗场景是网民最常用的人工智能应用场景，分别占比 45.2% 和 40.5%。一直以来，人工智能在学术界的研究也非常活跃。由数据挖掘领域的知名专家韩家炜教授所著《数据挖掘概念与技术》中介绍了大量人工智能的理论和方法。

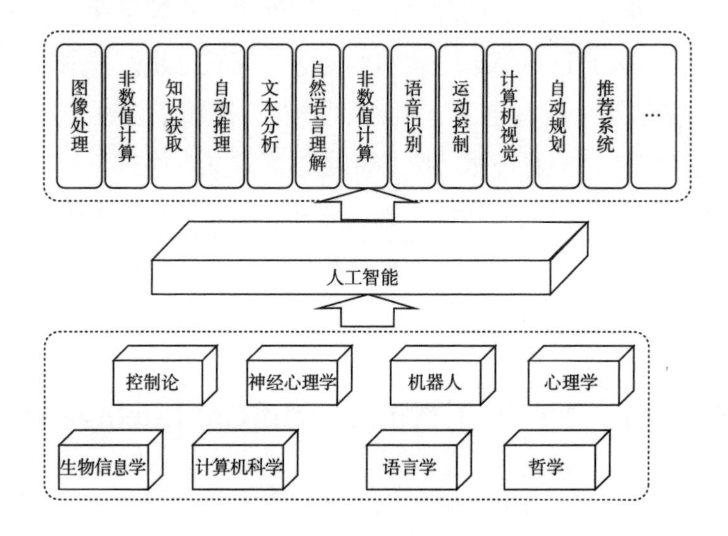

图 3　人工智能的学科基础和应用领域

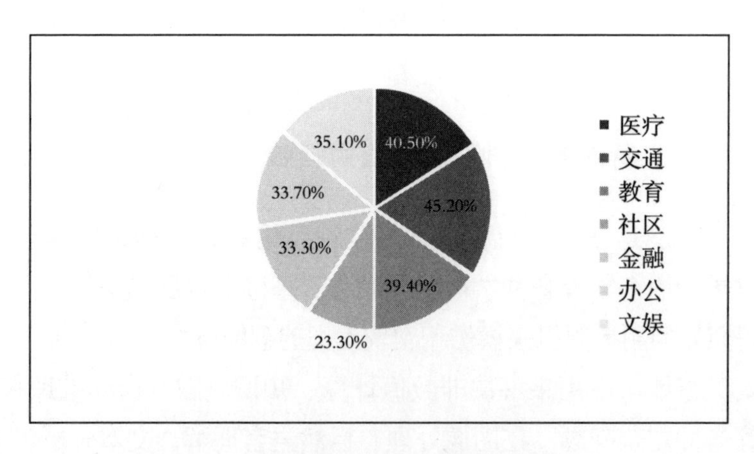

图 4　2020 年我国人工智能应用场景分布

二、人工智能的内容

人工智能是自然科学、社会科学、技术科学的交叉学科，主要包括知识表示、自动推理、机器学习和知识获取、知识处理、自然语言处理、计算机视觉、智能机器人、自动程序设计、模式识别等。

模式识别研究如何通过计算机实现模式的自动处理和判读，以图像处理、计算机视觉、语音处理、脑网络组为主要研究方向。

自动推理主要研究利用计算机实现推理求解问题，是程序推导、程序正确性证明、专家系统、智能机器人等研究领域的重要基础。自动推理的研究内容包括模型生成与定理机器证明、程序正确性验证、逻辑程序设计、常识推理、非单调推理、模糊推理、约束推理、定性推理、类比推理、归纳推理、自然演绎法等。

自然语言处理通过计算机理解和使用人类语言，执行有用的任务，包括自然语言理解和自然语言生成。以 ChatGPT 、Google Bard 、Chatsonic 等为代表的自然语言处理工具不仅可以根据上下文与使用者互动聊天，还能代替使用者完成邮件、脚本、文案、代码、作业、论文的撰写工作。

计算机视觉是指用机器（摄影机、电脑等）对目标进行自动识别、跟踪和测量，并进一步作图形处理，生成更适合观测和检测的图像。计算机视觉研究内容包括图像处理、人脸识别、景物分析、图像理解等。

机器学习是人工智能的核心研究方向之一。事实上，机器学习的研究范畴与以上领域均有交叉。机器学习的基本过程是给定数据（样本、实例）和一定的学习规则，从数据中获取知识（模型），然后对新的情况给出判断。

监督学习和非监督学习最大的区别是输入数据是否包含输出（值或标签）。监督学习利用一组已知输出结果的样本，通过学习输入与输出之间的对应关系，构造一个模型，将输入映射到合适的输出，然后应用到未知输出的新数据。分类和预测是典型的监督学习，主要方法有神经网络、支持向量机、最近邻居法、朴素贝叶斯方法、决策树等。非监督学习仅提供输入数据，没有已知输出，学习系统自动从这些数据中找出其潜在模式。聚类是一种典型的非监督学习，常用的算法有 K-means、最大期望算法、网格聚类、层次聚类等。半监督学习综合利用有标签的数据和没有标签的数据进行机器学习，常用的算法包括自训练、直推学习、生成式模型、协同训练等。

表 9　三种机器学习方法的比较

种类	数据	任务	方法
监督学习	有标签样本	构建输入到输出的映射，例如分类和预测	神经网络、支持向量机、最近邻居法、朴素贝叶斯方法、决策树
非监督学习	无标签样本	发现潜在模式，例如聚类	K-means 算法、最大期望算法、网格聚类、层次聚类
半监督学习	有标签和无标签样本	同时利用有类标签样本和无类标签样本改进学习性能	自训练、直推学习、生成式模型、协同训练

我们通常所说的预测是对连续型变量建立函数关系，用来估计未知的或缺失的数据。而分类则针对类别标签，构造一个分类模型（分类器），把样本映射到某一个给定类别。一个完整的分类过程通常包括三个阶段。

（1）模型构造：通过分析训练样本的类别和其他特征之间的依赖关系，构造分类模型。例如，电信公司分析客户数据，根据客户使用电信服务的情况，构造客户的使用类别模型。

（2）模型评价：利用另一组数据检测模型的准确度，用来评价模型的数据集，称为测试数据。例如，得到客户使用模型后，用另一组数据测试模型的准确程度。为了评价的客观性，测试数据集与训练数据集不应该包含相同的样本。

（3）模型应用：利用该模型解决新的决策问题。这个过程与模型评价基本相同，只是输入数据的类别是未知的。例如，利用客户使用模型，为新的客户推荐服务类型。

聚类是一种典型的非监督学习，用来分析没有类标签的数据，按照特征把它们划分成一系列组。聚类的原理是最大的组内相似性和最小的组间相似性，使得划分后不同组中的数据尽可能地不同，而同一组的数据尽可能地相似。在实际应用中，聚类有时被用于数据的预处理。有时候从全体数据中得不到明显的模式，而当把整个数据集合分成相似的子集之后，可能更容易发现有用的规则。聚类在市场销售、城市规划、市场营销、科学研究、疾病诊断等多个领域有广泛的应用。

三、人工智能的核心技术

（一）决策树

决策树是模式识别中进行分类的一种有效方法，它可以把一个复杂的多类别分类问题转化成若干个简单的分类问题来解决。决策树在形式上是一棵树的结构，由根节点、中间节点、叶节点组成，节点之间通过分支相连。例如，根据天气（晴、多云、雨）、温度（凉爽、适中、热）、风况（无、有）判断是否进行户外活动，可以构造如下的决策树。

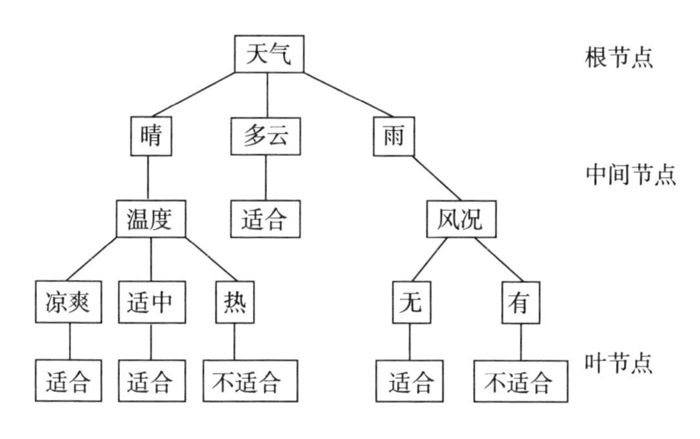

图 5　一个决策树的例子

决策树的构造采用自上而下分而治之的方法，从根节点开始，选择合适的属性把样本数据集合分割为若干子集，建立树的分支，在每个分支子集中，重复这个过程，直到终止条件满足。根据决策树构造过程采用的特征选择、剪枝、数据结构等，有不同的方法。

训练好的决策树可以用来预测新样本的类别。当使用决策树进行分类时，从根节点开始对属性进行测试，根据结果确定下一个结点，直到到达某个叶节点为止，叶节点所标识的类别就是样本的预测类别。决策树可以构造规则，例如从图 5 的决策树可以得到以下 6 条规则：

（1）天气 = “晴”且温度 = “凉爽” => 运动 = “适合”

（2）天气 = “晴”且温度 = “适中” => 运动 = “适合”

（3）天气 = “晴”且温度 = “热” => 运动 = “不适合”

（4）天气 = “多云” => 运动 = “适合”

（5）天气 = “雨”且风况 = “无” => 运动 = “适合”

（6）天气 = “雨”且风况 = “有” => 运动 = “不适合”

（二）人工神经网络

人工神经网络是为模拟生物大脑的结构和功能而构成的一种信息处理系统，属于软计算领域内一种重要方法。1943 年，心理学家 W.S.McCulloch 和数理逻辑学家 W.Pitts 建立了神经网络和数学模型（MP 模型），证明了单个神经元能执行逻辑功能，开创了人工神经网络研究的时代。目前，神经网络的应用已经渗透到智能控制、模式识别、信号处理、优化计算等多个领域。

在生物学上，神经元是一个多输入单输出的信息处理单元，实现对信息的非线性处理。根据神经元的特性和功能，可以把神经元抽象为一个简单的数学模型。人工神经网络是模拟人脑神经元的数学模型而建立的，由一系列处理单元（节点）组成，节点间彼此按某种方式相互连接而成，靠对外部输入信息的动态响应来处理信息，可以有效地解决许多非线性问题①。

（三）随机搜索算法

寻优问题的目标函数通常有多个局部极值点，而梯度下降法在寻优

① 参见李舵、董超群、司品超等：《神经网络验证和测试技术研究综述》，《计算机工程与应用》2021 年第 22 期。

的过程中总是向着更好的方向寻找，容易陷入局部的极值点。为了提高算法的准确度，经常采用随机搜索算法对模型进行优化。最常用的随机搜索算法包括进化计算、模拟退火、群体智能等[①]。

20 世纪 60 年代，美国密歇根大学教授霍兰德提出了遗传算法和进化计算的想法，并于 1975 年出版了《自然和人工系统的适应性》，全面介绍了遗传算法。20 世纪 90 年代以来，进化计算和遗传算法的研究成果不断出现，应用领域也不断扩大。

进化计算是一类通过模拟自然界生物进化过程与机制，进行问题求解的自组织、自适应的随机搜索技术。进化计算包括遗传算法、进化规划、进化策略、进化编程等分支。

遗传算法的基本思想是模拟生物进化过程中的“物竞天择，适者生存”的进化规律，结合孟德尔的遗传变异理论，引入生物进化过程中的繁殖、变异、竞争，使子代能够继承其父代的特征，同时不断改进以提高适应性。遗传算法用简单的位串形式编码表示复杂的解结构，从一个初始种群出发，利用选择、交叉、变异等遗传算子改进种群中的解，通过多次迭代不断提高解的适应度，多用于解决经典数学方法无法求解的复杂问题。具体地说，选择算子从种群中选择生命力强的染色体，产生新的种群，染色体的适应值越大，被选中的概率越大。交叉算子随机选择染色体和起始基因，从该位置到末尾基因互换。变异算子以很小的概率随机改变染色体的某个基因遗传算法。

遗传算法具有自组织、自适应、自学习性、隐含的并行性、极强的容错能力等优点，适用范围非常广，是解决各种组合优化问题的强有力的手段[②]。

模拟退火根据热力学的退火原理对局部搜索算法进行扩展，是一个“产生新解—判断—接受或者舍弃”的迭代过程，解的选择基于抽样稳

---

① 参见李鹏、周海、闵慧：《人工智能中启发式搜索研究综述》，《软件导刊》2020 年第 6 期。

② 参见金玲、刘晓丽、李鹏飞、王妍：《遗传算法综述》，《科学中国人》2015 年第 27 期；张先炼、王国杰：《混合遗传算法综述》，《电子世界》2015 年第 14 期。

定（Metropolis）准则，即以一定的概率接受不好的解，使搜索有机会跳出局部极值区域，从而可能找到全局极值。随着迭代的进行，搜索空间趋于稳定在全局最优解的附近区域内。

模拟退火的优点是计算过程简单，通用性、鲁棒性、全局搜索能力强，经常被用于求解复杂的非线性优化问题。但是，由于算法运行时间长，有时难以收敛于全局最优解，而且参数及初始值的选取对算法的性能影响较大，不同的取值可能导致巨大的差异，在实际应用中往往需要选取不同的初始值和参数进行多次运算，从中选取最优值。

群体智能算法模拟昆虫、兽群、鸟群等自然界的群集行为，通过种群的群体智慧进行协同搜索，从而在解空间内找到最优解。总的来说，群体智能算法具有稳健性、自组织、分布性、简单性、可扩充性等特点，特别适合解决大数据环境下复杂的优化问题。目前，已经提出并获得较广泛应用的群体智能算法有粒子群优化算法、蚁群算法、菌群优化算法、蛙跳算法、人工蜂群算法等。近年来又出现了一些新兴的仿生学优化算法，包括萤火虫算法、布谷鸟算法、蝙蝠算法、磷虾群算法等。

（四）基于案例的推理

基于案例的推理方法寻找与现有情况相类似的事例，选择最佳的解决方案。具体地说，基于案例的推理包括四个步骤。

（1）案例检索：在案例库中检索与目标案例最匹配的案例；

（2）案例重用：根据目标案例和相似案例之间的差别，对相似案例的解决方案进行调整和修改；

（3）案例修正：应用解决方案来解决当前问题，若用户满意则将新的解决方案提交给用户，否则继续对解决方案进行调整和修改；

（4）案例保存：对确认的解决方案进行评价和学习，并将问题描述和解决方案保存到案例库中。

（五）不精确计算

在自然科学、社会科学和工程技术的很多领域中，经常需要处理不确定因素和不完备信息。而实际数据也常常包含着噪声、不精确甚至不完整的数据。处理这类不完整性和不确定性数据的工具，包括概率论、模糊集、证据理论、粗糙集理论等。

模糊数学是描述和处理模糊性的学科，由美国控制论专家扎德在1965年提出。模糊数学不是要降低数学的严格性，而是要用数学去处理各种模糊现象。模糊性所描述的现象或概念本身是模糊不清楚的，一个具体对象是否符合一个模糊概念是不能明确判定的。模糊数学用来研究和处理模糊现象。模糊性用“可能性”来度量，而不是用概率来度量。现实生活中，有些概念本身没有确定的含义，其外延是模糊的，称为模糊概念。例如“年轻”“年老”“高”“矮”“优秀”“良好”等。

模糊数学吸取了人类对事物进行模糊识别和模糊判断的特点，丰富了数学方法，扩大了数学的应用领域。目前，模糊数学已经应用于各个不同的领域，随之产生了一些新的学科分支，例如，模糊神经网络、模糊控制、模糊模式识别、模糊决策、模糊分类、模糊聚类等。

由于事物本身常带有一定的模糊性，事物之间的界限也往往不清楚，因此引入模糊数学的方法进行分析，这样得到的结果更切合实际。模糊分类将模糊集合理论用于分类，允许对象对不同的类有不同的隶属度。模糊聚类将模糊集合理论用于聚类分析，把数据集分成若干模糊子集，以不同的隶属度属于不同子集。模糊分类和模糊聚类体现了数据划分的不确定性，在实际应用中可以提供更多的信息，有利于决策。例如，医生根据病人的症状，初步判断可能属于某几种疾病，然后有针对性地作出进一步诊断。

1982年，波兰学者帕夫拉克（Pawlak）提出了粗糙集理论，用来处理不精确和不确定的知识。粗糙集可以描述不确定性，但是不需要前提假设（概率论），也不需要隶属函数（模糊数学），完全从数据的特征推导出来。

四、人工智能的展望与挑战

随着计算机和信息技术的发展，人工智能正在逐步改变世界，这标志着人类第三次认知革命。谷歌公司首席执行官桑达尔·皮查伊认为，“作为人类正在研究的最重要的技术之一，人工智能对人类文明的影响将比火或电更深刻”。2018 年，世界经济论坛等诸多机构预测了人工智能发展时间表：2024 年自动撰写 Python 代码；2028 年制作影片；2049 年撰写畅销书籍；2059 年进行数学研究等。

2017 年，国务院发布了《新一代人工智能发展规划》，指出未来的人工智能技术新兴领域是移动互联网、大数据、传感网和脑科学。其中，数据驱动知识学习、跨媒体协同处理、人机协同增强智能、群体集成智能、自主智能系统被列为人工智能的发展重点，预示着人工智能作为引领未来的战略性技术将在经济发展和社会建设中发挥重要作用。

目前，人工智能技术所面临的主要问题是缺乏知识，机器还没有掌握总结知识、积累知识、应用知识、传承知识和建立组织管理知识体系的能力。而人工智能的伦理性、有益性、合理性和正确性也成为人工智能发展中所面临的挑战[①]。

第二节　B：区块链（BlockChain）

一、什么是区块链

（一）区块链与比特币

区块链是比特币（bitcoin）的底层技术，是一种去中心化的数据库。提起区块链必然要提及比特币。比特币作为区块链技术的应用，其上线

---

① 参见吕俭、洪媛娣、董星月：《人工智能的技术反思与伦理困境：综述与展望》，《重庆文理学院学报（社会科学版）》2021 年第 5 期；郝欣恺：《人工智能技术发展及应用研究综述》，《环渤海经济瞭望》2020 年第 9 期。

与运行使得区块链进入每一个人的视野。

2008 年 11 月，化名为中本聪（Satoshi Nakamoto）的学者在其发表的论文《比特币：一种点对点式的电子现金系统》（*Bitcoin*：*A peer-to-peer Electronic Cash System*）中首次提出了比特币这一虚拟数字货币的概念。该货币于 2009 年 1 月上线，总量为 2100 万。比特币系统作为首个去中心化的加密货币系统，自 2009 年面世发展至今，显现出高度的可靠性和安全性[①]。

比特币区别于传统的金融系统，主要体现在其去中心化。

（二）传统交易方式

传统的贸易依赖金融系统作为第三方来处理支付信息，例如银行。

假定有 A、B、C 三个人，各自有 100 元存入了银行。此时，银行系统有 A、B、C 三个人的账户和拥有的金额，账本记录如下：

账户名	余额（元）
A	100
B	100
C	100

然后 A 通过银行网站向 B 转账 10 元。此时银行将在 A 的余额中去掉 10 元，变成 90 元；银行在 B 的余额中增加 10 元，变为 110 元。此时银行的账本为：

账户名	余额（元）
A	90
B	110
C	100

接下来，B 向 C 转账 30 元。银行接收到该请求后，进行后台数据操作，更新账本如下：

① 参见代闯闯、栾海晶、杨雪莹等：《区块链技术研究综述》，《计算机科学》2021 年第 S2 期。

账户名	余额（元）
A	90
B	80
C	130

于是，每一笔交易以及交易后的账户余额都在银行的统一记录下。

同样的，以网上购物为例：买家购买商品，然后将钱打到第三方支付机构这个中介平台。比如支付宝系统，等卖方发货、买方确认收货后，再由买方通知支付机构将钱打到卖方账户。这样买方的钱经过中介平台，最终转入卖方。

以上便是传统的系统运作方式。

一般情况下，这类系统的运行是没有问题的，但是这类系统也存在潜在风险。例如，张三的账户多了 1 亿元，然后银行又进行了撤回操作。换句话说，银行方在技术上是能够不经本人允许对其账户进行资金转出操作的。这里也可以体现出传统系统的一个特征：基于对中心机构的信任。

而比特币则不依赖集中式的机构，它基于密码学原理，使得交易双方能够直接进行支付而不需要第三方参与。

（三）区块链交易方式

比特币又是如何运行的呢？下面以一个例子进行说明。

有 A、B、C 三个人在北京合租，平时内部花销较多，并经常有人垫付。为了避免单次结算的烦琐，三人建立了一个公共账本，按月清算。这也就是集中式的记账方法。但是，这个账本存在被恶意篡改的可能。如果有人篡改账本，则无法检查出来。

区块链的记账方式是每个人都有账本，解决了公共账本可能被恶意篡改的问题。也就是说，三个人每人都有一个账本，要记录时，操作人公布交易内容，其他两个人也在各自的账本记录下来。这样一来，其中有一个人篡改自己的账本，则可以通过其他两人的账本进行核对，从而发现篡改内容。但是同样，单纯的各自配备账本仍然存在问题：有人胡乱公布交易信息怎么办？例如 A 公布虚假信息，说 B 应该支付给 A 共计 100 元钱，不明真相的 C 有可能记录下来。

因此，对每一笔交易记录的有效性要进行确认。传统系统下，我们可以通过手写签名来表示自己对交易的认可。同样的道理，区块链交易方式下可以用数字签名来保证交易记录是否可信。

然而，这种方式还是存在问题：如果适用范围很大，用户和交易量激增，记录起来会非常麻烦。要确保付款方的账户有足够多的钱进行支付。

传统系统下，会有中央机构（例如银行）对用户的账户余额进行判断，而分布式的记账方式不能采用这种办法。比特币对确定交易这个问题有很好的应对，采用的方式是依据以前的交易。比如 A 需要支付 10 比特币，前提是其收到过 10 以上的比特币，通过交易的追溯即可确认。同时，每个用户名都是加密字符，保证了隐私性。

二、区块链的形式

区块链目前主要分为：公有链、私有链、联盟链（行业区块链）三种。三种各有侧重点、应用场景和实现的功能，以及基于此构成的不同的经济生态模式。

公有区块链（Public BlockChains）是指：世界上任何个体或者团体都可以发送交易，且交易能够获得该区块链的有效确认，任何人都可以参与其共识过程。公有区块链是最早的区块链，也是应用最广泛的区块链，各大 bitcoins 系列的虚拟数字货币均基于公有区块链，世界上有且仅有一条该币种对应的区块链[①]。

公有区块链又分为公有区块链 1.0、公有区块链 2.0、公有区块链 3.0。

公有区块链 1.0 更多的是一种分布式记账作用，充当数字货币，例

---

① 参见张健：《区块链：定义未来金融与经济新格局》，机械工业出版社 2016 年版，第 38—40 页。

如比特币。

公有区块链 2.0 是区块链技术的进阶版本，能实现可编程金融，是与股票、债券、期货和智能合约等相关的金融领域应用①。

公有区块链 3.0 是区块链技术的高级版本，能够实现可编程社会，可应用到任何有需求的领域，包括金融、物流、医疗健康、电子政务以及社交媒体等领域，进而涵盖整个人类社会。目前，区块链行业进入了由 2.0 向 3.0 过渡的阶段，若区块链 1.0 版本和区块链 2.0 版本的典型特点分别是数字货币和智能合约，区块链 3.0 版本的特点则是基于规则的可信智能社会治理体系。

私有区块链（Private BlockChains）：仅仅使用区块链的总账技术进行记账，可以是公司，也可以是个人，独享该区块链的写入权限，本链与其他的分布式存储方案没有太大区别。传统金融都是想实验尝试私有区块链，而公链的应用例如 bitcoin 已经工业化，私链的应用产品还在摸索当中。

行业区块链（Consortium BlockChains）：由某个群体内部指定多个预选的节点为记账人，每个块的生成由所有的预选节点共同决定（预选节点参与共识过程），其他接入节点可以参与交易，但不过问记账过程（本质上还是托管记账，只是变成分布式记账，预选节点的多少，如何决定每个块的记账者成为该区块链的主要风险点），其他任何人可以通过该区块链开放的 API 进行限定查询②。三种链的特点对比如下表③。

表 10　区块链形式与特点

	私有链	联盟链	公有链 1.0	公有链 2.0	公有链 3.0
参与者	个体或机构内部	联盟内部使用，具有准入机制，安全性更高	任何人可以自由使用	任何人可以自由使用	任何人可以自由使用

① 参见代闯闯、栾海晶、杨雪莹等：《区块链技术研究综述》，《计算机科学》2021 年第 S2 期。

② 参见张健：《区块链：定义未来金融与经济新格局》，机械工业出版社 2016 年版，第 38—40 页。

③ 参见任仲文：《区块链领导干部读本》，《人民法治》2019 年第 23 期。

续　表

	私有链	联盟链	公有链 1.0	公有链 2.0	公有链 3.0
信任机制	自行背书	集体背书	POW	POW/POS	POS/DPOS 等
记账人	自定	参与者协商决定	所有参与者	所有参与者	所有参与者或多中心记账
激励机制	无	可选	需要	需要	需要
中心化程度	以中心化为主	多中心化	去中心化为主+多中心化	去中心化	去中心化
突出优势	透明和可追溯	效率/成本/安全性	信用的自建，挖矿记账，支持二次编程	在公链上编写Dapp（去中心化）应用更容易，具有平台化的特点	更快的交易速度，支持多种编程语言编写Dapp，可以挖矿也可以不挖矿
典型应用场景	机构内不对外提供服务的区块链应用和研究	行业、组织、联盟等进行数据资源交互和交易的多中心化的共识机制	线上的交易记账	线上基于公链的各种 Dapp	线上基于公链的各种 Dapp
典型代表	Overstock	R3 的银行联盟	比特币	以太坊	EOS 及其他新公链
承载能力	1000—10 万笔/秒	1000—10000笔/秒	少于 10 笔/秒	几十笔/秒	百万笔/秒

三、区块链技术

区块链技术最早是由 Scott Stornetta 于 1991 年提出，是一种被称为“区块链”的数字架构系统[①]。区块链技术不仅仅是链式数据结构，还有数字签名、同态加密技术、零知识证明等。

数字签名（Digital Signature）最早是由 Whitfield Diffie 和 Martin Hellman 于 1976 年提出的，是由签名者对电子文件进行电子签名，使得签名者无法对其所签署的签名进行否认或抵赖，实现的功能与手写签名相同。公钥加密技术是数据签名方案的核心技术，在该技术中，每个用户均持有一对密钥，即公钥和私钥，其中公钥用于数字签名的验证，私钥则用于数字签名的生成。数字签名方案至少应具备如下 3 个条件：事

① 参见汪靖伟、郑臻哲、吴帆等:《基于区块链的数据市场》,《大数据》2020 年第 3 期。

后签名者不能抵赖其对报文的签名；接收者可对签名的真伪性进行验证，且无法对该签名进行伪造；当接收者和签名者对数字签名的合法性和真伪性存在争执时，可信的第三方能够有效地处理双方之间所产生的争执（ZhaoX，2006）。

同态加密（Homomorphic Encryption）技术是为了保护用户的隐私数据。同态加密的概念是由 Rivest 等于 1978 年提出的，这是一种可对密文进行直接操作的加密方案。同态加密的核心思想是在私钥未知的情况下，对待加密数据执行特定的计算，使计算后得到的加密数据解密后的结果与对明文执行相同的计算获得的结果相同（Wang R.J 等，2020），也就是说同态加密技术能够达到这样的一种效果：对明文进行的一种特定的代数算法与对密文进行相同的代数算法是等价的。根据该性质，可以对明文直接进行相关的操作而无须先解密得到明文之后再进行相关的操作。

零知识证明（Zero-Knowledge Proof）是由 Goldwasser 等于 1985 年提出的，指的是某一方（验证者）在另一方（证明者）不提供任何可靠信息时，能够相信证明者所提出的论断是有效且正确的，从而很好地保护了证明者数据信息的隐私安全。零知识证明具有如下性质：首先是完备性，如果论断是正确的，诚实的证明者能以极高的概率使诚实的验证者相信该事实；其次是正确性，如果论断是错误的，欺骗性的证明者只能以极低的概率使诚实的验证者相信其是真实可靠的；最后是零知识性，零知识证明过程运行结束后，验证者只能获取“证明者拥有这条知识”的信息，却无法获得关于这条知识本身的任何信息。①

① 参见代闯闯、栾海晶、杨雪莹等：《区块链技术研究综述》，《计算机科学》2021 年第 S2 期。

四、区块链技术的特点

区块链技术有以下特点。

（一）去中心化

正如前面介绍的，区块链技术不依赖第三方机构，基于密码学原理，通过分布式核算即可实现信息的验证和管理。这一点也是区块链技术最本质的特点。

（二）开放性

在区块链技术中，交易方的私有信息是被加密的，而其他数据是对所有人开放的。这也意味着每一个人都可以通过公开的方式查询有关数据，整个系统的信息是高度透明的。同时，每台物理设备均可作为该网络中的一个节点，任意节点可自由加入且拥有一份完整的数据库拷贝。

（三）独立性

区块链技术通过彼此认可的规范使得整个系统不依赖第三方，系统里的所有节点都可以自动安全地验证和交换数据，不需要额外的机构参与。

（四）安全可信

根据前面对区块链技术的解释和介绍，数据安全可通过基于非对称加密技术对链上数据进行加密来实现，分布式系统中各节点通过区块链共识算法所形成的算力来抵御外部攻击、保证链上数据不被篡改和伪造。如果要操控和修改网络上的数据，必须要有足够多的攻击节点。当恶意节点所控制的算力超过诚实节点的算力时，系统就有被攻击的可能。也就是说，想要操控网络，需要掌握全部数据节点的一半以上。这在实际情况中是很难做到的，从而具有较高的保密性、可信性和安全性。

（五）匿名性

匿名性是指个人在群体中隐藏自己的个性，区块链的匿名性则是指其他人无法知道你在区块链中的隐私信息，例如比特币系统中，别人不知道你的资产和交易对象。由于在技术上，身份信息不需要公开，信息可以匿名传递，也就保证了区块链的匿名性。

（六）不可篡改

在区块链系统中，因为相邻区块间后序区块可对前序区块进行验证，篡改某一区块的数据信息，则需递归修改该区块及其所有后序区块的数据信息，且需在有限的时间内完成，然而每一次哈希的重新计算代价是巨大的，因此可保障链上数据的不可篡改性[①]。

五、区块链的应用和价值

区块链去中心化的特点使其能在金融、监管等领域发挥巨大的作用，区块链的应用和价值体现在以下几个领域。

（一）金融领域

目前金融领域的多种场景存在痛点，例如支付管理、资产管理等，而区块链技术可以解决这些问题，同时金融服务也是区块链技术的第一个应用领域。

在支付方面，金融机构特别是跨境金融机构间的对账、清算、结算的成本较高，涉及很多手工流程，不仅导致用户端和金融机构后台业务端等产生高昂的费用，也使得小额支付业务难以开展。区块链技术的应用有助于降低金融机构间的对账成本及争议解决的成本，显著提高支付业务的处理效率。另外，区块链技术为支付领域带来的成本和效率优势，使金融机构能更好地处理以往因成本过高而被视为不现实的小额跨境支付，有助于实现普惠金融。

① 参见代闯闯、栾海晶、杨雪莹等：《区块链技术研究综述》，《计算机科学》2021 年第 S2 期。

比如，为解决金融机构间对账成本高的问题，2016 年 8 月，微众银行联合上海华瑞银行推出微粒贷机构间对账平台，这也是国内首个在生产环境中运行的银行业联盟链应用场景。微众银行区块链首席架构师张开翔认为，传统“批量文件对账”模式长久以来未能解决的成本高问题，正是区块链技术的用武之地。随后，洛阳银行、长沙银行也相继接入机构间对账平台，通过区块链技术，优化微粒贷业务中的机构间对账流程，实现了准实时对账、提高运营效率、降低运营成本等目标。截至 2019 年底，平台稳定运行 3 年多，保持零故障，记录的真实交易笔数已达千万量级。

在金融监管方面，区块链技术也能发挥一技之长。2017 年金融区块链合作联盟（深圳）发布的《金融区块链底层平台 FISCO BCOS 白皮书》认为，区块链为金融监管机构提供了一致且易于审计的数据，通过对机构间区块链的数据分析，能够比传统审计流程更快更精确地监管金融业务。例如，在反洗钱场景中，每个账号的余额和交易记录都是可追踪的，任意一笔交易的任何一个环节都不会脱离监管视线，这将极大提高反洗钱的力度。

（二）物联网和物流领域

区块链在物联网领域的应用。物联网在长期发展演进过程中，遇到了以下 5 个行业痛点：设备安全、个人隐私、架构僵化、通信兼容和多主体协同。区块链凭借主体对等、公开透明、安全通信、难以篡改和多方共识等特性，对物联网将产生重要的影响：多中心、弱中心化的特质将降低中心化架构的高额运维成本，信息加密、安全通信的特质将有助于保护隐私，身份权限管理和多方共识有助于识别非法节点，及时阻止恶意节点的接入和作恶，依托链式的结构有助于构建可证可溯的电子证据存证，分布式架构和主体对等的特点有助于打破物联网现存的多个信息孤岛桎梏，促进信息的横向流动和多方协作。

区块链在物流领域的应用。区块链的数字签名和加解密机制，可以充分保证物流信息安全及发件人、收件人的隐私。区块链的智能合约与金融服务相融合，可简化物流程序、提升物流效率。基于区块链的物流快递是一个比较典型的物联网区块链应用。在快递交接过程中，交接双方需通过私钥签名完成相关流程，货物是否签收或交付只需要在区块链中查询即可。在最终用户没有确认收到快递前，区块链中就不会有相关快递的签收记录，此机制可有效杜绝快递签名伪造、货物冒领、误领等问题。同时，区块链的隐私保护机制可隐藏收件人、发件人实名信息，从而有效保障用户信息安全。

（三）公共服务领域

区块链在政务服务、能源、交通等领域都与民众的生产生活息息相关，目前这些领域的中心化特质也带来了一些问题，可以用区块链来改造。

区块链在政务服务领域的应用主要围绕 4 个类型开展：身份验证、鉴证确权、信息共享以及透明政府。身份验证方面，身份证、护照信息、驾照、出生证明等公民身份证明都可以存储在区块链账本中。将这些数字身份存储在线，不需要任何物理签名，就可以在线处理烦琐的流程，随时掌握这些文件的使用权限。鉴证确权方面，与公民财产、数字版权相关的所有权证明存储在区块链账本中，大幅减少权益登记和转让的步骤，减少产权交易过程中的欺诈行为。信息共享方面，用于机构内部以及机构之间信息共享，实时同步，减少协同中的摩擦。透明政府方面，将政府预算、公共政策信息及竞选投票信息用区块链的方式记录及公开，增加公民对政府的信任。①

区块链在能源行业的典型应用主要包括分布式能源管理、新能源汽车管理、能源交易等。分布式能源管理方面，区块链的分布式结构与分布式能源管理架构具有高度一致性；区块链技术可应用于电网服务体系、微电网运行管理、分布式发电系统以及能源批发市场。同时，区块链与物联网技术融合应用能为可再生能源发电的结算提供可行途径，并

① 参见徐思彦：《区块链重塑公共服务：未来很美，路很长》，未央网 2017 年 7 月 1 日。

且可以有效提升数据可信度。此外，利用区块链技术还可以构建自动化的实时分布式能源交易平台，实现实时能源监测、能耗计量、能源使用情况跟踪等诸多功能。新能源汽车管理方面，物联网与区块链融合技术可以提升新能源汽车管理能力，主要包括：新能源汽车的租赁管理、充电桩智能化运营和充电场站建设等。同时亦可以促进电动汽车供应商、充电桩供应商、交通运营公司、商户和市民之间数据共享。能源交易方面，通过区块链技术及智能合约，可以为能源交易提供更加便捷的支付方式和信任机制，提高交易效率，降低违约率，保障交易数据的安全，提升能源行业的资金流转率。例如，针对能源批发交易、居民售电、居民使用公共电力交易结算等场景，均可使用物联网区块链技术进行结算，提升交易效率，减少人工错误。

区块链在智能交通的诸多领域发挥作用，例如车辆认证管理、交通收费、道路管理等。车辆认证管理方面，利用区块链数据的不可更改特性以及“去中心化”的共识机制，管理和提供车辆认证服务，并可以提供电子车牌号服务。交通收费管理方面，使用区块链电子代币支付交通违规罚款、路桥通行费等，实现即时付款，节省管理和运营成本。道路管理方面，使用区块链来记录车辆的实时位置，通过区块链平台的“去中心化”服务特性来判断不同区域的交通堵塞的程度，提供区域性的交通协调疏导方案。

（四）溯源领域

溯源包括商品信息的搜集、整合和公开展示，同时还需保证数据真实可信。而传统溯源行业的中心化、信息孤岛、可信度低、恶意窜货等痛点一直为消费者所诟病，区块链则以其去中心化、不可篡改、可追溯等技术特性，现已在商业溯源领域得到规模化应用。

在区块链溯源场景的应用中，通过区块链技术，能够将商品从原材料生产到上架销售一整条完整的信息流记录上链，并加盖时间戳，精细到一物一码 / 一批次一码。同时对数据进行加密储存，并利用分布式账本，使任何人都无法对数据作出修改，符合商业溯源的最基本诉求。而消费者也可通过相应形式，查看到记录在区块链上的商品完整信息，解决传统溯源行业的“信任问题”。

同时，区块链去中心化的技术特征，使政府、企业等可利用区块链技术搭建溯源防伪联盟链，全程多方共同参与信息记录，提高数据造假成本，保障数据源头真实性，也可进一步解决“信任问题”。

另外，通过区块链技术打通商品的全过程信息渠道，当商品出现问题时，即可利用区块链可追溯的技术特性，迅速、精准地找寻问题源头，及时召回和惩处。同时将区块链技术与物联网或信息系统对接，可从数据源头获得一定的信任背书，降低人工业务对数据的影响，提高效率和精准度。

因此，区块链技术的去中心化、不可篡改、可追溯和分布式账本等技术特性，能够在较大程度上解决数据可信度、透明度问题，做到源头可追溯。区块链溯源相比传统溯源，将具有更大的应用空间和重塑价值。①

应用案例——蚂蚁金服将区块链技术用在了正品溯源上。目前，已有部分来自澳大利亚、新西兰的海淘商品，比如奶粉，用支付宝扫一扫，就能知道是不是正品。

（五）公益领域

近年来，各类公益组织进行了大量爱心捐赠、社会捐赠活动，为公益慈善、社会救助和社会保障作出了巨大贡献。然而，公益组织普遍面临着信息不对称、财务不透明、管理手段落后等难题，骗捐诈捐、财务黑洞等屡屡引发公共舆论事件，损害了公益组织的公信力，影响了公众参与社会捐赠的积极性。

区块链技术具有去中心化、公开透明、信息可追溯、通过智能合约自动执行等优势，有利于对应解决传统公益捐赠项目中被诟病的问题。其一，区块链可以将捐赠项目相关信息发布在互联网各个节点上，

① 参见《2018区块链在溯源领域发展形式分析与预测》，界面新闻2018年8月24日。

同时篡改网络上所有节点数据难度极大，可有效防止捐赠项目被人为操控。其二，区块链上所有信息都对全网络公开，监管机构和组织可以通过观察节点，对每一笔交易进行查询追溯。其三，将捐赠人和受捐项目直接关联，每笔款项流通数据都记录存证，保证款项精准“滴灌”到位。其四，使用区块链智能合约功能（把相关的条件和要求设定后，智能合约就可以自动执行），有利于优化公益项目的流程，遏制暗箱操作。

应用案例——蚂蚁金服涉及区块链的首个应用场景就是公益，帮助一群听障儿童获得一笔善款，然后运用区块链技术促进公益更加开放透明。区块链公益平台就像是我们在互联网上构建了一个专门用于邮寄资金的邮局。用户捐的每一笔钱，我们都会打包成一个包裹，这个包裹通过区块链平台传递，每经过一个节点，我们都会盖上一个邮戳，最后送到受捐人手上。这样可以保证用户捐的每一笔钱都是透明、可追溯、难以篡改的。

第三节　C：云计算（Cloud Computing）

近年来，云计算越来越多地被提及，无论是国家层面还是各大互联网企业，都很关注云计算。对于个人而言，云计算也已深深植入生活的方方面面，常用的 App、搜索引擎、听歌软件，它们的服务器都“跑”在云上，才能为我们提供服务。

一、云计算是什么

“云”中计算的想法可以追溯到效用计算的起源，这个概念是计算机科学家约翰·麦卡锡（John McCarthy）在 1961 年公开提出的：“如果我倡导的计算机能在未来得到使用，那么有一天，计算也可能像电话一样成为公用设施。计算机应用（Computer Utility）将成为一种全新的、重要的产业的基础。”

在效用计算模型中，通过将文件存储、计算、网络等软硬件设备托管到互联网上，可以为用户提供一种类似于自来水、燃气、电、电话等传统基础服务的信息服务，可以实现随用随取的互联网服务。用户只需要连接到互联网上，就可以在诸多的服务中获益，按需获取相应的服务。

随着信息技术的发展，这种效用计算升级逐渐形成云计算。亚马逊于 2006 年最早开始提供弹性计算云服务（Elastic Compute Cloud，EC2），随后云计算（Cloud Computing）的概念在搜索引擎大会上被正式提出，并由国际商业机器公司（IBM）和谷歌（Google）开始推广项目应用。同时，云计算的相关技术也开始受到了产业界和学术界的广泛关注。2011 年，美国国家标准与技术研究院（NIST）给出了一个被业界广泛接受的关于云计算的定义：云计算作为一种模型，允许用户通过网络方便地、按需地访问或者使用一组可配置的、共享的资源（如计算、存储、网络、应用和服务等），同时支持资源在最小化管理成本及尽可能减少服务提供商干预的情况下被迅速地提供并发布。

为了更直观地理解“云计算”，有几种形象的解释。

（1）用水龙头观点解释。当需要的时候，扭开水龙头，水就来了，我只需要操心交水费就是了！当你需要用一个软件时，不用跑去电脑城，打开应用商店，就可以下载下来。当你想看报纸的时候，不用跑去报刊亭，只要打开新闻的相关应用程序，便唾手可得。当你想看书的时候，不用跑去书城，只需要打开阅读软件，找到一本书，在手机上即可阅读。当你想听音乐的时候，不用跑去音像店苦苦找寻 CD 光碟，打开音乐软件，就能聆听音乐。云计算，像在每个不同地区开设不同的自来水公司，没有地域限制，优秀的云软件服务商，向世界每个角落提供软件服务——就像天空上的云一样，不论你身处何方，只要你抬头，就能看见！

（2）用共享单车观点解释。出行需要用车，云计算或者云服务好比乘坐出租车或专车、快车，骑共享单车，随时需要随时用，按用量（路程）付费即可。自己买车开车是混合云，车是自己的，出去付费停车或加油相当于部分使用公有云，而亚马逊或微软云在国内跟黑车差不多。

（3）用一日三餐观点解释。人饿了要吃饭，在家里自己做饭属于自建私有云，需要建造厨房购买锅碗瓢盆柴米油盐等，吃完饭还需要自己刷锅洗碗等运维工作，费时费力。餐馆提供的就相当于公有云服务，按需提供餐饮，食客吃完结账抹嘴走人，餐馆后厨如何安排做菜顺序并加快出菜速度就是负载均衡和虚拟化概念。请厨师到家里上门做饭则属于典型的混合云，在资产安全的情况下有限使用公有云。

二、云计算有什么特点

云计算出现以后，云服务供应商通过与通信运营商合作建设数据中心或自建数据中心，然后将软硬件资源进行虚拟化，对外提供云服务。企业可以通过将业务上云的方式极大地减少在 IT 基础设施方面的成本投入和运维难度。与传统 IT 部署模式相比，云计算技术在实际应用中体现出了一系列特点及功能优势，为各行业领域的创新发展提供了新的技术支持。传统 IT 与云计算部署特性对比如表 11 所示。

表 11　传统 IT 和云计算部署特性对比

特性比较	传统 IT 部署模式	云计算 IT 部署模式
开发成本	物理机，成本高	按需付费，成本可控，关注业务
限制访问	局限于特定硬件设备	不受空间限制，可扩展多种设备
灵活性	固定费用花费	灵活的资源使用和释放，按需付费
安全性	设备损坏时，数据丢失	数据云存储，抗风险能力强
管理效率	管理成本高，服务器分散	集中式界面或 API 控制，互联网访问
资源整合	资源冗余，存储备份	资源聚合，避免重复计算和存储
运维效率	运维复杂，运维成本高	界面控制，运维成本低

资料来源：根据公开资料整理

具体来看，云计算主要有以下特点。

（1）大规模、分布式。“云”一般具有相当的规模，一些知名的云供应商如华为云计算、腾讯云计算、Google 云计算、亚马逊、IBM、微软、阿里等都拥有上百万级的服务器规模。依靠这些分布式的服务器所构建起来的“云”能够为使用者提供前所未有的计算能力。

（2）虚拟化。云计算都会采用虚拟化技术，用户并不需要关注具体的硬件实体，只需要选择一家云服务提供商，注册一个账号，登录到其云控制台，去购买和配置你需要的服务，比如云服务器、云存储、内容分发网络（CDN）等，再为你的应用做一些简单的配置之后，就可以让应用对外服务了，这比传统的在企业的数据中心去部署一套应用要简单方便得多。而且你可以随时随地通过你的 PC 或移动设备来控制你的资源，这就好像是云服务商为每一个用户都提供了一个 IDC（Internet Data Center）一样。

（3）高可用性和扩展性。那些知名的云计算供应商一般都会采用数据多副本容错、计算节点同构可互换等措施来保障服务的高可靠性。基于云服务的应用可以持续对外提供服务（7×24 小时），另外“云”的规模可以动态伸缩，来满足应用和用户规模增长的需要。

（4）按需服务，更加经济。用户可以根据自己的需要来购买服务，甚至可以按使用量来进行精确计费。这能大大节省 IT 成本，而资源的整体利用率也将得到明显的改善。

（5）安全。网络安全已经成为所有企业或个人创业者必须面对的问题，企业的 IT 团队或个人很难应对那些来自网络的恶意攻击，而使用云服务则可以借助更专业的安全团队来有效降低安全风险。

三、云计算的三层服务架构与四种部署模式

（一）云计算的三层服务架构

一般来说，大家比较公认的云架构划分为基础设施层、平台层和软件服务层三个层次，对应名称为 IaaS，PaaS 和 SaaS，分别为用户提供基础设施、平台和软件服务。

IaaS，全称 Infrastructure as a Service，中文名为基础设施即服务。IaaS 主要包括计算机服务器、通信设备、存储设备等，能够按需向用户提供计算能力、存储能力或网络能力等 IT 基础设施类服务，也就是

能在基础设施层面提供的服务。IaaS 能够得到成熟应用的核心在于虚拟化技术，通过虚拟化技术可以将形形色色的计算设备统一虚拟化为虚拟资源池中的计算资源，将存储设备统一虚拟化为虚拟资源池中的存储资源，将网络设备统一虚拟化为虚拟资源池中的网络资源。当用户订购这些资源时，数据中心管理者直接将订购的份额打包提供给用户，从而实现了 IaaS。

PaaS，全称 Platform as a Service，中文名为平台即服务。如果以传统计算机架构中"硬件 + 操作系统 / 开发工具 + 应用软件"的观点来看待，那么云计算的平台层应该提供类似操作系统和开发工具的功能。实际上也的确如此，PaaS 定位于通过互联网为用户提供一整套开发、运行和运营应用软件的支撑平台。就像在个人计算机软件开发模式下，程序员可能会在一台装有 Windows 或 Linux 操作系统的计算机上使用开发工具开发并部署应用软件一样。微软公司的 Windows Azure 和谷歌公司的 GAE，可以算是 PaaS 平台中最为知名的两款产品了。

SaaS，全称 Software as a Service，中文名为软件即服务。简单地说，就是一种通过互联网提供软件服务的软件应用模式。在这种模式下，用户不需要再花费大量投资用于硬件、软件和开发团队的建设，只需要支付一定的租赁费用，就可以通过互联网享受到相应的服务，而且整个系统的维护也由厂商负责。

（二）云计算的四种服务架构

按照所有权、大小和访问方式，云部署模式可以分为公有云、社区云、私有云、混合云四种。

（1）公有云：云计算服务由第三方提供商完全承载和管理，为用户提供价格合理的计算资源访问服务，用户无需购买硬件、软件或支持基础架构，只需为其使用的资源付费。公有云用户无需支付硬件带宽费用、投入成本低，但数据安全性低于私有云。

（2）社区云：由有着类似需求并打算共享基础设施的组织共同创建并维护，只在一定范围内使用。比如，由多个医疗机构合作构建的用于医疗数据存储、分析、维护的云环境。

（3）私有云：由某个组织单独使用，且服务于该组织内部的多个用户。私有云主要由该组织自行部署或者依赖于第三方技术支持。私有云可充分保障虚拟化私有网络的安全，但投入成本相对公有云更高。

（4）混合云：由两种或两种以上的云部署模式混合构成，如公有云和私有云的混合体。不同类型的云基础设施之间通过标准或私有技术被绑定在一起以实现数据和应用程序的可移植性。

四、云计算的关键技术

（一）虚拟化技术

虚拟化是指各计算组件不在一个真实的资源基础上而是在虚拟的资源基础上运行，从而创建了相关虚拟化产品，包括 VMware、Xen 等[①]。云计算的关键技术支撑之一就是虚拟化技术，虚拟化技术不仅是虚拟机的概念，还代表各种抽象的计算资源，基于不同的资源类型，可以分为系统虚拟化、服务器虚拟化和计算资源虚拟化。

1. 系统虚拟化

系统虚拟化使物理主机实现与操作系统的分离，这样就可以在一台物理计算机上执行一个或多个虚拟操作系统。虚拟操作系统中运行的应用程序与直接安装在物理计算机上的应用程序无显著差异。虚拟机是一个计算机系统，是指利用虚拟化技术在包括客户操作系统和应用程序的分离的环境中运行。对于系统虚拟化的不同类型，设计和实现的虚拟机的操作环境是不同的，其中虚拟运行环境要为运行的虚拟机提供虚拟处理器、内存和网络接口等完整的虚拟硬件环境。同时，虚拟运行环境也为这些操作系统提供了许多特性，如硬件共享、统一管理、系统隔离。

---

① 参见刘旭：《虚拟化技术在高校数据中心建设应用的研究》，《中国教育信息化》2010 年第 11 期。

2. 服务器虚拟化

服务器虚拟化指的是通过利用虚拟化技术实现物理服务器的虚拟化，并被划分成多个相互独立的服务器[①]，运行着三种不同的应用程序的物理服务器，在使用服务器虚拟化后，主机托管。

服务器虚拟化为虚拟机提供了一个完整的硬件抽象资源，包括虚拟处理器、虚拟内存等，因此可以使虚拟机在完全独立的物理服务器运行。服务器虚拟化的实现主要通过硬件抽象和虚拟管理技术，包括虚拟化硬件资源以及虚拟机的隔离和迁移。

3. 计算资源虚拟化

虚拟化资源是对物理资源的抽象，通过虚拟化技术来实现。由于城市和数据中心的硬件兼容性差，难以实现物理资源的统一管理。通过对资源的抽象化和虚拟化，来掩盖物理资源的差异，构建云计算环境，提供科学和实用的解决方案。

虚拟资源层向应用层提供物理资源映射服务，实现应用服务快速部署和切换，并消除其与硬件资源的耦合。虚拟化技术创建一个统一的虚拟资源池，来实现对云计算数据中心基础资源的有效统一管理，从动态和可扩展的虚拟资源池中申请资源来满足城市信息系统和应用程序的服务需求。

（二）快速部署

快速部署是云计算数据中心的一个重要功能，并且要求越来越高。首先，无论在任何时间只要用户提交资源和应用程序的需求，云管理程序就要负责分配资源，部署服务。其次，不同层次的云计算部署模型和环境服务是不一样的。最后，在部署过程中支持各种形式的软件系统结构是不同的，部署工具应该能够适应部署对象的变化。

---

① 参见谭文辉：《利用 VMware 实现数据中心服务器虚拟化》，《舰船电子工程》2008年第6期。

在云计算环境中部署多个虚拟机时包括并行部署和协同部署技术。并行部署改变传统的顺序部署，同时部署在多台物理机器上执行多个任务。并行部署可以减少一半部署所需要的时间，但读写能力的图像文件存储服务器部署或系统部署时受到网络带宽的限制。协同部署技术的核心思想是多个目标物理机之间将虚拟机映像传输网络，不只是在服务器和部署对象之间传输的物理机器，从而提高部署速度。并行部署和协同部署技术也可应用于自动化部署过程的物理解决方案，加快部署过程。云环境部署物理解决方案包括：云平台环境建设和服务器硬件安装后，需要在云硬件环境下安装软件环境，其中涉及大规模部署操作系统、配置虚拟机操作平台、云基础设施层管理软件安装；云平台环境中将新机添加到现有物理数据中心，需要在新节点、虚拟化平台和中间件等部署和配置。

（三）资源调度

资源调度是指根据特定的云计算资源环境中的资源使用规则，调整资源使用者之间的资源的过程。这些资源用户对应于不同的计算任务，每一个资源用户对应一个或多个计算任务过程中的操作系统。实现资源调度计算任务一般有两种方法：在计算任务所在的机器上分配它的任务，或是将任务分配给其他的机器。

资源调度是云计算的关键环节，通过对云计算环境中的每个节点进行统一管理和分配，共享各种计算资源。同时，在云计算环境中对资源进行合理的调度预分配，不仅可以有效地利用计算资源，也可以充分发挥异构资源的优势，以更好地提高系统的容错性，提高服务质量。在云计算环境下，云计算资源调度主要有以下几方面的特点。

（1）资源调度主要是面向异构平台。云服务提供商对用户的需求提供的虚拟机资源是提前封装好的，而为虚拟机配置的 CPU 、内存、带宽是不相同的，因此可以在复杂的云计算环境下通过虚拟机实现各种资源调度。

（2）资源调度具有可伸缩性。弹性的云计算可以通过改变服务器数量来提高或降低云服务的计算能力。同时，虚拟机总是按照用户的需求创建和销毁，用户的需求增加时，虚拟机的数量就随之增加；反之，当用户的需求下降时，虚拟机就可以销毁，提高用户满意度。

（3）资源调度能适应集中动态调度。云计算通过虚拟化技术来处理用户提交的集中云中心的应用程序。计算资源是异构的，其网络本身是不断变化的。在云计算，可能会因故障销毁一些虚拟机资源或者根据用户的需求创建新的虚拟机资源，因此，云计算的动态调度是显而易见的。

云计算资源调度一般从性能、服务质量和资源利用率等方面着手采取合理的资源调度策略。以性能为目标的资源调度是最大限度地发挥服务器的性能，在云计算环境中，当用户提交了资源需求时，云计算系统会根据事先设定好的调度算法进行资源调度，并将得到的最终结果返回给用户，从用户需求提交到结果反馈，执行的速度越快，完成的时间就越短，产生费用就越少，从而获得较高的满意度。

五、云计算的应用

云计算的目的就是云应用。大数据时代背景下，云计算技术已经被广泛应用于各个行业领域当中，对于行业的发展以及管理发挥着积极作用[①]。

（一）云计算技术在电子政务领域中的应用

工信部 2013 年发布的《基于云计算的电子政务公共平台顶层设计指南》中阐述了云计算电子政务平台的概念，指出其通过利用机房、网络、应用等资源，结合云计算技术来发挥云计算的可靠性、虚拟化、可扩展性及快速容错性，同时，也为各个地方政府各部门提供信息资源、软件支撑等综合管理的平台。智慧社会的到来，不仅让当前的政务管理

① 参见牛金玲、宋青育：《大数据时代云计算技术的应用》，《网络安全技术与应用》2021 年第 10 期。

与云计算、大数据、人工智能等前沿科技结合得更加紧密，也使其管理理念更加全面并提升服务效率，将这些较为前沿的科学技术带到电子政务管理中，可以依托技术创新来更好地为社会公众提供更加便捷与高效的服务。与此同时，面对未来的智慧政务，政府必须将相应的管理理念进行优化与创新，使其变得更加开放与多元，不仅局限于自身，要全方位地与社会企业、非政府组织、社会公众等主体进行合作，共同构建智慧社会管理[①]。这也是电子政务管理层面推动智慧社会政府全新管理理念的新篇章。

（二）云计算技术在区域医疗信息化管理中的应用

随着医疗行业的快速发展，各种医疗手段和内容都在不断创新，依托于大数据时代背景，医疗行业所产生的数据容量也在飞速增长，并远远超过了硬件与软件的革新速度，因而对医疗服务数据的处理和储存提出了更高的要求。云计算技术的出现能够充分满足当前区域医疗信息化管理的多样化需求，为其中所生成的海量数据提供计算与储存的支撑。结合实际来看，区域医疗信息平台的构建共包括三个层次。一为基础设施层，主要为医疗服务提供网络服务以及存储服务等，按照不同的用途又将其分为私有云和公有云，分别负责对医疗机构业务协同、数据协同以及对医疗资源的保密。二为云平台支撑层，是区域医疗信息平台最主要的功能模块，为区域内各医疗机构提供功能服务，包括病案管理、信息查阅、药品管理和远程医疗等。三为应用服务提供层，即各个医疗机构可以借终端系统或者终端设备对权限内的服务资源等进行访问和获取。

① 参见李沫霏：《电子政务发展模式：中外比较与中国策略》，吉林大学硕士学位论文，2019年。

（三）云计算技术在区域教育发展中的应用

区域教育指的是区域内各个学校的教育，其发展过程主要强调两个方面，即个体与整体的发展，不仅要推动单个学校的发展，而且要保障区域内各学校之间的均衡发展，因此区域教育的发展与规划管理是极具系统特点的工作任务，对此需借助信息化的技术手段进行管理，为区域教育的整体发展提供稳定保障。在大数据环境下，能够充分反映出区域教育的全方位信息，并且随着信息化的发展，依托于服务平台的区域教育也逐渐完善，其中所汇集的信息也越来越多，为实现对这些数据信息的有效应用与管理，采用云计算技术进行控制，如对区域教育资源的合理配置、对区域教育的协调发展等，需要在数据收集和分析的基础上进行，而云计算技术则可以满足这一需要。又如云计算技术还被应用在教育评价中，通过大数据将学生相关信息存储和分析之后，可以在其基础上进行具体的计算，更准确地判断学生的学习取向，并为后续教育规划提供指导。

（四）云计算技术在企业财务管理中的应用

大数据时代背景下云计算技术也被应用在企业财务管理当中，并极大程度上提升了企业财务管理的效率和质量，对于企业的时代化发展也起到积极作用。传统财务数据搜集方式存在一定的局限性，通过对云计算技术的应用，能够从更大范围内搜集财务数据，不只包括经济效益相关的数据，而且也可以搜集文化信息和社会信息，为企业的财务数据分析工作提供更多信息支持。另外，大数据时代云计算技术还能够直接对客户与供应商的数据信息进行分析，并由此推断客户的购买需求，以及其需求变化趋势，同时也可以精准预测企业的成本费用，促使企业掌握更加全面的市场信息和动态，有利于企业未来发展决策的合理确定。

（五）云计算技术在媒介发展中的应用

大数据时代云计算技术的出现和应用也对媒介的发展产生了一定的影响，推动了媒介的发展，使其更能够适应大数据时代的发展频率。传统媒介以文字叙述居多，如报纸、杂志等，随着移动客户端的出现，人们也可以更加自由地获取更广泛的信息资源，且伴随着信息技术的革新，也不再仅限于文字与图片的信息形式，而是发展为视频、音频等多种形式类型，由结构化数据转为非结构化数据，也体现了大数据时代的发展特征。云计算技术的出现和应用又将媒介发展带入了新的发展阶段。借此技术，媒体可以在更广范围内获取信息资源，并可以有针对性地分析数据内容，从中选择有效的信息，进行整合与加工，最终呈现给用户的也是具有个性化的信息。

（六）云计算技术在物联网设备中的应用

物联网是新一代信息技术的重要组成部分，本质上是“物物相连的互联网”。云计算与物联网二者相辅相成，其中云计算是物联网发展的基石，同时作为云计算的最大用户，物联网又不断促进着云计算的迅速发展。如近年来出现的基于云平台的医用物联网打印机，所用的一物一码功能，即每一个物品对应一个码，码指向该物品的信息页。病人的病历信息也与此相同。像此类打印机，基于云计算技术，可以实现基本的打印、储存图片的功能。还可以借助云计算技术使硬件设备与云平台相连，实现文件的上传、下载、扫描识别二维码。而云平台除基本功能外，还有信息录入、数据分类、数据处理，并为单一物品建立信息页，生成指向该信息页的二维码等功能。

六、云计算的风险与挑战

云技术的兴起，使人类在互联网的发展到达了又一巅峰，然而，“云”也是一把双刃剑。在信息时代，“信息”是至关重要的，隐私信息泄露无孔不入。因此，基于互联网的云计算服务也存在一定的安全问题。从使用者视角而言，受疫情影响，政府部门、公共机构、各领域企业等都加入云计算的应用队列，组织向云端迁移成了必然趋势。然而，数据安全保护问题极为严峻，当前云计算行业在维护数据私密性上仍然有较大技术缺口。从技术视角而言，在云计算成为社会发展趋势的同时，攻击技术也在快速变化。相比于传统家用或企业网络，针对云这一攻击形态的攻击路径增加，表明面向云的攻击技术变得多样复杂，进一步揭示了完善云安全的必要性。只有充分保障用户数据的私密性和安全性，才能够给使用者以安全感与信心，从根本上保持用户黏性，避免由于安全因素导致严重的用户流失。故在后疫情时代的云计算市场中，由于现存数据本身特性以及攻击技术路径增加，数据保密性与安全性无疑是最大课题与发力点，也是决定云计算行业是否能够在未来持续焕发活力的关键因素。

由于云计算主要覆盖的政务、金融、医疗、电信等行业数据具有广泛性和私密性的特征，一旦发生数据泄露会带来巨大影响，故云安全始终为云计算行业的首要问题。国家政策方面，政府可加大政策出台力度，以鼓励和支持云计算行业云安全的发展，例如 2019 年的《云计算服务安全评估办法》等。将数据网络安全上升到国家安全的战略高度能够使数据安全成为国家安全观中的重要组成部分。政策利好能够向云计算行业传递国家重视数据安全问题的正向信号，促使企业积极进行网络安全合规建设。技术研发方面，企业可以加大对于云原生技术的研究与应用，从云计算应用的研发、落地、交付和运营环节中加大数据安全性的保障。企业可通过增加云原生技术的研发开支、引进该技术人才、设置严格考核标准、加大激励措施等方式，加速解决数据安全问题，减少数据安全隐患①。

此外，由于云计算本身定位的限制，仅依靠其自身技术优势难以在应用场景中创造巨大价值，未来，云计算作为一种管道化、无感化的技术，应当积极与 5G、人工智能等前沿技术相结合，以基础性角色来实现最大化产业价值。

① 参见王青春、黄启洋、吕衔等：《后疫情时代的云计算发展新机》，《新经济》2021 年第 2 期。

第四节　D：大数据（Big Data）

早在20世纪80年代，著名未来学家阿尔文·托夫勒（Alvin Toffler）指出大数据是人类历史上“第三次浪潮的华彩乐章”。随着互联网信息技术的发展，大数据成为信息化数字时代的流行词，在日常生活的各方面发挥着越来越重要的作用。

一、大数据的定义和特点

大数据是指：“无法用现有的软件工具提取、存储、搜索、共享、分析和处理的海量的、复杂的数据集合”。一般来说，大数据具备4个特征（简称“4V”）：（1）数据量巨大（Volume）。互联网时代数据的爆炸式增长使企业的数据量已经接近EB量级。（2）数据类型繁多（Variety）。大数据结构复杂、类型多样，除了传统的结构化数据，还有各种半结构化和非结构化数据，包括网络日志、音频、视频、图片、地理位置等信息。调查报告显示，企业中80%的数据都是非结构化数据，而且数据量每年按指数级增长，这对数据的处理能力提出了更高要求。（3）价值密度低（Value）。与数据总量相比，大数据的价值密度较低。如何迅速地完成数据的价值提纯成为目前大数据背景下亟待解决的难题。（4）处理速度快（Velocity）。大数据对实时性要求更高，这是大数据区分于传统数据挖掘的显著特征。除此之外，大数据还有可变性（Variability）、真实性（Veracity）、复杂性（Complexity）等特征。由于大数据在类型、容量上与传统数据有显著的区别，因此在数据处理和应用上也不同。

表12　传统数据与大数据的区别

	传统数据	大数据
数据类型	结构化数据	半结构化和非结构化数据
数据存储	文件、数据库	数据仓库
数据量	较小，一般在GB级别内	海量，往往是PB量级
数据	实时数据	历史数据

续　表

	传统数据	大数据
操作人员	办事员、数据库专业人员	经理、主管、数据分析员
功能	查询、汇总等日常操作	预测、决策支持
处理方式	在线、基于内存	离线、增量、面向数据流、分布算法

二、大数据的发展和应用领域

1980年，阿尔文·托夫勒在《第三次浪潮》一书中提出了大数据的概念。2007年，图灵奖得主詹姆斯·格雷（James Gray）提出“第四范式：数据密集型科学发现”，预示数据密集型科学成为继实验科学、理论科学、计算科学之后的第四种科学发现新模式。2015年8月，国务院印发《促进大数据发展行动纲要》，提出大力推动政府部门数据共享，稳步推动公共数据资源开放，统筹规划大数据基础设施建设，发展大数据在工业、新兴产业、农业农村等行业领域应用，推动大数据发展与科研创新有机结合。大数据技术日新月异，在各领域有着非常广泛的应用。

表13　大数据的行业应用

行业领域	应用
电商	预测流行趋势，消费趋势，地域消费特点，客户消费习惯，消费行为相关度，消费热点，影响消费的因素，顾客偏好与行为，目标市场定位，网站优化等
农牧渔业	预测天气变化，安排放牧范围、休渔期、定位捕鱼等
金融	预测企业破产，客户信用评估，银行信贷分析，财务计划及资产评估等
股票	预测债券价格变化和股票价格升降，决定交易时间等
医疗	分析病例特征，安排医疗方案，研制新药，验证药物治疗机理，创伤复苏，预后预判等
工业	安全事故致因分析，产品质量控制，过程控制等
司法	案件调查，诈骗监测，洗钱认证，犯罪组织分析等
科学研究	宇宙图像分类，基因研究，病毒入侵机制等
交通	航线优化，交通事故致因分析等
税务	发现偷税漏税行为等

三、大数据的核心技术

一般来说，大数据分析包括以下几个步骤。

首先，通过各种技术采集到相关的结构化、半结构化和非结构化数据。

其次，对原始数据进行集成合并，处理数据中的遗漏，清洗脏数据，抽取需要分析的数据集，缩小处理范围，并转化成易于处理的数据。特征选择通过剔除不相关或冗余特征，达到减少特征个数、提高模型精确度、减少运行时间的目的。

再次，利用各种挖掘算法对经过初步处理的数据进行分析，提取隐含的、具有潜在意义的信息，揭示内在的规律。

最后，对挖掘出来的信息进行评价，将其中有价值的信息以简单、直观的形式展示给用户，指导用户进行决策。在这个过程中，大数据采集、大数据预处理、大数据分析组成了大数据生命周期里最核心的技术。

（一）大数据采集

大数据的采集和选取应符合以下原则。

（1）高效性：以数据的主要属性作为分析对象建立模型，必然能够高效规避风险，并使信用评估的工作效率得到大幅提高；

（2）可操作性：要选择在采集和应用上都能做到准确无误的数据作为分析客体，只有定量分析的严谨才能保证风险评估之定性分析的可靠；

（3）全面性：海量数据中所蕴含的重要信息能够使投资者在最大程度上规避风险，避免偶然因素的负面作用；

（4）其他原则：在对现有方法的持续深入挖掘和不断遇到的新问题中，总结归纳出其他有代表性的基本准则。

以金融大数据为例，一方面是来自金融机构内部的数据，即传统的金融数据，包括客户信息、交易信息、资产信息等；另一方面是通过自身平台采集或从其他厂商购买的第三方数据，包括客户在互联网上的行为数据、地理位置数据、供应链数据、其他商业数据等。这些结构化、半结构化和非结构化的非金融数据与传统的金融数据融合在一起，可以构建更准确、覆盖面更广的金融信用风险模型[①]。

表 14　金融大数据的来源

<table>
<tr><td rowspan="3">金融数据</td><td>客户信息数据</td><td>工资收入、其他收入、个人消费、公共事业缴费、信贷还款、转账交易、委托扣款、理财产品、保险、信用卡等</td></tr>
<tr><td>交易信息数据</td><td>供应链应收款项、供应链应付款项、员工工资、企业运营支出、同分公司之间交易、同总公司之间交易、税金支出、理财产品买卖、外汇产品买卖、金融衍生产品购买、公共费用支出、其他转账等</td></tr>
<tr><td>资产信息数据</td><td>个人客户资产负债信息（理财产品、定 / 活期存款、信用贷款、抵押贷款等），企业客户资产负债信息（定 / 活期存款、信用贷款、抵押贷款、担保额度、固定资产等），银行自身资产负债信息（定 / 活期存款、借入负债、结算负债、现金资产等）</td></tr>
<tr><td rowspan="4">非金融数据</td><td>行为数据</td><td>网站点击数据、社交媒体和社交网络数据、电商平台的消费数据等</td></tr>
<tr><td>地理位置数据</td><td>客户的移动设备位置、地理空间数据等</td></tr>
<tr><td>供应链数据</td><td>企业同上下游企业之间的商品交易信息</td></tr>
<tr><td>其他商业数据</td><td>消费者行为数据、行业分析报告、竞争与市场数据、宏观经济数据、特殊定制数据等</td></tr>
</table>

表 15　电信客户大数据来源

客户信息数据	年龄、收入、工作单位、性别、住址、职业
呼叫信息数据	总呼叫时长、工作时间呼叫时长、国内长途话费使用时长、国际长途话费使用时长、夜间呼叫时长、服务类型、语音业务种类数量、数据业务种类数量、优惠业务数据数量、点播类数据业务数量、免费业务的种类数量、其他类型的数据、资费套餐、付费方式、网内通话数据、客户级别、近半年话费

（二）大数据预处理

由于现实数据通常存在数据不完整、大量噪声、不一致、特征冗余等问题，需要通过预处理来改进数据质量，提高分析的精度和性能。数

① 参见鲍忠铁：《大数据在金融之二：数据来源和应用》，零壹财经 2014 年 8 月 18 日；顾芸菡、俞雯亮、万宝秀：《数据挖掘在金融方面的应用》，《数字化用户》2014 年第 1 期；陈剑、王艳、郭杰群：《大数据金融及信用风险管理》，《网络新媒体技术》2015 年第 3 期。

据预处理包括数据清理（去除噪声、缺失值、不一致数据），数据选择、集成、整合，数据变换，数据约简，以及数据离散化等步骤。

（1）数据清理和集成。数据清理包括填写空缺值、平滑噪声、识别孤立点、解决不一致问题。数据集成将多个数据源中的数据通过统一化和规范化处理结合起来存储。

（2）数据离散化。数据分为连续特征（定量）和离散特征（定性）。连续特征取值于某个连续的区间，例如身高、价格、温度等。离散特征一般以文本型数据表达对象的特征，例如性别、学历，用途等。连续特征可以排序和运算，而离散特征有的可排序，但不能进行数学运算。特征的离散化就是把连续特征转化为离散特征。数据离散化实现数据的规约和简化，减少数据处理的时间和空间开销，减弱极端值和异常值的影响，增强系统的抗噪声能力。离散化的本质是决定多少个离散点以及离散点的位置。

（3）数据变换。数据变化用平滑、聚集、归一化、数据层次抽象和提升等方法将数据转换为适合分析处理的形式。由于变量的量纲不同，在预处理时需要进行数据归一化处理，将其变换到统一的区间。

（三）大数据特征选择

由于大数据中包含了大量的冗余并隐藏了重要关系的相关性，降维可以有效地消除冗余，减少被处理数据的数量。数据降维是将样本点从输入空间通过线性或非线性变换映射到一个低维空间，从而获得一个关于原数据集的紧致的低维表示，以达到特定的数据处理目的，这个过程又称为子空间学习。

根据样本是否包含类别标识，降维方法可分为非监督降维、有监督降维、半监督降维。有监督降维方法利用数据的类别标识，使得降维后数据类的概率分布尽可能接近使用所有属性得到的类分布。而非监督降维方法直接处理数据，力求保持数据的结构信息。半监督降维综合了前两种方法的优点，可以基于类标识、成对约束或其他监督信息进行学习。

（四）大数据关联分析

在介绍大数据关联分析技术之前，我们先讲述一个“尿布与啤酒”的故事。沃尔玛连锁超市每天产生大量的购物数据，而超市的管理层最想知道的是哪些商品经常被一起购买。他们对超市购物数据库进行分析后发现，和尿布一起被购买最多的商品竟是啤酒。经过分析得知太太们常叮嘱她们的丈夫下班后为小孩买尿布，而丈夫们又会随手带回几瓶啤酒。既然尿布与啤酒一起购买的机会最多，商店就将它们放在同一个货架上，结果尿布与啤酒的销售量双双增长。在这个例子中，啤酒和尿布之间就存在某种关联关系，而这种关系可以带来可观的商业价值。

关联分析是指对两个或更多事物之间可能存在关联关系的分析。广义上说，这种关系可以是共存关系、并发关系、因果关系、时序关系等。关联规则由拉凯什·阿格拉沃尔（Rakesh Agrawal）于 1993 年提出，最初用来研究顾客交易数据库中经常被同时购买的货品。如果某些商品同时被购买的次数超过用户设定阈值，就可以认为这些商品之间存在着关联关系。这种关联关系反映顾客的购买行为模式，可以应用于商品货架设计、货品安排、顾客分类、市场促销等。

假设 I 是全体数据项的集合，D 为全体事务集，每个事务 T 有唯一的标识号。项集是由数据项构成的非空集合。对项集 $A \subseteq I$，称 T 包含 A 当且仅当 $A \subseteq T$。项集包含的元素个数称为项集的长度，长度为 k 的项集称为 k 阶项集。关联规则是描述数据库中数据项集之间存在潜在关系的规则，形式为 $A \Rightarrow B$，其中 $A \subseteq I$，$B \subseteq I$，且 $A \cap B = \varnothing$。A 称为规则头，B 称为规则尾。项集之间的关联表示它们出现在同一交易中的可能性较高。常用的量化标准包括支持度、置信度、提升度等度量，用来定义关联规则在统计上的意义。

支持度是对关联规则重要性的衡量，置信度是对关联规则的准确度的衡量。支持度说明这条规则在所有事务中的代表性，支持度越大，关联规则越重要。相反，如果支持度很低，则说明该关联规则实用的机会很小。提升度描述 A 对 B 影响力的大小。提升度越大，说明 B 受 A 的影响越大。一般来说，关联规则的提升度都应该大于 1，因为只有规则 A⇒B 的置信度大于 B 的支持度，才说明 A 的出现对 B 的出现有促进作用，也就是它们之间存在某种程度的正相关性。迄今为止，关联规则挖掘算法有很多种，所得到的关联规则也有不同的类型。

表 16　常用的关联规则

类型	举例
二值型关联规则	啤酒 ⇒ 尿布
数值型关联规则	20< 年龄 <30 且职业 = 学生 ⇒ 购买苹果手机
否定关联规则	购买≠咖啡 ⇒ 购买茶叶
带约束关联规则	包含笔记本电脑的所有关联规则
加权关联规则	单价在 100 元以上或购买数量不小于 10 的商品之间的关联规则
多维关联规则	年龄 >40，性别 = 女 ⇒ 购买健康险
模糊关联规则	天气 = 晴，温度 = 适中 ⇒ 户外活动
时序规则	股票 A 上涨 5% 以上 ⇒ 一天后股票 B 上涨

（五）大数据深度学习

深度学习是机器学习的一个新领域，它源于人工神经网络的研究，通过学习一种深层非线性网络结构，实现复杂问题的建模。深度学习可以从数据中直接提取特征，可扩展性高，特别适合处理大数据，在计算机视觉、语音识别、自然语言理解、推荐系统等领域中应用广泛。例如，支持 100 多种语言的谷歌翻译就是以深度学习为模型，为用户提供即时翻译。

传统的神经网络属于浅层结构算法，在有限样本和计算单元情况下对复杂函数的表示能力有限，因此泛化能力（即模型对新样本的适应能力）受到一定的制约。深度学习可通过一种深层非线性网络结构，从少量样本中学习数据集的本质特征，实现对复杂函数的逼近。深度学习可以说是一种复杂的神经网络，通过增加神经网络的隐层神经元的数目改变模型宽度，或者通过增加隐层数目改变模型深度来实现。增加模型宽度，使得学习的特征更丰富（例如，图像的纹理、颜色、形状等）。增加模型的深度，使得模型的非线性表达能力增强，可以拟合更复杂的输入。从时间复杂性的角度，深度对模型的重要性比宽度更高。

深度学习方法也有监督学习与非监督学习之分。卷积神经网络是一类包含卷积计算，有深度结构的前馈神经网络，具有表征学习能力，能够按其阶层结构对输入信息进行平移不变分类，因此也被称为平移不变人工神经网络，常被应用于图像处理、计算机视觉、自然语言处理等领域。卷积神经网络通过训练分析皮肤科图像，鉴定特异性黑色素瘤，准确率比医生高出 7%。

目前，深度学习的网络结构越来越复杂，计算能力越来越强。在工业界，自动化机器学习和模型压缩技术通过模型自动化设计和减少运算量，降低了深度学习的应用门槛，使其可以应用到大量的终端设备。

四、大数据技术的挑战

大数据为数据采集、数据挖掘、数据应用带来了巨大挑战。根据国际数据公司的调查，预计 2025 年全球数据量将增长到 181ZB 。截至 2023 年 6 月 Facebook 月活跃用户 30.3 亿。微博月活跃用户达到 5.93 亿，日活跃用户达到 2.55 亿。2022 年春节期间，整体晚会话题阅读量超过 200 亿，讨论量超过 7000 万。在全球新冠防疫中，大数据防疫、智能云、智慧城市等得到了大范围的应用。在大数据平台上开发的智慧交通出行、自动体温监测、人群聚集热点分布、人群跨区域流动、数据回溯分析、密切接触者追踪等技术，在疫情发展趋势预测、医疗资源合理调度、精准防疫有序复工中发挥了重要作用。同时，大数据的普及和需求也为人工智能技术的发展提出了新的挑战。

首先，大数据具有数据量大、维度高、噪声和不完整数据比例高等特点，对集中式存储和处理能力提出了挑战。在海量数据的推动下，采用并行服务器的分布式框架，设计并行和分布算法成为该领域的研究热点。

其次，大数据包括大量音频、图像、视频、动画、图形、文本等不同分布和多种来源的数据类型，使得传统的机器学习算法受到制约。而深度学习能够从结构化或者非结构化数据中学习特征，更容易地应用于异构数据源，显著提高系统性能。

另外，大数据对数据处理速度带来了挑战。为了使数据得到及时处理，采用在线学习和增量学习是大数据分析的一个切实可行的方案。

第五节　E：边缘计算（Edge Computing）

最近10年，云计算技术得到了突飞猛进的发展，改变了社会的工作方式和商业模式，拥有十分广阔的发展前景。但是，随着终端设备和应用程序的不断增加，云端数据处理压力大、网络延迟长这些弊端也越来越显著。2003年，分布式服务提供商阿卡迈（Akamai）与IBM合作，提出“边缘计算”的概念，旨在将云端处理的过程转到本地设备完成，从而降低用户的响应时间，减轻云端的负担。

一、边缘计算的定义

边缘计算是指在靠近数据源头或终端设备的一侧，采用网络、计算、存储、应用核心能力为一体的开放平台，就近提供服务。由于应用程序在边缘发起，节省了网络传输时间，可以提供更快的服务响应，满足行业在实时业务、应用智能、安全与隐私保护等方面的需求。与云计算相比，边缘计算在安全性、实时性、成本、个性化等方面有明显的优势。①

（1）边缘计算将数据中心的任务移到数据的边缘节点上执行，防止数据中心过载，降低网络的传输要求。

（2）边缘计算在本地设备上管理数据，在预算成本上低于云端和数据中心。

（3）边缘计算降低了网络延迟，提高了处理效率。

---

① 参见赵婉芳、赵妍：《物联网边缘计算优势与应用研究》，《软件》2021年第10期；周杰：《国内外边缘计算技术研究综述》，《计算机时代》2021年第8期。

（4）边缘计算提高数据的安全性，降低网络传输过程中隐私泄露的风险。

（5）边缘计算可以根据用户的需求调整模型，提供个性化服务。

表 17　云计算和边缘计算的对比

	云计算	**边缘计算**
架构	分布式	集中式
计算位置	服务器	边缘节点
目标应用	互联网	物联网、移动设备
通信网络	广域网	无线网
网络延时	高	低
实时性	低	高
设备数	少	多
安全性	低	高
能耗	高	低
服务类型	全局信息	局部信息
位置感知	不支持	支持
计算复杂性	复杂计算	简单和不精确计算
任务	长周期数据分析	实时、短周期数据分析

云计算适用于非实时、长周期、业务决策等场景，而边缘计算适用于实时、短周期、本地决策等场景，两者在网络、业务、应用、智能上的协同，使得物联网具有更广泛的场景。

二、边缘计算的应用领域

由于边缘计算可以解决云计算的延迟、带宽、自主性和隐私保护问题，更适合各类数字业务场景。目前，边缘计算在智能制造、智慧城市、安保系统、虚拟现实、在线课堂、游戏直播、远程医疗、车联网等领域有较广泛的应用。例如，医生通过可穿戴设备（健康监视器、健身设备、脉搏追踪器等）实时监测病人的健康数据，提供保健和医疗服务。

在工业界，边缘计算的应用场景有不同的分类。从技术特性匹配度的维度，分为七大技术应用场景：5G、物联网、人工智能、工业互联网、车联网、内容分发网络、虚拟现实，以及十五大业务应用场景：医疗、交通、金融、工业、教育、物流、城市、电力、安防、家居、楼宇、娱乐、餐饮、会展与农业。从细分价值市场的维度，分为电信运营商边缘计算、企业与物联网边缘计算和工业边缘计算。从业务形态的维度，分为物联网、工业、智慧家庭、广域接入网络、边缘云和多接入边缘计算。

2022年北京冬奥会在开幕式、闭幕式及转播赛事中，首次采用当今世界上最高的电视播出技术标准“5G+8K”技术。8K超高清视频带宽达到高清信号的32倍，有更高的屏幕分辨率和更快的刷新帧率，同时需要更多的存储空间和更快的传输速度，因此传输带宽和速率成为实时转播的关键难题。边缘计算将超高清视频缓存于就近的节点中，以更快的速度传输到终端用户，为用户提供更稳定流畅的观看体验。

三、边缘计算的核心技术

边缘计算的核心技术包括网络、隔离技术、体系结构、边缘操作系统、算法执行框架、数据处理平台以及安全和隐私等。边缘计算的网络技术需要解决三个问题：服务的自动发现和更新、服务的快速配置和迁移、服务的负载均衡。目前常用的技术有计算链路、命名数据网络和软件定义网络等。

隔离技术保证服务的可靠性和服务质量。首先，计算资源（即应用程序间）要隔离，不能相互干扰；其次，数据要隔离，不同应用程序具有不同的访问权限。

边缘计算的负载类型通常较为固定，需要针对特定的计算场景设计平台的体系结构，而通用处理器和异构计算硬件并存的模式是未来的发展趋势。机器人操作系统将复杂的计算任务在边缘计算节点上部署、调度、迁移，保证计算任务的可靠性以及资源的最大化利用。数据处理平台提供数据的全生命周期服务，包括数据存储、数据预处理、数据分析、数据可视化等。

边缘计算的安全和隐私保护包括应用安全、网络安全、信息安全、系统安全 4 个方面。除了可以利用传统的密码学设计访问控制机制，实现信息安全保护之外，可信执行环境在设备端建立了一个可信的、隔离的、独立的执行环境，并通过硬件机制来保障隐私数据和敏感计算的安全。

四、边缘计算的发展前景

边缘计算在数据处理速度、网络带宽需求、安全隐私保护等方面可以更好地支持移动计算与物联网。

物联网是增长最快的边缘计算设备，包括智能电器、智能手机、可穿戴设备、游戏系统以及打印机等在内的设备，极大地扩展了边缘计算的能力。2013 年，《国务院关于推进物联网有序健康发展的指导意见》指出“我国已将物联网作为战略性新兴产业的一项重要组成内容”。边缘计算的出现对物联网的发展有非常大的推动作用，预计到 2024 年全球边缘计算市场规模将突破 2500 亿美元。许多知名的科技公司，包括微软、惠普、IBM 、肯睿（Cloudera）、亚马逊、华为、中兴通讯等，都推出了边缘计算产品和服务。未来预计超过 90% 的企业都将开发自己的边缘计算服务，越来越多具备计算能力的智能设备将接入网络，在各行各业中发挥重要的作用[①]。

借助低延迟和高处理速度的优势，边缘计算可以帮助企业为客户提供最佳的体验。迪士尼集团使用物联网传感器和边缘计算快速传输游乐设施的性能数据，协助管理人员优化游乐设施和景点，从而提高游客的体验满意度。

与传统的集中式网络和数据存储相比，边缘计算在安全性方面有独特的优势。但是由于边缘计算更依赖物理资源，为入侵者提供了更多的

---

① 参见高聪、陈煜喆、张擎等：《边缘计算：发展与挑战》，《西安邮电大学学报》2021 年第 4 期；王哲：《边缘计算发展现状与趋势展望》，《自动化博览》2021 年第 2 期；刘建平：《边缘云产品的应用与发展》，《电子技术与软件工程》2021 年第 17 期。

攻击目标，造成信息泄露和系统破坏，因此，安全性仍然是边缘计算的技术挑战。

第六节　F：防火墙（Firewall）与信息安全

一、信息安全概述

信息安全是指信息网络的硬件、软件及其系统中的数据受到保护，不受偶然的或者恶意的原因而遭到破坏、更改、泄露，系统连续可靠正常地运行，信息服务不中断。

信息安全是一门涉及计算机科学、网络技术、通信技术、密码技术、信息安全技术、应用数学、数论、信息论等多门学科的综合性学科。从广义来说，凡是涉及信息的保密性、完整性、可用性等的相关技术和理论都是信息安全的研究领域。

信息安全本身包括的范围很大，大到国家军事政治等机密安全，小范围的当然还包括如防范商业企业机密泄露，防范青少年对不良信息的浏览，防止个人信息的泄露等。网络环境下的信息安全体系是保证信息安全的关键，包括计算机安全操作系统、各种安全协议、安全机制（数字签名、信息认证和数据加密等），直至安全系统，其中任何一个安全漏洞都可能威胁全局安全。

（一）信息安全体系结构

在考虑具体的网络信息安全体系时，把安全体系划分为一个多层面的结构，每个层面都是一个安全层次。根据信息系统的应用现状和网络的结构，可以把信息安全问题定位在 5 个层次：物理层安全、网络层安全、系统层安全、应用层安全和管理层安全。

1. 物理层安全

该层次的安全包括通信线路的安全、物理设备的安全、机房的安全等。物理层的安全主要体现在通信线路的可靠性（线路备份、网管软件、传输介质），软硬件设备安全性（替换设备、拆卸设备、增加设备），设备的备份，防灾害能力、防干扰能力，设备的运行环境（温度、湿度、烟尘），不间断电源保障等。

2. 网络层安全

该层次的安全问题主要体现在网络方面的安全性，包括网络层身份认证，网络资源的访问控制，数据传输的保密与完整性，远程接入的安全，域名系统的安全，路由系统的安全，入侵检测的手段，网络设施防病毒等。网络层常用的安全工具包括防火墙系统、入侵检测系统、虚拟专用网（VPN）系统、网络蜜罐等。

3. 系统层安全

该层次的安全问题来自网络内使用的操作系统的安全，如WindowsXP、Windows2010 等。其主要表现在 3 个方面，一是操作系统本身的缺陷带来的不安全因素，主要包括身份认证、访问控制、系统漏洞等；二是操作系统的安全配置问题；三是病毒对操作系统的威胁。

4. 应用层安全

应用层的安全考虑所采用的应用软件和业务数据的安全性，包括：数据库软件、Web 服务、电子邮件系统等。此外，还包括病毒对系统的威胁，因此要使用防病毒软件。

5. 管理层安全

俗话说“三分技术，七分管理”，管理层安全从某种意义上来说要比以上 4 个安全层次更重要。管理层安全包括安全技术和设备的管理、安全管理制度、部门与人员的组织规则等。管理的制度化程度极大地影响着整个网络的安全，严格的安全管理制度、明确的部门安全职责划分、合理的人员角色定义都可以在很大程度上降低其他层次的安全威胁。

（二）信息安全发展过程

信息安全自古以来就是受到人们关注的问题，但在不同的发展时期，信息安全的侧重点和控制方式有所不同。大致说来，信息安全在其发展过程中经历了三个阶段。

第一阶段：早在20世纪初期，通信技术还不发达，面对电话、电报、传真等信息交换过程中存在的安全问题，人们强调的主要是信息的保密性，对安全理论和技术的研究也只侧重于密码学，这一阶段的信息安全可以简单称为通信安全，即COMSEC（Communication Security）。

第二阶段：20世纪60年代后，半导体和集成电路技术的飞速发展推动了计算机软硬件的发展，计算机和网络技术的应用进入了实用化和规模化阶段，人们对安全的关注已经逐渐扩展为以保密性、完整性和可用性为目标的信息安全阶段，即INFOSEC（Information Security），具有代表性的成果就是美国的TCSEC和欧洲的ITSEC测评标准。

第三阶段：20世纪80年代开始，由于互联网技术的飞速发展，信息无论是对内还是对外都得到极大开放，由此产生的信息安全问题跨越了时间和空间，信息安全的焦点已经不仅仅是传统的保密性、完整性和可用性三个原则了，由此衍生出了诸如可控性、抗抵赖性、真实性等其他的原则和目标，信息安全也从单一的被动防护向全面且动态的防护、检测、响应、恢复等整体体系建设方向发展，即所谓的信息保障（Information Assurance）。

二、防火墙的概念与发展史

（一）防火墙的概念

防火墙（Firewall），由捷邦（Check Point）创立者吉尔·什维德（Gil Shwed）于1993年发明并引入国际互联网，是一种位于内部网络与外部网络之间的网络安全系统。信息安全是为数据处理系统建立的技术和管理上的安全保护，为的是保护计算机硬件、软件、数据不因偶然和恶意的原因而遭到破坏、更改和泄露。防火墙是一项信息安全的防护系统，依照特定的规则，允许或是限制传输的数据通过。

防火墙是指设置在不同网络（如可信任的企业内部网和不可信的公共网）或网络安全域之间的由软件和硬件设备组合而成的保护屏障。它可通过监测、限制、更改跨越防火墙的数据流，尽可能地对外部屏蔽网络内部信息、结构和运行的基本状况，以此来实现网络的安全与保护。如果没有防火墙，那么系统就会暴露在网络之中，会遭受恶意攻击。除了安全作用，防火墙还支持具有 Internet 服务特性的企业内部网络技术体系 VPN。从专业角度讲，防火墙是位于两个（或多个）网络间，实施网络之间访问控制的一组组件集合。防火墙是设置在内部网络和外部网络之间的一道屏障，从而实现网络安全保护，以防止发生不可预测的、潜在破坏性的侵入。防火墙具有较强的抗攻击能力，它是提供安全服务、实现网络信息安全的基本设施。

防火墙是一种高级访问控制设备，置于不同网络安全域之间，它通过相关的安全策略来控制（允许、拒绝、监视、记录）进出网络的访问行为。防火墙能增强机构内部网络的安全性。防火墙系统决定了哪些内部服务可以被外界访问；外界的哪些人可以访问内部的服务以及哪些外部服务可以被内部人员访问。

（二）防火墙的发展史

防火墙的发展大致经历了第一代、第二代、第三代、第四代、第五代、统一威胁管理和下一代防火墙 7 个重要阶段。从第一代防火墙出现至今已有 30 多年的历史，在发展过程中，不断发展的网络技术对防火墙也提出各种新需求，这些新需求推动着防火墙向前不断发展演进。下面简要介绍防火墙的发展历史。

1. 第一代防火墙

第一代防火墙采用静态包过滤（Statics Packet Filter）技术，是依附于路由器的包过滤功能实现的防火墙，称为包过滤防火墙。随着网络安全的重要性和对防火墙性能要求的提高，防火墙逐渐发展成为一个独立结构的、有专门功能的设备。包过滤防火墙根据定义好的过滤规则审查每个数据包，以便确定其是否与某一条包过滤规则相匹配。包过滤类型的防火墙遵循“最小特权原则”，即允许管理员通过设定策略决定数据包是否能通过防火墙。

2. 第二代防火墙

贝尔实验室在 1989 年推出第二代防火墙。第二代防火墙也称电路层防火墙，通过使用 TCP 连接将可信任网络中继到非信任网络来工作，但是客户端和服务器之间是不会直接连接的。电路层防火墙不能感知应用协议，必须由客户端提供连接信息。

3. 第三代防火墙

贝尔实验室在 1989 年同时提出了第三代防火墙，也就是应用层防火墙（也称代理防火墙）的初步结构。应用层防火墙通过代理服务实现防火墙内外计算机系统的隔离。

4. 第四代防火墙

1992 年，美国南加利福尼亚大学信息科学院的鲍博 · 布雷登（Bob Braden）开发了基于动态包过滤（Dynamic Packet Filter）技术的第四代防火墙。这一类型的防火墙采用动态设置包过滤规则的方法，避免了静态包过滤技术的问题，依据设定好的过滤逻辑，检查数据流中的每个数据包，根据数据包的源地址、目标地址以及数据包所使用的端口确定是否允许该类型的数据包通过。1994 年，市面上出现了第四代防火墙产品，即以色列 Check Point 公司推出的基于这种技术的商业化产品。

5. 第五代防火墙

1998 年，美国网络联盟（NAI）公司推出了一种自适应代理（Adaptive Proxy）技术，并在其产品 Gauntlet Firewall for NT 中得以实现，给代理类型的防火墙赋予了全新的意义，人们将其称为第五代防火墙。

6. 统一威胁管理

2004 年，国际数据公司（IDC）提出统一威胁管理（United Threat Management，UTM）的概念，即将防病毒、入侵检测和防火墙安全设备划归统一威胁管理。从这个定义上来看，IDC 既提出了 UTM 产品的具体形态，又涵盖了更加深远的逻辑范畴。从定义的前半部分来看，众多安全厂商提出的多功能安全网关、综合安全网关，一体化安全设备等产品都可被划归到 UTM 产品的范畴；而从定义的后半部分来看，UTM 的概念还体现出信息产业经过多年发展之后对安全体系的整体认识和深刻理解。

2004 年后，UTM 市场得到了快速的发展，但也面临新的问题。首先是应用层信息的检测程度受到限制；其次是性能问题，因为 UTM 中多个功能同时运行，设备的处理性能将会严重下降。

7. 下一代防火墙

2008 年，派拓网络（Palo Alto Networks）公司发布了下一代防火墙，解决了多个功能同时运行时性能下降的问题。同时，下一代防火墙还可基于用户、应用和内容进行管控。

2009 年，权威咨询机构加特纳（Gartner）提出了以应用感知和全栈可视化、深度集成 IPS 入侵防御系统、适用于大企业环境并集成外部安全智能为主要技术特点的下一代防火墙产品定义雏形，这是“下一代防火墙”这一技术名词被首次提出。

Gartner 公司在这份名为《定义下一代防火墙》（*Defining the Next-Generation Firewall*）的报告中提出了以下重要观点。

（1）下一代防火墙应具备对网络应用的感知和识别能力，实现完全抛开协议端口的应用可视化和应用控制。

（2）集成具有高质量的 IPS 引擎和特征码，是下一代防火墙的一个重要特征，IPS 应被深度集成到下一代防火墙中，和应用识别能力一样，成为下一代防火墙的一个基本能力，而并非将这些功能简单堆砌并独立管理、独立运行。

（3）下一代防火墙包含基础防火墙的全部功能，并深度集成了 IPS 功能。随着传统防火墙 IPS 的自然更新，一部分用户可以考虑使用下一代防火墙替代传统防火墙或 IPS 设备。

（4）下一代防火墙并不是以中小企业用户为主要目标市场的多功能防火墙或统一威胁管理设备。

三、防火墙的核心技术和工作原理

防火墙包含如下几种核心技术：包过滤技术、应用代理技术、状态检测技术、应用识别技术和内容检查技术。

根据开放系统互联参考模型 ISO/RM，包过滤技术工作在第 3 层，应用代理技术工作在第 7 层，状态检测技术工作在第 2—4 层，完全内容检测技术工作在第 2—7 层。

（一）包过滤技术

包过滤防火墙又称网络级防火墙，是防火墙最基本的形式。防火墙的包过滤模块工作在网络层，它在链路层向 IP 层返回 IP 报文时，在 IP 协议栈之前截获 IP 包。它通过检查每个报文的源地址、目的地址、传输协议、端口号、ICMP 的消息类型等信息与预先配置的安全策略（过滤逻辑规则）的匹配情况来决定是否允许该报文通过，还可以根据 TCP 序列号、TCP 连接的握手序列（如 SYN、ACK）的逻辑分析等进行判断，可以较为有效地抵御类似 IP Spoofing、SYN Flood、Source Routing 等类型的攻击。

防火墙的过滤逻辑规则是由访问控制列表（ACL）定义的，如表 18 所示。包过滤防火墙检查每一条规则，直至发现包中的信息与某规则相符时才放行；如果规则都不符合，则使用默认规则，一般情况下防火墙会直接丢弃该包。包过滤既可作用在入方向也可作用在出方向。

表 18　访问控制列表示例

源地址	目的地址	传输协议	源端口	目的端口	标志位	操作
内部网络地址	外部网络地址	TCP	任意	80	任意	允许
外部网络地址	内部网络地址	TCP	80	>1023	ACK	允许
所有	所有	所有	所有	所有	所有	拒绝

理论上，包过滤防火墙可以被配置为根据协议包头的任何数据域进行分析过滤，但多数防火墙只有针对性地分析数据包信息头的一部分域。

（二）应用代理技术

应用代理（Application Proxy）也称为应用网关（Application-Gateway），指在 Web 服务器上或某一台单独主机上运行的代理服务器软件，对网络上的信息进行监听和检测，并对访问内网的数据进行过滤，从而起到隔断内网与外网的直接通信的作用，保护内网不受破坏。它工作在网络体系结构的最高层——应用层。

应用代理使网络管理员能够实现比包过滤更加严格的安全策略。应用代理不依靠包过滤工具来管理进出防火墙的数据流，而是通过对每一种应用服务编制专门的代理程序，实现监视和控制应用层信息流的作用。在代理方式下，内部网络的数据包不能直接进入外部网络，内网用户对外网的访问变成代理对外网的访问。同样，外部网络的数据也不能直接进入内网，而是要经过代理的处理之后才能到达内部网络。所有通信都必须经应用层代理软件转发，应用层的协议会话过程必须符合代理的安全策略要求，因此在代理上就可以实现访问控制、网络地址转换等功能。

（三）状态检测技术

传统的包过滤防火墙只是通过检测 IP 包头的相关信息来决定是否转发数据包，而状态检测技术采用的是一种基于连接的状态检测机制，将属于同一连接的所有包作为一个整体的数据流看待，构成连接状态表，通过访问控制列表与连接状态表的共同配合，对表中的各个连接状态因素加以识别。访问控制列表为静态的，而连接状态表中保留着当前活动的合法连接，其内容是动态变化的，随着数据包来回经过设备而实时更新。

在防火墙的访问控制列表中，允许访问的数据包通过。当报文到达防火墙后，防火墙允许报文通过，同时还会针对这个访问行为建立会话，会话中包含报文信息，如地址和端口号等。内网回应的报文到达防火墙后，防火墙会把报文中的信息与会话中的信息进行比对，发现报文中的信息与会话中的信息相匹配，并且符合协议规范对后续包的定义，则认为这个报文属于外网访问内网行为的后续回应报文，直接允许这个报文通过。

状态检测防火墙使用基于连接状态的检测机制，将通信双方之间交互的属于同一连接的所有报文都作为整体的数据流来对待。在状态检测防火墙看来，同一个数据流内的报文不再是孤立的个体，而是存在联系的。为数据流的第一个报文建立会话，数据流内的后续报文直接根据会话进行转发，提高了转发效率。状态检测包过滤和应用代理这两种技术目前仍然是防火墙市场中普遍采用的主流技术，但两种技术正在形成一种融合的趋势，演变的结果也许会导致一种新的结构名称的出现。

（四）应用识别技术

1.DPI 技术

深度包检测技术（Deep Packet Inspection，DPI）是一种简单、高效的应用识别检测技术，它是一种基于网络应用特征对网络应用进行识别的技术，是目前比较重要的网络应用识别技术。不同的网络应用通常采用不同的网络通信协议，不同的网络通信协议都有其各自的通信特征，这些特征可能是采用特定的通信端口、传输的内容包含特定的字符等。

DPI 提供业务层的报文深入分析，是业务层安全和控制的重要手段。DPI 以业务流的连接为对象，深入分析业务的高层协议内容，结合数据包的深度特征值检测和协议行为的分析，以达到应用层网络协议识别为目的。

所谓“深度”，是和普通的报文分析层次相比较而言的。普通报文检测仅分析 IP 包 1 —4 层的内容，包括源地址、目的地址、源端口、目的端口以及协议类型；而深度包检测除了对前面的层次进行分析外，还增加了应用层分析，强化了传统的数据包检测技术 SPI 的深度和精确度，能够识别各种应用及其内容，是对传统数据包检测技术的延伸和加强。

DPI 技术主要对网络数据包的特征进行检测，根据每个包的特征确定网络数据包属于哪个网络应用，如果这个网络数据包符合一定的数据包格式或者其特征属于特定的网络应用，这种检测技术可以很方便地实现对新协议的检测识别。DPI 技术不仅能检测数据包的协议、源 IP 地址、目的 IP 地址、源端口号和目的端口号信息，还能够对数据包内部进行深入的分析，判断其是否携带特定的数据内容。

2.DFI 技术

深度数据流检测技术（Deep Flow Inspection，DFI）通过分析网络数据流量行为特征来识别网络应用，因为不同的应用类型在数据流上各有差异。DFI 分析某种应用数据流的行为特征并创建特征模型，对经过的数据流和特征模型进行比较，因此检测的准确性取决于特征模型的准确性。要使用 DFI 技术，首先要获得已经训练好的应用特征库，在这个特征库中可以按照协议的特点进行分类，当新进入的数据包经过这个特征库的时候，特征库可以识别出该网络数据包属于哪个网络应用类型，不同的网络应用都会在特征库中有一个对应的类别。如果特征库足够强大，可以实现对每种协议的区分，则基于 DFI 技术的网络应用识别技术可以识别所有的网络应用。

（五）内容检查技术

内容检查是对进出防火墙的数据进行检查，在应用层判断从内部网络流向外部网络的数据中是否包含涉密信息。防火墙在网络边界实施应用层的内容扫描，实现了实时内容过滤。

内容过滤技术是指采取适当的技术措施，对不良的信息和不安全的内容进行过滤。内容过滤处理是一个复杂而又快捷的过程。

（1）当内容流进入防火墙时，凡是与预先定义的内容协议组（如HTTP、SNMP、POP3和IMAP等协议）相匹配的所有内容流，将被引导到TCP/IP协议栈。

（2）当接收到内容流时开始进行内容扫描。内容流一开始被接收时，TCP/IP协议栈先建立到客户端和服务器端的连接，然后接收数据包，把IP包转换为基于会话的内容流，TCP/IP协议栈将产生的内容流送到业务类型区分器。

（3）业务类型区分器的作用是将内容流按照它们的业务类型分开。Web流（HTTP）、邮件流（SMTP、POP3、IMAP）和其他类型的内容流将被分开。

（4）经过分类的内容流被输送到相关的解析器。它们能解析和理解高层协议。例如与POP3和HTTP相匹配的内容流分别进入POP3解析器和HTTP解析器。解析器分析内容流的内容，其中有可能包含了病毒、蠕虫、被禁止的内容或其他攻击性的内容等。

（5）数据从解析器输出，分别发送到病毒扫描模块和内容过滤模块进行处理。如果数据流包含上传/下载的文件或邮件附件，就被送入病毒扫描模块；所有其他内容则被路由到内容过滤模块。若文件或附件经检测不存在病毒，则被送至内容过滤模块再次检查。

（6）经过检查不存在问题的内容流将被引导回TCP/IP协议栈，并将内容流进行拼接，重组为IP数据包，最后发送到目的地。

当病毒扫描模块接收到一个新的内容流时，它对可能含有病毒和蠕虫的目标文件的内容流进行扫描。病毒扫描模块对所有使用HTTP上传/下载的文件或邮件的附件进行扫描。病毒扫描模块扫描的目标文件可能是可执行文件（.ext，.bat，.com），脚本文件（.vbs），压缩的文件（.zip，.gzip，.tar，.hta，.rar），屏幕保护文件（.scr），动态链接库文件（.dll）或带宏的Office文件等。

内容过滤模块通过识别文件的类型和内容，对上传 / 下载的文件以及传输的内容进行过滤，防止内部重要敏感文件向外泄露，也防止网络中的不良文件传入内网。此模块对文件类型的识别不依赖于后缀名，即使后缀名被修改，也不会改变文件类型。

经过内容过滤后，所有被检测出存在问题的文件都会被阻挡，然后根据防火墙的保护设置来进一步处理。

内容过滤对 Web 报文及其他网络协议（如 FTP，SMTP，POP3 等）内容流进行深度解析，实时分析用户的行为以及传输的内容，根据组织的需要，对于无用的、有信息安全风险的行为进行控制，阻止对组织有害的网络访问行为的发生，极大地提升了网络传输内容的安全性。

四、提高防火墙防护作用的必要性

（一）当前计算机网络信息安全面临的主要问题

当前计算机网络信息安全面临的主要问题有网络用户安全意识不强、黑客的非法攻击、计算机网络病毒、不良信息骚扰、软件缺陷和漏洞等。

一是网络用户安全意识不强。中国互联网网络信息中心发布的数据显示，截至 2023 年 6 月，我国网民规模达 10.79 亿人，互联网普及率达 76.4%，这么庞大的数量一方面证明了我国计算机技术的飞速发展，同时也为我国的网络信息安全带来了巨大的隐患。在庞大的用户群中许多人并没有受到过专业的计算机技术培训，只是会利用计算机进行一些简单的操作，很多用户不具备网络安全防护的意识，并且现在网络上存在很多病毒，许多人因为没有安全意识，就很容易受到攻击从而导致系统的瘫痪。

二是黑客的非法攻击。网络黑客攻击是目前大家经常遇到的一种网络安全问题，对信息安全造成巨大的威胁。黑客攻击对于普通的网络用户而言是很难进行防范的，因为从事黑客活动的人都具备丰富的专业知识，同时来自黑客的网络攻击通常在事前都是无迹可寻的，这在很大程度上造成了网络用户只能被动防护，可以说防火墙技术使用的主要原因就是针对黑客的网络攻击，全球性的黑客攻击泛滥给全世界的信息安全带来了严重的威胁。

三是计算机网络病毒。目前计算机病毒是造成网络信息泄露的主要原因，同时也是对网络信息安全性破坏力最大的一个因素，计算机病毒是网络用户使用计算机时经常会遇到的一种问题，只是由于计算机病毒的隐蔽性较强，同时由于防火墙的拦截，在使用计算机的时候没有被发现而已。另外，计算机病毒是人为创造出来的，具有传播途径广、传播速度快、破坏力强的特性，如果计算机遭到了计算机病毒的攻击，很容易造成计算机瘫痪，给用户造成难以挽回的损失。

四是不良信息骚扰。目前网络已经成为人们日常获取信息的主要途径，大部分网民有着自己习惯使用的网站，这些网站逐渐成为网络攻击的目标，网上的不法分子利用这些网站向用户推送大量的不良信息，进行病毒性营销，这种营销方式成本比较低，而且具有很强的隐蔽性，很难进行追踪，大量的不良信息给用户带来非常差的体验，一旦用户操作不当，这些不良信息中隐藏的间谍软件很可能会窃取用户的个人信息，造成个人信息的泄露。

五是软件缺陷和漏洞。网络用户在进行网络操作的过程中，都不可避免地会使用到软件，而且随着网络应用范围的不断拓展，越来越多的软件被应用到人们的生活中，为人们的生活提供便利。但是这些软件本身都存在着漏洞，这些漏洞如果被不法分子利用，很可能造成网络信息安全问题。

（二）提高防火墙防护作用的措施

一是提高包过滤技术的质量。提高包过滤技术的质量主要指的是在使用过程中不仅要能过滤网络病毒的侵入，同时也要能够过滤不良信息，实现多层级全方位的防护。通过增加多层级的过滤程序，在网络使用层面，使防火墙能够自动识别虚假的网址，能够对用户的一些操作进行实时监督。针对不良信息，可以通过用户识别系统进行过滤，提高用户使用的安全性。无论是防止病毒侵入还是不良信息的过滤，都可以通过增加过滤程序进行改善，所以要不断提高包过滤技术的质量，这样才能最大限度地保护计算机网络信息安全。

二是健全防火墙的防护体系。随着网络的普及和移动互联网的快速发展，计算机网络信息的体量也随之增加，在这种情况下，计算机网络信息安全受到的威胁也越来越多，所以必须健全防火墙的防护体系，只有这样才能确保防火墙技术在今天真正发挥出应有的作用。现阶段，防火墙的防护体系主要有网络处理器和专用集成电路两种形式相互搭配组合而成，可以满足防护的基本需求，但是面对信息网络高速发展的局面，未来的防火墙体系必须更加全面。比如，可以根据不同病毒的类型进行有针对性的设置，使防火墙可以在计算机的使用过程进行实时监控，从而实现有针对性的计算机防护工作。

三是构建健全的信息安全防护体系。从当前的发展形势可以看出，计算机网络信息安全的防护仅依靠防火墙技术已经捉襟见肘，它是一项复杂的、专业性极强的综合性工作，所以在发展过程中，要利用防火墙技术构建健全的信息安全防护系统基础。技术人员要在发展过程中进行总结，利用不同网络安全防护技术的不同优势，形成一套健全的安全防护系统，充分发挥出防火墙应有的作用。这套安全防护系统的开发利用，既可以避免因各项技术中的漏洞所造成的危害，也能提高防护的质量。同时，在这套系统中，要充分利用防火墙技术现有的技术特点，充分发挥其预警、监控等作用，使信息安全防护系统运行更加高效[①]。

五、展望

防火墙是一个安全策略的检查站，所有进出的信息都必须通过防火墙，因此防火墙便成为安全问题的检查点，能够通过检测将可疑的访问拒之于门外。防火墙的优点有：（1）强化安全策略，保护内部网络免受外部网络的侵袭；（2）有效地记录 Internet 上的活动，能够用来统计流量；

① 参见刘艳：《计算机网络信息安全及其防火墙技术应用》，《互联网周刊》2021 年第 19 期。

（3）限制暴露用户点，防火墙直接与外部网络通信，隔开主机与外部网络直接通信；（4）能够用来隔开网络中一个网段与另一个网段，从而能够防止影响一个网段的问题通过整个网络传播。防火墙的缺点主要有：（1）对绕开防火墙的攻击无能为力；（2）不能完全防止内部威胁，比如主机直接输入的病毒。所以我们不仅要防止外部网络的攻击，还要定期扫描防止内部有威胁的文件。

防火墙作为维护网络安全的关键设备，在目前采用的网络安全的防范体系中，占据着举足轻重的位置。伴随计算机技术的发展和网络应用的普及，越来越多的企业与个体都遭遇到不同程度的安全难题，因此市场对防火墙的设备需求和技术要求都在不断提升，而且越来越严峻的网络安全问题也要求防火墙技术有更快的提高，否则将会在面对新一轮入侵手法时束手无策。

多功能、高安全性的防火墙可以让用户网络更加无忧，但前提是要确保网络的运行效率，因此在防火墙发展过程中，必须始终将高性能放在主要位置，目前各大厂商正在朝这个方向努力，而且丰富的产品功能也是用户选择防火墙的依据之一，一款完善的防火墙产品，应该包含访问控制、网络地址转换、代理、认证、日志审计等基础功能，并拥有自己特色的安全相关技术，如规则简化方案等。未来的防火墙安全性将不断提升，检测速度提高，功能更加多样、智能化，可以对非法访问智能切断，实现多端口并适合灵活配置。

第七节　G：5G及未来通信技术

5G即第五代移动通信技术，具有更高要求，宽带更大、速度更快，5G通信为移动互联网的快速发展奠定了基础，是对其他无线通信技术的衔接，可以满足未来各方面对于通信技术的要求，5G拥有较智能化以及网络自感知、自调整的优点。

一、5G 通信技术简介

5G 移动通信技术是一种非常新型的科学技术，它是高端通信技术的象征，利用的是目前为止世界上最先进的网络技术，实现了频谱利用率的大幅度提高，满足了现代人对于网络速度的要求以及对通信技术更高要求的体验，可以很大程度改变人们的生活方式，更加便利人们的生活。

2015 年 6 月，国际电信联盟（ITU）将 5G 正式命名为 IMT-2020，并且把移动宽带、大规模机器通信和高可靠、低时延通信定义为 5G 主要应用场景及不同应用场景下不同的技术要求。

与前几代移动通信相比，5G 的业务提供能力将更加丰富，而且面对多样化场景的差异化性能需求，5G 很难像以往一样以某种单一技术为基础形成针对所有场景的解决方案，而是综合考虑 8 个技术指标：峰值速率、用户体验速率、频谱效率、移动性、时延、连接数密度、网络能量效率和流量密度。

5G 在用户体验功能上拥有更大的质量提升效果。5G 最明显的优势就是信息数据的下载、传输速率更快，且融入了现代的虚拟现实技术和传输变通技术，使得 5G 各方面性能都得到了强化和提升。4G 技术的信息输送形式以点对点传输为主，虽然 4G 技术能够支撑和满足当前大部分移动网络用户的需求，但是随着时代的发展，4G 这种点对点的传输形式必将被 5G 所取代，通过 5G 的多点传输技术，提高移动通信网络整体的传输速率。

目前，世界范围内的手机厂商基本开通了 5G 移动通信网络服务，以华为、苹果、三星为代表的大型手机企业，在 5G 移动通信网络市场中的竞争更加激烈。经过技术人员的测试和推算，5G 理论上的最大传输速度可以达到 10Gbps，即 125GB/s，比电脑硬盘、手机闪存的读写速度都要快。

5G 移动通信技术更加匹配现代移动互联网服务的基本要求，在改变人们生活生产方式的同时，为用户提供更加可靠的无线网络应用体验，具有重要的推广价值。

二、5G 移动通信技术的特点以及优点

（一）频谱利用率高

目前高频段的频谱资源利用程度受到很大的约束，在现在的科学技术条件之下利用效率会受到高频无线电波穿透力的影响，一般不会阻碍光载无线组网以及有限与无限宽带技术结合的广泛使用。在 5G 移动通信技术中，将会普遍利用高频段的频谱资源。

（二）通信系统性能有很大的提高

5G 移动通信技术将会很大程度上提升通信性能，把广泛多点、多天线、多用户、多小区的共同合作以及组网作为主要研究对象，在性能方面作出很大的突破，并且更新了传统形式下的通信系统理念。

（三）先进的设计理念

移动通信业务中的核心业务为室内通信，所以想要在移动通信技术上有更好的提升，须将室内通信业务进行优化。因此，5G 移动通信系统致力于提升室内无线网络的覆盖性能，提高室内业务的支撑能力，在传统设计理念上突破形成一个先进的设计理念。

（四）降低能耗以及运营成本

能耗以及运营成本对于科学发展有着很大的影响，所以通信技术发展的方向也是朝着更加低能耗以及低运营成本的方向创新。因此，5G 无线网络的“软”配置设计是未来移动通信技术的主要研究对象，网络资源根据流量的使用动态进行实时调整，这样就可以降低能耗以及运营成本。

（五）主要的考量指标

5G 移动通信技术更加注重用户的使用体验，交互式游戏、3D 技术、虚拟实现、传输延时、网络的平均吞吐速度以及各方面能效是检验

5G 性能的主要考量指标。

三、5G 通信技术的关键技术

（一）高频段传输技术

传统的移动通信工作频段多数都低于 3GHz，不仅造成频谱资源过于拥挤，也使得通信质量受到影响，而在高频段，大量且丰富类型的资源利用率则不高。为了提升频谱资源的利用效率，要建立极高缩短距离通信模式，满足 5G 移动通信技术对容量的要求，从而提升传输速率。基于此，高频段必然是通信发展的未来趋势，业界对其关注度较高，只有具备充足的可用带宽，匹配小型化天线设备，才能更好地提升服务质量，而这正是高频段毫米波移动通信技术方案的重要特质。然而，技术依然存在很大的进步空间，主要是因为技术本身传输距离较短，且对应的穿透性和绕射能力有限，需要建立更加科学的研究模式和规划，从而实现频谱资源的最优化配置，提高传输综合水平。

（二）同时同频全双工技术

同时同频全双工技术可以有效提升频率资源利用效率，并且可以同时接收在一条物理信道上两个不同方向的信号，同时同频全双工技术可以同时进行发射信号和接受同频数据信息，使通信双工节点自身发射机信号产生的搅扰问题被有效解决，既能提升高频谱的利用效率，又能使移动通信网络快速可用。一旦实行 5G，通信用户以及流量使用都将迅速增加，因此，传统基站模式为主的组网方式已经不足以满足时代对于移动通信技术的要求，而 5G 的新的网络连接模式可以很好地实现业务功能。

（三）MIMO（多入多出）技术

多天线技术由很多个天线链路组成，所以这项技术需要的元件非常多样，包括接收以及发射机也要有多个配套。接收天线可以方便地分布在设备上面，但是发射天线必须集中或分布排列，配合有源天线列阵，在基站侧能支持协作天线的应用，并且数目上升到128根，拓展型3D天线列阵搭配MIMO技术，形成支持多用户波束智能赋形的技术体系，大大减少用户之间的信号干扰问题，并且能依据高频段毫米波技术方案从根本上改善无线信号覆盖性能，从而有效维持信息传输管控的规范性。用多天线技术不仅可以简化设计，还可以提升高频谱的利用效率，降低能耗。

（四）D2D（设备直连通信）技术

传统蜂窝通信系统的组网形式是将基站作为中心，建立区域性覆盖模式，无论是基站还是中继站都是固定的，灵活程度低，不能满足服务要求。依据5G移动通信技术的D2D技术，无需配合基站就能建立通信终端直接通信模式，进一步推展网络连接结构和接入方式，实现短距离直接通信，因此，整体信道的质量有所提高，并且能搭建高效数据传输的模式，应用控制体系更加灵活科学。

（五）智能化技术

对5G移动通信技术进行更深层次的分析，得出对于5G移动通信来说，云计算有着无法被替代的作用，云计算网络中的服务器在5G移动通信技术中起着非常重要的作用，可以与基站相结合形成交换机网络。另外，工作人员可以合理运用存储功能完成对大量大数据的存储工作。云计算的一大优点就是可以对存储的数据进行及时高效的处理，因为基站规模较大、数量可观，所以，基站可以根据实际情况对频段进行正确的划分并进行相对应的业务。

（六）密集网络技术

超密集网络技术是为了辅助5G移动通信技术实现1000倍流量需求的关键技术之一。首先，密集网络技术能建立更加全面的网络结构体系，改善网络覆盖范围，并且大幅度提升系统的应用容量，在建立业务分流的基础上，匹配较为灵活的网络部署结构，确保频率复用等工作都能顺利开展。其次，5G 移动通信技术中应用密集网络技术也是为了更好地顺应高频段大宽带技术要求，利用密集网络方案，实现小小区、扇区部署处理，保证网络点应用控制的合理性。最后，密集网络部署模式也能为网络拓扑的科学化处理和发展提供保障，在进行实践调研后发现，小区间干扰是造成容量增长受限的重要因素，不仅会对网络能效产生影响，也会对信息传递质量和效果形成负面作用。基于此，使用密集网络部署技术，建立消除干扰、快速发现以及密集小区协作处理机制具有重要的应用价值，能更好地提升终端的移动性能，并且充分挖掘 5G 移动通信技术的发展要求，实现经济效益和社会效益的双赢。

（七）新型网络架构技术

在 5G 移动通信技术体系中，应用的是 5GNR 接入网，主要采取的是网络扁平化架构模式，能在大量消减系统时延的同时，减少建网的成本和后期维护成本。随着技术的不断发展和进步，将来的 5G 移动通信技术将进一步深化使用 C-RAN 接入网架构，建构完整的匹配模式，并且打造多元集中化处理机制。近几年，针对 C-RAN 网络架构的研究还在不断深入，将挖掘出架构体系集中控制功能、基站簇功能、虚拟小区功能等，从而打造更加多元的技术应用体系，维持技术控制效果。

（八）多载波技术

在 5G 移动通信技术应用过程中，多载波技术是提升并优化频谱效率、避免多径衰落问题的关键技术。在技术应用体系中，载波频率的变化灵敏性较为突出，从而能更好地减少其灵活更换造成的信息交互不当问题的发生，并且多载波技术还能提高数据传输的效率。但是，若是出现白色空间频谱模式，就会对多载波技术的应用效果产生影响。基于此，为了更好地发挥多载波技术的应用效果，要建立独立处理机制，避免其受到外界因素的干扰，为 5G 移动通信技术优化提供支持。

四、5G移动通信技术未来发展及应用趋势

5G移动通信技术的应用趋势主要体现在以下几个方面。

（一）万物互联

5G极大的流量能为“万物互联”提供必要条件，其中主要包括两大场景：一是大规模物联网连接，其特点是规模较大，每终端产生的流量较低，设备成本和功耗水平也相对较低；二是关键任务的物联网连接，要求网络具备高可靠、高可用、高带宽以及低时延的特点。致力于提供更高速率、更短时延、更大规模、更低功耗的5G，能够有效满足物联网的特殊应用需求，从而实现自动化和交通运输等领域的物联网新用例，加快物联网的落地和普及。物联网是5G最主要的应用场景，也是5G最先部署和落地的应用场景，而在5G技术研发阶段，物联网的特殊需求也被各组织所重点考虑。

物联网的发展，对于降低人力劳动强度、提升劳动效率、发挥技术价值及实现社会经济与技术的融合发展意义重大。5G移动通信技术的发展，则从理论及实践的角度为物联网技术的发展奠基。

（二）生活云端化

5G移动通信技术与云技术的融合发展也是未来5G技术的主要发展趋势。5G时代到来，4K视频甚至是8K视频能够流畅实时播放；云技术将会更好地被利用，生活、工作、娱乐都将有“云”的身影；另外，极高的网络速率也意味着硬盘将被云盘所取缔，随时随地可以将大文件上传到云端。

5G的移动内容云化有两个趋势：从传统的中心云到边缘云（即移动边缘计算），再到移动设备云。由于智能终端和应用的普及，使得移动数据业务的需求越来越大，内容越来越多。为了加快网络访问速度，基于对用户的感知，5G会按需智能推送内容，提升用户体验。

因此，开放实时的无线网络信息为移动用户提供个性化、上下文相关的体验。在移动社交网络中，流行内容通常会得到在较近距离范围内

的大量移动用户的共同关注。同时，由于技术进步，移动设备成为可以提供剩余能力（计算、存储和上下文等）的“资源”，可以是云的一部分，即形成池化的虚拟资源从而构成移动设备云。

从 5G 移动通信技术的基础架构特点以及技术运行中的数据传输特点进行分析，融合云技术的发展，从根本上解决了数据传输延迟、可靠性低以及安全性不足的问题。此外，5G 移动通信技术在云技术中的融合应用，对于降低云技术的基础运行成本以及网络成本，也发挥了重要的作用。

（三）智能交互

无论是无人驾驶汽车间的数据交换还是人工智能的交互，都需要运用到 5G 技术庞大的数据吞吐量及效率。由于只有 1 毫秒的延迟时间，5G 环境下，虚拟现实、增强现实、无人驾驶汽车、远程医疗这些需要时间精准、网速超快的技术也将成为可能。而 VR 直播、虚拟现实游戏、智慧城市等应用都需要 5G 网络来支撑，这些也将改变未来生活。不仅手机和电脑能联网家电、门锁、监控摄像机、汽车、可穿戴设备，甚至宠物项圈都能够连接上网络。设想几个场景：宠物项圈联网后，一旦宠物走失，找到它轻而易举；冰箱联网后，可适时提醒主人今天缺牛奶了；建筑物、桥梁和道路联网后，可以实时监测建筑物质量，提前预防倒塌风险；企业和政府也能实时监控交通拥堵、污染等级以及停车需求，从而将有关信息实时传送至民众的智能手机；病人生命体征数据可以被记录和监控，让医生更好地了解患者的生活习惯与健康状况的关系。

（四）汽车自动驾驶

从当前移动通信技术与工程机械通信技术的融合发展现状进行分析，5G 移动通信技术的发展应用趋势之一，即为汽车自动驾驶。当前汽车自动驾驶技术的发展，基于有线通信技术、无线通信技术及智能技术进行应用。从理论的角度进行分析，实现了较为完善的汽车自动驾驶技术。从实际应用的方面进行分析，汽车自动驾驶技术的应用为：在复杂通行环境下实现的“自动识别，自动驾驶，自动避险，自动控制”技术，而实现“自动化”驾驶运行的基础逻辑，即为移动通信技术和无线通信技术。因此，从普遍的行车安全以及全面普及5G技术的角度进行分析，通过5G移动通信技术对汽车自动驾驶中通信技术的升级，实现了数据延迟减少、数据传输效率提升、“车与车”之间的硬件沟通避险以及三维宏观角度的自动化驾驶技术，从技术的角度进一步增强了汽车自动驾驶技术应用的安全性，促进了其技术的成熟化发展。

（五）智能电网

我国拥有世界上覆盖面积最广、用户数量最多、复杂化程度最高的供电网络，在超高压、特高压电力技术的发展方面，也是世界领先的水平。基于当前电力技术的发展现状以及未来科技的发展趋势，在智能电网架构中的应用也是未来5G移动通信技术发展的主要趋势。5G移动通信技术在智能电网架构中的应用，对于实现高效性的电力故障处理、智能性的供电优化以及电力设施运行能耗的控制发挥了积极的作用。此外，5G移动通信技术在智能电网中的应用，有效降低了电力企业的中间运行成本以及电网运行成本，对于电力企业的实际收益提升发挥了重要的作用。

（六）硬件直接通信技术

数据的传输应用逻辑为：发送装置发射信号—基站中转—接收装置接收信号。实际运行中，用户间的信号传输质量因设备的运行功率不足以及单位时间内的传输量过大造成数据传输延迟、数据丢包现象。5G移动通信技术通过同频全双工、多载波、多天线以及密集网络架构技术的应用，实现了近似于“端对端”的直接通信效果。端对端通信功能的实现，对于提升数据的传输效率、传输质量发挥了重要的作用。5G移动通信技术在媒体传播中的应用，实现了“全实景”效果，对于提升单位时间内的传输信息量以及传输效率发挥了重要的作用。此外，5G移动通信技术的应用对于考古学的发展、基建勘察行业的发展以及传媒行业的发展起到了重要的促进作用。

（七）安全技术

在实际发展中，安全性为影响移动通信技术应用质量的主要因素。因此，5G 移动通信技术在安全技术中的应用也是未来技术发展的主要应用趋势。5G 移动通信技术在安全技术中的应用主要为远程安全管理、安全装置集成化管理、消防安装装置智能控制、建筑安全管理及政府安全管理方面的应用。此外，5G 移动通信技术的应用，可有效提升对违法犯罪活动的监管效果，同时对于相关安全数据的处理效率提升以及办公效率的提升也发挥了重要的作用。

五、5G 移动通信技术的挑战

5G 已经被称为“时代发展的必然产物”和“未来移动通信的必然发展趋势”。但从实际应用情况来看，5G 还存在许多欠缺，其应用价值还没有被完全开发出来。也就是说，5G 目前还处于研发时期，需要经过技术人员的不断研究与实践，才能进一步开发出 5G 的全部功能，最大化发挥 5G 的优势。结合我国过去几十年移动网络通信的发展历程来看，5G 的应用还有很长的一段路要走。5G 要通过网络优化的形式来减少人工成本，还需要解决网络节点覆盖能力不均衡的技术问题。目前，我国在 5G 领域已经取得了许多重要的科研成果，整体科研水平走在世界前列。5G 技术作为未来能够改变通信网络基本模式的重要技术，我国在这方面已经实现弯道超车。未来持续增加对 5G 技术的研究，全面促进我国通信网络技术水平提高，是提高我国综合国力的必要举措。

（一）技术与系统融合

5G 移动技术在未来的通信网络中，需要对无线通信业务和技术不断融合和拓展，成为将多技术、多业务集合的融合网络并实现多层次覆盖。因此要通过对多种业务网络、多种接入技术和多层次覆盖的系统的构建，实现有机融合、综合集成、高效利用，要对系统和技术融合中存在的问题加大研究力度。

（二）容量和频谱效率

对于未来通信技术网络具有的数据速率高、用户规模大、数据流量大的特点，需要对空间效率、容量以及扩展频率的提高加大研究力度，使站点密度、系统覆盖层次等新型通信技术得到研发和提升，这也成为未来技术研究的重点和方向。组网方式的创新和新型传输技术的应用，将会使研发成本和设备复杂度不断增加，这也将是运营维护和网络建设面临的困难和挑战。

（三）终端设备

作为融合了现在和以往的移动通信技术的多技术集成网络，5G网络终端设备能够支持更多的通信技术、更快的空间速率，待机时间延长，同时还要实现多模终端低成本的研发，因此针对电池寿命、射频技术及器件、终端设备的芯片和工艺等技术研发都具有较高的挑战性。

（四）产业生态

作为未来通信技术的发展趋势，新型技术网络将会逐渐取代传统的网络运营技术，同时传统的管控理念和网络架构对未来的产业生态结构和运营模式将不再适用，所以对于未来的生态结构以及业务应用需求等，需要发展适用的新技术来予以满足。

第三章
生物技术与健康产业

不管我们对于这个世界的认识有多深刻，能够开发出多少更新的技术、设施和设备，最终都是为了人本身活得质量更高、时间更长久。本章将主要从吃和治病的角度出发，对粮食危机、新农业技术，乃至更为根本性的基因技术，再到用于提前防范病痛的疫苗技术和治病使用的医疗技术，讲述人类最为关切的生命健康问题。

第一节　基因技术

新冠病毒经过几重变异，由德尔塔毒株变异到奥密克戎毒株，变得传染性更强，防范传播愈发困难。但是，和 2003 年出现 SARS 疫情时不同的是，科学家在最短的时间内就通过基因测序技术捕捉到病毒的“演变”过程，透视病毒变异的结构变化，为人类认识病毒、战胜疫情亮出了一记利剑。

现代基因技术在抗击新冠疫情中发挥了至关重要的作用，基因工程和基因生物产业蓬勃发展。那么究竟什么是基因技术呢？基因技术又是如何发展的？

一、基因技术的概念和内涵

基因（遗传因子）是遗传的物质基础，由人体细胞核内的脱氧核糖核酸（DNA）组成，是 DNA 或核糖核酸（RNA）分子上具有遗传信息的特定核苷酸序列。变幻莫测的基因排序决定了人类的遗传变异特性。基因通过复制把遗传信息传递给下一代，使后代出现与亲代相似的性状。人类大约有几万个基因，储存着生命孕育、生长、凋亡过程的全部信息，通过复制、表达、修复，完成生命繁衍、细胞分裂和蛋白质合成等重要生理过程。生物体的生、长、老、病、死等一切生命现象都与基因有关。它也是决定人体健康的内在因素。基因技术根据生物的遗传原理，采用类似工程设计的方法，把一种生物的基因转移到另一种生物中，实现基因转移和重新组合，从而改变生物的遗传性状和功能。利用基因技术可使某些生物增加产量、改善品质，或者创造出新的物种。人类基因组研究是一项生命科学的基础性研究。有科学家把基因组图谱看成指路图或化学中的元素周期表，也有科学家把基因组图谱比作字典。但不论是从哪个角度去阐释，破解人类自身基因密码，以促进人类健康、预防疾病、延长寿命，其应用前景都是极其美好的。人类基因的信息以及相应的染色体位置被破译后，将成为医学和生物制药产业知识和技术创新的源泉。

人们对基因的认识是不断发展的。19 世纪 60 年代，遗传学家孟德尔就提出了生物的性状是由遗传因子控制的观点，但这仅仅是一种逻辑推理的产物。早在 20 世纪初，就有遗传学家提出了“基因”概念，即基因是决定生物性状的遗传物质基础，遗传学家摩尔根具体通过果蝇的遗传实验，认识到基因存在于染色体上，并且在染色体上是呈线性排列，从而得出了染色体是基因载体的结论，摩尔根也因而成为“遗传学之父”。20 世纪 50 年代以后，随着分子遗传学的发展，尤其是沃森和克里克 1953 年发现了 DNA 分子的双螺旋结构以后，人们才真正认识了基因的本质，即基因是具有遗传效应的 DNA 片段，从而开启了分子生物学的大门，奠定了基因技术的基础。研究结果还表明，每条染色体只含有 1—2 个 DNA 分子，每个 DNA 分子上有多个基因，每个基因含有成百上千个脱氧核苷酸。由于不同基因的脱氧核苷酸的排列顺序（碱基序列）不同，不同的基因就含有不同的遗传信息。

随后，关于基因的研究越来越深入，人类不断证实基因是决定人类生、长、老、病、死和一切生命现象的物质基础。至 20 世纪 70 年代，DNA 重组技术（也称基因工程或遗传工程技术）终获成功并付诸应用，分离、克隆基因变为现实。不少遗传病的致病基因及其他一些疾病的相关基因和病毒致病基因陆续被确定。

二、基因技术的应用

人类基因组计划（HGP）、曼哈顿原子弹计划、阿波罗登月计划一起被称为20世纪三大科学工程。它同时将贯穿于整个21世纪，被认为是21世纪最伟大的科学工程。人类基因组计划的目的是破译出基因密码并将其序列化制成研究蓝本，从而对诊断病症和研究治疗提供巨大帮助。那时候我们可以看到癌症、艾滋病等绝症被攻克；基因诊断和改动技术可以使人类后代不再受遗传病的影响。那时候人类将进入药物个性化时代，而且人类的生命也将延长。正是由于以下这些新技术和新领域的不断出现和日新月异，人类在新世纪的生存和生活方式才会发生重大变化。

目前基因技术被广泛运用于诸多领域。2014年6月10日，英国新一期《自然·通讯》杂志报告说，科研人员开发出一种转基因技术，可大幅改变蚊子后代的性别构成，让雄性占绝大多数，最终致使蚊群在数代后无法繁衍，从而阻断疟疾的传播途径。在英国伦敦大学帝国理工学院研究人员与美国、意大利同行合作进行的这项研究中，他们尝试给疟疾的主要传播者冈比亚按蚊注射一种“内切酶”。这种酶具有“切割”染色体DNA的功能，可附着在X染色体上并起到破坏作用，使这些蚊子只能繁衍出雄性后代。初期实验结果显示，用这种基因技术改造过的蚊子所产后代中，约95%是雄性。进一步研究发现，到第6代时，这些蚊子会因为缺少雌性而无法繁衍。研究人员据此认为，如果将这一方法运用到自然界，可有效阻断蚊子的繁衍，使特定种群灭绝，从而大幅减少疟疾等传染病的发生。2016年4月外媒报道，以色列农业专家通过改变特定基因，能让香蕉的保鲜期延长一倍，从而大大延长了香蕉这种常见水果的“货架寿命”。军事上，基因技术还可用于定向培育新的生物战剂。如将眼镜蛇的毒液基因移植到流感病毒，制成生物武器，不仅会使人患上流感，还会受到蛇毒的伤害。具体来看，目前基因技术几大主流的应用领域有以下几个。

（一）基因鉴定

基因鉴定技术是一项生物学检测技术，通过遗传标记的检验与分析来判断父母与子女是否亲生关系，称之为亲子试验或亲子鉴定。DNA 是人体遗传的基本载体，人类的染色体是由 DNA 构成的，每个人体细胞有 23 对（46 条）成对的染色体，其分别来自父亲和母亲。夫妻之间各自提供的 23 条染色体，在受精后相互配对，构成了 23 对（46 条）孩子的染色体。人体细胞有总数约为 30 亿个碱基对的 DNA，每个人的 DNA 都不完全相同，人与人之间不同的碱基对数目达几百万之多，因此通过分子生物学方法显示的 DNA 图谱也因人而异，由此可以识别不同的人。也有说法叫作“DNA 指纹”，把 DNA 作为像指纹那样的独特特征来识别不同的人。近一个世纪以来，基因鉴定技术还给侦破工作带来很大方便。DNA 鉴定技术在破获强奸和暴力犯罪时特别有效，因为在此类案件中，罪犯很容易留下包含 DNA 信息的罪证。

在基因鉴定上，我国走得更远。2002 年，我国河南省郑州市首次颁发国际通用 18 个点位的 DNA 身份证。它的下方有一长排条文形码。个人的遗传核子基因就藏在这些条码中，显示持有者存在的唯一性。拥有者将真正与世界上其他几十亿人区分开来。DNA 身份证在人体器官移植、输血、耐药基因的认定和干细胞移植方面都有非常大的作用。

（二）基因制药

发现新药物作用靶位和受体的费用非常昂贵，时间十分漫长，一直以来科学家只能依赖试错法来实现其药物研究和开发的目标。人类基因组研究计划完成后将削弱试错法在药物研究和开发中的突出地位，科学家进而可以直接根据基因组研究成果（确定靶位和受体）设计药物。这将大幅缩短药物研制时间，降低药物研制费用，进而从整体上动摇人类制药工业的现状，使药物的开发研究过渡到基因制药阶段。例如，科学家发现，人类的很多先天性疾病是由于缺乏与之相应的基因造成的，而靠一般的药物很难治愈，如果将正常人的正常基因片段导入动物体内，让这种基因在哺乳动物体内表达，就可从该动物分泌的乳汁或者其他组织提取获得具有活性的基因药物，用于治疗该基因缺损造成的疾病。

目前，我国国内基因制药主要分布于重组类药物开发、生物疫苗、生物诊断上。市场上常用的胰岛素、水蛭素、降钙素等产品是通过提取或化学合成的方法获得的。当前，有许多院校和研究机构已在这方面取得了一定的进展，拿到了目的基因并在实验室构建了表达载体，但在表达量及分离纯化方面还有待突破。另外，一些疫苗如破伤风疫苗、脊髓灰质炎疫苗，市场上已相当普及，其他一些疫苗如肝炎疫苗，普及还不广，还有很大的市场空间可以扩展。

随着人类基因组计划的深入，大规模制药阶段已经来临。已有 500 个基因用于药物开发，到 HGP 完成时，这一数目将增加 6–20 倍，达到 3000–10000 个。

（三）基因诊断

某些受精卵（种质）或母体受到环境或遗传等的影响，引起下一代基因组发生有害改变，产生（体质）疾病，为了有针对性地解决和预防，需要通过实验室的基因诊断、基因分析才能得到确认。基因诊断又称 DNA 诊断或分子诊断，是用目前人类对基因组的认识和分子遗传学数据，检查分子结构水平和表达水平，对普通遗传病或家族遗传病作出的诊断。

人类基因组研究计划最直接和最容易产生效益的地方就是基因诊断。基因诊断的意义：一是可以解决遗传性疾病难以诊断的黑洞，由于遗传性疾病主要是由特定的 DNA 序列即基因决定的，通过基因诊断能够在遗传病患者还未出现任何症状之前就确诊；二是肝炎、癌症、艾滋病都与病毒有关，而通过基因诊断技术就可以顺利检查出隐藏在人体细胞基因中的病毒，从而在造成危害之前消灭它们。基因诊断主要运用于：一是通过检测特定基因或相关疾病基因的存在以判断和评估某病毒在某一个体上发生某疾病的风险，并设法预防这种疾病的发生；二是通过基因诊断促使个性化药物的诞生；三是通过基因诊断更精确地判断某些传染性疾病或肿瘤等疾病的存在，以利于临床医生尽早确定病因。

基因诊断技术不仅在疾病检测上具有重要意义，而且在婚前检查、亲子鉴定等人类生活方面具备广阔的运用前景。例如在预防耳聋领域，2015 年，我国学者研发了新的全基因组扩增方法，并将该方法用于胚胎植入前诊断。以往对于孕期胎儿耳聋基因的检测也就是产前诊断，主要在孕 3—5 个月进行。一旦证实检测结果阳性，多数夫妇会选择终止妊娠，这对孕妇的身心是一次打击。人们期望能够将诊断关口前移，如利用胚胎植入前诊断，即种植前基因诊断（PGD）技术，在胚胎阶段筛选出不携带耳聋基因的胚胎。借助这个全新的手段，我国医疗团队于 2015 年底已经让一对渴望拥有听力健康宝宝的父母成功怀孕并生出听力正常的龙凤胎。未来借助更稳定的基因扩增手段，有可能实现胚胎全基因组高精度测序，从而预防更多的遗传性疾病。

（四）基因治疗

基因治疗是将外源正常基因导入靶细胞，以纠正或补偿缺陷和异常基因引起的疾病，是通过向人体细胞基因组转换损坏了的基因或引入正常的基因从而达到治疗疾病的方法。其中也包括转基因等方面的技术应用，也就是将外源基因通过基因转移技术将其插入病人的适当的受体细胞中，使外源基因制造的产物能治疗某种疾病。从广义说，基因治疗还可包括从 DNA 水平采取的治疗某些疾病的措施和新技术。2017 年 10 月 19 日，美国政府批准第二种基于改造患者自身免疫细胞的疗法治疗特定淋巴癌患者。

基因治疗被认为是治疗遗传病的唯一方法，如把第 9 凝血因子置入患者可以治疗血友病，把胰岛素置入糖尿病患者的体细胞可以治疗糖尿病等。基因治疗被称为人类医疗史上的第四次革命，遗传学表明人类有 6500 多种遗传性疾病是由单个基因缺陷引起的，而通过基因治疗置入相关基因将使人类的许多不治之症得以克服。截至 2005 年 7 月，全世界已获准的基因治疗临床试验方案达 1076 项，其中，66% 是针对癌症的治疗。经过十多年的发展，基因治疗的研究已经取得了不少进展。但是，如今都还处于初期临床试验阶段，还不能保证稳定的疗效和安全性。尽管如此，基因治疗的发展趋势仍是令人鼓舞的。正如基因治疗的奠基者所预言的那样，基因治疗这一新技术将会推动21世纪的医学革命。

（五）基因克隆

基因克隆是20世纪70年代发展起来的一项具有革命性的研究技术，可概括为：分、切、连、转、选。最终目的在于通过相应技术手段，将目的基因导入寄主细胞，在宿主细胞内目的基因被大量地复制。一般来说，基因克隆技术包括把来自不同生物的基因同有自主复制能力的载体DNA在体外人工连接，构建成新的重组DNA，然后送入受体生物中去表达，从而产生遗传物质和状态的转移和重新组合。因此基因克隆技术又称为分子克隆、基因的无性繁殖、基因操作、重组DNA技术以及基因工程等。

基因克隆技术包括了一系列技术，它大约建立于20世纪70年代初期。美国斯坦福大学的伯格（P.Berg）等人于1972年把一种猿猴病毒的DNA与λ噬菌体DNA用同一种限制性内切酶切割后，再用DNA连接酶把这两种DNA分子连接起来，于是产生了一种新的重组DNA分子，从此产生了基因克隆技术。1973年，科恩（S.Cohen）等人把一段外源DNA片段与质粒DNA连接起来，构成了一个重组质粒，并将该重组质粒转入大肠杆菌，第一次完整地建立起了基因克隆体系。

克隆技术一共有三个主要的发展时期：最早开始的时期，由于技术和知识的欠缺，科学家们只能从微生物下手，将一个细菌复制成成千上万个和其一模一样的细菌。第二个阶段则是对生物进行克隆，这一阶段也是只能对生物的DNA基因进行克隆。而第三个阶段就是那只由一个克隆细胞克隆出的动物多莉了，它是由一只母羊的体细胞克隆而来的。1996年出生的多莉是用细胞核移植技术，从一只成年绵羊身上取下DNA，再由第二只羊提供卵子，待两者组成的含有新遗传物质的卵细胞分裂成胚胎后，植入代孕母羊的子宫内发育，最终成功分娩。新出生的羊羔与第一只绵羊拥有同样的 DNA。

1997 年，科学家用同样的技术克隆了两只猴子，名为 Ditto 和 Neti。但是它们是从早期胚胎细胞中克隆出来的。而长尾猕猴中中和华华，是从猴子胎儿的结缔组织细胞中克隆出来的。与胚胎细胞不同的是，后者可以在实验室中生长，这就使研究人员可以克隆出更多克隆体，也可以更容易地在培养皿中培养细胞。体细胞克隆猴的成功，以及未来基于体细胞克隆猴的疾病模型的创建，将有效缩短药物研发周期，提高药物研发成功率，促进针对阿尔茨海默病、自闭症等脑疾病，以及免疫缺陷、肿瘤、代谢性疾病的新药研发进程。

动植物克隆已成为现代科技进步中最具有冲击力和争议性的事件，克隆羊和猴的出现引发人类克隆自身的担忧，而植物克隆和转基因食物大规模出现引发了人们对于生物物种混乱和污染的担忧。但不可否认的是，植物克隆可以为人类食品来源开启广阔的空间，而动物克隆可以利用动物生产大量人类需要的基因药物和器官。

三、基因编辑技术的伦理困境

随着人类基因组计划的初步完成，人类社会继工业革命和信息革命之后，又掀起一场影响深远的基因技术革命。它在基因检测、基因治疗等方面所取得的革命性成果，极大地改变着人类生活的方方面面；通过基因治疗可以根治癌症、艾滋病等顽疾，缓解哮喘、心脏病、高血压、糖尿病等疑难病症。基因技术产生之初，人类就开始关注它对社会的负面影响，随着科学技术的发展，基因技术的运用对伦理、法律、社会问题等诸多方面带来了严峻的伦理挑战。

2018 年 11 月 26 日，南方科技大学生物系副教授贺建奎宣布经过基因编辑的双胞胎女孩露露和娜娜已于 11 月在中国健康诞生，成为世界首例免疫艾滋病的基因编辑婴儿。此消息一经宣布，立刻引起了全世界范围的广泛关注与争议。2018 年 11 月 27 日至 29 日在香港举办的第二届国际人类基因组编辑峰会的会议声明及其后发表的《会议纪要》中，指出该行为“违背了相关国际（伦理）准则”，其中的缺陷包括“不充分的医学指标、糟糕的研究方案设计、不符合保护受试者福利的伦理准则，以及在临床程序的一系列发展和审查过程中缺乏透明度”。事件也引发了领导层的关注。2019 年 7 月 10 日，生物安全法立法座谈会召开，会议听取了立法意见和建议。而 7 月通过的《国家科技伦理委员会组建方案》及随后国家科技伦理委员会的成立，则标志着中国在相关制度顶层设计方面的努力已开始落地。

事实上，这并不是我国科学家首次在基因编辑方面引起关注，早在 2015 年 5 月，中山大学黄军就副教授及其团队在《蛋白质与细胞》（*Protein&Cell*）杂志上发表首次成功修改人类胚胎基因的论文，就曾引起中西方有关科学伦理的讨论。

美国国家科学院和美国医学科学院在一份流传甚广的权威报告中，将基因编辑分为三类：第一类是基础研究；第二类是体细胞干预；第三类是生殖系细胞干预。总体而言，基础研究中进行基因编辑是可以的，目前在各基础科学研究实验室已得到广泛使用。体细胞，即人体组织中非生殖性的细胞，比如皮肤、肝脏、肺和心脏中的细胞等。体细胞干预，也就是以防治疾病和残疾为目的的临床试验及临床应用，在一定法律伦理框架下可行，但如干细胞治疗这类，目前在国内外还存有一定程度的争议。生殖系细胞则是有条件允许使用基因编辑，生殖系细胞包括早期阶段的胚胎、受精卵、卵子、精子，以及能够产生精子或卵子的细胞和可以发育成为胚胎的细胞。美国国家科学院的报告提出了可遗传生殖系细胞基因编辑临床试验的标准和治理框架。在基础研究、基因治疗或干预之外，还存在着基因增强。理论上，增强也分为体细胞增强和生殖细胞增强。基因增强目前在国际上还没有一个统一的定义，但如果将其界定为使个体获得超越人类物种所具有的形状和能力，比如超强的夜视能力，则一般认为很难得到伦理辩护。

目前，基因技术的伦理问题主要有三点。

首先，后代的自主权问题。被基因编辑过的胚胎将影响后代的性状与功能，这种影响是具有延续性的。因此被削弱的后代的人权也成为基因编辑技术在伦理争论上的焦点。其争论焦点主要集中在后代的知情同意以及后代开放性未来的权利两方面。由于生殖系基因编辑可以导致有机体特征被遗传给下一代，是否应当被允许，一直以来在国际上存在很多辩论。反对的人认为，生殖系基因编辑侵犯了未来世代形成个体自身身份的权利，因此类似于奴役，而这种奴役采取控制或影响其生物特征的方式；另一些人则以宗教或自然为反对的理由；还有人认为，当一个人知道自己的特征在产前就被他人所决定时，可能会产生对自身平等和自治能力的理解上的冲击。随着时间的推移和技术的发展，一些学者认为，生殖系基因编辑至少在某些情况下可以被允许。持这种观点的有政治哲学家桑德尔和法学家芬伯格，这也是目前国际学界的基本共识。另一些人则走得更远，如有美国法学者辩称，目前暂时禁止生殖系基因编辑临床应用的规定有违宪之嫌。[①]

其次，基因加强。基因编辑按照其服务目的可以分为治疗与增强。基因治疗是指通过基因水平的改变治疗或预防疾病的方法。基因强化是指通过人类基因层面的修饰增强或增加某种性状或能力。基因增强可分为医学目的的和非医学目的的。医学目的的基因加强包括增强人类的免疫力以减少疾病发生，延长人类寿命等。非医学目的的基因加强是指为满足个人偏好而在基因层面进行的对后代生理机能、外貌特征等的改变。基因编辑的主要伦理问题产生于针对人类基因组的编辑，更具体地说，是基因加强[②]。基因加强的伦理问题主要体现在人的道德地位、自由的限制以及社会公平。人及其身体本身具有某种道德地位，这是人类社会道德与法律的前提。但这一地位并非不可触碰，在进行任何技术干预时，都必须有正当的理由，持审慎的态度进行[③]。人与人的身体是技术的目的，而非手段，不能随自己心意进行无止境的改造。虽然人对于自己的身体具有自由的使用权，但是这种自由是有限度的，无限度身体改造

---

① 参见贾平：《贺建奎事件一年后反思：基因编辑的伦理困境》，《财经》2019 年 11 月 11 日。

② 参见罗会宇、雷瑞鹏：《我们允许做什么？——人胚胎基因编辑之反思平衡》，《伦理学研究》2017 年第 2 期。

③ 参见陈万球、丁予聆：《人类增强技术：后人类主义批判与实践伦理学》，《伦理学研究》2018 年第 2 期。

将使个体失去自我同一性，甚至无法再被认为是人。基因增强同时也会加剧社会不公平，可以承担高额基因改造费用的人在社会上获得更多机会，在社会等级上将无法承担高额费用的人群甩得更远。

最后，人胚胎的道德地位。早在 2015 年中山大学黄军就副教授及其团队对人胚胎基因组进行修饰时，学术界就对人胚胎的道德地位进行过广泛的探讨：人胚胎究竟是否拥有与人相同的道德地位？用人胚胎进行试验是否有损人类尊严？对于人胚胎的道德地位，中西方文化具有不同的看法。中国自古以来认为真正的“人”是从出生开始算的，并且该理论在今天依然受众甚广。而西方国家认为胚胎由于具有人类的基因组而被认为是人，胚胎是人的早期状态。但是当人们需要从儿童和胚胎之间做选择时，人们往往会选择儿童。因此，虽然胚胎具有与人相同的基因组，但其并不与人具有相同的道德地位。即使胚胎不应享有与人相等的道德地位，但其具有发展为人的潜能，因此不能将胚胎简单地视为实验材料，也应当赋予其一定的道德地位，遵从人类尊严对其提供保护，不应随意操纵、损害甚至杀害胚胎。即使是以医学发展为目的，也应持审慎的态度，并经过一系列公认的程序。

总而言之，贺建奎的研究引起了世界范围内的关注。纵然基因编辑技术引起了许多基于伦理方面的反对，但是毋庸置疑，基因编辑技术可能成为未来医疗的重要组成部分，因此对基因技术的研究还应继续下去。基因编辑技术还将不断发展，除了要进行进一步的基础研究及临床前研究外，也应当关注伦理问题。伦理并非阻碍科技发展的绊脚石，而应当是促进科技发展的催化剂。基因编辑技术会对人类的繁衍、有性生殖乃至传统家庭模式造成巨大冲击。如何有效规制和应对这一全新的挑战，关乎人类共同体的福祉与安全，对中国和世界生物安全制度建设也有着深远的意义。因此，未来相应的法律、伦理、政策的制定、发展和完善，也就成为题中之义。

第二节　农业新技术

一、我国农业发展现状与挑战

自新中国成立以来，我国农业取得长足发展，粮食产量快速增长，种植结构调整成效显著，经济作物种植面积与产量大幅增加，满足了人们对食物多样性和丰富度的需求，在稳定国家粮食安全、支撑社会发展中发挥了重要作用。

化肥、水及农药的大量投入，优良品种的选育与推广以及政府适宜的宏观政策调控是我国粮食安全创造“奇迹”的重要原因。然而，长期的集约化生产产生了一系列突出环境问题，如资源要素紧张形势加剧，地下水超采、土壤质量退化、土壤污染加重等。另外，农业的集约化、规模化发展致使农业生态系统自我调节能力减弱，应对气候变化的能力降低，农业生态系统服务功能稳定性下降，面临的不确定性因素增多。

当前农业生态环境领域存在的主要问题体现在资源紧缺与浪费现象并存、废弃物量大、资源化利用不高、农业面源污染形势严峻、农业气象灾害频发但应对技术支撑力不足等方面。这些挑战均亟待新技术、新方法突破瓶颈，加大政策保障和体制机制创新力度，从而推动中国农业进一步发展，成为世界典范[①]。

（一）耕地资源紧缺与退化现象并存，威胁粮食安全

耕地是支撑经济社会发展的重要资源，是保障国家粮食安全和农产品有效供给的基础。经过多年的努力，我国耕地综合生产能力稳中有升，全国粮食总产量自 2015 年以来稳定保持在 1.3 万亿斤以上。2022 年，我国粮食总产量达 13731 亿斤。但我国农业生产人多地少，人地、人粮矛盾仍然突出。我国人均耕地面积约 1.5 亩，不足世界平均水平

---

① 参见高敬、于文静：《2022 年中央一号文件公布 提出全面推进乡村振兴重点工作》，新华网 2022 年 2 月 22 日。

（人均 3.1 亩）的 50%，在 195 个国家中排名第 118 位。此外，我国耕地质量整体偏低的局面没有根本性改变，重数量、轻质量，重建设、轻管理，重用地、轻养地的现象仍然存在。《2019 年全国耕地质量等级情况公报》显示，2019 年我国耕地平均等级为 4.76 等，较 2014 年提升了 0.35 个等级，中低产田（评价等级为四至六等的为中产田，七至十等的为低产田）占比近 70%，部分区域耕地质量存在耕层浅薄、养分失衡、土壤酸化、水土流失等突出问题。我国 72% 的耕地有机质含量不足 2%，对粮食产量的贡献率仅为 50% 左右，而欧美国家土壤有机碳含量多为 2%—3%，耕地对粮食贡献率为 70%—80%。

《全球土地退化现状与恢复评估》报告表明，预计到 2050 年，土地退化和气候变化将导致全球农作物产量损失 10%，部分地区损失可高达 50%，威胁全球约 32 亿人的生计。报告指出，全球范围内土地退化造成的损失约为 10.6 万亿美元，且呈增长的趋势，占全球每年生产总值的 10%—17%。我国耕地退化面积占耕地总面积的 40% 以上，水土流失、土地沙化和荒漠化、盐碱化、土壤污染、土地肥力下降等问题，在局部地区表现明显[①]。东北典型黑土区水土流失面积 4.47 万平方千米，约占典型黑土区总面积的 26.3%，黑土表层流失达每年 0.3—1.0 厘米，土壤有机质每年以 1/1000 的速度减少。与第二次土壤普查时期相比，全国耕地土壤 pH 值平均下降约 0.8 个单位，酸性土、盐碱土面积占耕地总面积的 60% 以上，盐渍化土壤面积约占总耕地面积的 25%，中低产田占比近 70%。

（二）水资源紧缺与高效利用不足并存

我国人均水资源占有量约为世界平均水平的 25%，农业用水占全国总用水量的 60%—65%，水资源总量不足与区域缺乏并存。北方地区是我国主要粮食生产基地，拥有全国 64.1% 的耕地，水资源量却仅占全国总量的 19%。南方地区水资源丰富，但耕地资源相对较少。

---

① 参见刘肖兵、杨柳：《我国耕地退化明显污染严重》，《生态经济》2015 年第 3 期。

为保障国家农业生产能力，我国大面积推行农业节水工程，2010—2019年我国人均综合用水量与耕地实际灌溉亩均用水量均呈明显减少趋势，有效地保障了我国粮食产量的“十七连丰”。

但我国农业灌溉仍面临诸多问题。卫星监测数据显示，华北平原地下水超采严重，每年亏缺60亿—80亿吨，已成为世界最大的地下水“漏斗区”。官方数据通报显示，华北平原地下水超采量达1200亿立方米，相当于200个白洋淀的水量。农业集约化生产灌溉水量高，节水灌溉面积推广比例低，水肥生产效率力不高是关键因素。全国实际灌溉量达到6750—7500m^3/ha，超过灌溉定额的1倍以上，农田灌溉水有效利用系数仅为0.554，与发达国家0.7—0.8的用水效率相差甚远。我国水分生产能力尚不足1kg/m^3，以色列的水分生产能力已经超过2.5kg/m^3，部分欧美发达国家水分生产能力也超过了2kg/m^3。有关机构分析结果显示，以色列、德国、奥地利和塞浦路斯的现代灌溉技术应用面积达到61%以上，美国、澳大利亚、埃及和意大利的现代灌溉技术应用面积为11%—30%。而我国喷、滴灌面积仅占有效灌溉面积的1.5%。

整体而言，我国水资源空间分布不均，与生产力布局不相匹配，破解水资源配置与经济社会发展需求不相适应的矛盾，是新阶段我国发展面临的重大战略问题[①]。我国仍需要全面创新灌溉技术，大力发展节水灌溉技术，高效利用水资源，提高水资源生产效率。

（三）农业投入品过量，利用效率低，污染风险大

肥料是粮食的“粮食”，是国家粮食安全的基础，也是我国农业绿色发展的重要物质保障。我国已成为世界上最大的化肥使用国，占世界化肥使用量的35%，相当于美国（第二位）和印度（第三位）使用量的总和。我国农田化肥用量由1960年的100万吨增至2022年的5079.2万吨，其增幅远远大于美国、日本和欧洲。我国单位面积化肥用量达到401kg/ha，约为日本单位面积化肥用量的2倍，为美国、欧洲的3倍

① 参见李国英：《推动新阶段水利高质量发展 为全面建设社会主义现代化国家提供水安全保障》，《水利发展研究》2021年第9期。

有余。虽然，自2015年国家发布化肥零增长计划以来，我国化肥用量明显下降，从6.023万吨下降至5.251万吨，降幅达12.8%。我国水稻、小麦、玉米三大粮食作物化肥利用率从2015年的35.2%提升至2020年的40.2%，但较发达国家50%—65%的化肥利用率仍低10—20个百分点。2022年水稻、小麦、玉米三大粮食作物化肥利用率达到41.3%，比2020年提高1.1个百分点。此外，我国肥料产业产能过剩，产品同质化竞争严重，高效环保产品占比低，肥料生产能耗大，工农缺乏有效融合等已经成为我国化肥行业面临的关键难题。

国家统计局数据显示，我国农药使用量由1991年的76.5万吨增至2018年的150.4万吨，单位耕地面积投入量为13.5kg/ha，分别是世界（2.6kg/ha）和美国（2.5kg/ha）单位耕地农药用量分的5.7倍和5.9倍。近年来，中央和地方财政持续加大资金支持，助力农药零增长行动。2018年中央财政安排重大病虫害统防统治资金8亿元，地方财政安排专项资金超过18亿元，有力有序推进农药减量增效措施落实。2019年，全国农药使用量139.2万吨，较2015年减少39.1万吨，全国水稻、小麦、玉米三大粮食作物的农药平均利用率为39.8%，比2013年提高4.8个百分点。据测算，农药利用率提高1个百分点，相当于减少农药使用量近3万吨，减少生产投入约17亿元。

（四）农业废弃物产生量大，资源利用率仍有待提升

我国作为农业生产大国，每年有大量的秸秆、畜禽粪便等农业废弃物产生，处理需求量极大。2010—2020年，我国秸秆年均产生量7.93亿吨。随着秸秆综合利用方案的不断推进，我国2020年秸秆综合利用率达90%，较2019年提升4个百分点，2025年全国秸秆综合利用率将达到97%以上，到2030年，在全国将建立完善的秸秆收储运用体系，形成布局合理、多元利用的秸秆综合利用产业化格局，基本实现全量利用。随着人口增长和居民消费水平的不断提升，对禽畜产品消费需求不断增长，在禽畜需求增长推动下，我国禽畜养殖规模整体呈现增长趋

势。2010—2020年畜禽粪便年均产生量31.05亿吨，禽畜粪便综合利用方式主要分为肥料化、饲料化和能源化三大类，其中肥料化是主要的综合利用方式，占比约为58%。而现今，随着深入推动农业绿色发展，推广种养一体化技术，2020年我国畜禽粪污综合利用率已达75%。但目前畜禽粪污处理面临处理成本高、资源化利用程度不够、处理技术不完善等关键难题。

（五）农业面源污染形势严峻，水土气环境质量亟待提升

农业面源污染是农业生产过程中由于化肥、农药、地膜等化学投入品不合理使用，以及畜禽水产养殖废弃物、农作物秸秆等处理不及时或不当导致的，且具有分散性、不确定性、滞后性与双重性。《第二次全国污染源普查公报》显示，2017年农业面源水污染物排放量为：化学需氧量1067.1万吨，氨氮21.6万吨，总氮141.5万吨，总磷21.2万吨，分别占同年各项总排放量的49.8%、22.4%、46.5%和67.2%。农业化肥的不合理施用、畜禽养殖污水乱排乱放是造成农村地表水地下水污染、河流湖泊富营养化的主要原因。另外，农村排水管网建设不完善，污水收集处理率较低等问题进一步加剧了农业面源污染。

我国主要流域水质以Ⅱ类和Ⅲ类水质占主导，劣Ⅴ类水所占比重高于Ⅰ类水。从2019年全国流域监测结果来看，西北和西南诸河流域水质最优，长江流域、珠江流域、浙闽片河流域水质良好，Ⅳ类、Ⅴ类、劣Ⅴ类水质水体占比为10.0%左右，而黄河、松花江、淮河、海河和辽河流域存在轻度污染。黄河流域Ⅲ、Ⅳ类水占比分别为17.5%、12.4%。松花江流域Ⅲ类水占53.3%，Ⅳ类水占26.2%。淮河流域和辽河流域Ⅱ、Ⅲ、Ⅳ类水占比均较高，占全水质类型的98.3%和77.7%。其中淮河流域Ⅰ类水仅占0.6%。海河流域Ⅲ、Ⅳ、Ⅴ类水占比均较高，分别为16.2%、27.5%和13.1%，占全水质类型的85.6%。

2019年，全国337个地级及以上城市平均污染天数比例为18%；重污染天数比例为1.7%。PM2.5是最主要的污染物，但O_3浓度同比上升，以O_3为首要污染物的超标天数占总超标天数的41.8%。此外，秋冬季重污染天气高发，在华北地区秋冬季 NH_3 浓度超标诱发的大气雾霾仍是当前我们面临的重要环境问题，大气污染治理任务依然任重道远。

我国土壤环境状况总体不容乐观，2014 年全国土壤总的点位超标率为 16.1%，其中轻微、轻度、中度和重度污染点位比例分别为 11.2%、2.3%、1.5% 和 1.1%。工矿业、农业等人为活动以及土壤环境背景值高是造成土壤污染或超标的主要原因。污染类型以无机型为主，有机型次之，复合型污染比重较小，无机污染物超标点位数占全部超标点位的 82.8%。土壤污染总体呈现出“老债新账、无机有机、场地耕地、土壤水体”等并存复合污染的严峻局面。从污染分布情况看，南方土壤污染重于北方；从不同土地利用类型看，我国耕地土壤的主要重金属污染物为镉、镍、铜、砷、汞和铅，其中镉为首要污染物。目前土壤污染的防治与水污染、大气污染治理相比成本高、见效慢，缺乏有效技术手段，使得土壤污染成为影响我国农产品质量、人民身体健康和经济社会可持续发展的重要限制因素。

二、我国农业新技术

针对以上我国农业发展的主要挑战与瓶颈，我国学者近年来在以下几个方面取得世界瞩目的突破性进展，形成了一系列世界顶尖的新技术体系。

（一）人造叶绿体，增单产促双碳

光合作用是绿色植物和部分藻类吸收光能、把二氧化碳和水合成有机物，同时释放氧气的过程。光合作用主要过程分两步。首先，在叶绿体中，叶绿素吸收太阳光，并将多余的能量传递给分子伴侣，分子伴侣利用这些能量产生储存能量的化学物质三磷酸腺苷（ATP）和烟酰胺腺嘌呤二核苷酸磷酸（NADPH）。一系列其他酶在复杂的循环中，利用 ATP 和 NADPH 将空气中的二氧化碳转化为葡萄糖和其他富含能量的有机分子，供植物生长使用。二氧化碳转化始于一种叫作 RuBisCO 的酶，它促使二氧化碳与一种关键的有机化合物发生反应，从而开启植物产生重要代谢物所需的一系列反应。自然光合作用中，由太阳能到最终生物质能的转化效率比较低，藻类植物低于 7%，高等植物约为 1%。RuBisCO 酶含量少、效率低成了关键限制因素。这种酶的每一个拷贝每秒只能捕获和使用 5 个到 10 个二氧化碳分子，进而限制了光合速率和植物的生长速度。

叶绿体是光合作用的核心引擎。正是由于叶绿体的光合作用给地球和人类补充了氧气，人类乃至地球生态系统才得以持续发展。人工叶绿体技术是从结构和功能上模仿植物叶绿体的光合作用，模拟再现、提高光合效率，实现收集光能、绿色高效合成有机物的新型技术。目前，科技界已经在人工叶绿体技术多个前沿方向上取得较大突破。

模拟光合磷酸化过程。通过分子组装技术，我国科研团队先后在 2016 年、2019 年实现了三磷酸腺苷合酶和光系统Ⅱ两种蛋白的共组装、含光酸分子多层膜叠状结构及光系统Ⅱ与三磷酸腺苷合酶共组装，实现了“最接近真实叶绿体结构和功能的人工合成”。

重新设计光合固碳途径。2016 年，德国马克斯·普朗克陆地微生物研究所在《科学》（*Science*）杂志上发表重要论文，他们成功构建了一种与天然固碳循环不同的、全人工设计合成的固碳 CETCH 循环，将其与菠菜叶绿体类囊体薄膜结合在一起，封装到直径约为 90 微米的液滴中，组成了“半合成光合系统”（Schwanderetal.，2016）。随后，在 2020 年，德、法两国科研人员利用合成生物学与纳米微流控技术，又研发出具有叶绿体功能、细胞大小的液滴，以及自动化生产具有不同功能人工叶绿体的组装平台，即人造叶绿体。这种叶绿体可在细胞外工作、收集阳光，并利用由此产生的能量将二氧化碳转化成富含能量的分子。科研人员能够证明，在“人造叶绿体”上配备新型的酶和反应，可以使二氧化碳的结合速度比以前的合成生物方法快 100 倍（Tarrynetal.，2020）。

地球上每年通过光合作用合成的有机物约为 2200 亿吨，相当于人类每年所需能耗的 10 倍。未来人工叶绿体技术走向成熟乃至商业化，至少有三方面的重大影响。首先，目前主要作物稻麦品种的光能利用效率仅为 1%，而作物光能利用效率理论上可达 5%。人工叶绿体技术将加速人类认识光合作用科学机理、改造提升农作物的光合作用效率，增加全球农作物的产量。其次，利用人工叶绿体技术可以高效提供环境友好的新能源，更好捕获环境中的二氧化碳，加快“碳中和”进程，为解决能源问题和碳排放问题提供新技术方案。最后，人工叶绿体技术有望变革精细化学品、药品制造方式，清除环境特定污染物，且具有低能耗维持高效运行、安全性高等诸多优点，有利于实现联合国可持续发展目标。人工重现和控制光合作用过程被许多科学家誉为“当代阿波罗计划”，这意味着清洁燃料、清洁碳化合物以及其他产品可能仅需要利用光和二氧化碳就能生产出来，成为颠覆农业、煤化工、石油化工、有机合成等行业的新技术。

总体上，人工叶绿体技术的研发仍然集中在基础研究层面上，还有理论机理、应用基础、材料组件等许多关键科学问题亟待解决。例如，光合作用能量传递效率高达 94%—98%，光合作用反应中心进行的光能转换的量子效率几乎是 100%。在常温常压下，当前科学技术所开发的人工叶绿体工厂远未达到上述水平。目前，国际科技界都将人工叶绿体技术作为重要科技攻关方向，加快科技布局。美国加州理工学院和劳伦斯伯克利国家实验室牵头成立的“人工光合系统联合研究中心”，欧盟委员会启动 6 个新“未来和新兴技术旗舰计划”中有“面向循环经济的太阳能利用”一项，以及我国国家自然科学基金委成立的“人工光合成”基础科学中心等，这些有望为人工叶绿体技术未来发展开辟出一条新路。

（二）机器学习与人工智能助力农业节水增效

过量过度的农业用水已在近几十年来导致我国以华北平原为主要代表区域的地下水位急剧降低，形成地下水漏斗。传统的大水漫灌，尤其是在大坡度耕地上的不合理灌溉，已经严重导致了我国水肥利用率下降、河湖富营养、作物产量降低等。农业科学节水，滴灌、精准灌溉等方式已在我国推行多年且颇具成效。随着科学的不断进步与发展，目前，机器学习与人工智能等高科技产物，也已登上助力农业科学节水的舞台。

基于人工智能的农业水肥管理是现代农业实现精准播种、合理水肥灌溉、农业生产低耗高效、农产品优质高产的重要手段。通常利用智能传感、无线传感网、通信、大规模数据处理与智能控制等物联网技术，对温度、光照度、土壤温湿度、土壤水分、空气二氧化碳、基质养分等环境参数做动态监测，并通过对风机、卷帘、内遮阴、湿帘、水肥灌溉等自动化设备的智能控制，使植物生长环境达到最佳状态。目前，基于人工智能的农业水肥管理研究前沿主要集中在人工智能系统在作物健康和土壤管理中的应用，依赖人工智能技术的人工智能灌溉系统开发，家畜表现和行为的人工智能实时监测平台建设，人工智能机器人技术和无人机在田间分析、作物测绘、长距离作物喷洒以及高效作物监测中的应用等方面。

随着人工智能技术的不断进步，在精准农业和大数据的大框架内，人工智能在农业水肥管理中的应用价值将进一步提升和巩固。在未来，人工智能将会是农业水肥管理的主流科技手段和方法，数字技术和人工智能应用继续渗透农业，未来几年人工智能在农业方面的强劲增长速率将持续升高。人工智能解决方案的应用提供了许多机会，这些应用将帮助农民和农业生物企业更好地了解作物生长的自然规律，并允许他们使用更少的化学品和杀虫剂，最终实现采用人工智能系统优化农作物生长，处理疾病和病原体，并能够全天候监测牲畜、作物和土壤。

同时，将现有的作物需水给水环境调控技术与现代物联网智能化感知、传输和控制技术相结合，利用先进的网络技术研发生产环境监测与智能化调控系统。大数据、人工智能、深度学习等技术的发展，提供了高效感知、分析、存储、共享和集成异构数据的能力和分析手段。现代设施农业生产系统首先借助安全可靠的现场数据感知技术获取生产一线的真实数据，通过 4G/5G 等无线网传输上传到云平台，借助强大的云计算能力，进行专业算法和决策，再将相关调控规则下行到配备在智能种养装备上的现场控制器上进行全过程的智能调控。智能调控是在解决感知信息获取的可靠性与算法的基础上，在动态变化条件下自动整合感知获得的设施种养多因子数据，并进行实时建模，与传统装备相结合，构建具备精细环控等功能的智能化设备体系，促进形成数据驱动的现代种养精细管控能力。实现在感知传输层，主要基于不同类型的传感器感知舍内环境参数、作物生命和动物体征行为等；在数据传输层，主要采用无线（4G/5G）网络将来自上述感知传输层的环境数据、生产过程数据及个体生理、行为状态数据信息远程传输到相关数据库；在数据应用层，主要是通过嵌入式控制器，依据对相关数据库信息的分析决策，对环境控制设备等进行自动调控。

此外，探索科学合理的土壤水分预测方法，提高土壤水分预测的精度，有利于在农业生产管理中充分利用各种资源以提高农产品的产量。综合多源数据，并结合机器算法建立相应的土壤水分预测模型，分析区域土壤水分时空分布特征，能够为土壤水分预测和区域干旱预防提供客观科学的理论方法和技术支持，从而能够有效地提高水分利用效率，减少水分消耗。

（三）创制绿色智能肥料，推动农业绿色发展

绿色智能肥料是根据作物营养特性和农业生产特点，具有精准匹配土壤—作物系统养分需求，有效强化根际生命共同体过程的创新型肥料产品。综合考虑了肥料加工过程低消耗、低排放、资源全量利用，应用过程要实现无有害物质、养分损失少、全量高效利用，产品能够满足土壤—作物系统全营养需求和智能精准供应养分。绿色智能肥料是农业绿色发展的关键绿色投入品，属于肥料产品研发与创新的前沿交叉领域热点，涉及化学工程、材料学、环境学、植物营养学、土壤学等多学科知识与技术。绿色智能肥料创制需要充分理解根层 / 根际养分调控原理及实现途径，深入挖掘根际生命共同体生态互作级联放大效应；利用合成生物学途径重组土壤有益功能微生物，充分发挥功能微生物提高养分利用效率的潜力或改善养分供应的能力；多学科交叉创新突破，寻找并合成高效调控养分活化或者微生物活性的含碳有机增效材料；工农融合，创新低碳 / 无碳排放、低养分损耗、高生物有效性和高资源利用效率的

生产技术与工艺；深入理解根际生物学过程，通过物质合成和绿色生产技术，创制根际智能响应型（温度、水分、pH 值、盐分、微生物等）肥料产品。

在氮肥加工与生产方面，现代氮肥生产是利用能源将大气中的 N_2 转化成作物可以吸收的 NH_4^+ 和 NO_3^-，因此氮肥属于能源依赖型产品。我国氮肥生产 76% 以煤炭为原料，且 60% 的氮肥生产企业是中小型企业，由此决定了我国氮肥生产的高能耗、高排放特性。由于氮肥行业的碳减排压力巨大，我国已经进行了新一轮的“供给侧改革”。到 2015 年底，我国采用水煤浆加压气化、干煤粉加压气化、碎煤加压气化技术已建成合成氨生产能力 2138 万吨，占全国合成氨总产能的 29.2%。随着这些新技术的应用，采用非无烟煤为原料的产品比重明显提高，2015 年以非无烟煤为原料的合成氨、尿素产能占比分别达到 29.2% 和 30.4%，相比 2010 年提高了 15 个百分点以上。以常压无烟煤为原料的合成氨、尿素产能相比 2010 年分别下降了 17 个百分点和 10 个百分点，节能环保、资源综合利用取得一定成效。近年来，我国氮肥产业技术创新取得新突破，具有自主知识产权的先进煤气化技术在大型化、高效化、低能耗化、煤种选择性方面取得突破性进展，日投煤 3000 吨级水煤浆及干粉煤气化装置成功应用。大型氨合成技术、低能耗尿素工艺技术、钌系氨合成催化剂等实现开发和应用。清洁生产水平大幅提升。全行业吨氨产品综合能耗下降 5%，COD、氨氮和总氮排放量下降约 40%，颗粒物、二氧化硫、氮氧化物等大气污染物排放量下降 35%。

同时，近年来常温常压合成氨也可称为肥料生产与加工向的农业颠覆性技术。传统工业合成氨需要用到氮和氢，要求高温高压的反应条件。我国的合成氨多以无烟煤或焦炭为原料，每年合成氨工业的温室气体排放约在 4 亿吨二氧化碳当量。业界一直希望能开发出利用水代替氢在温和反应条件下合成氨的新方法。我国哈尔滨工业大学的王志江副教授课题组采用电化学方法实现了低能耗、零二氧化碳排放的合成氨，采用（110）晶面择优取向的金属钼为电催化剂，以大自然普遍存在的氮气和水为原材料，在常温常压下 0.14V 的过电势条件下合成氨，电化学法拉第效率达到 0.72%，最大氨合成速率达到 $3.09\times10^{-11}mol\cdot s^{-1}\cdot cm^{-2}$①，克服了以往的大多数电化学催化剂需要高的过电势，法拉第效率不足 0.3% 的缺点，是该领域的纪录创造者和领跑者。该项研究将对电化学催化合成氨领域的基础研究和优秀催化剂的开发起到积极的推进作用。北京大学化学与分子工程学院张亚文 / 严纯华课题组与北京理工大学殷安翔课题组、上海同步辐射光源司锐课题组合作，开创性地利用非贵金属催化剂（铋纳米催化剂）与碱金属（钾离子）助催化剂之间的协同作用，成功增强氮气分子在催化剂表面的吸附与活化，同时抑制析氢副反应，从而突破已有极限，大幅提高电催化合成氨的选择性与反应速率。该方法在常温常压（25 摄氏度，1 个大气压）下，从水和氮气出发，即可实现高选择性（电子利用率高于 66%）和高速率产氨。该方法较目前已有报道有数量级上的提升，为电化学合成氨的实用化提供了可能。

（四）梨树模式与保护性耕作技术

梨树模式就是玉米秸秆覆盖免耕种植技术，是在玉米种植过程中将秸秆全部还田并覆盖在地表，将耕作次数减到最少。田间主要生产环节包括收获与秸秆覆盖、土壤疏松、播种施肥、防除病虫草害的全程机械化技术体系。梨树模式率先解决了东北黑土区玉米连作、秸秆焚烧导致的土壤退化以及衍生的环境问题，对黑土地的保护与利用起到了积极的作用，为实现粮食持续稳产高产提供了保障。

通过采用梨树模式与保护性耕作，秸秆覆盖还田，为土壤生物供应了充足的养分。耕作次数的减少，保护了土壤生物环境，蚯蚓数量增多了。在连续实施秸秆全部还田地块测定，每平方米蚯蚓的数量达到 60 —100 条，常规耕作只有 7 条，是常规耕作的 10 多倍。同时，秸秆覆盖地块全年减少水分相当于增加 40 —50mm 降水，可延缓旱情 7 —10 天。

采用梨树模式，不仅减少了秸秆燃烧对环境的排放总量，也将养分

① 参见杨大帅：《M_O 基催化剂的制备及其电催化还原 N_2 性能》，哈尔滨工业大学硕士学位论文，2019 年。

归还农田，提高了秸秆利用效率，减少了农业废弃物对环境的危害。

第三节　保障我国粮食安全

一、保障粮食安全是一个永恒课题

保障粮食安全是治国理政的头等大事。农业也是国民经济的基础产业，习近平总书记多次强调："中国人的饭碗要牢牢端在自己手上，我们的饭碗应该主要装中国粮。"[①]"保障国家粮食安全的根本在耕地，耕地是粮食生产的命根子。"[②]党的十九届五中全会、"十四五"规划和2035年远景目标明确指出要深入实施"藏粮于地、藏粮于技"战略，确保国家粮食安全。2016年中央一号文件提出"推进农业供给侧结构性改革"。2016年5月16日，习近平总书记在主持召开的中央财经领导小组第十三次会议上提出供给侧结构性改革的"主攻方向是减少无效供给，扩大有效供给"，其核心是补短板。从产业看，农业是短板；从农业行业来看，质量效益是短板。党的十九大作出了当前我国经济已由高速增长阶段转向高质量发展阶段的重要判断，既标志着我国经济社会发展的转型，也对我国现代农业发展提出了更高要求。同时，我国耕地面积已处于18亿亩红线极限值，随着工业化、城镇化发展和人口刚性增长，水土资源紧张态势进一步加剧，提高低产耕地质量和产能、解决耕地资源紧缺已是必然要求。2015—2020年，我国粮食产量连续6年稳定在6.5亿吨以上，粮食供需基本达到平衡。但必须注意到我国粮食供给背后的隐忧，大豆等的进口量连年增加，已相当于向海外扩张播种面积6亿—7亿亩，同时，节本增效和环境压力使高产区增粮更加困难。国际粮食和油料市场波动以及自然灾害等抑制粮食增长因素的出现，极有可能逆转我国粮食供给良好势头，威胁国家粮食安全。因此，分析我

---

① 《十九大以来重要文献选编》(上)，中央文献出版社2019年版，第146页。
② 《十八大以来重要文献选编》(上)，中央文献出版社2014年版，第662页。

国保障粮食安全的主要瓶颈与挑战，全方位提高我国粮食安全保障能力，是实现党的二十大提出的全方位夯实粮食安全根基的重要保障。

目前来看，自改革开放以来，我国粮食总产量不断取得新突破并且成绩可人。从 1978 年至 2020 年，我国粮食总产量总体上呈现波动上升趋势，特别是 2003 年至 2020 年，总产量实现“十七连丰”的空前盛景。2016 年，根据农业发展实际实施供给侧结构性改革，并针对种植结构存在的结构性矛盾采取大规模玉米调减措施，粮食播种面积稍有下滑。统计年鉴数据显示，与 2015 年相比，2016 年全国谷物播种面积减少 784.5 万亩，这相当于 2016 年耕地面积的 0.39%。但是，2016 年我国粮食总产量依然达到了 6.16 亿吨，成为 1978 年以后第二个高产年。在此后的 4 年时间里，粮食总产量继续保持稳步增长态势，并且从 2018 年开始突破 1.3 万亿斤，2020 年则达到 6.69 亿吨，其中玉米 2.61 亿吨，稻谷 2.12 亿吨，小麦 1.34 亿吨。从平均角度来看，2020 年人均粮食占有量约为 477.86 公斤，远高于人均 400 公斤的国际粮食安全标准线，这意味着至少在总产量和人均占有量方面，我国粮食供给充足并且能够满足消费需求。

然而，我国人口基数巨大，2035 年我国人口将仍然保持在 14 亿偏上水平。受经济发展和城市化程度加深的影响，居民消费结构将发生明显变化，农产品消费需求将保持增长，农业生产保供给的压力较大。如果按照目前的农业生产水平，到 2035 年我国许多农产品的自给能力将出现下降，尤其是玉米、大豆、油料、棉花和糖料等重要农产品供需缺口将显著扩大。14 亿多的人口总量使得我国粮食等重要农产品的需求仍然比较大。按照国家的粮食安全战略，“谷物基本自给、口粮绝对安全”的战略底线不会发生根本变化。未来 20 年，随着科技不断进步，粮食综合生产能力将获得较大提高。预计到 2035 年，我国粮食产量将达到 7.3 亿吨以上，谷物生产总量将达到 6.3 亿吨，水稻自给率保持在 99% 以上，小麦自给率在 97% 以上，谷物自给率保持在 95% 左右。但是，大豆和玉米的供求缺口将加剧，其中玉米自给率将下降到 85%，大豆的自给率将保持在 15% 左右。水果、蔬菜满足国内基本消费需求。未来第二产业在国民经济中的比重下降，居民消费结构发生根本变化，水果、蔬菜、糖料消费持续增长，棉花消费不断下降。到 2035 年，水果、蔬菜产量将不断增加，基本满足国内需求；糖料产销缺口将扩大，自给率保持在 80% 左右；棉花产量将保持稳定，能够满足 60% 的国内需求。

二、保障我国粮食安全面临的主要挑战

我国粮食安全在目前与未来面对的主要挑战可分为以下几个方面。

农业劳动力不断减少。人口出生率降低，老龄化进程加快。根据世界银行预测，我国人口数量在 2030 年达到 14.2 亿左右的峰值后开始下降。与此同时，老年人口不断增加，老龄化程度加剧，预计到 2035 年我国老年人口占比将达 20% 左右，会超过日本成为全球人口老龄化程度最高的国家。

城市人口持续增加，城市化程度加深。随着农村人口不断转移，到 2035 年，城镇化率将超过 70%，城镇人口达到约 10 亿，农村人口下降到 4.2 亿。但是，受产业结构调整和城乡差距缩小的影响，城乡人口流动将逐步放缓，城镇化进入缓慢发展阶段。由此可见，我国农村劳动力结构不合理，农业兼业化、老龄化问题突出，青壮劳动力逃离农业、农村趋势明显，技术和新设备难以得到有效利用，制约了劳动生产率的提高。同时，未来 20 年，随着产业结构调整、城市化深入推进和全社会老龄化趋势加剧，农业劳动力趋于减少的长期态势不会发生根本改变。

粮食质量安全要求升级。我国粗放的生产经营方式使得食物安全面临严峻的问题。其中，化肥农药过量使用使得农产品重金属含量超标和农药残毒含量超标等问题突出，不仅危害人们的身体健康，也不利于农业进一步发展。随着人民生活水平的持续改善，食物安全和食品质量问题越来越受到重视，人们对食品安全的要求不断升级，不仅要吃得饱，还要吃得健康，提高食品质量安全水平是未来农业发展的重要趋势之一。虽然在我国提出“化肥农药使用零增长”以来，我国化肥使用量与农药使用量均降低 10% 以上（中华人民共和国统计局，2020），且因农

业产生的面源污染、环境污染物排放明显减少，我国整体环境质量得以提升，但是近年来我国粮食产量的增速明显减缓，迫切需要在推动与施行农业绿色发展的同时，达到粮食产能与质量安全双提升。

粮食资源约束日益趋紧。保障粮食安全，耕地和水资源是硬约束。随着我国经济发展以及城市化和工业化的深入推进，城市建设用地不断扩大和高强度的开发利用使得耕地数量和质量均呈现下降趋势，保障耕地数量和提高质量的压力明显加大。此外，我国人均水资源占有量仅为世界的 1/4，水资源总量供需矛盾突出，水资源短缺将成为未来农业发展的严重威胁，提高水资源利用率是实现可持续发展的重点任务。另外，我国化肥和农药利用率比较低，仅有 35% 左右被作物吸收利用，大部分仍残留在农田或进入地下水，造成了耕地和水资源的污染，不利于生态安全和农业可持续发展，对粮食安全带来了资源短缺威胁。

气候不确定性显著增强。受全球性气候变暖的影响，高温、干旱、洪涝等极端天气频发重发，直接对粮食作物的产量造成不利影响。与此同时，与气候相关的病虫害发生频率呈现加重趋势，防控难度增大。以小麦和水稻为例，小麦条锈病越夏区海拔高度逐年增加、发生流行时间提早，水稻“两迁”害虫发生区域向高纬度、高海拔地区扩散，对粮食单产造成严重的负面影响。

据《2019 年全国耕地质量等级情况公报》显示，我国耕地平均质量等级为 4.76 等，属中产田水平。共有中低产田 13.91 亿亩，占总耕地数量的 68.76%（中华人民共和国农业农村部，2019）。“万物土中生”。在决定粮食生产力的诸多要素中，耕地是最为宝贵和最重要的基础性要素。保障国家粮食安全的关键在于大力提高粮食的综合生产能力，基础在于保护农田土壤质量和提高其肥力。今后 20 年内我国粮食生产能力要提高近 2 亿吨，粮食单产必须以年均 2% 以上的速度增长，土壤质量提升的压力日益加大。土壤质量培育是我国农业可持续发展的重大需求，是保证粮食安全和实现新增 1000 亿斤粮食目标的战略措施，是农业科技必须关注的重大问题。耕地数量减少是我国农业发展无法回避的硬约束，以土壤质量培育替代数量下降是农业技术发展的必然选择。我国耕地资源十分短缺，未来 20 年形势愈趋严峻。根据国家相关部门的预测，2035 年我国耕地面积将净减少 2000 万公顷左右，人均耕地降低至 0.1 公顷。但是，2030 年的粮食总产要比现在提高 1/3。解决这种两难问题的出路只能是寻求资源替代技术的突破，其基础和关键在于通过突破土壤质量培育技术，最大限度提高农业土壤资源的利用效率。以提高农田土壤生产能力和可持续发展为目标，强化高产土壤保育、低产土壤改良与污染土壤防治和低碳排放农业的土壤学基础与应用基础研究，突破耕地质量提升、障碍土壤治理、退化土壤修复重建等技术瓶颈，显著提升现代农业生产及全球气候变化条件下土壤资源高效利用技术的自主创新能力。

我国中低产田主要分布在贫困落后地区和生态环境脆弱区，这些地区自然条件相对较差、交通不便、经济发展较差、文化等条件也相对落后，是国家扶贫脱贫工程的重点地区。这些地区的耕地因存在不同程度障碍因子，加上自然资源利用不合理、区域特色和优势没有得到充分发挥、生产技术落后、种植制度单一等因素的影响，导致单位耕地产量低且农产品质量较差、产品缺乏市场竞争力、投入产出比不高，加上其他因素的影响，农民人均年收入往往不及发达地区的 1/3 且增收难度也较大，制约了农民增收致富。同时，由于地处偏远且自然条件差、交通不便等问题，导致区域生态环境状况整体较差，水土流失较严重且生态脆弱、耕地瘠薄、农民投入不合理等一系列问题，使得区域生态环境极易被破坏且恢复难度较大，并由此引发一系列的生态环境问题，因而这些地区也是国家生态环境建设与保护的重点地区，是保障国家生态环境安全的重要战略屏障。

因此，改变过去中低产田改造与其他技术以及产业化脱节问题，通过科技创新，在耕地质量培育、突破资源约束、优化多元适宜性作物布局、配置改土和精准管理装备、构建综合产能和效益协同提升模式、融合特色产业方面进行全链条设计与系统创新，将中低产田改良与资源高效循环利用、生态环境建设与保护有机衔接，使中低产田质量大幅度提升、产能和生产效益同时提高、农产品质量不断改善。同时，特色产业的发展，也有效提高了农产品的附加值，提升了农业整体效益，带动了农民脱贫与增收致富。这也将改变中低产田地区农业农村发展长期滞后的局面，促进区域生态环境建设与保护，推动精准扶贫脱贫与农村全面发展。故而，亟须有效促进农业生产过程水、肥、耕地合理利用，研发配套相关技术与装备。

三、保障我国粮食安全的重要举措

针对以上问题，如何有效有力地保障我国粮食安全成了近年来国家关注的焦点，中国饭碗装中国粮主要需要从以下几个方面进行突破。

（一）种质资源与现代育种

随着全球一体化进程的不断加快，国际种业竞争日趋激烈，中国种子市场已成为国外跨国公司觊觎的焦点。世界排名前 10 位的跨国种业集团，利用种业科技尖端技术快速抢占我国种业市场，致使我国高端蔬菜、花卉、畜禽种业面临全面失守的境地，已经对我国民族种业造成了巨大冲击。因此，充分发挥我国农业生物资源优势，有效整合资源，加强我国种业科技创新，提高生物种业的国际竞争能力，抢占种业制高点，打造强势民族种业企业，推动生物种业经济发展迫在眉睫。面向 2035 年，要把种业自主创新作为农业科技创新的突破口和着力点，大力培育具有自主知识产权的优良品种，从源头上保障国家粮食安全。

需改良品质、提高稳产性、挖掘作物增产潜力。通过粮食作物农艺性状分析机理研究、高效和规模化的分子染色体工程技术、安全高效和规模化的植物转基因技术、应用分子设计育种技术，对控制产量、品质、抗逆性等相关性状的关键基因及数量性状遗传位点进行有序组装，培育出具有理想株型、高光能利用率、品质优良、持久和多抗性的作物新品种，克服品质和产量性状难以协调改良的矛盾，实现稳定或者提高单产的目标。

需培育耐盐碱、耐瘠薄和养分高效的新品种。充分发掘基因资源，从粮食作物、野生植物以及极端生物中克隆耐盐碱、耐瘠薄和高养分利用率的基因，利用转基因等分子育种技术培育耐盐碱、耐瘠薄和高养分利用率的专用新品种，充分利用我国盐碱地资源、缓解肥料报酬递减和环境恶化问题，提高中低产田产量，补充粮食生产的后备资源。

需研发耐储品种和健康功能性作物品种。通过开展分子生物学研究，阐明作物营养和品质在储藏过程中变化的分子机制，揭示种子原菌感染及原菌毒素产生的分子机理，有针对性地研发耐储藏的品种。通过转基因等分子育种技术，提高作物中特定高营养组分或对人体健康具有有益功效的活性成分，研发保健功能性作物。

总体上，现代种业需要创新杂种优势利用、染色体工程、细胞工程和诱发突变等育种方法；研究分子标记、转基因技术、全基因组选择、基因组编辑等新兴的技术与方法，与常规育种技术组装集成，构建高效精准的分子育种技术体系；开发并优化多基因聚合技术，创制高产、优质、抗病虫、抗逆、资源高效利用、适合机械化作业等突破性农作物育种材料和新品种。开发便捷、准确、高效的性能测定新方法和新技术；研究基于细胞工程和胚胎工程技术的现代繁殖技术；开展专门化品系杂交利用，培育高产、高效、优质、抗病的畜禽水产等动物商业化品种或配套体系。

（二）资源保护与高效利用

水土资源紧缺与过度利用是我国农业发展的重大瓶颈问题。随着农业集约化程度的不断提高，农业外部投入如化肥农药过量施用和不合理灌溉等对农业内部生态环境以及畜禽养殖废弃物等外部生态环境都产生了累积性负面影响。加强农业工程科技创新，促进农业生产方式由常规型向生态型转变是当前我国农业面临的艰巨任务。此外，随着工业化和城镇化进程的加快，耕地面积仍将继续减少，农业生产后备耕地不足，中低产田面积占现有耕地面积的 2/3 以上，干旱、瘠薄、盐碱、冷浸等不同类型障碍农田比例高，治理难度大；农田水利工程年久失修、管护制度不落实、中低产田改造整体进展缓慢，仍然影响农业的稳定发展。资源紧缺以及利用不当、效率低下对农业发展形成巨大压力，也为提升农业科技提出了新要求。

总体上，需要重点研发：作物生命需水过程控制与生理调控技术、增蓄降耗高效农艺节水技术、节水绿色环保制剂技术与产品、高效节水灌溉技术与产品、节水生态型输配水系统技术与装备、智慧灌区及农业水管理决策技术与产品等；生态良田建设、管护与利用管控的技术、产品、装备和系统；土壤有机质提升、耕层增厚、合理轮耕等土壤结构调控关键技术体系，水肥协同、合理轮作、秸秆还田培肥、残茬管理以及多元养分协同等农田养分均衡调控技术体系；绿色覆盖、微生物等农田土壤生物功能调控技术；中低产田原生障碍的消减和次生障碍的阻控技术，地力提升关键技术以及产品和设备；创建适应区域资源环境承载力的用养结合型新型经济高效种植模式。具体包括以下三个方面。

耕地资源的集约利用和耕地质量定向培育技术。基于卫星遥感等信息技术和自动化监测技术的发展，建设智能化无线网络监测体系与分布式数据采集与管理平台；进行土壤肥力评价和土壤肥力演变规律的研究；此外还有针对土壤环境质量、健康质量的培育技术和土壤质量的恢复重建技术体系，障碍土壤改良的生物、耕作和化学改良剂技术。

农田生态系统节水技术和流域水资源保障技术。通过工程技术，建立最低水消耗的输水系统；建立水源配水、墒情预报、田间灌溉等自动化控制系统和综合农业技术措施的集成体系，以及旱地节水农业发展综合技术体系；利用封闭型农田气候工程，抑制棵间土壤蒸发；发展抗蒸化学剂，抑制土壤蒸发和减少作物蒸腾；开发基于 ET 管理的真实农业节水新技术以及基于流域知识管理的农业节水型社会科技和政策。

高效新肥料、集成农田生态系统和养分的高效利用技术。高效新肥料包括适合不同区域气候和耕地条件的新型多功能肥料以及复合高效、缓释 / 控释和环境友好的多功能肥料。高效利用技术包括可控释肥料研发技术的创新（如生化抑制剂型缓释肥料、低水溶性无机或有机合成肥料等技术）、利用亲水性高分子材料作为养分控释载体的胶粘肥料技术、水肥精准管理和节能耕作集成技术、农田化肥养分和有机废弃物养分的高效利用技术创新、降低能源消耗、增加水土保持能力的少免耕措施与技术、新型植物高效光能利用技术。

（三）绿色植保与病虫害防控

病虫害是影响粮食产量的关键因素，亟待破解。我国是一个农业生态环境脆弱、生物灾害与气象频繁发生的农业大国，每年各种农业逆境灾害发生面积达 30% 左右，尤其是气象灾害发生频率高达 70% 以上，严重影响作物产量的稳定性。加强农作物灾害防控，对保障国家粮食、经济和生态安全，促进农民增收和农业发展等均有着重要的现实意义。该领域将重点研究突破农业有害生物和气象灾害的监测预警网络和系统的核心技术及其设备研制，以生物多样性利用与品种布局为核心的病虫害综合治理技术的瓶颈技术与集成，危险性入侵物种与潜在入侵物种可持续综合防御与控制的关键技术，除病虫草剂减量使用技术、病虫害抗药性综合治理技术及其产品研制；开发气候变化带来的突发自然灾害的预警与应对技术，并研究气候变化对主要病虫害发生与流行规律的影响及开发配套防治技术。

具体可以从以下七个方面着手加强病虫害防控：病虫害发生机制和病原与宿主的相互作用机理研究；病虫害与天敌的拮抗机制及协同进化规律研究；新型环保生物农药和高效生物菌剂；植物病虫害预警动力学数据库，病虫害智能专家管理系统；植物抗逆诱导剂、植物疫苗等预防类生物防治剂；高精度虫鼠性诱剂的先进合成技术；高效低毒专一性强的生物农药、化学农药、生物拮抗菌和精准靶标应用技术及其综合配套防治技术体系。

（四）农业机械化与信息化

在城镇化快速推进、农村劳动力短缺、老龄化趋势加剧、土地流转与新型农业经营主体迅速发展的背景下，“谁来种地”“如何种地”已经成为粮食安全领域的重大课题。机械化、信息化和设施化将是解决上述问题的关键抓手。

总体上，农业装备与设施工程科技创新需围绕农业生产全程全面机械化，在粮、棉、油、糖等大宗粮食作物的育、耕、种、管、收、运、贮等主要生产过程中重点推进使用先进农机装备。突破水稻种植、棉花采摘、甘蔗收割、玉米青贮、马铃薯种植与收获、水肥药一体化施用等机械化瓶颈技术。加快发展大型拖拉机及其复式作业机具、大型高效联合收割机等高端农业装备及关键核心零部件。围绕农业信息化需求，开发全面感知、可靠传输、先进处理和智能控制等技术，实现农业生产过程中的全程控制，提高农机装备电气化、信息收集、智能决策和精准作业能力，推进形成面向农业生产全过程的信息化成套解决方案。

具体而言，相关技术包括如下几个方面：粮食作物生产全程机械化成套技术装备；新型高效智能化技术装备研发；新型成套农业机械关键部件生产技术及材料研发；精准化种植、3S 定位关键技术及设备研发；精量施肥、精量施药设备生产技术及材料；设施农业环境监控技术及关键设备；高效节水灌溉关键设备及材料研发；农业机器人关键技术研发；基于遥感技术的作物生长、产量估计、灾害监测以及作物品质监测系统；可移动式农田信息采集相关设备开发与系统建设；农业资源数字化建设，农业数据资源与科研设备资源的管理与共享机制；植物生长发育模型和软件平台构建；农业虚拟化研究网络化平台建设；农业生产、资源、气象、运输、储存、加工和市场等信息服务的网络化体系技术的研发和应用。

（五）农作物耕作栽培

保障粮食安全和农产品有效供给是关系我国国民经济发展、社会稳定和国家自立的重大战略问题，也是当前和今后相当长时期内农业科技发展的首要任务。如果要进一步提高粮食产量，实现资源高效利用和环境友好则迫切需要在作物可持续高产栽培、耕作理论与技术上取得新突破。

具体而言，未来要以粮油主产省（区）为主体，重点加强可持续均衡丰产关键技术与配套技术研究开发，突出节水节肥节药高效的综合的作物集成技术、研发适宜不同区域的新型生态高效种植制度；研究建立规模化、轻简化、机械化、低碳化、精准化的技术模式；以提高资源利用效率、耕地生产效率、节能减排为目标的综合栽培技术等关键技术创新与集成；加强作物抗逆栽培技术研究与产品开发，建立预警、应急预案、防控一体化抗逆稳产栽培管理技术体系；针对作物的生物学特性和区域自然特点，系统开展参与式农作制度技术集成与模式构建，加强智能化作物生产管理的研究，研发高产低碳机械化种植模式、精确农业技术、作物系统无损监测技术、高产高效机械化种植模式，构建高产高效的作物耕作栽培技术体系和实用高效装备组装，加快与作物机械化、信息化生产管理相配套的品种、栽培技术、耕作制度的集成和推广应用。

保障我国粮食安全这一重要使命，在需要推动技术创新的同时，仍需要进一步的政策支撑。首先，应推进土地资源的保护与合理利用，进一步深化农村土地制度改革，不断完善农村土地经营权流转管理办法，有效降低土地经营权流转的交易费用，打通土地经营权流转的制度性障碍，引导土地有序流转和适度规模化经营，为培育新型粮食生产经营主体，推动粮食生产规模化、现代化奠定制度基础；其次，亟须推动完善粮食生产支持保护制度，不断完善相关法律法规和政策体系，切实保护种粮主体的合法权益。积极推动粮食安全保障立法工作，形成以粮食安全为导向的法律法规和政策，加大执法和监督力度，保障粮食产业的健康发展；再次，需加快构建节粮减损长效机制，通过建立制度化的长效机制，降低粮食收割、物流和生产环节的耗损率，杜绝食品消费中的铺张浪费现象；最后，要强化粮食生产的科技和人才支撑，加强粮食生产中的科技和人才投入，构建包括高校、科研院所、企业在内的多元化研发体系，强化农业基础研究，全面升级农业应用技术，强化生物育种科技创新，着重突破一批影响作物单产提高、品质提升、效益增加、环境改善的关键核心和“卡脖子”技术。

第四节　精准医疗

一、精准医疗的概念与内涵

现代医学正在以无可比拟的速度向前发展，精准医疗、健康中国的概念也在逐渐上升为“国家战略”。那么究竟什么是精准医疗呢？它又是如何发展的呢？

“精准医疗”的概念于 2011 年由美国国家研究委员会提出。美国总统奥巴马在 2015 年 1 月的国情咨文中正式将“精准医疗计划”作为美国新的国家研究项目发布，致力于治愈癌症和糖尿病等疾病，让每个人获得个性化的信息和医疗，从而“引领一个医学新时代”[①]。自此精准医疗便引起了医学界和社会的热烈响应，开始迈入快速发展阶段。同时，学术界对精准医疗的定义也展开了积极讨论：国内学者董家鸿曾提出，精准医疗是整合应用现代科技手段与传统医学方法，科学认知人体机能与疾病本质，系统优化人类疾病防治和健康促进的原理和实践，以高效、安全、经济的健康医疗服务获取个体和社会最大化健康效益的新型健康医疗服务范式[②]。国外学者认为，“精准医疗”衍生自个性化医疗，是指以个人基因组信息为基础，结合蛋白质组、代谢组等相关内环境信息，为病人量身设计出最佳治疗方案，是一种基于病人“定制”的医疗模式。在这种模式下，医疗的决策、实施等都是针对每一个病人个体特征而制定的，疾病的诊断和治疗是在合理选择病人自己的遗传、分子或细胞学信息的基础上进行的。

---

① 参见杭渤、束永前、刘平等：《肿瘤的精准医疗：概念、技术和展望》，《科技导报》2015 年第 15 期。
② 参见董家鸿：《构建精准医学体系，实现最佳健康效益》，《中华医学杂志》2015 年第 31 期。

表 19　精准医疗的不同定义

机构 / 组织	定义
维基百科	精准医疗是一种推动定制医疗实现的新医学模式，即为患者提供个性化的临床决策、服务和药物。在这种模式中，诊断测试基于患者基因内容语义或分子、细胞分析，被用于选择最佳治疗方案，其工具包括分子诊断、图像和数据分析软件。
美国国家研究委员会	精准医疗是根据每个患者的个体特征制定医疗方案的医学模式。它不仅包括为特定的患者研发药物和医疗设备，也包括将患者分类的能力。该定义与“个性化医疗”很相近，易产生混淆。
美国国立卫生研究院	精准医疗是一种考虑了个人基因变异性、个人生活方式和环境的关于疾病诊疗和预防的新方法。
“2015 清华大学精准医学论坛”会议指南	精准医疗是一种新型医学范畴，将现代科技手段和传统医学方法统一起来，科学地认知人体机能与疾病本质，力求以最有效、最安全、最经济的医疗服务来获取个体与社会健康效益的最大化。

从广义上来讲，精准医疗就是以个体化医疗为基础、随着基因组测序技术快速进步以及生物信息与大数据科学的交叉应用而发展起来的新型医学概念与医疗模式。简而言之，就是通过对正常人和病例个体的基因测序，对比分析患病情况，针对性利用靶向药物、细胞疗法等治疗手段，精准地对病毒或基因进行打击治疗，从而安全、高效地精准治愈疾病（东滩智库，2017）。

那么精准医疗与传统医疗、个体化医疗又有什么不同呢？

精准医疗这一科学的医疗范式以传统经验医学的精髓为根基，整合了循证医学、基因组医学、数字医学、基于数据的医疗、整合式医疗、个体化医疗等诸多先进医学元素，显著提升了疾病预测、防控、诊断和治疗等医疗实践过程的确定性、预见性和可控性。相比传统经验医学，如今精准医疗的发展已经取得了长足进步，可以通过将精密仪器、生命科学等先进的现代技术与我国优秀的传统经验整合在一起，大大减少临床实践的不确定性，从而在手术中实现“该切的片甲不留，该留的毫厘无损”，在保证精准的同时尽可能将损伤控制到最低。

同样，精准医疗也不能简单地等同于个体化医疗，而是标准化与个体化相统一的医疗模式。个体化医疗强调每个患者都需要因人因时因地而异地制定独一无二的诊疗方案。精准医疗一方面是通过甄别同种疾病中具有不同特质的小众疾病亚型，给予已知的、标准化的、被证明有效的干预治疗，并非同一疾病的不同患者都需要独一无二的治疗方法；另一方面，针对特定的个体患者，在疾病分型论治的基础上结合患者独有的生理、病理、心理和社会特征，量身定制兼顾疾病共通性和患者异质性的“大同小异”的诊疗方案。

二、我国精准医疗的发展历程

我国于 2006 年率先提出精准外科的概念，得到了国内、国际医学界的广泛认可，之后广泛应用到肿瘤放疗、妇科等医学领域。2014 年，我国开放了二代 DNA 测序试点实验室，开放了无创产前诊断、遗传病、肿瘤等方面的基因组学诊断。造血干细胞移植、基因芯片诊断、免疫细胞治疗等第三类医疗技术临床应用准入审批于 2015 年取消。在此之前，国家卫计委、科技部等多次出台政策，并组织生物医药等领域专家对精准医疗、基因测序等开展研究。2014 年，我国陆续批准上市了一大批第二代基因测序诊断产品，如华大基因、达安基因二代基因测序诊断 NIPT 产品。

继国家卫生和计划生育委员会医政司（原称）发布第一批基因测序临床试点后，国家卫计委妇幼司（原称）也发布了第一批产前诊断试点单位，全国 31 个省市地区共有 109 家机构入选。[①]2016 年 3 月，《中华人民共和国国民经济和社会发展第十三个五年规划纲要》支持战略性新兴产业发展规划中明确列出了生物技术和精准医疗。2016 年 12 月 19 日，国务院印发了《“十三五”国家战略性新兴产业发展规划》，其中涉及医药产业的内容主要集中在生物技术方面。规划提出，到 2020 年实现生物产业规模 8 万亿—10 万亿元，形成一批具有较强国际竞争力的新型生物技术企业和生物经济集群。在“十三五”规划期间，我国战略性新

① 参见苏暄：《基因检测掀开精准医疗帷幕，带来医学领域颠覆性革命 中国医科大学第一医院肿瘤内科主任刘云鹏谈——最新基因检测整体态势和未来趋向》，《中国医药科学》2015 年第 4 期。

兴产业经历了快速的发展和升级。2016年至2019年，这一产业的工业增加值年均增速达到了10.5%，快于同期规模以上工业的增速。这表明在制造业领域，战略性新兴产业已经成为了新的增长点和动力源。在服务业领域，战略性新兴产业的营业收入年均增速也达到了15.2%，同样超过了同期服务业的整体增速，显示出这一产业在服务业中的引领和带动作用。2020年，我国战略性新兴产业增加值占GDP的比重已经达到了11.7%，相较于2014年提高了4.1个百分点，反映了战略性新兴产业在国民经济中的重要地位。在医药领域，以基因技术快速发展为契机，国家致力于推动医疗向精准医疗和个性化医疗发展[①]。

三、精准医疗的关键技术

目前对于精准医疗技术暂无具体的界定，大体上包括基因组学类技术、信息类技术等领域。

（一）基因组学类技术

基因组学类技术是以基因组学、蛋白质组学、代谢组学等领域为技术基础，主要包括第二代测序（Next-generation sequencing，NGS）技术、生物芯片（Microarray）技术、NanoString nCounter技术、Panomics技术等。

1. 第二代测序技术

第二代测序技术又称高通量测序技术，是对第一代测序技术革命性的变革，可以一次对几十万条到几百万条核酸分子进行序列测定，是绘制完整的人类癌症基因图谱的主要工具，可以检测单核苷酸变异、插入或缺失、拷贝数异常、结构变异、基因融合、甲基化及表达。第二代测序技术的出现使得对一个物种的转录组和基因组进行细致全貌的分析成为可能。但第二代测序技术的样品制备过程非常复杂并且生成的序列数

① 参见北方大陆：《深度精准医疗统治的时代来了》，搜狐网2018年8月28日。

据难以处理，为其临床应用带来了许多障碍[①]。

2. 生物芯片技术

所谓生物芯片，一般是指生物信息学分子以高密度固定在相互支撑的介质上的微阵列混合芯片。而生物芯片技术就是通过缩微技术，根据分子间特异性地相互作用的原理，将生命科学领域中不连续的分析过程集成于硅芯片或玻璃芯片表面的微型生物化学分析系统，以实现对细胞、蛋白质、基因及其他生物成分（biotic components）的准确、快速、大信息量的检测。

3.NanoString nCounter 技术

NanoString nCounter 荧光分子标签技术是一种通过分子条码和单分子成像技术来捕获信号，并通过分子标签计数形式反应体系中特定靶分子个数的全新数字式核酸蛋白定量技术。该技术运用靶向特异性的荧光探针来结合目的分子（DNA、RNA 或蛋白质），无须烦琐的建库、扩增、反转录等酶促反应步骤，即可实现对靶分子的定量，从而进一步减少分析误差，是继芯片测序技术和第二代测序（NGS）技术后兴起的新一代革命性分析技术。

4.Panomics 技术

Panomics 技术是路明克斯（Luminex）公司研制的后基因组时代技术平台，是在流式细胞技术、ELISA 技术和芯片技术基础上开发出的液相芯片技术平台。它运用 branchNDA 信号放大技术捕获目标 RNA 信号，可进行 3 —80 个基因的同时定量分析的大样本验证检测，效果特异、灵敏，可应用于肿瘤诊断、精准治疗和预后评估，尤其为复杂的多因性疾病诊断、制定个性化治疗方案提供了极大便利[②]。

① 参见谢俊祥、张琳:《精准医疗发展现状及趋势》,《中国医疗器械信息》2016 年第 11 期。
② 参见谢俊祥、张琳:《精准医疗发展现状及趋势》,《中国医疗器械信息》2016 年第 11 期。

（二）信息类技术

精准医疗信息类技术体系包括生物信息学、生物样本库、大数据分析技术以及电子病历。其中，三大资源库数据的采集、数据的互联、数据的分享以及数据的计算和分析是精准医疗信息类技术要解决的重点，而大数据分析技术则是实现精准医疗的关键。

1. 生物信息学

生物信息学是利用计算机技术研究生物系统之规律的学科，包含了生物信息的获取、加工、存储、分配、分析、解释等在内的所有方面，是分子生物学与信息技术（尤其是因特网技术）的结合体。通过生物信息学的发展应用，在数据上提供共享数据库平台，供全球共享；在测序技术和分析技术上不断革新，为基因组、转录组、蛋白组等组学研究的深入提供了更多的数据支持，从而不断地促进生命科学向前飞速发展[①]。

2. 生物样本库

生物样本库是一种集中保存各种人类生物材料，用于疾病的临床治疗和生命科学研究的生物应用系统。简言之，生物样本库是由“人体组织”和“个人资料”集合而成的资源。伴随存储样本数据信息的复杂度不断快速增加，生物样本库除了收集样本相关的基本数据和诊断信息外，还延伸到配套信息，包括参加人和病人的多种表型，到目前已经迅速扩张到基因组学、蛋白组学及其他的组学信息。常见的生物样本库有血液库、眼角膜库、骨髓库等。生物样本库对血液病、免疫系统疾病、糖尿病、恶性肿瘤等重大疾病的研究起到了非常重要的推动作用。

3. 大数据分析技术

医疗大数据作为精准医疗的基础，支撑精准医疗技术的进步。利用

① 参见赵屹、谷瑞升、杜生明：《生物信息学研究现状及发展趋势》，《医学信息学杂志》2012年第5期。

数据挖掘、聚类分析、关联规则分析、本体等大数据分析技术方法对医疗云、服务器集群等数字化平台中存储的精准医疗大数据进行转化规约，建立疾病知识共享平台，在医疗大数据的框架下，寻找疾病的分子基础及驱动因素，重新将疾病分类，实现精准的疾病分类及诊断。目前，常用的医疗数据挖掘技术有人工神经网络技术、MetaLab、MetaCore 等。

4. 电子病历

电子病历承载着患者的生物信息数据、临床数据、基本信息等诸多内容。新一代以患者为中心的电子病历的构建，更全面地整合了医院各临床业务系统的数据。将医院针对每一位患者的所有临床活动产生的临床数据进行集中整合，开展科学分析和交流共享。电子病历可以在精准医学知识网络的建立中发挥重要作用，如医疗数据的共享和开放，分子生物学数据的整合，数据的标准化和结构化，以更好地支持临床决策。

四、精准医疗的主要应用

（一）分子诊断

分子诊断是精准医疗的基础应用，也是体外诊断发展最快的分支领域。近几年我国分子诊断产业以较快速度稳步增长，但相对而言仍处于发展初期，市场占有率不高。分子诊断是应用分子生物学，如 DNA 、RNA 和蛋白质等方法，检测患者体内遗传物质结构或表达水平的变化而作出诊断，主要用于遗传病、传染性疾病、肿瘤等疾病的检测与诊断。分子诊断技术是体外诊断市场中增长最快的部分，因为它是唯一能够对疾病进行早期诊断、预防、定制治疗方案的体外诊断方法。作为精准医疗的核心，国内分子诊断市场虽起步晚，但发展迅速，市场空间相对较大。另外，在分子诊断领域中，第二代测序技术又具有极大的发展前景及优势，因此对生命科学领域的探索以及临床医疗诊断具有重要意义。

（二）细胞治疗

随着精准医疗的快速发展，细胞治疗的理念、技术和模式也在发生革命性变革。细胞治疗以个性化治疗为基础，随着基因组学、表观基因组学、蛋白质组学、代谢组学、功能基因组学和表型组学等的发展，基因编辑、靶向基因载体等基因治疗技术日趋成熟。细胞治疗和基因治疗的结合极大地提高了细胞治疗的精准性和有效性。

细胞治疗正在从“个性化”疗法升级或过渡到“精准”疗法。以基因技术为代表的精准医学技术，包括基因检测、基因编辑和基因治疗等新技术使细胞治疗更加准确高效。干细胞和分化的衍生细胞是精准治疗疾病的理想模型；基因修饰干细胞成为组织损伤修复和疾病治疗的新策略；工程化的免疫细胞治疗在未来会成为肿瘤治疗的一线疗法。以精准为核心的细胞治疗时代已经来临。

（三）医疗机器人

医疗机器人是指用于医院、诊所、康复中心等医疗场景的医疗或辅助医疗的机器人，它的高速发展来源于需求与技术的共同促进。手术和康复是医疗机器人最为典型的两类应用场景。得益于其精巧的机构、精准的控制和精确的导航等优势，医生在手术机器人辅助下，可以完成更微创、更精准、更安全的手术，为患者带来创伤小、出血少、恢复快等益处。医疗机器人在腔镜类、骨科类以及介入类等手术中得到越来越多的应用[①]。

医疗机器人强调人与机器的交互，通过触觉和视觉实现，相互反馈，不断增加现实感和真实感。在互动过程中，更高分辨率的传感器将提高精确度。通过交互多模型、三维传感及其他技术手段，提高辨识率；通过与 AR 技术的结合识别物体和环境，让机器人有所反应和有所动作。医疗机器人的认知能力和学习能力也将不断提高，包括知识的认知、推理，语态、态势感知等。未来医疗机器人将逐渐步入“精准化、智能化”时代。

---

① 参见赵新刚、段星光、王启宁等:《医疗机器人技术研究展望》,《机器人》2021 年第 4 期。

（四）抗体药物

生物技术药物是21世纪医药工业发展的中坚力量，其中单克隆抗体类药物是生物技术药物的典型代表，是恶性肿瘤、自身免疫病等领域全球销售额最高的药品种类。在抗体药物发展的几十年里，随着基因工程、蛋白质工程等领域的发展，抗体产生的宿主细胞建立、表达、纯化等各阶段的技术均不断取得突破①。近年来抗体药物行业发展迅猛，已经在抗肿瘤领域和自身免疫类领域的治疗中占据重要位置，同时对抗病毒和病菌感染、糖尿病及罕见病等也具有较好的治疗效果，未来抗体类药物仍具有相当大的市场发展潜力和空间。

五、精准医疗的发展前景

（一）发展精准医疗的重要意义

精准医疗的概念正在彻底改变人类的健康保健。精准医疗的全方位实现需要系统的临床医学研究、基础医学研究和临床转化科学研究以及系统的精准医疗的理论技术体系，这也是我们面临解决人类复杂医学问题的一项巨大挑战。我国精准医疗研究应以实现促进健康和人类疾病预防为目标，全力守护人民健康，努力降低恶性肿瘤、心脑血管疾病、传染病等重大威胁生命疾病的发病率、致残率和死亡率。未来我们要不断创新系统医学的技巧方法，建立跨学科跨领域的大科学研究模式，搭建多学科交叉研究团队，创新传统医学的研究策略、路径和方法，推动整个健康医疗产业的高质量发展，这对当前实现我国医疗改革目标、打造“健康中国”并推动经济转型升级具有重要战略意义。

（二）精准医疗产业前景广阔

随着政策支持力度的不断加大，基因检测产业链作为精准医疗的关

---

① 参见张梦筱、朱建伟、路慧丽：《抗体药物表达技术最新进展》，《生物工程学报》2019年第2期。

键环节，也迅速形成了明显的上中游专业化态势。由于市场竞争逐渐白热化，以基因测序市场为例，其内部逐渐分化成面向科研、药物开发、临床等不同类型的服务供应商。我国许多企业都纷纷与国外仪器企业合作，授权或买断产品经营来提高自身竞争力，如华大基因。另外，精准医疗依赖于大数据、人工智能等技术的不断成熟，其精准度以数据为基础，尤其是对于罕见病而言。因此，当前精准医疗的重中之重仍然是临床医疗样本数据，以及高效科学的医疗数据库建设。

六、精准医疗的机遇与挑战

（一）发展机遇

1. 国家政策扶持

2014 年国家发布了首批高通量测序技术的试点单位，2015 年习近平总书记指示建立我国精准医疗战略发展专家组，国家计划至 2030 年为精准医疗发展提供 600 亿元财政支持，并将其列入国家“十三五战略规划”[①]。2015 年，国家卫计委（现为中华人民共和国国家卫生健康委员会）又公布了 109 家开展高通量基因测序的试点单位，基因检测行业得到逐步规范和发展；此外，国家政策的支持也涉及药物设计靶点、细胞治疗、生物医学大数据建设等精准医疗的相关领域和支撑技术产业。2021 年，国家发改委发布《“十四五”生物经济发展规划》，提出围绕先进诊疗设备、生物医用材料等方向提升原始创新能力。2023 年，国务院发布《关于进一步完善医疗卫生服务体系的意见》，提出加强干细胞与再生医学、生物治疗、精准医学等医学前沿技术发展。

2. 强大的支撑技术体系助力精准医疗发展

精准医疗发展需要新技术、新设备和研发的支撑，需借助精准的诊

① 参见王芳、雷晓盛：《浅析我国精准医疗的发展与对策》，《医学理论与实践》2019 年第 1 期。

断仪器并建立相关的规范准则，为病症的精准诊断、精准治疗和实时疗效监控等方面提供更高效便捷的途径。如生物芯片技术、基因组学类技术的发展使精准医疗具可操作性；另外，实施精准医疗的关键是对临床数据的整合与应用，而生物信息学、大数据科学的发展为精准医疗的应用提供了基础[①]。

3. 我国发展精准医疗具有相对优势

精准医疗发展基于生物信息技术和大数据资源，目前我国拥有全球最大的基因组学研究开发机构——华大基因，以及一支具有竞争力的研究团队，为精准医疗的发展提供了人才和技术资源。另外，我国有着庞大的人口数量，有着丰富的疾病临床数据，为医疗数据库的建设提供了巨大便利。相对于其他医疗分散的国家而言，我国大型综合医院无论是在数量上还是在数据收集上，都具有明显优势，这都为我国精准医疗发展提供了基础。

4. 博大精深的中医文化体系

精准医疗提供个体化治疗，而我国古代医典中提出的有关“三因制宜”“辨证论治”等思想都体现了“个体化”治疗的原则[②]。我国有着历史悠久的中医文化，结合中医药科学与高超的医学技术，通过制定个体化治疗方案，对患者病处精准治疗，将会为我国传统中医药的发展和精准医疗技术进步提供巨大的发展机遇与空间。

（二）面临挑战

1. 硬件技术及软件差距

当前我国精准医疗的重要设备和前沿技术主要依靠进口，在该领域自

① 参见谢俊祥、张琳：《精准医疗发展现状及趋势》，《中国医疗器械信息》2016 年第 11 期。
② 参见周玉梅、陈琳、柏琳等：《论中医个体化治疗与精准医疗》，《中医杂志》2016 年第 12 期。

主创新和研发能力较弱。另外，缺乏具有精准医学知识的医疗技术人员，对精准医疗认识与掌握不够，相关专业人才缺口较大，科研队伍相对匮乏，对精准医疗发展的推动力不足。数据库建立受阻，信息收集、数据共享、生物样本共享是精准医疗发展的重要环节[①]，然而我国还没有完全开放的医疗数据库，各大医院以自身拥有的信息数据资源为优势相互竞争，数据共享更是举步维艰，医学数据库基础平台的建设任重而道远。

2. 精准医疗费用昂贵

国内基因测序价格昂贵，此外，精准诊断除了收集患者信息及样本并进行生物信息学分析，还要结合医生的医疗知识进行精准判断；精准治疗需要个性化药物，为患者进行个性化治疗，其中涉及大量的费用问题[②]。在精准医疗尚未成熟的背景下，相应的医保控费制度有待完善。

3. 法律法规和行业规范的不健全

医疗信息数据库的建立涉及隐私，如何保证数据安全与共享？患者及医护人员对数据信息拥有什么权利与义务？这些都需要进一步规范和确定。同时，医疗监管及患者隐私保护的相关法律法规和行业规范缺失，面对当今医患关系紧张、隐私侵权案发不断、医疗事故频发的现状，没有法律的监管以及行业规范的约束，医患双方的合法权益得不到保障，将会激化更深的矛盾[③]。

4. 前所未有的基因伦理挑战

随着精准医学的不断发展，将会引发一些尚未出现的社会伦理学方面的问题，如侵犯患者知情权、个人隐私泄露、医疗数据滥用等，我们需要组织专家讨论这些可能出现的伦理学问题并提供预防和解决的办

① 参见李蕴、李文斌：《浅析精准医学与健康医疗大数据》，《继续医学教育》2021 年第 6 期。
② 参见王东雨、宇文姝丽：《国外精准医疗研究可视化分析及启示》，《医学信息学杂志》2016 年第 1 期。
③ 参见田埂：《“精准医疗”引发医学革命》，《中国经济报告》2015 年第 6 期。

法。精准医学的发展呼唤精准医学伦理学的诞生，更需要我们用全新的思维模式去审视和研究，在保障精准医学良好发展的前提下，最大限度地保护患者的权益[①]。

第五节　远程医疗

由于新冠疫情，远程医疗变得比以往任何时候都更加受重视，更多被利用。许多常规的医疗服务不得不搬到线上来进行，新冠疫情因此也促进了远程医疗的发展。2020 年的一项系统评估发现，远程医疗改善了新冠疫情大流行期间的医疗保健服务，最大限度地减少了新冠疫情的传播并降低了发病率和死亡率。美国未来学家阿尔文·托夫勒多年以前曾经预言："未来医疗活动中，医生将面对计算机，根据屏幕显示的从远方传来的病人的各种信息对病人进行诊断和治疗。"如今，这种局面已经到来。

一、远程医疗是什么

远程医疗（Telemedicine）是一个广泛的术语，该概念最先由波利舒克（Polishuk）于 1976 年提出，是一种涵盖了多种虚拟医疗的交付方法。传统上，远程医疗一词可以使医疗专业人员和患者之间进行同步的双向视频访问。目前，远程医疗技术已经从最初的电视监护、电话远程诊断发展到利用高速网络进行数字、图像、语音的综合传输，并且实现了实时的语音和高清晰图像的交流，为现代医学的应用提供了更广阔的发展空间。

一般将远程医疗定义为：以计算机技术、遥感、遥测、遥控技术为依托，充分发挥大医院或专科医疗中心的医疗技术和医疗设备优势，对医疗条件较差的边远地区、海岛或舰船上的伤病员进行远距离诊断、治疗和咨询服务。其目的是提高诊断与医疗水平、降低医疗开支、满足广

① 参见陈恺：《精准医学变革下的医学伦理学思考》，《医学与哲学（A）》2016 年第 8 期。

大人民群众保健需求，是一项全新的医疗服务[①]。

国外这一领域的发展已有近70年的历史，在我国起步较晚。20世纪50年代末，美国学者维特森（Wittson）首先将双向电视系统用于医疗[②]；同年，朱特拉（Jutra）等人创立了远程放射医学。远程医疗前期发展较为缓慢，近年来随着数字通信普及和电脑低成本化而得到快速发展。此后，美国相继不断有人利用通信和电子技术进行医学活动，并出现了"Telemedicine"这一词语。20世纪60年代，美国国家航空航天局为执行长期任务的宇航员开发远程医疗服务，用于检测飞行器中航天员的生命指标。20世纪70年代和80年代，美国国家航空航天局资助了多个跨远程人群的远程医疗研究项目，例如印度帕帕戈印第安人保留区和亚美尼亚苏维埃社会主义共和国，并开始使用无线电进行远程健康通信，后来在90年代发展为使用电话。随着技术发展，远程医疗方法也随之发展，包括同步和异步视频，应用程序上的安全消息传递，远程患者监视等。远程医疗被认为是传统医疗体系失效下能迅速展开应用的少数安全策略之一，可在疾病医治、健康监测、公共卫生突发事件应对、学校教学等方面发挥重要作用。世界卫生组织倡议各国可以在紧急情况下充分开放远程医疗资源，共同应对突发公共卫生事件[③]。

2003年，在中国海军总医院成功完成国内首次利用远程遥控机器人进行的脑外科手术，截至2020年，我国二级（含）以上公立医院中，已有63.2%开展了远程医疗服务。截至2022年11月，我国互联网医院已经超过了1700家，在线医疗用户突破了3亿。

二、远程医疗服务的形式

远程医疗技术所要实现的目标主要包括：以检查诊断为目的的远程医疗诊断系统、以咨询会诊为目的的远程医疗会诊系统、以教学培训为

① 参见陶宏璐：《互联网医院在远程医疗中的运用》，《中国宽带》2021年第2期。
② 参见张冬娟译：《美国远程医疗现状》，《中国信息界（e医疗）》2012年第8期。
③ 参见高燕婕：《世界卫生组织关于远程医疗的发展策略》，《中国医院统计》2000年第3期。

目的的远程医疗教育系统和以家庭病床为目的的远程病床监护系统。目前，远程医疗服务主要有远程门诊、远程会诊、远程影像、远程病理、远程心电、远程教育几种形式。

（一）远程门诊

基层医疗机构患者可通过网络实现远地医院就地挂号，选择科室专家进行远程看病，使患者享受便捷、平价和高效的医疗服务，同时有效缓解门诊压力。

（二）远程会诊

远程会诊平台包括医生端、专家端和管理端，系统通过音视频交互、影像实时互操作、综合病历在线讨论等方式，实现上级医院的医生为基层患者提供诊疗服务。远程医疗运用计算机、通信、医疗技术与设备，通过数据、文字、语音和图像资料的远距离传送，实现专家与病人、专家与医务人员之间异地“面对面”的会诊。远程医疗会诊在医学专家和病人之间建立起全新的联系，使病人在原地、原医院即可接受远地专家的会诊并在其指导下进行治疗和护理，可以节约医生和病人大量时间和金钱。

（三）远程影像

远程影像诊断平台。以互联网 + 影像方式，实现医生桌面和移动智能终端基础影像调阅、高级影像应用处理功能，并实现各医疗机构之间影像会诊、教学、协同服务。

远程超声会诊。通过远程超声诊断平台，专家可为基层医疗机构检查提供实时的、高清的、可语音交流的、可控制的远程网络视频服务，实现远程培训、指导、监控等服务。

（四）远程病理

远程病理诊断平台。通过将基层医疗机构光学显微镜下的病理切片图像转换成数字图像上传平台，专家可实时对病理切片进行全方位浏览并作出准确诊断。

（五）远程心电

远程心电诊断平台。通过连接院内、院区之间以及联体医院之间动态心电监测设备，由远程医疗中心专家为基层医疗机构患者提供心电监测与诊断服务。

（六）远程教育

各医疗机构可在互联网环境下，通过资料展示、音视频等各种手段，进行远程培训及教学活动，改变传统的医疗教学模式，实现低成本、大规模、高效能的教学服务。

三、远程医疗的优点

远程医疗是一个多方共赢的方案。通过远程医疗会诊平台，大医院专家可以线上治疗常见病、慢性病，病人不需要到大医院就诊，合作会诊有利于学科建设和基层医疗发展，实现了病人、医生、服务“三个下沉”；参与远程门诊，本地医生快速提升专业能力，本地医院留住了患者，增加了业务量；患者免于奔波，可享受更高的医保报销比例，省时省力省钱。可以说，“互联网＋医疗”形成了一个医院与患者、城市与农村的共赢格局。从更大的层面来看，上一级专家云端部署，给出适合当地医疗条件的诊疗方案，由基层医生落实诊疗方案，让更多患者选择在当地就医检查治疗，这实际上推动了分级诊疗改革的落地。具体来看，远程医疗的优点主要体现在以下几个方面。

第一，在恰当的场所和家庭医疗保健中使用远程医疗可以极大地缩短和降低运送病人的时间和成本。

中国幅员辽阔，人口众多，边远地区的病人由于当地的医疗条件比较落后，危重、疑难病人往往要被送到上级医院进行专家会诊。这样，到外地就诊的交通费、家属陪同费用、住院医疗费等给病人增加了经济上的负担。同时，路途的颠簸也给病人的身体造成了更多的不适，而许多没有条件到大医院就诊的病人则耽误了诊疗，给病人和家属造成了身心上的痛苦。据调查，偏远地区病人转到上一级医院的比例相当高且平均花费昂贵，除去治疗费用外的其他花费（诊断费用、各种检查费用、路费、陪护费、住宿费、餐费等）就需要数千元，让病人几乎无力承担。而远程会诊系统可以让病人在本地就能得到相应的治疗，大大减少了就诊费用。

第二，可以缓解我国专家资源、人口分布极不平衡的现状，良好地管理和分配偏远地区的紧急医疗服务，同时使医生突破地理范围的限制，共享病人的病历和诊断照片，从而有利于临床研究的发展。

我国人口的 80% 分布在县以下医疗卫生资源欠发达地区，而我国医疗卫生资源 80% 分布在大、中城市，医疗水平发展不平衡，三级医院和高、精、尖的医疗设备多分布在大城市。即使在大城市，病人也希望能到三级医院接受专家的治疗，基层医院病人纷纷流入市级医院，加重了市级医院的负担，造成市级医院床位紧张，而基层医院床位闲置，最终导致医疗资源分布不均和浪费。利用远程会诊系统可以让欠发达地区的病人也能够接受大医院专家的治疗。同时，也能缓解偏远地区的患者转诊比例高、费用昂贵的问题。

第三，可以为偏远地区的医务人员提供更好的医学教育。

通过远程医学培训，各个医院和医务人员可以及时了解最新和最先进的医疗信息技术，扩大了授课范围，促进了医疗技术的交流。远程视频会议可以实现专家和医务人员进行实时互动交流，还能将专家培训的内容进行会议录制，方便日后点播回顾。通过远程视频会议，还能实现医务人员足不出户就能观摩到清晰、真实的来自世界各地顶尖级别医学专家手术现场过程。这解决了地域和手术室观摩人数控制指标的限制，有利于提高实习医生的学习质量，同时远程教育等措施也能在一定程度上提高中小医院医师的水平。

四、远程医疗的关键技术

远程医疗不仅仅是医疗或临床问题，还包括通信网络、数据库等各方面问题，并且需要把它们集成到网络系统中。例如美国联航正投入试验运行的远程医疗系统，提供了全方位的生命信号检测，包括心脏、血压、呼吸等。在飞行过程中，可通过移动通信系统及时得到全球各地的医疗支持。马里兰大学开发的战地远程医疗系统由战地医生、通信设备车、卫星通信网、野战医院和医疗中心组成。每个士兵都佩戴一只医疗手镯，它能测试出士兵的血压和心率等参数。另外还装有一只 GPS 定位仪，当士兵受了伤，GPS 可以帮助医生很快找到他，并通过远程医疗系统得到诊断和治疗。这些技术构成了远程医疗服务的技术支撑，与此同时，相关技术的快速发展也能够助力远程医疗服务创新。

（一）医院信息化技术

医院的信息化水平发展不均，各个医院的信息化标准不一，医院的远程医疗发展报告“信息孤岛”是长期存在的问题，近年来，国家投入大量的资金进行信息化建设，提升基层卫生服务机构的信息化水平，同时构建信息数据标准，力图打破医院间的“信息孤岛”，为远程医疗的应用奠定了良好的基础。

（二）通信技术

远程医疗对图像传输有着特殊的要求，过低的视频质量及图片质量可能导致医生难以辨清病情，这对网络的质量提出了很高的要求。现行情况中，绝大部分医院使用公共网络进行远程会诊，其视频质量差，容易造成误诊。

5G 技术加快了数据传输的速度，带给远程医疗更加广阔的想象空间。5G 网络将带来更快的用户体验速率，实际下载速度可达 1.25G/s；未来将建成大量小基站，偏远地区也可覆盖网络。

（三）传感技术

传感技术在医疗领域的应用主要是可穿戴设备，能够给远程监测服务带来更大的发展，国际上已经在血糖、血压和心电监测方面有了许多应用。国内传感器行业整体缺乏更具竞争力的产品，特别是在敏感元件核心技术及生产工艺方面与国外的差距较大。

（四）人工智能和大数据

目前，科研院校、医院、互联网医疗企业、医疗信息化企业纷纷布局医疗大数据，并且促进医学人工智能的发展。从未来的发展来看，医学人工智能将成为医生诊疗非常重要的辅助工具，有利于远程医疗服务。

（五）多媒体技术

远程医疗中多媒体技术的应用有赖于各种各样多媒体数字设备的支持。在远程医疗中多媒体技术主要应用在以下几个方面。

（1）媒体采集。可以通过数字摄像机（头）采集到高分辨率的图像。

（2）媒体存储。音频、视频以及医学图像均需在计算机内暂时或永久存储，这可用磁性或光磁器件（如硬盘、软盘、光盘等）实现。

（3）压缩 / 解压缩。现在流行的 JPEG 图像压缩标准可以做到 10 ：1 到 20 ：1，并经诊断结果表明它对图像没有损害性。

（4）图像处理。它的基本功能应包括角度旋转、水平垂直伸缩、校正采集误差，并在诊所条件下能用肉眼观察到清晰的图像。

（5）用户界面。在医学上图形界面最为普遍，因为它能反映更多的医用信息（可视化信息），因此显示器、键盘、鼠标以及窗口管理软件是最基本的远程医疗用户界面。另外，多媒体设备也是需要的。

远程医疗已在我国的农村和城市逐渐得到广泛应用，并且在心脏科、脑外科、精神病科、眼科、放射科及其他医学专科领域的治疗中发挥了积极作用。远程医疗所采用的通信技术手段可能不尽相同，但共同的因素包括病人、医护人员、专家及其不同形式的医学信息信号。远程医疗具有强大的生命力，也是经济和社会发展的需要。随着信息技术的发展、高新技术（如远程医疗指导手术、电视介入等）的应用，以及各项法律法规的逐步完善，远程医疗事业必将获得前所未有的发展契机。

五、远程医疗服务模式

远程医疗服务模式是指远程医疗服务提供者、服务方式和服务过程中各主体的行为选择和相互关系。我国远程医疗服务分为公立医院自建远程医疗服务模式（PTS）和第三方远程医疗服务模式（TTS），其中公立医院自建远程医疗机构是非营利的，而第三方远程医疗机构则是营利的。

（一）公立医院自建远程医疗服务模式

公立医院自建远程医疗服务模式（PTS），是指公立医院联合下级医疗机构，利用互联网信息技术组建远程医疗服务系统，为患者提供线上医疗服务。公立医院自建远程医疗机构可以充分利用其线下医疗资源，延伸传统线下医疗服务，使挂号候诊、咨询诊断、缴费购药等就诊流程从线下服务渠道转到线上服务渠道。除此之外，公立医院自建远程医疗机构还可以为患者提供新兴的医疗服务，例如远程会诊、远程教学、远程重症监护、远程专家门诊、远程手术示教与指导等。公立医院引入远程医疗服务，拓展了其服务的时间和空间范围，为患者提供线上线下一体化服务，提高了患者就医效率，缓解了我国医疗健康服务供求不平衡的问题。

随着云技术、大数据、物联网等通信技术的发展，许多公立医院结合本院实际情况改造原有线下医疗服务模式，构建线上服务渠道，优化其医疗服务流程。浙大一附院作为我国首个开展远程医疗服务的公立医院，为患者建立了个人健康数据云档案，提供全天候远程医疗服务以及零距离专家门诊。新疆医科大学第一附属医院借助远程医疗服务平台，面向全疆地州（市）、县级医疗机构开展远程医疗会诊，2009—2022年，医院已经建成覆盖126家医疗机构的省级—地州级—县（市）级三级远程医疗协作网，累计完成了10.2万例远程会诊。河南省远程医学中心联网120多家医疗机构，服务范围涵盖河南、山西、新疆、四川、云南等地，开展的多学科综合会诊量近100例/日，为基层医疗卫生人员提供远程医学继续教育近30万人次/年，且各项远程医疗服务需求呈快速上升态势。

武汉市中心医院依托其实体医疗资源构建了互联网医院，为高血压、糖尿病、中风等慢性疾病患者、复诊者和康复期患者等提供远程医疗服务，并联合阿里健康借助农村淘宝服务站网络将其远程医疗服务网络延伸到基层，为农村等偏远地区患者提供医疗服务。广东省第二人民医院组建了广东省网络医院，在社区卫生服务中心和连锁药店设置网络诊疗点，为患者提供在线问诊和电子处方服务等。这种基于线下诊疗点的远程医疗服务能够采集患者实时体征数据，在诊疗点服务人员指导下开展远程医疗服务，可以保证远程医疗服务质量，降低服务误诊率，有效控制远程医疗服务过程中的误诊风险。此外，患者通过远程医疗服务平台在基层/社区医院进行线上转诊，避免了长途跋涉，与传统线下转诊流程相比，释放了部分综合/专科医院的优质医疗资源，有利于提高优质医疗资源的利用效率。

（二）第三方远程医疗服务模式

第三方远程医疗服务模式（TTS）是指由私立医院或互联网公司等营利性机构组建的远程医疗服务系统，通过其自有医疗团队或其他医疗机构的注册医师，为患者提供在线问诊、健康监测、购药用药等远程医疗服务。第三方远程医疗机构是营利性的，其服务效率相对较高，可以为患者提供个性化、便捷化的远程医疗服务。在TTS服务模式下，第三方远程医疗机构服从市场定价，其服务价格相对较高，且第三方远程医疗服务不属于医保报销范畴，患者需要自负所有医疗服务费用。

第三方远程医疗机构根据其市场定位不一样，提供的服务和受众也是多样化的。春雨医生整合线上线下医疗资源，探索线上私人医生+线下诊所的远程医疗服务模式，线上私人医生跟踪和记录用户的健康数据，为患者提供健康咨询、在线问诊、医患互动交流等服务，必要时将用户转诊到其线下诊所。平安好医生将健康险产品和在线医疗服务相结合，让自有医生队伍担任投保人的家庭医生，为患者提供全天候无休的在线咨询、挂号、转诊、在线购药等一站式医疗服务。微医是2010年成立的实名制互联网健康服务平台，为用户提供预约挂号、就医指导、远程影像诊断、在线问诊、云支付等服务。掌上糖医专注于糖尿病患者及相关人群的在线健康管理服务，研发了无线血糖传输智能硬件，采集和传输患者血糖数据，为用户提供血糖监测、饮食管理、运动管理、糖尿病百科、用药方案等全方位智能化健康管理服务。此外，掌上糖医积极与线下医疗机构合作，为医生提供远程管理途径，促进医患在线交流活动，有效帮助医生控制患者病情。

互联网企业具有雄厚的技术实力和平台优势，以 BAT（百度、阿里巴巴、腾讯的首字母缩写）为代表的互联网企业纷纷涉足在线医疗服务行业。腾讯微信就诊平台利用其公众号、小程序和微信支付，积极与线下医疗机构合作，将线下医疗机构部分就诊服务流程转移到微信平台上。阿里巴巴构建了阿里医疗云，利用其旗下的支付宝集成患者医疗数据，将就医流程中除医生诊断治疗外的就医环节整合到线上服务渠道，为医疗机构提供信息化和互联网化技术服务等。此外，阿里健康收购了广州五千年医药连锁公司 2000 多个销售网点，组建了阿里健康大药房，借助互联网药品零售电子商务，为患者提供健康管理、疾病预防、在线问诊、购药送药等全套健康服务。

PTS 服务模式下，远程医疗服务费用较低、服务范围更加广泛，但公立医院处于市场垄断地位，服务效率相对较低，对政府依赖性也更高。TTS 服务模式下，医疗机构经营管理更加灵活，面临的市场竞争更加激烈，且远程医疗服务费用相对较高。

六、远程医疗的局限性

（一）医生对远程医疗适用范围的理解

远程可能会降低医患之间的交流效果，影响患者对远程医疗医生的信任程度。这些会引起医患交流不畅，造成服务质量下降或过度医疗，甚至出现医疗资源和药品的滥用（如镇静剂、抗生素等）。医患之间不信任和信息不对称也会造成转诊患者衔接不当，甚至专科医生之间产生利益冲突等。客观上，远程医疗服务针对患者症状体检，不如直接检查患者来得准确。因此，远程医疗本身适用于治疗和咨询那些不需要对患者进行体检（如影像学检查），或较少需要体检（如精神疾病），或疾病本身可以通过视觉观察就可以初步判断的疾病（如皮肤病等），以及手术后、出院后对患者的随访、疾病监测和健康管理等。这是医生对远程医疗适用范围的理解。远程医疗不是替代，而是互补医院或诊所的医疗服务。远程医疗更强调对疾病治疗流程的管理，而不是诊断。

（二）远程医疗服务的最大障碍来自获益者

实践中，推广应用远程医疗模式最大的障碍来自社会民众的认知。由于社区民众可能使用不同远程通信技术或工具，因此，这种以全新现代通信技术为基础的服务模式让患者和家属仍有些不适应。相对于年轻人或大城市里的居民以及接受过高等教育、身体健康的人群来讲，那些老年人、生活居住在乡村偏远地区或慢性病缠身的患者，他们没有太多兴趣或不会上网，以及不会使用无线通信工具 / 智能手机（我国乡村和偏远社区居民的现状也如此）。据统计，美国 65 岁以上老龄群体中，只有 58% 的人知道如何上网[①]。中国 60 岁以上老龄群体中，约 1.395 亿人为非网民，60 岁以上人口数约 2.8 亿，非网民约占 49.8%。

这是各成年组人群中使用互联网最少的群体，然而却是疾病患者最多的群体，也是目前人口中慢性病患者最大的群体。他们应当是远程医疗模式获益的最大群体，但也是最多质疑远程医疗服务模式的社会群体。

总之，远程医疗不仅改变医疗服务模式，也将改变医疗服务半径。从传统意义上看，一个人获取的医疗服务主要是依据其居所范围，并且受限于社会整体医疗水平和经济状况。然而随着数字化医学科技和远程医疗模式的发展，特别是智能手机、智能机器人等越来越广泛的应用，优质医疗服务和资源将无处不在，随处可见。

---

① 参见时占祥：《远程医疗发展趋势、局限性和应用》，《科技中国》2016 年第 9 期。

第六节　疫苗研发

随着中国疫苗规划工作的广泛、深入开展，中国公共卫生事业成效最为显著、影响最为广泛。从1978年开始，在全国开展儿童计划免疫工作，适龄儿童接种率不断提高，一些新疫苗推广使用。至2018年，我国适龄儿童预防接种率已经达到90%。疫苗接种是以预防疾病发生和流行为目的的医疗干预行为，质量的好坏关系到广大民众的身体健康。随着社会的发展，安全成为疫苗接种的当务之急。

一、免疫规划

从首个牛痘疫苗诞生至今，疫苗已有200多年的历史，它已经成为人类对抗各种疾病尤其是传染性疾病的有力武器。接种疫苗是预防和控制传染病最有效的手段，疫苗接种的普及避免了无数儿童残疾和死亡。世界各国政府均将预防接种疫苗列为最优先的公共预防服务项目。

新中国成立以前，天花、麻疹、百日咳等传染病严重威胁着我国广大人民的身体健康。新中国成立之后，我国逐渐意识到开展人群免疫工作的重要性和必要性。表20是我国免疫规划发展历程的简要概括。20世纪50年代，在全国多次开展普种牛痘；60年代，在全国开展卡介苗、脊灰疫苗、麻疹疫苗和百白破疫苗"四苗"的接种工作。1978年，卫生部提出了适合我国国情的计划免疫的概念。从此，我国正式实施计划免疫，卡介苗、脊灰疫苗、百白破疫苗、麻疹疫苗列入国家免疫规划，经过1992年、2008年、2016年三次增补，将国家免疫规划的疫苗扩充至14种，即我国现有的14苗15病的一类疫苗。我国一类疫苗是政府免费向公民提供的疫苗，费用由政府承担，垄断程度较高，二类疫苗是公民自费接种的其他疫苗，费用由受种者或其监护人承担，市场竞争激烈。经过40多年的不懈努力，我国的免疫工作在制度建设、管理、目标制订与实施、免疫服务形式等方面不断完善与发展。

表 20　我国免疫规划的发展历程

阶段	工作内容
计划免疫前期（1950—1977 年）	50 年代，全国开展普种牛痘；60 年代，卫生部首次发布《预防接种工作实施办法》，逐步在全国开展卡介苗、脊髓灰质炎减毒活疫苗、麻疹疫苗和百白破混合制剂的预防接种工作；70 年代，每年利用冬春季节在全国范围推行突击接种。
计划免疫时期（1978—2000 年）	1978 年，卫生部提出了计划免疫的概念，我国正式实施计划免疫，卡介苗、脊灰疫苗、百白破疫苗、麻疹疫苗列入国家免疫规划。免疫工作在建设、管理、目标制订与实施、免疫服务形式等方面不断完善与发展。
免疫规划时期（2001—2007 年）	2005 年，《疫苗流通和预防接种管理条例》确定了，进一步加强计划免疫规范化和法制化管理；乙肝疫苗纳入计划免疫；麻疹控制步伐加速；安全注射引入计划免疫。
扩大国家免疫规划时期（2008 年至今）	在原有的国家免疫规划疫苗的基础上将甲肝、流脑、乙脑等 15 种可以通过接种疫苗有效预防的传染病纳入国家免疫规划，对适龄儿童实行预防接种。

二、疫苗产业规模

近年来，我国生物医药产业发展迅速，尤其是疫苗产业发展取得了令人瞩目的成绩。全球化速度的加快导致传染病传播速度和新病种出现速度都超过了过去任何一个时期，我国也及时启动和加大了新疫苗的研究。先后研究开发了针对乙肝、甲肝、风疹、流腮、出血热、流感、水痘、轮状病毒、流脑、痢疾、伤寒、流感嗜血杆菌和肺炎等多种疾病的疫苗，研制出无细胞百日咳疫苗、伤寒 Vi 多糖疫苗、流感嗜血杆菌 b 多糖结合疫苗、老年人用肺炎球菌多糖疫苗，以及麻腮风联合减毒活疫苗等多联多价疫苗。同时，我国还在国际上率先研制出甲肝减毒活疫苗和乙脑减毒活疫苗，开发了细菌类亚单位疫苗等新品种。

针对新冠病毒，国内成功研发多款疫苗，种类包括灭活疫苗、重组蛋白疫苗、腺病毒疫苗等。尽管 mRNA 疫苗技术壁垒较高，但国内仍有多家研发机构开展 mRNA 疫苗研发，并进入临床研究阶段，未来发展潜力巨大。

总量方面，我国是世界上最大的疫苗生产国，共有 45 家疫苗生产企业，可生产63种疫苗，预防34种传染病，年产量超过10亿个剂量单位，是世界上为数不多的能够依靠自身能力解决全部计划免疫疫苗的国家之一。我国疫苗市场在2005年之后呈现良好发展势头，产业市场规模从2005年的65亿元增至2015年的245亿元，年均复合增长率达14%。在过去短短的10年里，我国的疫苗市场扩大了3倍，规模已经超过了200亿元。市场结构方面，《2017年生物制品批签发年报》显示，我国每年批签发疫苗5亿—8亿人份，其中国产疫苗占据绝大部分份额，进口疫苗仅占5%以下。

第七节　“脑”研究

脑科学，狭义地讲就是神经科学，是为了了解神经系统内分子水平、细胞水平、细胞间的变化过程，以及这些过程在中枢功能控制系统内的整合作用而进行的研究。脑科学广义的定义是研究脑的结构和功能的科学，还包括认知神经科学等。20世纪70年代，在神经科学与认知科学发展的基础上，认知神经科学应运而生。它主要在脑的神经层面上研究各种认知过程，包括知觉、注意、记忆、策划、语言、思维等。随着该学科的不断进步以及脑成像技术和脑电测量技术的日益成熟，认知神经科学在心理学、教育学、社会学、经济学和管理学等领域的应用也取得了重要的进展，各种交叉学科相继产生，从而开启了一个用脑的神经活动来解读社会科学的新时代。近年来，国内研究机构和学者们逐步在神经经济学和神经管理学等领域进行了创新性的尝试，研究成果不断涌现，已在国际舞台崭露头角，而且产生了重要的影响。

一、神经学与多学科交叉起源

自20世纪90年代中后期以来，神经科学与经济学等社会科学交叉发展，于2002年形成了神经经济学（Neuroeconomics），在明尼苏达大学召开的国际会议上正式使用了这个名称。2003年美国神经元经济学学会成立。在2005年之前，神经科学与营销学交叉形成了神经营销学（Neuromarketing），与金融、财务交叉，形成了神经金融学（Neurofinance），与决策科学交叉形成了决策神经科学（Decision Neuroscience）等交叉学科。基于对神经经济学、神经营销学、神经金融学等新兴学科发展的跟踪，以及对管理科学特征的认识，马庆国等人于2006年提出了神经管理学的概念（发表于《管理世界》2006年第10期），分析了神经管理学的主要分支学科和研究领域，除了进一步明确界定决策神经科学、神经营销学和神经金融学的学科外，还提出了神经人才学/神经人力资源管理学、神经工业工程学、行为神经科学、神经创新创业管理学、病态行为管理学等分支及其研究领域，并指出，以上仅仅是认知神经科学与管理科学交叉的部分分支学科。事实上，认知神经科学与管理科学的交融远不止上述几个层面。从根源上来说，只要有人的直接参与，神经科学就有可能介入其中。在管理科学的多个领域，例如物流管理、供应链管理、交通运输管理、存储管理等，其决策优化模型看似与神经科学无直接联系，实际上完全可以在原有的框架内，融入决策者和行为者的脑神经活动特征信息，从而在更高的综合层面上探索出包含脑信息的新型优化模型。

几乎同期，国外的学者分别提出了神经信息系统（2007年）、神经领导科学（2007年）、组织认知神经科学（2008年）等，形成了神经管理学如下较为经典的分支学科。

（1）神经营销学（Neuromarketing），《柳叶刀》（*The Lancet*）2004年2月的社论，在评论蒙塔古（Montague）等人2003年的研究、尚未发表的成果（有关消费者对百事可乐与可口可乐的神经感知的研究成果）时，提出了这一概念。

（2）决策神经科学，2005年《营销学通讯》（*Marketing Letters*）提出此概念。

（3）神经金融学（Neurofinance），2005年以前提出并使用了此概念。

（4）神经工业工程（Neural Industrial Engineering），2006年马庆国教授等在《管理世界》上著文，提出了此概念。

（5）神经信息系统（Neuro Information System），2007年加利福尼亚大学信息系统与生物工程系的迪莫卡（Dimoka）教授、加利福尼亚大学安德森管理学院信息系统系的帕夫罗（Pavluo）教授及阿肯色大学沃尔顿商学院信息系统系的戴维斯（Davis）教授在国际信息系统会议（International Conference on Information System，ICIS）上，提出了神经信息系统的概念。

（6）神经人才管理/人力资源管理（Neuro Human Resource Management，Neuro-HRM），2006年马庆国等人发表在《管理世界》的论文提出了相关概念。

（7）神经创新学（Neuro-Innovation），2006年马庆国等人发表在《管理世界》的论文中提出了此概念。

（8）神经创业学（Neuro-Entrepreneurship），2006年马庆国等人发表在《管理世界》的论文中提出了此概念。

（9）组织认知神经科学（Organizational Cognitive Neuroscience），2007年，英国阿斯顿大学阿斯顿商学院的巴特勒（Butler）教授和阿斯顿大学的生命与健康科学学院的西尼尔（Senior）教授，在《纽约科学院年报》（*Annals of the New York Academy of Sciences*）上的论文中，提出了此概念。

（10）神经领导科学（Neuroleadership），2007年国际上一批神经科学的顶级专家提出此概念，组织了神经领导力研究院（Neuroleadership Institute），并建立了相应的网站。

2021年，《自然综述：神经科学》总结了神经科学在过去20年来的发展，总结出分子与细胞、脑细胞的镶嵌异质性、胶质生物学、神经免疫学、神经元表达、神经元网络系统等近年来热门研究领域，提出神经科学发现和实验技术的进步是一并上升的双螺旋这一观点。

二、脑研究交叉学科的发展

（一）神经营销学

神经营销学是用神经科学手段来研究营销领域相关问题的学科。它不仅能够从更深的层面解释过去认为“合理”的消费行为，更能够解释过去无法解释的行为，从而，能够选择更有效的广告，制定更恰当的新产品策略、定价策略、促销策略、促销通道、品牌策略，以及客户关系管理等。在2004年之前，已经有许多用神经科学方法研究营销问题的论文发表。2004年10月《神经元》（*Neuron*）上发表了美国贝勒医学院人类神经影像学实验室主任蒙塔古教授等人在2003年的一项研究成果——《对大众熟悉饮料的行为偏好的神经关联》（“Neural Correlates of Behavioral Preference for Culturally Familiar Drinks”）。

这是一项经典的研究，终结了一项争论30余年的“公案”。20世纪70年代，百事可乐公司请一批消费者品尝多种撕去了品牌标志的饮料，结果大约有2/3的参加者挑选出来的口味最好的饮料是百事可乐。这引起了可口可乐公司对这项实验的真实性和科学性的高度怀疑。争论30余年，没有定论，但可口可乐饮料还是占据了明显的市场优势。该研究用神经成像方法（功能核磁共振）证明了百事可乐的口味的确好于可口可乐（在撕去标签“盲喝”时，百事可乐所引起的大脑的味觉兴奋的区域激活程度是可口可乐的数倍），而可口可乐的文化压倒了舌头的味觉（在告知饮料品牌“明喝”的情况下，可口可乐所激活的与品牌文化记忆以及判断分析相关的脑区，明显比百事可乐的活跃）。这一结果，颠覆了营销学的一项基本原则：“产品质量最后决定市场胜负。”为此，《柳叶刀》于2004年2月发表了社论/编者的话《柳叶刀的神经学：超越品牌的神经营销学》，提出了“神经营销学”这一术语。

2006年浙江大学建立神经管理学实验室以后，对神经营销学中的品牌管理展开了系列研究，这也是2010年之前中国在神经营销学领域主要的研究。此后，神经营销学在技术层面、分析方法层面以及与营销实践的结合方面都取得了一定的进展，现已发展成为企业营销实践和消费者研究中前沿的学科。经过 10 余年的研究积累，神经营销学现已实现了对消费者购买神经决策全过程的完整刻画，并阐释了相应大脑活动区域和活动过程。2022 年，学者施卓敏和张珊发表于《管理世界》的期刊论文《神经营销 ERP 研究综述与展望》，对该领域的前沿成果进行了系统总结。品牌延伸，是指公司运用自己的已经成名的品牌来销售新产品，以期借用原有的品牌优势，成功推出新产品。最经典的、从认知科学角度对品牌延伸的研究，是 1990 年艾克（Aaker）和凯勒（Keller）（A&K）的研究。他们首次提出了“契合”概念，认为：如果消费者感觉到延伸产品与原品牌的属性高度相似（契合），就会遵循认知节省原则，自动将原品牌的特性和对原品牌的态度，迁移到延伸产品上，以保持认知一致性；如果延伸产品与原品牌之间的主观相似度低（不契合），则会引起消费者的认知冲突。2006 年以后，马庆国、王小毅、王凯、金佳、王翠翠等人用事件相关脑电位（ERP）的方法，开展了一系列针对品牌延伸评估的认知神经学研究，部分成果已经发表，并在国内外产生了较大的影响，其中有的论文已经被反复引用。

（二）神经工业工程

神经工业工程是基于“以神经科学技术为主的生命科学技术”的新的发展，把对工作中的人的信息的采集，扩大到神经活动等生理信息方面，并基于所有这些人与物的信息，实现生产、工作与服务过程的优化。

神经工业工程的主要研究领域和重要的研究问题如下：在生产过程领域（神经生产过程设计与神经过程管理），生产过程中工作者的生理信息的采集与处理；生产过程中体力负荷与脑力负荷的计算以及这些负荷与质量的关系研究；基于体力与脑力负荷的标准作业计划（SOP）的科学制定；生产者体力与脑力疲劳的成因与计算；生产者体力与脑力疲劳曲线与质量的关系研究；生产者对生产环境的神经感知（舒适、安全、警觉等神经感知）研究；生产者对设备操作界面的神经感知（如对仪表的神经感知，对操作杆、键的神经感知）研究；生产者对安全标志的神经感知研究；基于生产者生理信息、设备和被加工对象信息对生产系统的优化研究等。

众所周知，在工作现场，人们的各种认知决策与行为偏好（包括安全行为与不安全行为）等会受到诸多方面的影响和制约，而安全标志作为安全生产管理的重要手段，在安全生产和行为控制中占据着重要地位，是目前各个国家采取的最普遍的一种安全生产管理方式。安全标志可以起到调动人们自身心理状态和生理机能响应的作用，它能直接警示人们自觉或本能地警惕环境中所存在的不安全因素，促使人们对威胁安全与健康的物体和环境尽快作出反应，并指导人们采取合理行为，从而减少或避免事故发生。因此，在著名的“瑟利模型”中，一个重要的问题就是“危险的出现有警告吗？”显然，这就是安全标志所应完成的工作，因为它的存在和有效性将直接关系到人们能否面对将要来临的危险，是否受到伤害。从整体上看，安全标志有利于改善企业的安全生产管理，国际上应对安全需要研究的问题涉及生产效率、生产和产品质量、生产安全等诸多领域。

（三）认知神经科学

认知神经科学诞生于20世纪70年代后期，是一门由认知科学和神经科学交叉结合而产生的新兴学科，融合了心理学、认知科学、计算机科学和神经科学等领域的研究，从基因—脑—行为—认知角度来阐明认知活动的脑机制。认知神经科学有宏观和微观两个研究层次：宏观方面，包括对脑损伤病人进行神经心理学临床研究和对正常人进行脑功能成像研究；微观方面，采用分子生物学的方法，对不同机能进化水平的动物进行分子、细胞、神经环路等多层次的神经生物学研究。当前认知神经科学在宏观和微观领域都取得了突破性进展，深刻影响了传统心理学的研究范式。认知心理学与神经科学相结合的认知神经科学，定位为“心智的生物基础”，旨在阐明认知活动的脑机制，即人类大脑如何调用各层次上的组件，包括分子、细胞、脑组织区和全脑去实现各种认知活动。了解认知神经科学的主要内容和目标取向，对理解人类大脑—心智—行为三者之间的关系至关重要。认知神经科学之父迈克尔·加扎尼加表示，技术的发展需要积累，一次成功的突破可能会带来很大的改变，但改变是否能带来真正的进步，是无法预判的。

就产生和发展而言，认知神经科学可视为认知心理学的一个研究取向，即采用神经科学的范式研究人类认知过程，解决有关人类心智的根本问题。与外显行为不同，认知心理学关注的是那些不能直接观察却构成了人类行为基础的内部机制和过程，如意识的起源、思维的产生和信息的加工等。过去20多年认知神经科学的发展让人们对于大脑和认知有了新的理解，但人们尚不清楚大脑在普遍且具有生态意义的环境下是如何运作的，即社交互动。以往研究受限于实验范式和研究设计，难以将互动考虑在内，仅能研究孤立的大脑。但人类作为社会性动物，相比于个体如何解释和加工信息，人们更应该关心人类在互动中如何形成共享的认知空间，使得在个体信息加工差异存在的情况下还能够在沟通行为中实现快速的相互理解。在社会互动背景下，依托于多人交互同步技术，即对执行社会互动任务中的不同被试进行同时的、多人的记录（多EEG、多fMRI或多NIRS同步记录）来测量人类在交流时大脑间的神经活动，探讨认知和心理活动是如何实现相互联系的。库伦（AnnaK. Kuhlen）指出，通过多人交互同步技术能将大脑置于人际互动背景中，人们能够根据自己对互动对象的认识和理解对沟通方式进行适应性的调整。这使得大脑交互研究成为可能，更为解决某些无法解释的社交障碍提供基础，为认知神经科学的研究增加了新的生态现实意义。

三、社会神经学研究案例

（一）性别偏见研究

在中国传统文化中，关于性别传统观念的刻板印象是相当普遍的。妇女总是与家务联系在一起，男人总是与社会生产联系在一起。“男”字本身，就是在“田”里出“力”，就是社会生产。虽然人们总是设法控制，不让性别的刻板印象影响他们的行为，但这种控制常常是不成功的。即使自称主张男女平等的人，有时也会出现“性别偏见”。先前的研究表明，刻板印象是一个自动的、内隐的认知过程。它可以由性别特征自动激活。性别图片能够自动激活性别的刻板印象。被激活的性别的刻板印象会与非偏见的信念冲突，相应的神经过程就可能被观察到。

认知神经科学认为，在面对冲突的行为倾向时，有两个分离的神经系统在工作，以达成一致的行为。第一个是冲突探测系统，该系统监测正在进行相互较量的两类不同倾向。它一直处于无意识的激活状态，只需要很少的认知资源，当它探测到冲突时，就报告给第二个系统——资源依赖调节系统，以执行冲突中胜出的倾向（有意向的响应），抑制另一个倾向。错误相关负波（ERN）反映了对一个有意向的响应的形成的监测过程。ERN 开始于回答按键手的手动肌电的开始，峰值在 80ms 左右，主要分布于额中央区，并对称于中轴线。前扣带回皮层可能是 ERN 的发生源。以往的研究表明，ERN 由错误和冲突产生。ERN 的振幅反映了回答响应冲突的程度。在高不一致的试验中，有更大的 ERN 振幅。强化学习理论认为，ERN 敏感于错误的程度，大的错误对应大的负波。当探知产生的回应与正确的（或者与想要回答的）不一致时，就会出现 ERN，例如，用错误的手回答，会出现用错误的手指或者两种同时出错。

一些研究认为 ERN 与调节因素有关。与中性的和不高兴的背景相比，高兴的背景当面对错误时，ERN 振幅变大，并且峰值提前。被试的冲动也与 ERN 的振幅相关，在惩罚的试验中，高冲动的被试有更小的 ERN（与低冲动的被试相比）。社会文化，如种族刻板印象（传统观念），也可以引起大的 ERN。几乎没有研究聚焦于性别刻板印象是如何影响 ERN 的。该研究的被试都是男性，目标是研究存在于青年男性中的关于性别的刻板印象。给被试的启动刺激是男性或女性的脸（200ms），目标刺激是生产工具或厨具（200ms）。男性脸——工具，女性脸——厨具，被称为“刻板印象一致”刺激对；男性脸——厨具，女性脸——工具，被称为“刻板印象不一致”刺激对。要求被试必须在目标刺激出现后的很短的时间内（500ms），判别后者是生产工具还是厨具。我们推测，当作出错误的判别时，会记录到 ERN；如果是在与刻板印象不一致的刺激后出错，ERN 会更大。

无意识的刻板印象的激活，可能是 ERN 振幅差异的来源。在该研究中，被试的刻板印象被激活，而被激活的刻板印象与被试所想要的回答（无性别偏见的回答）相冲突。一些研究认为，在调节种族偏向的行为中，ERN 表征了冲突监测功能。因此，在该研究中，性别刻板印象可能与对响应绩效的监控有关。作为一个主观因素，性别刻板印象可能调节了 ERN。ERN 敏感于与职业相关的性别刻板印象的违背，即使被试认为违反刻板印象是可以接受的。当前的发现证明了 ERP 可能是研究自动激活性别刻板印象的先进的工具。当前的研究聚焦于男性的刻板印象，以后还可以进一步研究女性的刻板印象。总之，该实验中激发的 ERN 可能来源于错误的做事并且被性别刻板印象强烈地调节，这表明 ERN 可作为性别刻板印象激活的指标。

（二）农民工刻板印象研究

汪蕾利用 ERP 技术，对社会认知决策领域问题进行探索，具体关注的是对中国农民工的自动偏见。农民工是中国特殊国情的产物。建立于 1958 年的户籍制度将中国国民分为城镇居民和农村居民，由于没有城市户口，农民很难进入城市生活。但随着最近 40 多年中国城市化和工业化进程的推进，大量农民迁延到城市寻找工作，从而产生了农民工这个特殊群体，他们常常从事那些城市居民不愿意做的艰苦工作。受一系列制度的安排及社会传统文化的影响，在中国，农民工更多是一种身份的象征，而不是一种职业的称谓。在很多城市居民的刻板印象中，这类群体更多代表着“邋遢”“低文化”和“不文明”。虽然经过近几年媒体的宣传，显性的歧视行为已经大大减少，但对于农民工的刻板印象没有多大改观。

在中国现有户籍登记制度下，农民工成为一个特殊的社会群体。尽管农民工在城市工作，但他们并没有获得城市永久居住证，也难以真正融入城市生活。城市居民对农民工普遍存在较强的负面刻板印象。该实验中，被试在看到一组由一个身份名词（农民工和非农民工两大类）和随后出现的一个形容词组成的词对后，需要对形容词是正性还是负性作出判断，在此过程中记录 ERP 数据。该研究主要通过 N400 成分振幅考察对农民工的歧视效应。结果发现，在看到农民工类型的名词之后再看到一个正性形容词时，反应时间显著长于看到一个出现在非农民工后的正性形容词的情形。在“农民工—正性词”情形下，N400 振幅显著大于“非农民工—正性词”的情形，因此 N400 可能反映了被试看到“农民工—正性词”时更强的心理冲突。结果表明，对农民工的负性刻板印象依然存在，尽管主流媒体数十年来一直在传播关于农民工的正面信息。

（三）迷信与宗教信仰认知研究

随着研究工具的革新和研究手段的提高，人们一直试图从大脑的神经机制这个角度来揭开迷信和宗教信仰的本质。人们从研究宗教体验（Religious Experience）开始，认为它是宗教意识、宗教情绪、宗教感情的综合反映，是宗教徒和神直接交往合为一体的神秘主义直觉体验；是信仰者深切地意识到精神的东西之实在性的一瞬间感受，这种感受往往伴随着一种“神圣的欣快感”，是个人与他所认为神圣的对象保持关系，所发生的情感、行为和经验。为了记录和揭示人们在产生这种体验时大脑和肌体发生了什么样的变化，研究者对各种宗教体验进行了研究。迈克尔·伯辛格（Michael Persinger）是最早研究宗教体验的脑机制的科学家之一，他在 20 世纪 80 年代初就发表了关于宗教体验和脑机制的论文并且出版了著作，介绍了宗教信仰的神经心理学机制。早期的研究主要针对的大脑区域包括颞叶、前额叶甚至是全脑。

在这些研究的基础上，张庆林认为宗教体验有一定的神经生理基础。大脑一些区域的激活，只能说明宗教体验是一种客观存在的现象，但并不表明我们的大脑中存在“上帝之点”。我们不能把宗教体验简单地归结为脑的机能，而需要进一步研究宗教体验的认知加工机制，否则，可能会妨碍对整个问题作深入、科学的探讨。另外，应该明确的是，某种宗教心理现象的形成，不仅与大脑这个特殊的信息加工器的功能有关，而且取决于主体的个体差异，比如，受不同的年龄、经历、文化修养、认识水平、个性特征、社会背景等诸多因素影响的制约；它是在时间活动中对外界力量所作的一种反映。采用神经机制的研究手段研究宗教信仰应该将重点放在研究宗教信仰的认知机制上。了解宗教信仰的产生和作用机制，对我们更好地理解宗教信仰具有重要的意义。

有研究者认为宗教信仰的认知跟一般刺激的认知并没有差别，博耶尔（Boyer）认为宗教之所以在教徒看来是那么自然，就是因为宗教的认知和一般的认知并没有不同，占用的是同样的认知资源。他在一项研究中说：宗教的观念和行为占用了我们的认知资源，因为宗教提供了原始的加工材料，经过我们的认知加工而形成被称为宗教的超级刺激。卡波吉安尼斯（Kapogiannis）等宣布他们终于找到了所谓的“上帝之点”，也就是大脑控制宗教信仰的区域，同时发现宗教信仰有助于人类生存。在一项由 40 名志愿者参加的研究中，当研究人员向他们提出有关宗教和道德方面的问题时，这些人大脑中的相同区域会被激活。志愿者中包括基督教徒、穆斯林、犹太教徒和佛教徒。MRI 扫描结果显示，被激活的大脑区域每天被用于解读其他人的情感和意图。研究者认为：“这表明宗教并非宗教信仰体系中的特殊案例，而是随其他宗教信仰和社会认知能力一同发展。”迷信和宗教信仰的区别可能就在于它没有形成理论体系，因此不能“占用”人们的认知资源。

第四章
能源、材料与制造新技术

能源是经济建设的基石、工业发展的血液，从原始社会到农业社会，再到工业社会，人类的每一次前进都离不开能源种类和利用方式的变革。蒸汽机的发明促进了人们生产方式和交通方式的变革，石油、天然气的发现为工业发展注入了强劲动力，风能、核能、太阳能等新能源又进一步调和了社会发展与环境保护之间的关系……能源不断地推动生产力的提升、工业模式的革新和生活方式的变化。同时，在发现、生产和利用能源的过程中，也伴随着科学技术的突破、制造技术的改进以及新型材料的发明，进一步提高了社会发展的质量和人类生活的水平。

第一节　新能源与页岩气

一、能源革命与人类发展史

人类社会的每一次重大变迁与进步，都离不开能源利用方式的革命性变化。纵观人类发展的历史，能源领域发生了三次重大变化。在原始社会，火的发现和使用是人类文明的开端。大约 40 万年前，人工火代替自然火标志着人类对能源利用方式的质变，此后，木材、秸秆等植物能源成了人类社会生产生活的主要能源来源。这个时代主要利用地球表面的生物质能，因而带动了农业文明的发展。然而，由于植物能源的密集程度低、运输不便，生产过程主要依靠人力和畜力驱动，并且主要用于照明、烹饪等日常活动，对生产效率的提高作用有限。因此，植物能源时代的经济长期处于非常缓慢的增长状态。

能源利用的第二次革命始于英国，标志是 19 世纪蒸汽机的发明和煤炭的大规模使用。从北部的格拉斯哥到中部的曼彻斯特，再到南部的伯明翰，英国到处都蕴藏着丰富的煤炭资源，其主要的产煤区附近都有河流或者紧靠着大海，得天独厚的水运条件使英国人能够非常便捷地将煤炭输送到全国各地，煤炭迅速取代木材成为主要能源。随着蒸汽机的发明和使用，煤被广泛地用作工业生产的燃料，大大提高了社会生产力，推动人类社会进入利用机械动力的工业文明时代。19 世纪下半叶，电力的发明扩大了人类对化石能源的使用范围，并且为社会生产和生活提供了清洁、方便的新的能源种类。同时，石油资源的开发、汽车的生产和使用，进一步加强了人类对液体能源的依赖，并且逐渐取代固体煤，成为世界经济发展的主要能源类型。

能源利用的第三次重大变革是正在发生的新能源革命。化石燃料包括煤、天然气、石油和页岩汽油，是由古代生物经过长时间的沉积而来的，属于不可再生的一次能源，且在地壳中的存量有限。化石能源在使用时，如果没有经过充分的燃烧，便会产生一些有毒的气体，例如二氧化硫，它会导致酸雨，损害生态平衡；再如二氧化碳，如果排放量超越了安全界点，气候将会急剧转变，进而破坏生态系统的平衡。新能源革命利用自然能源，如风能、太阳能等可再生能源，满足人类日益增长的能源需求，逐步取代化石能源。此外，风力发电、光伏发电、太阳能热发电等不同形式的电力能源也是能源第三次重大变革的典型表现形式，电力已经成了我国重要的能源种类，特别是新能源汽车的发展，及其在公共交通系统中的应用，将进一步降低我国城市交通对化石能源的依赖，优化能源消费结构。

能源对产业发展和社会生产力的提高具有重要的驱动作用。第一次工业革命把人类社会带入了以机械动力为主的社会化生产时期。煤炭的大规模应用解决了社会发展的动力瓶颈，促进了纺织工业、钢铁行业、冶金矿产等重工业的发展和城市建设的快速发展；石油与天然气的开发利用，为飞机、汽车及化工产业的发展提供了高效燃料和原料，促进了相关产业链的发展，同时也使石油和天然气成为主要能源；风能、太阳能等可再生能源则带动了新型装备制造、输配电产业、储能产业、新型原材料产业等的快速发展，同时缓解了化石能源使用带来的环境和生态压力。

能源对劳动生产效率的提高具有牵引作用。在农耕时代，柴薪能源的使用效率处于较低水平，经济发展非常缓慢。在工业时代，化石能源的使用带来了生产力的解放和提高，也促进了社会劳动生产率与能源利用效率的极大提高。与柴薪相比，煤炭的能量高，便于运输。与煤炭相比，石油、天然气等热值更高，而且可以通过管道运输，更加方便。与化石能源相比，太阳能、风能、电力等新型能源、可再生能源则更加清洁、高效和便利。利用可再生能源发电实现了能源生产过程的清洁化，分布式发电进一步缩短了电能传输距离，减少了大规模基础设施建设带来的环境破坏，使能源利用朝着更加清洁、更加便利的方向发展。

能源对经济可持续发展具有支撑作用。第三次能源革命正在悄然发生，新能源发展以“智能化”“绿色化”“效益化”为标志，以“可持续”“可再生”“可融合”为特征，以“低成本”“简单化”“分布式”为出发点，是完全区别于传统能源的全新能源形式，具有较高的环境保护效能和社会综合效益，将助力“碳达峰”“碳中和”战略目标的实现，是人们生产生活中的优质能源。

二、新能源概述

1980 年，联合国召开的“联合国新能源和可再生能源会议”将新能源定义为：以新技术和新材料为基础，使传统的可再生能源得到现代化的开发和利用，用取之不尽、周而复始的可再生能源取代资源有限、对环境有污染的化石能源，重点开发太阳能、风能、生物质能、潮汐能、地热能、氢能和核能（原子能）。

新能源一般指在新技术基础上加以开发利用的可再生能源，包括太阳能、生物质能、风能、地热能、波浪能、洋流能和潮汐能，以及海洋表面与深层之间的热循环等；此外，还有氢能、沼气、酒精、甲醇等。与之相对，已经广泛利用的煤炭、石油、天然气、水能等能源，称为常规能源。与常规能源相比，新能源具有如下特点：

（1）资源丰富，普遍具备可再生特性，可供人类永续利用；

（2）能量密度低，开发利用需要较大空间；

（3）不含碳或含碳量很少，对环境影响小；

（4）分布广，有利于小规模分散利用；

（5）间断式供应，波动性大，对持续供能不利；

（6）除水电外，可再生能源的开发利用成本较化石能源高。

开发新能源的技术原理、能量转换形式、应用形式、效率和特点各不相同，在此逐个介绍几种目前被重点研究和利用开采的新能源。

太阳能。太阳能一般指太阳光的辐射能量。太阳能有三种利用方式，即光热转换、光电转换和光化学转换。

（1）太阳能光伏发电。光伏板组件是一种在太阳光照射下能产生直流电的发电设备，它主要由硅等半导体材料制成的薄型固体光伏电池组成。由于没有活动部件，该设备可以长时间工作而不会磨损。

（2）太阳热能。现代太阳热能技术可以聚集太阳光，产生热水、蒸汽和电力。民用最广泛的形式是太阳能热水器，它通过太阳光线的能量加热水。

（3）太阳能光合能量。在太阳光的作用下，植物可以进行光合作用，产生有机物，因此可以模拟植物的光合作用，合成大量人类需要的有机物，提高太阳能的利用率。

风能。风能是太阳辐射下流动所形成的。风能与其他能源相比，具有明显的优势，它蕴藏量大，是水能的 10 倍，分布广泛，永不枯竭，对交通不便、远离主干电网的岛屿及边远地区尤为重要。风力发电是风能利用的主要形式，受到了世界各国的高度重视，并得到了迅速发展。风力发电的过程是风力转化为电能，风推动叶轮转动，叶轮带动转轴和增速器，增速器带动发电机，发电机通过电缆将电能传输到地面控制系统和终端用户。风力发电是一项多学科、可持续发展和环保的综合技术。

生物质能。生物质能来源于生物质，也是太阳能以化学能形式贮存于生物中的一种能量形式，它直接或间接地来源于植物的光合作用。生物质能是贮存的太阳能，更是一种唯一可再生的碳源，可转化成常规的固态、液态或气态的燃料。地球上的生物质能资源较为丰富，而且是一种无害的能源。地球每年经光合作用产生的物质有 1730 亿吨，其中蕴含的能量相当于全世界能源消耗总量的 10 —20 倍，但利用率不到 3%。生物质能利用有机物质作为燃料，通过气体收集、气化、燃烧和消化作用等技术产生能源。只要适当地执行，生物质能也是一种宝贵的可再生能源。我国当前主要是以甜高粱、木薯等为原料制造生物质能，为人类的生产和生活提供各种能力和动力的物质资源，是国民经济的重要物质基础。

生物质能有三种能量转化方式，即直接燃烧、热化学转化和生化转化。热化学转化是指生物质在一定温度和条件下蒸发、炭化、热解和催化液化，在此过程中会产生气体燃料、液体燃料和化学物质。生化转化包括压缩木材颗粒转化为沼气和生物质转化为乙醇。前者指有机物在厌氧环境中通过微生物发酵会产生以甲烷为主的可燃气体混合物，该混合物称为沼气；后者指乙醇可以由糖类、淀粉、纤维素等原料发酵制成。

核能。核能是通过转化其质量从原子核释放的能量，符合阿尔伯特·爱因斯坦的方程 $E=mc^2$，其中 E= 能量，m= 质量，c= 光速常量。核能的释放主要有三种形式，核裂变能是通过一些重原子核（如铀 −235、钚 −239 等）的裂变释放出的能量；核聚变能由两个或两个以上氢原子核（如氢的同位素氘和氚）结合成一个较重的原子核。发生质量亏损释放出巨大能量的反应叫作核聚变反应，其释放出的能量称为核聚变能；核衰变是一种自然的慢得多的裂变形式，因其能量释放缓慢而难以利用。

核能作为缓和世界能源危机的一种经济有效的措施有许多优点，如体积小而能量大，成本较低，污染少，安全性强。但是一旦发生事故，就会造成难以估量的巨大危害。如 1986 年苏联切尔诺贝利石墨沸水堆核电站事故，推测造成死亡人数 9.3 万人，致癌人数 27 万人，经济损失高达 180 亿卢布（约合 14.36 亿人民币）。事故也间接导致了苏联的瓦解。苏联瓦解后，独立的国家包括俄罗斯、白俄罗斯及乌克兰等每年仍然投入经费与人力致力于灾难的善后以及居民健康保健。因事故直接或间接死亡的人数难以估算，且事故后的长期影响仍是个未知数。

地热能。地球内部热源可来自重力分异、潮汐摩擦、化学反应和放射性元素衰变释放的能量等。放射性热能是地球主要热源。中国地热资源丰富，分布广泛，已有5500处地热点，地热田45个，地热资源总量约320万兆瓦。很久以前，人类就已经开始利用地热能了，例如，他们在温泉中洗澡，用热水治病，用地下热水取暖，农作物温室，水产养殖和烘干玉米。然而，直到20世纪中叶，人们才真正意识到它的重要性，并大规模开发利用。现在人们主要利用地热能发电、取暖、耕作和医疗。

海洋能。海洋能指蕴藏于海水中的各种可再生能源，包括潮汐能、波浪能、海流能、海水温差能、海水盐度差能等。这些能源都具有可再生性和不污染环境等优点，是一项亟待开发利用的、具有战略意义的新能源。海洋能是水能的一种形式，广义的水能资源包括河流水能和海洋能，海洋能属于新能源。海洋能是指以潮汐、波浪、温差、清洁度梯度和洋流等形式附着在海水上的可再生能源，其中潮汐和洋流来源于月球和太阳的引力，其他来源于太阳的辐射，它们通过各种物理过程接收、储存和释放能量。

氢能。氢在地球上主要以化合态的形式出现，是宇宙中分布最广泛的物质，它构成了宇宙质量的75%，是二次能源。氢能在21世纪有可能在世界能源舞台上成为一种举足轻重的能源，氢的制取、储存、运输、应用技术也将成为21世纪备受关注的焦点。氢具有燃烧热值高的特点，是汽油的3倍，酒精的3.9倍，焦炭的4.5倍。氢燃烧的产物是水，是世界上最干净的能源，且资源丰富，可持续发展。氢燃料电池技术一直被认为是利用氢能解决未来人类能源危机的终极方案。上海一直是中国氢燃料电池研发和应用的重要基地，包括上汽、上海神力、同济大学等企业、高校，也一直在从事研发氢燃料电池和氢能车辆。随着中国经济的快速发展，汽车工业已经成为中国的支柱产业之一。2007年中国已成为世界第三大汽车生产国和第二大汽车市场。与此同时，汽车燃油消耗也达到8000万吨，约占中国石油总需求量的1/4。在能源供应日益紧张的当下，发展新能源汽车已迫在眉睫。用氢能作为汽车的燃料无疑是最佳选择。

合理开发新能源对于解决人类面临的严重环境污染、资源短缺问题，保障人类文明永续长存具有重要意义。首先，化石能源的开采和不充分燃烧从多方面破坏了人们的生存环境。在化石能源的使用过程中，包括二氧化碳在内的大量温室气体被排放到空气中，它们不仅污染了空气和水，还导致了全球变暖，引发了气候变化、干旱、洪水、飓风和其他恶劣天气。全球变暖给人们的生产和生活带来了巨大的危害。其次，随着经济发展、人口激增和生活水平的提高，世界能源需求不断增加。资源是有限的，需求是无限的，能源供应安全已成为世界各国共同关注的问题。开发和利用新能源是人类可持续发展的要求，新能源的多样性和清洁性符合可持续发展的要求。鉴于我国的能源发展现状和环境保护面临的压力，新能源的积极研发有助于实现社会的可持续发展。

世界能源发展正进入一个新的历史时期，新能源成为可持续发展的必然要求。党的十八大以来，党和国家提出了一系列关于能源发展的重要举措。能源的合理开发和高效利用关系到世界的未来，世界正面临着资源枯竭、社会发展和环境保护等多重压力的挑战。但传统能源的储量越来越少，因此，各国政府都把发展新能源作为重要战略方向。各国政府正在积极推动替代能源的开发。在过去的几十年中，英国在可再生能源发展方面取得了显著的成绩，美国正在加大力度开采可再生能源，以更便宜、更清洁的天然气来缓解对煤炭的过度依赖。中国在新能源技术方面的长期耕耘和积累使得很多原来被“卡脖子”的技术领域已经实现尖端突破，一些行业和颠覆性技术甚至已经走在了世界前列。

三、中国新能源发展机遇

2020年，中国全社会用电量达75110亿千瓦时，是全球用电量的1/4，其中新能源占比15%。中国累计太阳能发电装机2.53亿千瓦、风电装机 2.81 亿千瓦、水电能装机 3.71 亿千瓦、生物质能装机 2952 万千瓦、核电装机 1853 万千瓦、海洋能装机 5000 千瓦，氢气产能每年约 4100 万吨、产量 3342 万吨 / 年，地热能利用已占比 1.5% 以上，仅地热取暖面积就累计 13.92 亿平方米。2020 年，中国风能、太阳能建设规模均占全球 30% 以上，仅年新增风能装机容量 52GW，总量超过欧洲、非洲、中东和拉美的总和，同时期的美国只有 17GW。像这样的速度和规模世界上没有第二个。从规模讲，中国已占先机。

如果说通过煤炭革命，英国借机超过荷兰，成为最先完成工业革命的国家；通过石油革命，美国顺势超过英国，巩固了美元的霸权地位。那么现在正处于新能源革命时期，或许这会是中国赶超世界的新机会。

在太阳能领域，我国已基本掌握光热转换、光电转换、光化学转换技术，不但产量占全球 70%，而且设备全部国产化。我国是全球光伏组件的最大供应国，在行业占主导地位，且在太空电站这项颠覆性技术中走在世界前列；在风能领域，我国掌握所有关键技术，并且能够独立自主开展装备制造，成为风电技术设备输出的大国；在氢能领域，我国的一般制备技术基本成熟，但核心技术存在差距，并且在能源储存技术、输送设施建设方面还相对滞后，缺少相关的产业引导政策标准；在生物质能领域，用秸秆、垃圾、沼气发电的一般技术问题我国已基本攻克，但关键技术存在瓶颈；在水能领域，2021 年白鹤滩水电站正式开始发电，这项科技成果是备受中国能源领域瞩目的重大突破，它与三峡、葛洲坝、乌东德、溪洛渡、向家坝水电站一起构成世界最大的梯级清洁能源走廊，其建坝、装机技术水平世界一流。如果未来将雅鲁藏布江再继续开发，中国还会出现另一个世界级“新的巨型梯级能源走廊”；在燃料动力电池领域，世界公认中国锂电池生产遥遥领先。

四、页岩气发展及应用

（一）页岩气是什么

页岩气是蕴藏于页岩层可供开采的天然气资源，中国的页岩气可采储量较大。页岩气的形成有其独具的特点，往往分布在盆地内厚度较大、分布广的页岩烃源岩地层中。与常规天然气相比，页岩气开发具有开采寿命长和生产周期长的优点，大部分页岩气井能够长期地以稳定的速率产气。

页岩气储存于富含有机质的泥页岩及其夹层中，以吸附和游离状态为主要存在方式，成分以甲烷为主，是一种清洁、高效的能源资源和化工原料，主要用于居民燃气、城市供热、发电、汽车燃料和化工生产等领域。页岩气生产过程中一般无需排水，生产周期一般为 30—50 年，勘探开发成功率高，具有较高的工业经济价值。根据预测，我国的主要盆地和地区资源量约 36 万亿立方米，经济价值巨大，资源前景广阔。

（二）页岩气有什么特点

页岩气与深盆气、煤层气同属于“持续式”聚集的非常规天然气。天然气在页岩中的生成、吸附与溶解逃离，具有与煤层气大致相同的机理过程。通过生物作用或热成熟作用所产生的天然气首先满足有机质和岩石颗粒表面吸附的需要，此时形成的页岩气主要以吸附状态赋存于页岩内部，当吸附气量与溶解的逃逸气量达到饱和时，富裕的页岩气解吸进入基质孔隙。随着天然气的大量生成，页岩内压力升高，出现造隙及排出，游离状天然气进入页岩裂缝中并聚积。

页岩岩性多为沥青质或富含有机质的暗色、黑色泥页岩和高碳泥页岩类，岩石组成一般包括 30%—50% 的黏土矿物、15%—25% 的粉砂质（石英颗粒）和 4%—30% 的有机质。正是由于页岩具有这样的特性，页岩中的天然气具有多种存在方式，其中游离态（大量存在于页岩孔隙和裂缝中）和吸附态（大量存在于黏土矿物、有机质、干酪根颗粒及孔隙表面上）是最具代表性的两种形态，且吸附态存在的天然气占天然气赋存总量的 20%—85%。

（三）中国页岩气资源是否丰富

2018 年，自然资源部矿产资源保护监督工作小组透露，我国在四川盆地探明了涪陵、威远、长宁、威荣4个整装页岩气田。从2014年9月到2018年4月，在这不到4年的时间中，我国页岩气累计新增探明地质储量已突破万亿立方米，产能达135亿立方米，累计产气225.80亿立方米。2021年12月24日下午，全国能源工作会议在北京召开。会议指出，油气方面，加大油气勘探开发，预计全年原油产量1.99亿吨、连续3年回升，天然气产量2060亿方左右、连续5年增产超百亿方，页岩油产量240万吨、页岩气产量230亿方、煤层气利用量77亿方，继续保持良好增长势头。

（四）页岩气是怎么形成和存在的

页岩气是从页岩层中开采出来的天然气，主体位于暗色泥页岩或高碳泥页岩中。页岩气是以吸附或游离状态存在于泥岩、高碳泥岩、页岩及粉砂质岩类夹层中的天然气，也存在于夹层状的粉砂岩、粉砂质泥岩、泥质粉砂岩甚至砂岩地层中。天然气生成之后，在源岩层内的就近聚集表现为典型的“原地”成藏模式，与油页岩、油砂、地沥青等差别较大。与常规储层气藏不同，页岩既是天然气生成的源岩，也是聚集和保存天然气的储层和盖层。因此，有机质含量高的黑色页岩、高碳泥岩等常是最好的页岩气发育条件。

与常规气藏不同，页岩气藏中的天然气主要以游离气的形式储存在孔隙空间中，页岩气藏中的天然气主要以裂隙和粒间孔隙中的游离气、有机质表面的吸附气以及干酪根和沥青中的溶解气的形式储存。页岩气的吸附能力取决于不同的参数，如储层压力、温度、比表面积、孔径大小和吸附亲和力。

（五）页岩气是怎么生产出来的

目前主要有三种钻井技术用于生产页岩气，垂直井、水平井和水力压裂。垂直井是页岩气早期开采的主要手段。在钻小于1000米的浅井时，一般采用钻进速度较快的欠平衡旋冲法，可有效减小对地层的破坏；在钻1000—2500米的深井时，则采用轻质钻井液随钻常规旋转钻井法；水平钻井被用来提供更大的通道，以获取深藏在生产地层中的天然气。首先，在目标岩层钻一口直井。在所需深度，钻头转动以钻出一口水平延伸穿过储层的油井，使油井暴露在更多产出的页岩中；水力压裂是一种将水、化学物质和沙子泵入油井，通过在岩石中打开裂缝并让天然气从页岩流入油井来解锁页岩中的碳氢化合物的技术。当与水平钻井结合使用时，水力压裂使天然气生产商能够以合理的成本开采页岩气。如果没有这些技术，天然气不会迅速流入油井，页岩也无法生产出商业规模的天然气。

（六）页岩气伴生的环境问题有哪些

天然气比煤或石油燃烧更清洁。与煤或石油燃烧相比，天然气燃烧排放的二氧化碳、氮氧化物和二氧化硫等主要污染物水平要低得多。当用于高效的联合循环发电厂时，每单位天然气燃烧释放的能量排放的二氧化碳不到煤炭燃烧的一半。然而，还有一些潜在的环境问题也与页岩气的生产有关。页岩气钻探存在严重的供水问题。钻井和压裂需要大量的水，大量使用水生产页岩气可能会影响其他用途的水的可用性，并可能影响水生栖息地。钻井和压裂还会产生大量废水，其中可能含有溶解的化学物质和其他污染物，需要在处理或再利用之前进行处理。

第二节　电池新技术

电池是将化学反应产生的能量直接转换为电能的一种装置。具有稳定电压，稳定电流，长时间稳定供电的特征，受外界影响小，并且结构简单，携带方便，充放电操作简便易行，给现代社会生活带来很多便利。1800 年，意大利科学家伏打（Volta）将不同的金属与电解液接触做成 Volta 堆，被认为是人类历史上第一套电源装置。人类先后发明了铅酸蓄电池、以 NH_4Cl 为电解液的锌二氧化锰干电池、镉镍电池、铁镍蓄电池、碱性锌锰电池和锂离子电池等。

电池技术本身并不怎么高深莫测。基本原理是伏打电池，即氧化还原反应，高中化学教材中涉及电化学的章节基本覆盖了 80% 以上的电池原理。高中化学书上介绍的 ZnCu 原电池用的是氢离子，原理和现在锂离子电池一样，只是把正负极材料、电解液换一换，氢离子再换成锂离子。但是，原理简单不等于性能可以很容易地提高。电池系统是一个复杂的多变量系统。拿锂离子电池来说，找到适合的氧化还原反应，只是万里长征走完了第一步，只说明能发生如此氧化还原反应的材料有可能作为电池正负极材料，可以让锂离子在正负极间来回穿梭，从而实现充放电的目的。但这是否真正可行，却受制于诸多不确定的因素。若在放电过程中发生严重的副反应，效率太差、稳定性不好、循环稳定性不好、安全性不好都无法投入使用，同时材料成本太高或者衍生工艺太复杂也不行。那么在电池行业的固有特性下，新电池技术的发展现状、电池相关行业的电池新技术应用现状和未来发展前景如何，本节将带您一探究竟。

一、电池新技术一览

（一）锂离子电池

锂离子电池（LIB）具有比能量高、低自放电、循环性能好、无记忆效应和绿色环保等优点，是目前最具发展前景的高效二次电池和发展最快的化学储能电源。近年来，锂离子电池在航空航天领域的应用逐渐加强，火星着陆器、无人机、地球轨道飞行器、民航客机等航空航天器中，锂离子电池的身影随处可见。锂离子电池由正极、负极、隔膜和电解液构成，其正、负极材料均能够嵌脱锂离子。它采用一种类似摇椅式的工作原理，充放电过程中 Li^+ 在正负极间来回穿梭，从一边“摇”到另一边，往复循环，实现电池的充放电过程。随着新材料技术的发展，锂离子电池在日常使用及专业领域中的份额逐年上升，促进了锂离子电池技术的进一步发展。可以预见，在未来 20 年，为了适应不同的储能环境，锂离子电池必将向多品种及特种电池应用的方向逐步改进。高安全、高效率、长寿命、低成本是锂离子电池技术发展的方向和追求的目标。

除了普通锂电池外，固态锂电池的发展也值得人们关注。固态锂电池与普通锂离子电池的主要区别在于它将传统的有机电解液替换成固态电解质。采用有机电解液的传统锂离子充电电池，在过度充电、内部短路等异常状态下存在电解液发热的问题，有自燃甚至爆炸的危险。采用固态电解质的固态锂电池，不仅在安全性上大大提高，在使用寿命和能量密度上也有了很大的改善。由于固态锂电池内部不含液体，消除了液体泄漏的问题，在体积和重量上较传统锂电池也有所降低，同时适应能力更强，这些优势十分有利于固态锂电池在储能和新能源汽车领域展开应用。目前科研界以及工业界都在研发并生产固态锂电池，都将其视为最有潜力的新一代电池产品。

（二）镁电池

镁作为一种轻金属，密度为 1.74g/cm^3，镁的相对密度只有铝的 2/3、钢的 1/4，导热导电性能好，镁与锂处于元素周期表的对角线位置上，因此具有很多相似的化学性质。镁电池不像锌锰干电池汞污染大，容量小，不适合长时间放电，而且镁的价格比锌低，镁电池也不像铅酸和镉镍电池含有有害元素铅和镉（对环境具有潜在危险），所以镁及其合金是理想的电极材料，我国又是世界上镁储量相当丰富的国家，开发镁电池具有独特优势。

（三）锂硫电池

锂硫电池体系最早提出于 20 世纪 60 年代，与“摇椅式”锂离子二次电池不同，锂硫电池的充放电过程是环状 S8 分子经过一系列结构和形态变化，形成可溶性聚硫化物和不溶性聚硫化物的过程。锂硫电池在充放电过程中，生成的可溶于电解液的较高价态的聚硫离子会扩散到锂负极，直接与金属锂发生副反应，生成低价态的多硫化锂，这些低价态的多硫化锂扩散回硫正极，生成高价态的多硫化锂，从而产生飞梭效应。飞梭效应的产生，直接导致了硫利用率的降低以及锂负极的腐蚀，使电池循环稳定性变差，库仑效率降低。

2016年日本产业技术综合研究所宣布与筑波大学共同研发出了一种锂硫电池，通过采用金属有机骨架作为电池隔膜，实现了长期稳定的充放电循环特性。2008年太阳能飞机首航时，就使用了锂硫电池。在白天，太阳能飞机上的光伏发电板仅为飞行提供能力，而且为其锂硫电池充电，以维持晚上飞行所需的动力。

（四）液流电池

液流电池是由泰勒（Thaller）于1974年提出的一种电化学储能技术，是一种新的蓄电池。液流电池由点堆单元、电解液、电解液存储供给单元以及管理控制单元等部分构成，是利用正负极电解液分开，各自循环的一种高性能蓄电池，具有容量高、使用领域（环境）广、循环使用寿命长的特点，是一种新能源产品。相比常规使用的充电电池，液流电池的规模更大一些，这是因为液流电池的形式和功能不同于常见的锂离子电池。液流电池组较锂离子电池有更高的安全性，即便放置很长一段时间，电能也不会出现流失，因此很适合用来储存太阳能、风能等可再生能源。

（五）磷酸铁锂电池

磷酸铁锂电池，是一种使用磷酸铁锂（$LiFePO_4$）作为正极材料，碳作为负极材料的锂离子电池，单体额定电压为3.2V，充电截止电压为3.6V—3.65V。充电过程中，磷酸铁锂中的部分锂离子脱出，经电解质传递到负极，嵌入负极碳材料；同时从正极释放出电子，自外电路到达负极，维持化学反应的平衡。放电过程中，锂离子自负极脱出，经电解质到达正极，同时负极释放电子，自外电路到达正极，为外界提供能量。磷酸铁锂电池具有工作电压高、能量密度大、循环寿命长、安全性能好、自放电率小、无记忆效应的优点。

（六）液态金属电池

液态金属电池是通过液态金属的氧化还原反应，把化学能转化成电能。金属呈液态是该电池的特点，利用液体的流动性，液态金属电池具有高倍率充放电性能及电池系统的可放大性，这也使得液态金属电池能满足能量型和功率型双重应用，在大规模储能中有着广阔的应用前景。

（七）镍氢电池

镍氢电池是一种性能良好的蓄电池。镍氢电池分为高压镍氢电池和低压镍氢电池。镍氢电池正极活性物质为 $Ni(OH)_2$（称 NiO 电极），负极活性物质为金属氢化物，也称储氢合金（电极称储氢电极），电解液为 6mol/L 氢氧化钾溶液。镍氢电池作为氢能源应用的一个重要方向，越来越被人们注意。

（八）微型核电池

微型核电池（penny-sized nuclear battery）是指体积小、只有一枚硬币的厚度、电力极强、使用非常安全的“核电池”，可用于手机充电。它通过利用微型和纳米级系统开发出了一种超微型电源设备，这种设备通过放射性物质的衰变，释放出带电粒子，从而获得持续电流。

二、不同行业电池新技术现状

（一）手机行业

中国手机电池行业起步于 1999 年前后，2008 年以来，中国移动通信业的高速增长，尤其是手机市场的爆炸式增长，使手机电池越来越多地受到业内各方的普遍关注。随着技术的更新，2013 年的手机电池出现了多样化，可以分为内置电池和外置电池。内置电池就是手机买过来时直接附带的，而外置电池指的是在使用过程中，可直接配置在手机外部的一款电池，2012 年这种移动电源已经开始流行。手机的发展离不开电池技术的进步，其中手机电池早期以镍氢电池为主，但是镍氢电池存在环境污染、记忆效应以及自放电现象。而在 1992 年，日本索尼公司成功开发出商业使用的锂离子电池，该种电池具有可重复充电的特性，被迅速应用于移动电话和便携式设备中，逐步取代了镍氢电池。当前的手机电池一律为锂离子电池（不规范的场合下常常简称锂电池），正极材料为钴酸锂。标准放电电压 3.7V，充电截止电压 4.2V，放电截止电压 2.75V。电量的单位是 Wh（瓦时），因为手机电池标准放电电压统一为 3.7V，所以也可以用 mAh（毫安时）来替代。

手机用锂电池主要是由锂电池电芯、塑胶壳、保护线路板和保险丝组成。其中，锂离子电池由正极材料、负极材料、电解液、隔膜等主要材料组成。有的厂家还配置了 NTC、识别电阻、震动马达或充电电路等元件。手机锂电池的显著优点表现为以下几个方面：一是比能量高，具有高储存能量密度，已达到 460—600Wh/kg，是铅酸电池的 6—7 倍；二是使用寿命长，使用寿命可达到 6 年以上，磷酸亚铁锂为正极的电池用 1C（100%DOD）充放，有可以使用 10000 次的记录；三是额定电压高（单体工作电压为 3.7V 或 3.2V），约等于 3 只镍镉或镍氢充电电池的串联电压，便于组成电池电源组；四是具备高功率承受力，其中电动汽车用的磷酸亚铁锂锂离子电池可以达到 15—30C 充放电的能力，便于高强度的启动加速；五是自放电率很低，这是该电池最突出的优越性之一,一般可做到 1%/ 月以下，不到镍氢电池的 1/20；六是重量轻，相同体积下重量约为铅酸产品的 1/5—6；高低温适应性强，可以在 −20 ℃—−60 ℃的环境下使用，经过工艺上的处理，可以在 −45 ℃环境下使用；七是绿色环保，不论生产、使用还是报废，都不含有也不产生任何铅、汞、镉等有毒有害重金属元素和物质。生产基本不消耗水，对缺水的我国来说，十分有利。手机锂电池的缺点主要表现为：锂原电池均存在安全性差，有发生爆炸的危险。钴酸锂的锂离子电池不能大电流放电，安全性较差。锂离子电池均需保护线路，防止电池被过充过放电。对生产环境的条件要求高，因此生产成本较高。

（二）电动汽车行业

汽车产业一直是中国经济发展的重要支柱产业。最近几年，新能源汽车的动力电池技术进步明显，从续航里程来看，每年大约增加 100 千米，2021 年以来更超过 100 千米，目前新能源汽车 600—700 千米的续航总里程已经与燃油车处于同一水平。

电动汽车电池分两大类：蓄电池和燃料电池。蓄电池适用于纯电动汽车，包括铅酸蓄电池、镍氢电池、钠硫电池、二次锂电池、空气电池、三元锂电池。在仅装备蓄电池的纯电动汽车中，蓄电池的作用是汽车驱动系统的唯一动力源。而在装备传统发动机（或燃料电池）与蓄电池的混合动力汽车中，蓄电池既可扮演汽车驱动系统主要动力源的角色，也可充当辅助动力源的角色。在低速和启动时，蓄电池扮演的是汽车驱动系统主要动力源的角色；在全负荷加速时，蓄电池充当的是辅助动力源的角色；在正常行驶或减速、制动时，蓄电池充当的是储存能量的角色。

2021 年初，在特斯拉“开年送喜”大降价之后，蔚来更宣称到 2023 年推出续航里程 1000 千米的新能源车。目前，蔚来推出的 ET7 车型在搭载 150kWh 电池包的情况下，根据 CLTC 续航测试标准模拟估算值为 1000 千米续航里程。如果说，蔚来续航 1000 千米的固态电池仍然是理想中的概念，那么，2020 年 3 月比亚迪通过视频发布的刀片电池已经在大规模生产的路上了。在动力电池方面，我国动力电池技术不断提升，单体能量密度超过 250Wh/kg，单体成本降至 0.6 元 /Wh 左右，已经达到国际先进水平。动力电池材料、系统及工艺加快创新，如宁德时代 CTP 技术，电池包体积利用率提高 15%—20%，零部件数量减少 40%，生产效率提升 50%，电池包能量密度提升 10%—15%，将大幅降低制造成本。比亚迪刀片电池的体积能量密度较原有电池包可提升 30% 以上，成本降低 30%，散热及安全性更好。2020 年，我国动力电池配套量达 63.61GWh，占全球份额的 43.2%。其中，宁德时代配套量为 31.79GWh，占我国动力电池配套总量的 49.98%，比亚迪配套量为 9.48GWh，占比达 14.90%。

（三）航天业

自 1957 年第一颗人造地球卫星上天以来，全世界已经发射了包括卫星、载人飞船、空间站、空间探测器在内的几千颗各类航天器。电源系统是航天器保障系统中的一个重要组成部分，它为航天器中的其他系统提供可靠的电能。近年来，电池新技术在航空等领域的相关研究也在亦步亦趋地开展，如锂电池、燃料电池和太阳能电池。

在航天应用领域，目前国内空间用圆形锂离子电池的比能量约为 110—140Wh/kg；在电池地面寿命试验方面，高轨卫星 80%DOD，达到了 15 年寿命水平；低轨卫星 30%DOD，已达到 5 年寿命水平。燃料电池的技术发展由来已久，在 19 世纪上半叶便登上历史舞台，并于早期已在航天领域得到应用。航天用燃料电池通常是碱性燃料电池和质子交换膜燃料电池两种类型，燃料通常为氢，氧化剂通常为氧。有部分观点认为，寿命一个月左右的航天器主电源，氢氧燃料电池具有锌银电池组以及硅、砷化镓太阳能电池阵与镉镍、氢镍蓄电池组联合供电系统所无法比拟的优点，是我国今后发展载人空间站补给货运飞船的首选电源之一。太阳能电池，指的是可以有效吸收太阳能，并将其转化成电能的半导体部件，是用半导体硅、硒等材料将太阳的光能变成电能的器件，具有可靠性高、寿命长、转换效率高等优点，可做人造卫星、航标灯、晶体管收音机等的电源。单体电池尺寸从 1 厘米 ×1 厘米至 15.6 厘米 ×15.6 厘米，输出功率为数十豪瓦至数瓦，它的理论光电转换效率为 25% 以上，实际已达到 22% 以上。太阳电池阵是典型的可展开空间平板阵列结构，为航天器各部件提供电能，其能否顺利展开并正常工作是航天任务能否成功的关键环节。

三、电池新技术未来发展前景

电池新技术的优化较为艰难，优化一个算法，换个逻辑，靠的是大脑；提升组件性能，改进工艺，靠的是手；电池要突破，去发现新材料，则需要通过漫长的试验。电池对材料的要求极其苛刻：第一，它的能量密度要高，能用最小的体积储存最多的电量；第二，它的安全性要好，面对科学家各种苛刻的试验还保持稳定；第三，它的循环寿命要长，不能充几次电后就报废了；第四，它不能有记忆效应，要求消费者每次充电都充满，这个产品肯定不符合市场需求；第五，它要环境友好，不能污染环境；第六，必须成本低，否则无法大规模应用。

如今锂电池的能量密度已经到了天花板。它理论上的能量密度最高能达到 600 瓦时 / 升，现在最先进的技术已经可以做到 550 瓦时 / 升，但还是不够人们使用。最直接的原因是手机本身的系统功耗增加了：屏幕每加一排像素，处理器每加一个核，App 每加一个功能，电池的功耗就多一份。这种情况下，电池如果还想要大电量，唯一的办法就只能是加大电池的体积。手机为什么越做越大？一方面是市场对大屏手机的追逐，另一方面未尝不是电池的掣肘和需求。这几年，电子产品的销量在翻番，电池单个体积又要做大，对锂电池的市场需求不断扩大。但锂的生产速度远远赶不上它的消费速度，价格在不到两年间，却翻了三倍多，从每吨 5 万元直飙到 17 万元。所以长期来看不排除电子产品有涨价的可能。

在电池技术没有突破之前，我们可以借助一些辅助手段去改善电池的使用。一般有两个思路：第一，提高充电速度，让充电变得更快，比如超级电容；第二，改变充电方式，让充电更方便，比如无线充电。超级电容如今在技术上还算比较成熟，它是一种电源，性能介于传统电容器和电池之间，可以反复充放电几十万次。目前，其部分已经进入应用阶段，像上海、宁波等城市早已有超级电容公交车上路了。超级电容最大的优点是充电速度特别快，等一个红灯的时间就可以给一辆公交车充满电，听上去十分令人吃惊。那为什么不用它给手机和小汽车做电池呢？因为它的缺点也十分明显。虽然充电快，但是其放电也快。公交车的路线比较固定，可以到站再充，充了电，能坚持到下一站就行了，但是小汽车却不行，路线随机，情况多变，充电是个问题。而且最致命的是电池的体积，超级电容的体积要比锂电池大得多，无法直接应用到手机上。和超级电容类似的还有氢燃料电池，它充电更快，可以直接把燃料灌进去，但是它也一样不能应用于手机。其原因有二：一是体积，二是反应过程会有水产生。从技术上来说，改善充电便捷性，来解决消费电子的续航问题其实更靠谱一些。比如无线充电。如今的无线充电主要运用电磁感应原理，它不需要一个很大的场，只需要一个无线充电器。手机和充电器上各有一个线圈，让充电器通电带电，再使用两个线圈的相互作用来传输电流。但用户其实对它不太青睐，因为它并不方便，如果要使用，必须要先把一个这样的充电器插在插座上，再把手机放到上面，而且还要放对位置，两个线圈不能离得太远，手机才可以开始充电。这个技术听起来好像没什么用，但是如果把充电区域稍稍扩大一点呢？比如做到桌子那么大？到时候餐馆咖啡厅等的标配可能就不只有 Wi-Fi 和空调了，还有无线充电餐桌，把手机往桌子上一扔，手机一会儿就充满电了，这一构想是令人向往的。

第三节　核电新技术

1942 年 12 月 2 日，在美国芝加哥大学原阿隆·史塔哥运动场西看台下面的网球厅内，著名意大利物理学家恩里科·费米领导的研究小组首次在“芝加哥一号”核反应堆内实现了人工自持核裂变链式反应，达到了运行临界状态，实现了受控核能释放。当时正处于第二次世界大战期间，核能主要为军用服务，配合原子弹的研制。美国、苏联、英国和法国先后建成了一批钚生产堆，随后开发了潜艇推进动力堆。在第二次世界大战末期，美国就用铀 -235 和钚 -239 制造了三颗原子弹，分别起名为“小男孩”“胖子”和“瘦子”，并于 1945 年 8 月 6 日和 9 日投放了其中两颗轰炸日本的广岛、长崎，使这两座城市在大火和疾风中化为废墟，显示了原子反应的巨大威力。原子弹爆炸是用中子轰击铀 -235 的原子核，使其产生裂变，原子核裂变放出的能量很大，1kg 铀 -235 全部裂变释放的能量相当于 2 万吨 TNT 炸药爆炸时放出的能量。

核武器带给人类的是沉重的阴影，以至于很多人谈核色变，有良知的科学家都在极力反对核武器的发展和扩散。但是，核能发电给人类带来的却是绿色和光明。

从 20 世纪 50 年代开始，核能从军用向民用发展。在 2004 年，全世界核电发电总量 2.6 万亿 kWh，占当年全世界发电总量的 16%，美国、英国、法国、德国、日本等发达国家核电的比例都超过了 20%，其中法国已达 78%。截至 2006 年 1 月，全世界 30 多个国家和地区共有 443 台核电机组在运行，总装机容量约为 370GW。核电厂的种类也从原始的石墨水冷反应堆发展到以普通水、重水、沸水、加压沸水为慢化剂的轻水堆、重水堆、沸水堆和先进沸水堆等；同时还有 700 多座用于舰船的浮动核动力堆、600 多座研究用反应堆。目前来看，核能发电不仅在安全性方面有较大的提高和成熟的技术保障，也在生产过程的清洁性、经济性方面有了较大进步。一座 100 万 kW 的火电厂，一年要烧 270 万—300 万吨煤，排放出 600 万吨二氧化碳、约 5 万吨二氧化硫和氮氧化物，以及 30 万吨煤渣和数十吨有害废金属。相比之下，一座 100 万 kW 的核电厂，一年只消耗 30 吨核燃料，而且不排放任何有害气体和其他金属废料。同时，煤炭和原油还是不可再生的宝贵化工原料，发展核电不仅可以把这些资源省下来留给子孙后代，还能改善人类赖以生存的生态环境。

与风电、太阳能等可再生能源相比，核电具有经济性好、单位投资减排效益高等优点。随着核电技术的发展，核电的安全性与经济性不断提高，大规模发展核电已成为提高我国能源供应能力、推进能源消费清洁、低碳发展的重要举措之一。中国经济社会的高速增长和能源供给的矛盾异常尖锐，在国际社会倡导低碳清洁能源的情况下，核能的建设逐步受到国家的重视并得到大力支持。我国政府已制定了庞大的核电发展计划，我国已进入核电快速发展时期。

一、世界核电厂发展的概况

核能是原子核发生反应释放出来的巨大能量，与化学反应和一般的物理变化不同，在核能生成的过程中，原子核发生变化，由一种原子变成了其他原子。核能可分为两种，一种是核裂变能，另一种是核聚变能。核裂变反应是由较重原子核分裂成为较轻原子核的反应。例如，一个铀 -235（$^{235}_{92}U$）原子核在中子的轰击下可裂变成两个较轻的原子核。1kg 铀 -235 裂变时可放出 8.32×10^{13}J 的能量，相当于 2000 吨汽油或者 2800 吨煤燃烧时释放出来的能量。

氢有三种同位素，氕，符号为 H，质量数为 1，是氢的主要成分；氘，符号为 D，质量数为 2，可用于热核反应；氚（又称为超重氢），符号为 T，质量数为 3，可用于热核反应。核聚变反应是由较轻原子核聚合成为较重原子核的反应。例如，氘和氚的原子核结合在一起生成氦核，这个过程可以释放出核聚变能。1kg 氘聚变时放出的能量为 35×10^{4}J，相当于 4kg 铀。如果能实现可控核聚变，则一桶水中含有的聚变燃料就相当于 300 桶汽油。不过，目前核聚变的利用技术还在开发过程中，预计到 2050 年前后才能实现大规模商业化应用。

1938 年，德国的哈恩（otto Hahn）和斯特拉斯曼（Strabmann）首先发现了铀的裂变反应，揭开了原子能技术发展的序幕。在费米教授的领导下，美国在 1942 年建成第一座原子反应堆，1945 年研制出第一颗原子弹；1951 年 12 月 20 日，美国的一个反应堆开始发电，点亮了 4 盏灯泡；1954 年，苏联建成世界上第一座核电厂，6 月发电，功率为 5000kW。这一时期的核反应堆技术以军事应用为主，逐步向民用转化。进入 20 世纪 50 年代之后，核能的和平利用技术开始得到快速发展。

国际上通常把核电技术的发展划分成四个阶段。第一个阶段是 20 世纪的五六十年代，是核电大规模商业化应用之前的实验阶段，其中比较典型的有美国的希平港压水堆核电站，它是较早的商业运行核电厂，装机容量为 60MW，1957 年 12 月首次临界，1982 年 10 月关闭。该反应堆最初是作为航母的动力装置设计的，后改为民用，且于 1977 年改为轻水增殖堆。此外，还有英国发展的镁诺克斯合金核反应堆技术，采用二氧化碳作为冷却剂，石墨作为慢化剂，镁诺克斯合金作为包壳材料。该技术的首次应用是英国的卡德霍尔核电站，1956 年 3 月并网发电，2003 年 3 月关闭。该种核反应堆技术目前已被淘汰。这一阶段的核反应堆技术被称为第一代核能系统。

20 世纪 50 年代末期到 70 年代末期是核电厂发展的高潮期。继苏联建成核电厂之后，美国研制了轻水反应堆（轻水压水堆和轻水沸水堆），英国和法国发展了气冷反应堆，加拿大发展了坎杜型（CANDU）重水反应堆。利用核裂变的核电厂已经达到了技术上走向成熟、经济上有竞争力、工业上大规模推广的阶段。能源危机的影响，使很多经济发达国家把发展核电放在重要的位置。到 1979 年底，已有 22 个国家和地区建成核电厂反应堆共 228 座，总容量超过 1.3 亿 kW，其发电量占全世界发电总量的 8%。

20 世纪 80 年代，核电的发展比较缓慢，核电发展进入了低潮期，主要原因是：工业国家发展趋于平稳，产业结构由高能耗向高技术、低能耗的方向调整，能源供给不足的局面得到缓解；核电的安全性受到社会的进一步关注，特别是美国三里岛事故和苏联的切尔诺贝利事故，使核电的发展受到很大影响。

20 世纪 80 年代末到 90 年代，由于许多发展中国家，特别是亚洲很多国家经济的迅速发展，对能源的需求日益加大，同时人们对核电技术及其安全性也有了更充分的认识，促进了核电的快速发展。到 1998 年，世界上已有核电机组 429 台，装机容量达 345407MW，其中美国 104 台，英国 35 台，俄罗斯 29 台，韩国 14 台，日本 52 台，印度 10 台，法国 58 台，中国 9 台。新建核电厂主要在发展中国家。

20 世纪 60 年代后期至 21 世纪初，世界上大批建造的、单机容量在 600 —1400MW 的标准型核电厂反应堆被称为第二代核能系统，目前世界上在运行的核电机组基本上都是第二代核能系统。和第一代核能系统不同的是，第二代核能系统是基于几个主要的反应堆技术形式，每种堆型都有多个核电厂应用，是标准化和规模化的核能利用。第二代核能系统的堆型分布为：PWR（轻水压水堆）约为 66%（290GW）；BWR 或 ABWR（沸水堆和先进沸水堆）约为 22%（97GW）；PHWR（重水压水堆）约为 6%（26GW）；其他堆型为 6%。

第三代核能系统是 20 世纪 80 年代开始发展、90 年代中期开始投放核电市场的先进轻水堆，主要包括 GE 公司的先进沸水堆，法国法马通和德国西门子公司联合开发的欧洲压水堆，ABB-CE 公司开发的系统 80（system 80），以及西屋公司开发的 AP600。第三代核能系统是在第二代核能系统的基础上进行改进的，均基于第二代核能系统的成熟技术，提高了安全性，降低了成本。第三代核能系统研发的市场定位是欧美等发达国家 20 世纪 90 年代末期和 21 世纪初期的电力市场。由于第二代核电厂的设计寿命一般为 40 年，20 世纪 60 年代前后建设投运的一批核电厂将在 20 世纪末和 21 世纪初相继开始退役，核电会有一定的市场发展空间。不过，实际上，第三代核能系统的市场竞争力较弱，主要原因在于全球电力工业纷纷解除管制，进行电力工业的市场化改革，而核电系统的初投资太高、建设周期长，因此投资风险较大，在自由竞争的电力市场中吸引投资的能力较弱。此外，核电厂的退役费用较高，很多第二代核电厂倾向于采用延寿技术推迟退役时间。为此，第三代核能系统只能进一步改进，主要是降低成本和缩短建设周期，这种改进的第三代核能系统也称为第三代 + 核能系统，典型的如西屋公司的 AP1000。第三代核电技术具有以下特点。

（一）安全性较高

第三代核电机组具有自预防性质，可以对核电站中的核原料进行一定的安全防护，当出现原料泄漏的问题时，可以延缓严重事故的出现。经过近 10 年的技术分析与数据统计，第三代核电机组的堆芯熔化事故较第二代大幅降低。同时，第三代核电机组的放射性释放也大大降低，燃料热工安全余量大大上升。上述几种性能的显著提升，保障了第三代核电技术的安全性，并降低了商用核电站的电能成本。使核电站可以在经济上与天然气电站相竞争。

（二）使用寿命长

目前，第三代核电机组的可利用率已经达到了 90%，设计寿命在 60 年左右，建设周期可以控制在 50 个月以内。第三代核电技术采用非能动安全技术，利用材料的天然物理对流性质，降低材料使用过程当中的动力驱动，保障材料使用过程当中的安全性。在紧急的环境下，技术人员可以在短时间内对材料进行冷却，并带走堆芯余热，减少余热造成的辐射，进一步提升堆芯的安全性。同时，这种设计也大大简化了核电机组的使用程序，降低了第三代核电机组的建设成本与管理成本，方便技术人员对出现轻微故障的核电机组进行后期维修。

（三）容量大

第三代核电机组的单机容量进一步扩大。例如，目前法国轻水堆核电站的单位容量已经可以达到 160 万 kW。这一单机容量是第二代核电机组单机容量的 3 —4 倍。根据世界范围内第三代核电机组的研究和工程建造经验，我们可以分析得出，随着技术的进步，第三代核电机组的单机容量还将进一步扩大。例如，欧洲玛法的 UPR 机组电功率为 170 万 kW，日本三菱的 NP21 型压水堆核电机功率为 170 万 kW，美国和俄罗斯的相关研究组织正在建设当中的核电机组单机容量也达到了 170 万 kW。

（四）自动化控制

第三代核电机组在建设与管理的过程当中主要采用自动化的数字控制方式对核电机组的建设进行管理。例如，法国、英国、捷克、日本等多个国家，都采用数字化仪表控制的方式对正在建设的第三代核电机组进行管理。这种自动化的控制方式，基于工业互联网和大数据技术的发展，技术人员可以采用远程操作的方式，利用计算机电子设备，对机组的建设进行自动化控制、自动化监控和自动化操作。这种方式可以显著减少人为操作的空间，避免由于技术人员错误操作而造成核电站原料的管理不当。目前，自动化控制技术已经广泛地应用在了我国的核电机组建设与管理当中。

（五）模块化

第三代核电技术的建设与发展，还呈现了明显的模块化特征。技术人员从整体性的角度，考虑新核电机组的设计过程。不断加强核电机组设计建造的预算管理，进行设计方式改变，逐渐提升核电机组运行的稳定性与安全性。技术人员采用装配式的设计与施工，在工厂当中预先生产核电机组的构件，在施工现场进行组装，缩短施工的周期，进一步降低施工的成本。①

21 世纪初，在美国的倡导下，一些国家的核能部门开始联合开发第四代核能系统。按预期要求，第四代核能系统应在经济性、安全性、核废处理和防扩散等方面有重大变革和改进，在 2030 年实现实用化的目标。目前，第四代核能系统处于概念设计和关键技术研发阶段。

二、我国核电的发展历史和现状

我国的核工业起步于 1955 年，1964 年 10 月 16 日成功爆炸了第一颗原子弹，而后相继研制了氢弹和核潜艇。1955—1978 年，我国的核工业以军事应用为主。1978 年之后，我国核工业的重点转向和平利用。我国自 20 世纪 70 年代开始筹建核电厂，到 2007 年，我国大陆已建成 6 个核电厂的 11 台核电机组，设计总装机容量 870 万 kW。我国现已建成独立完整的核科技工业体系，成为世界上为数不多的几个拥有完整核科技工业体系的国家之一。

（一）秦山核电站

1985 年 3 月 20 日，秦山核电一期工程正式开工建设，1991 年 8 月 8 日全部燃料组件装填完毕，1991 年 10 月 31 日反应堆首次临界，1991 年 12 月 15 日发电并网成功。秦山核电厂是我国第一座自行设计、建造

---

① 参见杨海林：《浅析世界核电技术发展趋势及第三代核电技术的定位》，《科技创新导报》2019 年第 12 期。

的核电厂，实现了我国大陆核电事业“零”的突破，是我国核电发展史上的一个重要里程碑。秦山核电一期工程实际建成总投资 17.75 亿元，比投资为 5916 元 /kW，约合 713 美元 /kW。项目建成投运以来，运行业绩良好，为我国核电事业积累了宝贵的经验，培养了大批国家急需的核电人才。目前，该种堆型已出口巴基斯坦，其中第一台 300MW 核电机组已于 2000 年 9 月投入商业运行，第二台机组于 2006 年 1 月开工建设。

（二）大亚湾核电厂

广东大亚湾核电厂位于广东省深圳市东部大鹏半岛大亚湾畔，是我国大陆第一座从国外引进的百万千瓦级大型商用核电厂，堆型为轻水压水堆，有两台额定出力为 900MW 的核电机组。该电站通过 500kV 和 400kV 两种电压等级的输电线路为广东电网和香港电网提供电力。建设和营运单位为广东核电合营有限公司，该公司由广东核电投资有限公司（在广东省注册）和香港核电投资有限公司（在香港注册）分别占有 75% 和 25% 的股份。大亚湾核电厂是全套引进的，比投资为 2000 美元 /kW。该电站于 1994 年投入商业运行，运行业绩和安全记录良好。

（三）秦山二期核电厂

秦山二期核电厂是我国首座自主设计、自主建造、自主管理、自主运营的 2×650MW 商用压水堆核电厂，由中国核工业集团公司控股。反应堆堆型为轻水压水堆，是国家批准的“九五”开工建设的第一座核电工程。1996 年 6 月 2 日，秦山核电二期主体工程正式开工，两台机组分别于 2002 年 4 月 15 日、2004 年 5 月 3 日投入商业运行，使我国实现了由自主建设小型原型堆核电厂到自主建设大型商用核电厂的重大跨越，为我国自主设计、建设百万千瓦级核电厂奠定了坚实的基础，并对促进我国核电国产化发展发挥了重要作用。

（四）岭澳核电站一期

广东岭澳核电站一期工程设计装机容量为 2×984MW，堆型为轻水压水堆，由广东核电集团公司建设和营运，法国法马通公司总包，相当于大亚湾核电站的翻版。主体工程于1997年5月15日正式开工，2003年1月建成投入商业运行。

岭澳核电厂一期以大亚湾核电厂为参考，结合经验反馈、新技术应用和核安全发展的要求，实施了52项技术改进，全面提高了核电厂整体安全水平和机组运行的可靠性、经济性，实现了部分设计自主化和部分设备制造国产化，整体国产化率达到30%，因此降低了投资，比投资约为1700美元/kW。

（五）秦山三期核电厂

秦山三期核电厂工程设计装机容量为2×720MW，堆型为坎杜型（CANDU）重水压水堆，由加拿大原子能源有限公司投资、设计、建设并运营，运行20年后产权和管理权归中国。主体工程于1998年开工建设，2003年7月全面建成投产。该电站核电设备主要由加拿大进口，国内分包和合作的份额较小，电站建设的比投资约为1790美元/kW。

（六）田湾核电厂

田湾核电厂位于江苏省连云港市连云区田湾，一期工程建设装机容量为2×1060MW的俄罗斯AES-91型压水堆核电机组，设计寿命40年，年平均负荷因子不低于80%，年发电量达140亿kWh，由中国核工业集团公司控股建设。田湾核电厂于1999年10月20日正式开工。2006年5月，1号机组并网成功。2007年5月，2号机组并网发电，电站建设比投资为1511美元/kW。

（七）清华大学10MW（热功率）高温气冷堆

清华大学10MW（热功率）高温气冷堆是国家863计划重大科技项目，由清华大学核能技术设计研究院设计和建造。该项目于1992年经国务院批准立项，1995年6月动工兴建，2000年12月建成并实现临界，2003年1月顺利实现10MW热功率满负荷运行。该反应堆是我国自行研究开发、自主设计、自主制造、自主建设、自主运行的世界上第一座具有非能动安全特性的模块式球床高温气冷实验堆。该反应堆的建造表明我国在高温气冷堆技术领域已达到世界先进水平。

三、我国核电的发展前景

进入 21 世纪，我国能源安全面临的形势依然十分复杂，经济快速发展对能源需求的持续增长给能源供给带来很大压力，以煤为主的能源结构不利于环境保护，也不利于抵御市场风险，同时我国能源资源的相对短缺也制约了能源产业的发展。面对能源需求的增长，核电是目前现实的、可大规模发展的首选替代能源形式。为此，2006 年 3 月国务院原则通过的《核电中长期发展规划（2005 —2020 年）》中指出，积极推进核电建设，是我国能源建设的一项重要政策，对于满足经济和社会发展不断增长的能源需求，实现电力工业结构优化和可持续发展，提升我国综合经济实力、工业技术水平和国际地位，都具有重要的意义。通过秦山一期、秦山二期核电厂的建设和技术引进，我国已经掌握了第二代核能技术，形成了自主核电品牌 CNP650，完成了 CNP1000 的研制工作。但与国际先进水平相比还有一定的差距。我国核电发展的方针是“以我为主、中外合作”，积极推进核电建设。同时，要统一发展技术路线，坚持自主设计和创新，注重借鉴吸收国际经验和先进技术，努力形成批量化建设先进核电厂的综合能力，形成比较完整的自主化核电工业体系和核电法规与标准体系。我国当前核电产业发展的主导思想是引进先进技术，统一国内核电发展的技术路线。

（一）实现向清洁低碳能源体系转型

在未来，为了使能源能够获得高质量的发展和转型升级，最重要的是要解决好各类资源的优化配置与协调发展的问题。综合考虑经济层面和技术层面等多方面因素的影响，核电在未来的能源发展结构中的重要性进一步凸显，其中核电的安全高效发展是重中之重。探索和发现我国核电能源的前景研究，应当考虑如何通过协调发展实现绿色目标，建立中长期电力系统的规划目标。全面了解中长期电力需求、电源现状、电网现状以及发展情况，充分考虑发电能源资源的禀赋、发输电技术经济性以及电力能源发展政策，构建全社会电力供应总成本最小的目标，优化各类电力资源的开发规模与总体布局。预计 2030 年我国核电规模将达到 1.31 亿 kW，电量占总体发电量接近 10%。从能源布局的角度来说，核电中长期发展的规模与路径在不同的历史阶段，所选择的策略有所区别，所取得的成效也会有所不同。我国从优化发展能源工业的战略目标转化为建设现代化的能源体系，这意味着国家的战略目标正由稳定的供应向能源结构低碳兴起转变，从而有效实现核电的高质量发展。

总体来说，核电稳定发展，对能源安全与绿色发展有着极其关键的作用。一是我国的能源资源有限，油、气的对外依赖程度日益提升，为了切实满足绿色目标的总要求，发展核电是最有效的选择方式。从短期的发展而言，发展核电从很大程度上能够替代油气资源，降低对外能源依存量。从长期来看，工业化的发展导致传统能源逐渐枯竭，发展清洁绿色的能源将会提高国家的可持续竞争力。二是在未来应当进一步考虑绿色与经济的平衡发展。这需要考虑降低核电发展的成本，并提高生产效率与推动核电建设的标准化与系统化，完善核电项目的建设管理，提升发展竞争力。[①]

（二）灵活性调节资源的协调运作

目前，核电的使用效率现状不容乐观。相关数据表明，核电的利用率不足 70%。由于核电发电功率波动存在一定的差异，这加大了系统维持平衡的难度系数。预计在 2035 年，新能源的最大功率高达 6 亿 kW。由此可见核电和新能源的协调使用，成了今后需要密切关注的焦点。结合发达国家的实际经验，核电参与调峰是一种不错的替代性选择，但是这种做法缺乏经济环保性。以华东地区 2018 年的测算为例，

① 参见冯献灵、薛广宇：《核电站工作原理及发展前景展望》，《产业与科技论坛》2021 年第 7 期。

选取新能源发电量占比较大的时期（发电量约为 6%），通过灵活电源调节的方式，无弃风、弃光的情况发生，不需要核电参与调峰。在其他条件不变的情况下，新能源的发电量占比提高到 11%，如果核电不参与调峰，则会造成弃电率高于 15%，相反，核电参与调峰，那么该数值可降 5.4%。在未来灵活性资源的技术得到提升，核电将作为必要时候的调峰资源补充手段。为有效解决核电不参与调峰的公平问题，需要发挥市场配置资源的优势作用，用看不见的手平摊成本投入。为了使市场更加公平，需要核电、新能源的综合运用一起承担成本，需要加大电力能源的改革，构建透明化、服务高质的市场规则，从而以市场的手段发现电力资源市场中所有参与者的价值。

（三）顺应时代数字能源发展新趋势

顺应时代数字能源发展新趋势，从而不断提升核电创新发展动力，这是有效应对未来各类冲突和融合等系列变化趋势的总体要求。自 2000 年以来，电力能源技术快速发展，并逐渐与现代信息通信技术与数字网络技术碰撞融合。伴随着我国实施网络强国、工业 4.0 的战略目标，党中央、国务院高度重视制造业的高质量快速发展，要重点发展大数据、人工智能、物联网等新基建。核电作为我国现代工业的旗手，是工业技术的融合者，具有不可替代的技术性优势，在工业互联网的建设上具有强大的发展潜力。我国的工业互联网主要是基于信息化与人工智能的技术优势，充分运用广大中小企业的服务能力优势，形成可持续发展的新业态。目前，在国家工业互联网平台整体布局和未来谋划的关键时期，新一代技术正在向其他诸多领域渗透[①]。核电工业富含大量的高科技技术，具有很强的综合性和复杂性的特点，能够整合产业链上下游所有的重点资源和优势平台，因此核电工业将可能成为带动中小企业走向工业 4.0 的有力基础。总之，必须以数字化来推动能源企业发展，使之朝向更快捷、更高效的发展道路迈进，这对于提升企业发展活力、促进人类

① 参见鲁刚、郑宽：《能源高质量发展要求下核电发展前景研究》，《中国核电》2019 年第 5 期。

生存发展都具有无比重要的促进作用。

（四）适应能源高质量发展的核电发展定位

能源发展要与经济社会发展相协调，必须适应、支撑中国经济由高速增长阶段转向高质量发展阶段。能源行业要通过改革创新，走在高质量发展前列，争取最大限度达成如下综合目标：国家能源安全有效保障、能源科技硬实力领先、绿色发展水平一流、用能更加经济、能源开发利用不平衡不充分根本扭转、新业态新模式涌现等。毋庸置疑，高质量发展是更高开放水平和范围下的发展，需要能源领域稳步推进“一带一路”倡议，积极拓展国际能源合作，打造能源命运共同体。

实现能源高质量发展，根本途径是新发展理念下供给侧结构性改革，要坚持创新为第一动力、协调为内生要求、绿色为普遍形态、开放为必由之路、共享为根本目的。这要求核电产业建立创新驱动发展模式；着眼能源转型全局，实现与各类电源协调发展；充分发挥核电技术特色作用，助推实现更高水平绿色发展；落实“一带一路”倡议，积极拓展国际合作；共享发展，更注重公平性。

习近平总书记指出，要坚持理性、协调、并进的核安全观；核工业是高科技战略产业，是国家安全重要基石。这为我们认识能源发展与经济社会发展相协调打开了更大空间。因此，核电适应能源高质量发展，不仅要着眼能源转型发展全局，也要立足打造核工业大国重器的国家大局。研究对比各国能源战略，核电发展定位与国家战略、能源战略密切相关，不同战略下电属性或核属性的权重不同。俄罗斯是世界上较早利用核能的国家之一，兼顾核电和军用，其技术优势从苏联时期保持到现在，颇具战略眼光。法国长期坚持以核能为主的能源发展战略，有效缓解了能源安全问题，而且以较低电价支撑了国家经济发展。

我国核电产业发展基础较好，具备从全球视野、更有战略性的位置来谋划未来发展的条件。首先，我国是世界上少数几个拥有比较完整的核电工业体系的国家之一，关键设备和材料自主化、国产化取得重大突破。其次，我国投入商运的 46 台机组安全运行业绩突出，主要运行技术指标保持国际前列，在行业管理、安保与应急反应等方面积累了丰富经验。再次，核电产业链长，具有较强带动性。最后，我国核电“走出去”前景好，潜在的发展市场广阔。①

综上所述，适应能源高质量发展总要求，核电需要走出一条创新、协调、绿色、开放、共享之路，积极承担国家竞争力的基础性功能作用。一是核电是我国非化石能源供应体系的重要组成部分，对深度替代常规化石能源，持续优化能源供应结构具有重要作用，是我国打造绿色低碳、发展国际竞争力的重要方面。二是核电是高效满足能源需求、保障国家能源安全的战略选择。三是发展核电是提升我国装备制造业国际竞争力、发展和支撑我国核大国地位的重要支撑。四是核电可在“一带一路”建设中扮演重要角色，在开放条件下形成更大竞争力。五是在数字能源经济下对外广泛赋能带动社会各方，共享发展。

核电对加快绿色发展、保障国家能源安全、落实“一带一路”倡议、支撑我国核大国地位具有重要作用。随着清洁低碳、安全高效能源体系建设深入推进，核电发展机遇大于挑战。“十四五”乃至更长发展时期内，我国核电发展需要立足全球视野，着眼能源转型全局，在新发展理念下按照能源高质量发展要求，全面提升发展活力、创新力和竞争力。

第四节　新型计算机与智能传感器

一、新型计算机简介

当前高性能计算机的发展正在寻求新的模式，计算机体系结构面临着深刻的变革。传统的计算机体系结构由控制器、运算器、存储器、输入和输出五部分组成。包云岗等人 2007 年提出了 DSAG——网格化的可动态自组织的高性能计算机体系结构，就是在光互连模式下的网格计

① 参见冯献灵、薛广宇：《核电站工作原理及发展前景展望》，《产业与科技论坛》2021 年第 7 期。

算机。它打破传统计算机中 CPU 和内存紧耦合的布局，将 CPU、内存、硬盘等部件分离开来，然后将相同类别的部件组织在一起，形成一个对外提供特定功能的“超级部件”。DSAG 根据应用的计算模式和运行模式的需要，自动利用高速网络中独立的、网格化的功能部件动态组织成计算机系统，以最有效的资源组织方式来实现最佳的适合应用的体系结构。

2018 年，出现了一种新的基于双空间存储器的计算机体系结构。该体系结构通过硬件上的移位锁存器实现，可以随机访问 TB 存储空间中的数据，意在解决传统计算机体系结构记忆和存储的问题，改善了传统计算机体系结构内存容量小，当电源出现故障时数据容易丢失，当计算机断电时，存储在大容量存储器中的任何数据都不会丢失，但是访问速度很慢的现象。

新型计算机对网络基础设施也提出了新的需求，如安全性、高可用性、扩展性和灵活性等，以新型计算机网络应急通信系统为例，具体需求可以概括如下。

第一，高可用性。网络作为基础设施，应采用高可靠的产品和技术，充分考虑系统的应变能力、容错能力和纠错能力，确保整个网络基础设施运行稳定、可靠。

第二，高安全性。网络基础设计的安全性涉及的核心数据安全，应按照端到端访问安全、网络 L2-L7 层安全两个维度对安全体系进行设计规划，从局部安全、全局安全到智能安全，将安全理念渗透到整个数据中心网络中。

第三，开放性。数据中心网络建设要全面遵循业界标准，所推荐采用的设备、技术在互通性和互操作性上，可以支持网络系统的快速部署。

第四，可扩展性和灵活性。网络系统必须具备良好的灵活性及可扩展性，能够满足不断变化的应用需求。

第五，可管理性。网络系统覆盖整个数据中心，能否对其进行高效的管理和维护将直接影响业务系统的运作，因此需要采用智能管理技术实现网络监控和管理。

第六，统一性。数据中心的网络建设是基于大集中“一个整体”基础上考虑。全网采用统一的架构、策略部署，QoS 分类和设备形态，保证全网的可维护性。

随着科技的进步，各种计算机技术、网络技术飞速发展，计算机的发展已经进入了一个快速而又崭新的时代，计算机已经从功能单一、体积较大发展到了功能复杂、体积微小、资源网络化等。计算机的未来充满了变数，性能的大幅度提高是不可置疑的，而实现性能的飞跃却有多种途径。不过性能的大幅提升并不是计算机发展的唯一路线，计算机的发展还应当变得越来越人性化，同时也要注重环保等。

计算机从出现至今，经历了机器语言、程序语言、简单操作系统和 Linux 、Macos 、BSD 、Windows 等四代现代操作系统，运行速度也得到了极大的提升，第四代计算机的运算速度已经达到几十亿次每秒。计算机也由原来的仅供军事科研使用发展到人人拥有，计算机强大的应用功能，产生了巨大的市场需求，未来计算机性能应向着微型化、网络化、智能化和巨型化的方向发展。

未来新型计算机系统包括分子计算机、量子计算机、光子计算机、纳米计算机和生物计算机。

分子计算机体积小、耗电少、运算快、存储量大。分子计算机的运行是吸收分子晶体上以电荷形式存在的信息，并以更有效的方式进行组织排列。分子计算机的运算过程就是蛋白质分子与周围物理化学介质的相互作用过程。转换开关为酶，而程序则在酶合成系统本身和蛋白质的结构中极其明显地表示出来。生物分子组成的计算机能在生化环境下，甚至在生物有机体中运行，并能以其他分子形式与外部环境交换。因此，它将在医疗诊治、遗传追踪和仿生工程中发挥不可替代的作用。分子芯片体积大大减小，而效率大大提高，分子计算机完成一项运算，所需的时间仅为 10 微微秒，比人的思维速度快 100 万倍。分子计算机具有惊人的存储容量，1 立方米的 DNA 溶液可存储 1 万亿亿的二进制数据。分子计算机消耗的能量非常小，只有电子计算机的十亿分之一。由于分子芯片的原材料是蛋白质分子，所以分子计算机既有自我修复的功能，又可直接与分子活体相连。

量子计算机，早先由理查德·费曼提出，一开始是从物理现象的模拟而来的。可他发现当模拟量子现象时，因为庞大的希尔伯特空间使资料量也变得庞大，一个完好的模拟所需的运算时间变得相当可观，甚至是不切实际的天文数字。理查德·费曼当时就想到，如果用量子系统构成的计算机来模拟量子现象，则运算时间可大幅度减少。量子计算机的概念从此诞生。

量子计算机是一类遵循量子力学规律进行高速数学和逻辑运算、存储及处理量子信息的物理装置。当某个装置处理和计算的是量子信息，运行的是量子算法时，它就是量子计算机。量子计算机的概念源于对可逆计算机的研究。研究可逆计算机的目的是解决计算机中的能耗问题。量子计算机应用的是量子比特，可以同时处在多个状态，而不像传统计算机那样只能处于 0 或 1 的二进制状态。2014 年 1 月 3 日，美国国家安全局（NSA）斥资 8 千万美元研发用于破解加密技术的量子计算机。2022 年，美国国家标准与技术研究院（NIST）发布了量子计算机加密算法标准化草案，相关负责人表示，NIST 正计划在 2024 年完成四套种子方案的标准化，其中包括指导方针的制定，以确保新算法被正确和安全地使用。

据美国 IBM 公司科学家伊萨克·张介绍，量子计算机是利用原子所具有的量子特性进行信息处理的一种全新概念的计算机。量子理论认为，非相互作用下，原子在任一时刻都处于两种状态，称之为量子超态。原子会旋转，即同时沿上、下两个方向自旋，这正好与电子计算机 0 与 1 完全吻合。如果把一群原子聚在一起，它们不会像电子计算机那样进行线性运算，而是同时进行所有可能的运算，例如量子计算机处理数据时不是分步进行而是同时完成。只要 40 个原子一起计算，就相当于今天一台超级计算机的性能。量子计算机以处于量子状态的原子作为中央处理器和内存，其运算速度就像一枚信息火箭，在一瞬间搜寻整个互联网，可以轻易破解任何安全密码。

光子计算机是一种由光信号进行数字运算、逻辑操作、信息存贮和处理的新型计算机。光子计算机的基本组成部件是集成光路，要有激光器透镜和核镜。由于光子比电子速度快，光子计算机的运行速度可高达1万亿次。它的存贮量是现代计算机的几万倍，还可以对语言、图形和手势进行识别与合成。目前，许多国家都投入巨资进行光子计算机的研究。随着现代光学与计算机技术、微电子技术相结合，在不久的将来，光子计算机将成为人类普遍的工具。

纳米计算机是用纳米技术研发的新型高性能计算机。纳米管元件尺寸在几到几十纳米范围，质地坚固，有着极强的导电性，能代替硅芯片制造计算机。“纳米”是一个计量单位，一个纳米等于10^{-9}米，大约是氢原子直径的10倍。纳米技术是从20世纪80年代初迅速发展起来的新的前沿科研领域，最终目标是人类按照自己的意志直接操纵单个原子，制造出具有特定功能的产品。纳米技术正从微电子机械系统起步，把传感器、电动机和各种处理器都放在一个硅芯片上而构成一个系统。应用纳米技术研制的计算机内存芯片，其体积只有数百个原子大小，相当于人的头发丝直径的千分之一。纳米计算机不仅几乎不需要耗费任何能源，而且其性能要比今天的计算机强大许多倍。

20世纪80年代以来，生物工程学家对人脑、神经元和感受器的研究倾注了很大精力，以期研制出可以模拟人脑思维、低耗、高效的第六代计算机——生物计算机。用蛋白质制造的电脑芯片，存储量可以达到普通电脑的10亿倍。生物电脑元件的密度比大脑神经元的密度高100万倍，传递信息的速度也比人脑思维的速度快100万倍。其特点是可以实现分布式联想记忆，并能在一定程度上模拟人和动物的学习功能。它是一种有知识、会学习、能推理的计算机，具有能理解自然语言、声音、文字和图像的能力，并且具有说话的能力，使人机能够用自然语言直接对话，它可以利用已有的和不断学习到的知识，进行思维、联想、推理，并得出结论，能解决复杂问题，具有汇集、记忆、检索有关知识的能力。

二、智能传感器简介

智能传感器技术是一门正在蓬勃发展的现代传感器技术，它涉及微机械及微电子技术、信号处理技术、计算机技术、电路与系统、神经网络技术、传感技术及模糊控制理论等多种学科，是一门综合性技术。

目前，传感器经历了三个发展阶段：1969 年之前属于第一阶段，主要表现为结构型传感器；1969 年之后的 20 年属于第二阶段，主要表现为固态传感器；1990 年到现在属于第三阶段，主要表现为智能传感器。

智能传感器最初是 NASA 在开发宇宙飞船的过程中形成的。宇航员的生活环境需要气压、温度、微量气体和空气成分传感器，宇宙飞船需要加速度、姿态、速度位置等传感器，科学观测也要用大量的各类传感器。宇宙飞船观测到的各种数据是很庞大的，处理这些数据需要用超大型计算机。为了不丢失数据、降低成本，必须有能实现计算机与传感器一体化的小型传感器。因此实现数据处理由集中处理变为分散处理，避免使用超大型计算机，由此而产生了智能传感器。

智能传感器指具有信息检测、信息处理、信息记忆、逻辑思维和判断功能的传感器。相对于仅提供表征待测物理量的模拟电压信号的传统传感器，智能传感器充分利用集成技术和微处理器技术，集感知、信息处理、通信于一体，能提供以数字量方式传播的具有一定知识级别的信息。智能传感器是集成了传感器、致动器与电子电路的智能器件，或是集成了传感元件和微处理器，具有数据采集、转换分析甚至决策功能。智能化可提升传感器的精度，降低功耗和体积，实现较易组网，从而扩大传感器的应用范围，使其发展更加迅速有效。智能传感器最主要的特征是输出数字信号，便于后续计算处理。智能传感器的功能包括信号感知、信号处理、数据验证和解释、信号传输和转换等，主要的组成元件包括 AD 和 DA 转换器、收发器、微控制器、放大器等。

从结构上来讲，智能传感器是由经典传感器和微处理单元与相关电路构成，与模拟量传感器相比，智能传感器具有自校准功能、自补偿能力、数值处理功能、自诊断功能、信息存储、双向通信功能、记忆和数字量输出功能。

数据转换在传感器模块内完成。这样，微控制器之间的双向连接均为数字信号，可以采用可编程只读存储器（PROM）来进行数字补偿。智能传感器的主要特征是：指令和数据双向通信、全数字传输、本地数字处理、自测试、用户定义算法和补偿算法。

智能传感器主要基于硅材料微细加工和互补金属氧化物半导体（CMOS）电路集成技术制作。按制造技术，智能传感器可分为微机电系统（MEMS）、CMOS、光谱学三大类。MEMS 和 CMOS 技术容易实现低成本大批量生产，能在同一衬底或同封装中集成传感器元件与偏置、调理电路，甚至超大规模电路，使器件具有多种检测功能和数据智能化处理功能。例如，利用霍尔效应检测磁场、利用塞贝克效应检测温度、利用压阻效应检测应力、利用光电效应检测光的智能器件。

为满足各种智能化的应用需求，传感器类别非常多样化，例如，环境传感器、惯性传感器、模拟类传感器、磁性传感器、生物传感器、红外传感器、振动传感器、压力传感器、超声波传感器等。其中，以下传感器比较常用。

环境传感器，主要有气体传感器、气压传感器、温度传感器、湿度传感器等。气体传感器可以应用于空气净化器、酒驾监测器、家装中甲醛等有毒气体的检测器以及工业废气的检测装置等。随着人们对环境问题的重视，环境传感器的重要性越来越凸显，未来有很大的发展空间。

惯性传感器，主要应用在可穿戴产品上，比如智能手环、智能手表、VR 头盔等。通过惯性传感器来跟踪、识别佩戴者当天的运动量、消耗的卡路里及运动的效果。

磁性传感器，主要用在家用电器上，比如咖啡机、热水器、空调等，用来检测角度转了多少或者行程多少，通常显示在仪表盘上。此外，门磁和窗磁等方面采用的也是磁性传感器，机器人的智能化和精准度也需要磁性传感器做支撑模拟类传感器，主要应用在智慧医疗设备上，可以作为心跳、心电图等信号的输入，并将健康数据进行可视化的输出，让用户了解自身第一手健康、运动数据。

红外传感器，常应用于红外摄像头、扫地机器人等智能家居方面。

三、智能传感器的技术研究进展

一个真正意义的智能传感器应具有如下功能：（1）自校准、自标定和自动补偿功能；（2）自动采集数据、逻辑判断和数据处理功能；（3）自调整、自适应功能；（4）一定程度的存储、识别和信息处理功能；（5）双向通信、标准数字化输出或者符号输出功能；（6）算法判断、决策处理的功能。

智能传感器的发展可根据 MEMS 、CMOS 和光谱学分类研究。MEMS 、CMOS 是智能传感器制造的两种主要技术。

（一）MEMS

MEMS 传感器最早被应用于军事领域，可进行目标跟踪和自动识别领域中的多传感器数据融合，具有特定的高精度和识别、跟踪定位目标的能力。采用 MEMS 技术制作、集成了 AD 转换器的流量传感器已被应用于航天领域。要想实现智能化，需要集成 MEMS 传感器的功能以及信号调理、控制和数字处理功能，以实现数据与指令的双向通信、全数字传输、本地数字处理、自校准和由用户定义的算法编程。军用 MEMS 智能传感器的研究主要针对长距离空中和海洋的监视、侦察（包括无人机蜂群），已经可以通过智能传感器网络，实现对多地区多变量的遥感监视。

（二）CMOS

1.CMOS 传感器

CMOS 技术是主流的集成电路技术，不仅可用于制作微处理器等数字集成电路，还可制作传感器、数据转换器、用于通信的高集成度收发器等，具有可集成制造和低成本的优势。CMOS 计算元件能与不同的传感元件集成，制作成流量传感器、溶解氧传感器、浊度传感器、电导率传感器、pH 传感器、氧化还原电位（ORP）传感器、温度传感器、压力传感器、触控感应器等应用于各种场合的智能传感器。CMOS 触摸传感器和温度传感器的市场份额保持在 14%，并在近几年呈持续增长态势。采用 CMOS 技术制作、集成了 DA 转换器的溶解氧传感器已被应用于汽车领域。集成了收发功能的浊度传感器已被应用于生物医药领域。组合了 CMOS 成像器和处理电路的数字低光度 CMOS 成像器正在成为军事应用领域的主流成像器。

2.CMOS 与 MEMS 集成新技术

目前，关于集成智能传感器制作工艺的研究热点是与 CMOS 工艺兼容的各种传感器结构及其制造工艺流程。传感器和致动器（S&A）通常采用专用 MEMS 技术，因此，可以利用 MEMS 与 CMOS 的不同结合衍生出各种新集成技术平台。德州仪器公司的微镜就是超大规模 S&A 与 CMOS 在后 CMOS 工艺段结合的一个经典案例。若将 S&A 单片集成或异构集成在 CMOS 平台之上可以提高器件性能，减小器件与系统的尺寸，降低成本。

虽然国际上一些 S&A 技术达到很高的成熟度并且已经量产，但是 S&A 与 CMOS 平台的三维或单片集成仍然面临高量产和低成本的重大挑战，因而受到极大的关注。

3. 前沿领域中的新集成技术

基于碳纳米管（CNT）或纳米线等纳米尺度结构和纳米材料，可以实现更高性能的新集成技术和器件受到越来越多的关注。美国北卡罗来纳州立大学宣布了最新研究的多功能自旋电子智能传感器，将二氧化钒（VO_2）器件集成到硅晶圆之上，为下一代自旋电子器件铺平了道路。需要关注的技术还包括采用量子技术实现更高敏感性和分辨率的量子传感器，以及能够集成在手机芯片上的量子传感装置。

（三）光谱学

光谱学是一门涉及物理学和化学的重要交叉学科，通过测量光与物质相互作用的光谱特性来分析物质的物理、化学性质。精准的多光谱测量可以用于分析固体、液体甚至气体物品，只要有光就可以实现测量。光谱成像被广泛用于各种物体感测和材料属性分析。高光谱成像对图像中每个像素点进行光谱分析，可实现宽范围测量。美国 BANPIL 公司的多谱图像传感器能够对频谱范围为 0.3—2.5 μm 的超紫外光（UV）、可见光（VIS）、近红外（NIR）、短波长红外（SWIR）进行成像分析，目前已制成单片器件。

四、智能传感器的特点以及优点

智能传感器的特点是精度高、分辨率高、可靠性高、自适应性高、性价比高。智能传感器通过数字处理获得高信噪比，保证了高精度；通过数据融合、神经网络技术，保证在多参数状态下具有对特定参数的测量分辨能力；通过自动补偿来消除工作条件与环境变化引起的系统特性漂移，同时优化传输速度，让系统工作在最优的低功耗状态，以提高其可靠性；通过软件进行数学处理，使智能传感器具有判断、分析和处理的功能，系统的自适应性高；可采用能大规模生产的集成电路工艺和 MEMS 工艺，性价比高。

五、智能传感器的市场应用

传感器在市场应用方面，既可以助推传统产业的升级，例如传统工业的升级、传统家电的智能化升级；又可以对创新应用进行推动，比如机器人、VR/AR（虚拟现实 / 增强现实）、无人机、智慧家庭、智慧医疗和养老等领域。

（一）对传统产业升级的助力

1. 推动传统工业的转型升级

在工业领域，传统企业面临人力成本提高、市场需求下降等问题，传统企业开始从劳动密集型转向自动化、智能化。在整个转型中，传感器发挥着至关重要的作用，助力“中国制造”转向“中国智造”。

要提升工厂效能，需要在生产线上增加传感装置，进行产品、工序的全程追踪，同时利用机械臂、自动导航车系统等具有传感装置的设备加快生产速度、精度，全方位提升生产制造效率。

2. 助力家电行业的智能化升级

当前，如何寻找新的增长点、扭转业绩下滑的局面，是家电行业面临的一大考验。为此，传统家电企业开始将家电进行智能化升级，相继推出智能冰箱、智能空调、智能洗衣机、智能烤箱、扫地机器人等产品，满足用户对家用电器的个性化需求。

在智能家电的智能表现上，例如，智能洗衣机通过水位传感器实现洗衣机的智能化；智能烤箱则会通过温度传感器等实现简便、智能的烘焙体验；扫地机器人通过可调位移传感器做支撑，实现机器人的智能精准操作。家电产品种类繁多，今后对传感器也有多样性的需求，像运动类传感器、听觉类传感器、视觉类传感器、麦克风阵列、温度 / 湿度传感器等，大家电和小家电都会用到。因此，可定制的、参数可调的传感器将会更加有力地支撑家电产品的各种应用场景。

3. 有望为手机业带来转机

众所周知，全球手机业已经进入饱和状态。据国际知名市场调研机构 GFK 的调查，2016 年手机市场增长仅约 3.1%。手机业能否迎来转机，很大程度上取决于传感器的发展。

目前智能手机的功能还远未满足人们对手机的想象。借助传感器，手机可以变得更加人性化、智能化。比如，嗅觉传感器、味觉传感器，以及实现真正灵敏的运动追踪的磁性传感器，都可以使手机功能更加强大。

可以肯定地说，当各种类别的传感器达到成熟时，手机业将会出现新的发展契机。

（二）对创新应用的支撑

在传感器的创新应用中最为典型的是机器人、虚拟现实和增强现实、无人机等新型应用领域。

1. 虚拟现实和增强现实

当下，虚拟现实（VR）和增强现实（AR）可谓最为热门和最受关注的应用领域之一。这两项技术之所以如此吸引眼球，在于虚拟现实能够给人身临其境的感受，增强现实可以让人对现实的体验更加形象、强烈和直观。而这些感受，离不开传感器的支撑。在传感器的应用上，VR/AR 硬件会用到九轴陀螺仪、红外定位传感器、眼球追踪传感器以及手势识别传感器等，可以获取使用者的动作、姿态和加速度等信息。未来，还将会用到生物传感器。比如，子女去旅游时，在家里的老人搭配上带有生物传感器的体感设备，也能获得与子女旅游的同样体验。

VR/AR 已应用到游戏、体育、教育、旅游、影院、医疗等领域。随着 VR/AR 应用领域的不断延伸，传感器的应用需求将非常巨大。

2. 机器人

机器人，是一种可编程和多功能的操作机，或是为了执行不同的任务而具有可用电脑改变和可编程动作的专门系统，一般由执行机构、驱动装置、检测装置、控制系统和复杂机械等组成。谷歌旗下 Deepmind 公司研发的人工智能系统阿尔法围棋（AlphaGo）战胜国际围棋大师的事件，引发了全球对机器人的关注。在机器人内部，需要诸多传感器，包括对周围环境、对姿态的测试及人机互动方面。机器人需要用到大量、不同类别的传感器，并对传感器的性能也提出很高要求。机器人应用十分广泛，如养老产业、工业、服务业、教育业等。如果传感器做得好，机器人产业就可以迅速发展起来，并助力养老、工业等诸多领域的发展。

3. 无人机

无人机在短时间内得到快速发展。目前应用早就突破了 3000 万台，甚至俄乌冲突中也经常看得到无人机的身影。

在无人机的高度集成化和智能化中，传感器发挥着至关重要的作用。无人机中会应用到陀螺仪、红外、超声、激光、摄像头、气压、地磁等传感器，从而实现无人机技术化的平稳控制和辅助导航，以及人性化的避障、识别、跟踪等智能控制。

六、智能传感器未来发展及应用趋势

智能传感器代表新一代的感知和自知能力，是未来智能系统的关键元件，其发展受到未来物联网、智慧城市、智能制造等强劲需求的拉动。智能传感器通过在元器件级别上的智能化系统设计，将对食品安全应用和生物危险探测、安全危险探测和报警、局域和全域环境检测、健康监视和医疗诊断、工业和军事、航空航天等领域产生深刻影响。

智能化、微型化、仿生化是未来传感器的发展趋势。目前，除了霍尼韦尔、博世等老牌的传感器制造厂商外，国外一些主流模拟器件厂商也进入智能传感器行业，如美国的飞思卡尔半导体公司（Freescale）、模拟器件公司（ADI），德国的英飞凌科技有限公司（Infineon），意法半导体公司（ST）等。这些公司的智能传感器已被广泛应用于人们的日常生活中，如智能手机、智能家居、可穿戴装置等，在工控设施、智能建筑、医疗设备、物联网、检验检测等工业领域发挥着重要作用，还在监视和瞄准等军事领域有广泛的应用。

军事应用的强烈需求不断拉动传感器技术的进步与变革。CMOS、硅微细加工、MEMS 主流技术是传感器智能化的主要实现手段和传感器数据融合的硬件基础，也是实现低成本的有效途径。

第一，传感器数据融合。数据融合将来自多个传感器或多源的信息进行综合处理，得到更为准确、可靠的信息或结论。例如，无人机等装备电子系统就必须对来自红外、视频和位置传感器的数据进行融合。数据融合要求传感器具备高控制计算能力和小型化。

第二，战场监视和瞄准传感器。根据传感器的研究，美国国防部将战场监视和瞄准传感器划分为几大类。基于 MEMS、CMOS、光谱学技术制作的传感器主要包括：（1）监视和电子情报智能传感器，在航空航天的应用是环境检测、安全和地球观测服务，并涉及对水下舰船、智能电子装置（ED）、鱼雷和导弹的探测和跟踪，视频监视用于关键基础设施保护；（2）转动炮塔等武器的准确定位以及在特定高度上确保火力精度的智能传感器；（3）多功能军用智能传感器的集成器件，满足军事应用对传感系统快速感知、操作、响应的要求。

第三，航天应用传感器。一台中型规模的航天飞行器约有数百个传感器，需要向智能传感器发展。在空间应用的传感器有抗辐射加固等特殊要求，比其他军用领域的要求更为苛刻。将陆地智能传感器发展到航天应用领域是重要发展途径。遥感传感器可将电磁技术应用于信息采集的重要技术领域。不同的遥感传感器工作在不同的电磁频谱范围。表 21 列出了应用于科学、地球观测和气象预报任务的典型遥感传感器。

表 21　空间遥感传感器一览表

传感器类型	典型应用
有源传感器	军事
可视相机	制图、科学、气候、侦察
红外相机	制图、科学、气候、侦察（受云层影响较小）
微波、辐射计	海洋和大气研究
望远镜	航天器
无源传感器	太空探测
雷达	地球资源
声响探测传感器	大气研究

第四，智能传感网。美军智能传感网（SSW）的发展明显受到传感器、MEMS 和 CMOS 等技术发展的推动，拟实现微小化、智能化、网络化分布式和传感器信息融合，能够为更低级别层面的战士提供增强的

态势感知手段。这一应用领域涉及种类繁多的传感器。数字化信息可以在单个传感器上完成初级处理，图像/信号处理功能能够帮助发现目标并识别和分类处理。智能微尘等先进智能传感网可以散布到战场的各个角落，功耗低、隐蔽性强，具有自主性和自动化功能，能自我感知、持续学习，甚至能够对目标自动进行探测、跟踪和分类，并进行网络化通信。

七、智能传感器的发展建议

随着智能化时代的逐步临近，智能传感器将成为未来智能系统和物联网的核心部件，是一切数据采集的入口以及智能感知外界的前端，随着人工智能技术不断地发展和成熟，其重要性将日益凸显。然而，传感器产业基础与应用两头依附、技术与投资两个密集、产品与产业两大分散的特点，导致我国传感器产业整体素质参差不齐，“散、小、低、弱、缺芯”的状况十分突出。缺乏核心技术，与国际差距更加明显。国内对传感器与 CMOS 控制处理芯片混合集成或者单片集成技术虽有研究，但具有影响力的研究还不多见。结合我国国情，以及当前智能传感器的发展趋势，提出如下发展建议。

（一）传感器走向集成化

为了开辟更为广阔的发展空间，MEMS 传感器开始走向集成化。目前，一些企业开始开发集成传感器，比如将麦克风与气压传感器进行集成，将气压传感器与温湿度传感器进行集成，将麦克风与温湿度传感器进行集成等，传感器集成化有几个优势：一是实现产品功能更加强大，满足多样化需求；二是成本优势，1 个集成传感器比 2 个单独的传感器更加具有成本优势；三是降低尺寸，可以满足更多可穿戴式智能产品的发展需求。

（二）无线能量采集

传统传感器存在诸多制约因素，最为突出的是供电方式。传统传感器主要通过电池或电力线供电，这种供电方式除了存在布设成本外，还会有定期维护和更换成本。此外，可穿戴产品的大小也对传感器的尺寸提出了更高要求。

对此，无线能量采集成为传感器的下一个发展方向。无线能量采集技术，是指把环境中的能量，比如光、动能、热能等转换成电能来给系统供电的技术，实现传感器的自供电，这样传感器可以被安置在任何地方，也可以减少更换和维护的成本。目前，已有国外企业推出相应的解决方案，并表示传感器能够持续工作达 10 年以上。今后，随着应用的不断推进，传感器还会与人工智能技术相结合，传感器将不是一个冷冰冰的器件，而是一个更加智能、更有温度的产品。

（三）算法和方案

随着细分应用需求的增多，传感器之上的软件算法和方案重要性越来越凸显，在算法上，比如生物传感器在医疗健康产业上的应用。在心电算法上，除了心率、心脏负荷率、压力、睡眠指数等，还包括通过 FDA 认证的医疗应用。

此外，依托传感器的解决方案开始不断推出。一些传感器企业开始提供检测身体健康状况的解决方案，并与保险公司进行合作。具体而言，健康设备中的传感器可以监测出用户的身体状况，保险公司将这些健康设备赠送给用户，从而获得用户的健康信息，并根据健康数据来设定用户参保的额度，从而降低保险公司的损失，并实现利益最大化。

（四）中国传感器产业要抓住历史机遇

传感器行业入门门槛高、壁垒高，投资大、风险大。在传感器领域，全球具有原创力、产品体量大的国家主要集中在美国、德国、意大利和法国。

相比之下，中国传感器产业存在一些不足，在传感器核心技术积累如材料、设艺方面严重缺失。MEMS 企业规模相对较小，拥有完全核心自主设计和 IP 的 MEMS 企业年销售额都未超过 1 亿美元，MEMS 制造端的产业链成熟度不高，产学研结合的平台相对不成熟。

随着智能时代的出现，传感器产业恰逢一个难得的历史机遇。抓住这一历史机遇，传感器将会迎来一个新的发展高度。对中国传感器产业而言，担负着重大的责任，也面临着重大的挑战。为此，中国需要在以下方面寻找突破口：提高传感器精度，提高小批量、低成本量产能力，多材料复合技术，电池技术和无线无源传感器、封装测试设备和系统、加工设备和耗材国产化等。同时，建立智能传感器产业大生态圈，不仅需要有器件，而且需要有测试、加工等环节。通过强大产业生态圈，提升中国智能传感器产业水平。

第五节　高速轮轨与磁悬浮

改革开放 40 多年，我国经济水平取得了巨大的发展，GDP 总量从 1978 年的 3678.70 亿元增长到了 2022 年的 121 万亿元。高速发展的经济水平要求交通运输的迭代升级，交通运输的不断进步又进一步促进经济的发展，日新月异的时代如何确保国家发展不被交通掣肘而依旧勇立潮头？官方民间都在积极建言献策，其中不乏“奇思妙想”：联想到日渐拥堵的城市交通，倘若于半空建立通道连接市区各个高楼，使之成为“空中交通网”，通道之中可行驶车辆，亦可来往行人，一来充分利用建筑的高度优势发展新型交通，二来也缓解了地面交通。细思此类妙想不无道理，实为有趣，百年之后出现在神州大地也不无可能。正如这一节的主题、数百年前同为幻想、如今已成为现实的高速交通——高速轮轨和磁悬浮一般，未来发展不可估量。

交通运输是指在国民经济中，专门从事运载货物以及承载旅客的社会生产、服务部门。它将社会生产、交换、分配、消费等环节紧密联系起来，保证了社会经济的稳定发展，在国民经济中的地位可谓举足轻重。交通运输是基础性产业：有了各种“路”才能把发展所需的人、财、物输送过来；交通运输是先导性产业：交通便捷了才利于布局发展；交通运输是战略性产业：各种国家、地方发展计划的实施将优先考虑当地的交通发展情况。由此说来，交通运输业（包括公路、铁路、空运、水运等运输部分）是经济社会发展的重要支撑和强力保障。

铁路在经济发展中的地位，可以用国民经济的大动脉来形容。改革开放初期，我国铁路网里程仅5.17万千米，截至2021年底，全国铁路营业里程已达到15.07万千米，其中高铁里程达到4.2万千米，预计2025年铁路网规模将达到17.5万千米。如今国家的发展进入新时代，高铁覆盖了大多数百万人口城市，高速铁路的兴建具有重要意义。

加快发展高速铁路是必然选择。首先，我国正处于经济社会持续快速发展的重要时期，铁路发展“瓶颈”制约矛盾非常突出。铁路的发展赶不上国民经济增长的速度，由此导致一些难以调和的矛盾。春运就是一个例子，熙熙攘攘、摩肩接踵的人群，一票难求、一车难求的铁路市场年年都是热议的话题。这就是制约性的矛盾，短期内爆发的大量需求无法舒缓地解决。其次，我国正处于工业化加快形成的重要时期，铁路运输能促进工业生产总值提高、优化工业结构、调整工业布局，目前来看，我国的铁路运输还远远不能适应工业化发展的迫切要求。我国也正处在统筹城乡和区域发展、可持续发展的关键时期，铁路网布局难以适应城乡和区域发展以及综合交通运输体系建设的迫切要求。

要解决上述矛盾，落子于大力建设发展高速铁路是一步“妙棋”。高速铁路的广泛应用将显著改善交通条件：在时间就是金钱的时代，高速铁路以速度快、舒适、换乘方便、安全等优点赢得了广大人民群众的青睐。拉动经济增长：我国幅员辽阔，地形复杂，经济、资源分布不均衡造成了不少经济欠发达地区，高铁路网的布置将会对这些欠发达地区的经济发展起到助推和均衡的作用，带动投资开发，加快城市化的进程，也将促进交通经济带的形成。带动产业升级：高铁的兴建能拉动制造业等多方产业的升级和结构调整，以及产品的迭代更新。此外还具有军事意义：四通八达的高铁网将在战时有效实现部队的快速反应、远程投送、后勤补给等目标。

高速轮轨与磁悬浮是高速铁路的分支，也是本节讨论的重点内容。高速轮轨不用过多说明，就是如今广泛投入运营的“中国高铁”，采用的是轮轨技术，可以简单理解为以高速运转的车轮与轨道接触的技术。而磁悬浮则是以无接触的磁力支承、磁力导向和线性驱动系统组成的，简单来说就是利用“同名磁极相互排斥，异名磁极相互吸引”原理使列车悬浮起来的技术。

要讲高速铁路就要从铁路的历史说起。1814 年，英国人史蒂芬孙成功制造了第一台由蒸汽作动力的火车机车，11 年后的一天，史蒂芬孙驾驶着由机车、煤水车、32 辆货车和 1 辆客车组成的载重量约 90 吨的“旅行”号列车驶过了 31.8 千米的路程，这就是世界上第一条成功铺设的蒸汽火车铁路——英格兰的史托顿与达灵顿铁路，很快铁路就在各地流行起来，世界由此进入“铁路时代”。此后的很长一段时期，铁路运输成为各国的交通运输骨干，到了 20 世纪 50 年代，公路运输和空中运输快速发展，远距离运输被航空排挤，近距离运输又有公路相争，再加上速度不再领先，铁路运输一度显示出倾颓的趋势，甚至陷入了“夕阳产业”的被动局面。直到 20 世纪 70 年代才迎来了转机，这个时期受能源危机、环境污染等问题的困扰，人们又认识到了铁路的重要价值，也就是在这一时期出现了高速铁路，并依赖其速度快、运能大、能耗低、污染轻等一系列的技术优势适应了时代的要求。

第一条高速铁路兴建于日本。20 世纪 50 年代，日本社会经济全面复苏，高速发展，进入战后复兴的阶段。而铁路建设的发展一度成为经济的阻碍，举例来说，从日本东京开往日本大阪的最重要的东海道干线列车单日开行量超过了 200 列次，这已经是列车承载能力的极限了，然而这仍无法满足经济发展的需求。此时的日本还要于 1964 年举办东京奥运会，到 1970 年还有大阪世博会，可想而知，到那时客运量猛增，靠这样的运载能力是极为窘迫的。幸好此时铁路技术上的进步提供了解决这个难题的可能性。追溯到 1951 年，此时日本的铁道技术研究院实现了在中等距离长度上列车的电动车化；6 年 5 个月后，又宣布了一项重大研究成果，“在东京大阪间新建标准轨距线路、采用电动车组编列方式、最高速度达 250km／h 、运行时间缩短到 3h 是可以实现的”。政府研究决定于 1958 年 12 月正式批准上马东海道新干线工程，于次年 4

月开工建设[1]。三年多后的 1962 年 4 月就建成了长约 37 km 的试验线路，经过一系列的高速运行实验以及列车投入运营所必需的准备工作之后，东海道新干线于 1964 年 10 月 1 日正式投入运营，当时的最高运行速度达到了 210 km/h，被日本社会称为“经济起飞的脊梁”。

在东京奥运会期间正式投入使用的东海道新干线高速铁路全长 515.4km，这已经是当时世界上最为先进的铁路，在 1964 年投入运营之初，每天即可输送旅客逾 6 万人次，到了 1974 年输送旅客数翻了数倍，达到惊人的 34 万人次。高速铁路的出现为日渐衰落的铁路行业带来了新的曙光，人们的注意力渐渐回落到了铁路上面，而日本东海道新干线无疑对世界铁路的高速化产生了巨大的影响。

此后的日本着力于铁路高速化的研究，研发出了 0 系、100 系列车。而 1990 年投入使用的 300 系新干线列车成为日本高速铁路技术进步的代表。300 系列车采用了新的牵引系统：交流非同步牵引电机和变频变压（VVVF）控制系统相结合，以及采用轻质铝合金整体车体和无摇枕转向架，大大减轻了列车的重量。此外，还采用优点众多的动力分散型，此种方式主要有以下优点：不设火车头，增加了运载空间；制动可再生，就是在制动时可将牵引电机用作发电机，所产生的电能通过集电弓返回到接触网，达到高效利用；列车车轴使用可以增加黏着力的动力车轴。该型列车的优点主要是车体轻巧、噪声轻微、可靠性高。德国研究高速化列车时就吸收了该型列车的长处研制出了著名的 CE3 型列车。

谈高铁不得不说“中国高铁”。“中国高铁”的发展历程可以用“曾经是个笑话，现在成为神话”来形容。“马拉火车”的荒诞场景真实出现在晚清。2003 年，铁道部提出“推动中国铁路跨越式发展”的总战略。2007 年，第六次铁路大提速开展，自此之后，中国转向高速客运专线的建设。现如今，“八纵八横”高速铁路网已在我国广袤的大地上铺展开来。

① 参见卢乃宽：《高速轮轨和磁悬浮技术在世界轨道交通运输体系中的发展》，《中国铁道科学》2003 年第 6 期。

由于空气阻力与速度的二次方成反比，高速轮轨的最高速度受限制，达到一定高度后提升空间很小，因此世界各国都将研发高速轮轨的注意点放在其他方面，如节约能源、降低轨道噪声、降低列车运行生命周期成本以及其他全方位的比较上。也正是出于这个考虑，在后高铁时代，人们也试图研发其他的高速交通工具。磁悬浮技术可以说是后高铁时代的代表性技术。日本早在 1962 年就开始研究常导磁悬浮线路，后来发现超导技术发展得很快，转而于 20 世纪 70 年代研究超导磁悬浮线路。

说到这里，有人可能产生疑问，什么是常导？什么是超导？通俗来讲，我们说磁悬浮列车就是采用悬浮技术，利用电磁铁同性相斥、异性相吸的原理，实现对列车的浮起、推进和导向。磁悬浮技术诞生之初，按是否使用超导电磁铁，有两个方向——电磁悬浮技术和电力悬浮技术，这就是常导和超导。电磁悬浮系统（EMS）是一种吸力悬浮系统，是结合在机车上的电磁铁和导轨上的铁磁轨道相互吸引产生悬浮。而超导磁悬浮列车的最主要特征就是其超导元件在相当低的温度下所具有的完全导电性和完全抗磁性。因此，磁悬浮列车与轮轨列车的最大区别就在于与轨道无接触，列车是悬浮起来的。普通列车的工作原理是依靠钢轨与钢轮之间的黏着力向前推进，运行速度越高、黏着力越小，列车的牵引力就会越小，阻力也会受速度增大而增加，极大限制速度的提升。磁悬浮既然没有接触，也就不存在黏着速度，自然就会有很大的提速空间。超导磁悬浮的悬浮高度要高于常导磁悬浮，所以对轨道精度的技术精度要求要低一些。在磁辐射方面，超导产生的辐射对人体有害，需要进行屏蔽，而常导则不需要屏蔽。

我国对磁悬浮技术进行有计划的研究是在 20 世纪 90 年代开始的，最初的目标是研制低速列车。中国科学院电工所等多家单位参与研制出了小型实验样车。世界上第一条商用磁悬浮线路就是我国于 2006 年 4 月 27 日开通运营的上海磁悬浮，西起上海轨道交通 2 号线的龙阳路站，东至上海浦东国际机场，专线全长 29.863 千米，运营速度达到 430km/h，轨道全线两边 50 米范围内装有先进的隔离装置。磁悬浮列车的车窗是透光率较高的高质量玻璃，对乘客的乘坐体验与安全有很高的保障。同年 3 月 13 日，国家发改委正式宣布，京沪高速铁路和沪杭磁浮项目双双获得批准，标志着中国开始迈向高速轨道交通时代。如今，我国已研制出独立于常导和超导之外的第三种磁悬浮技术——永磁补偿悬浮，它利用特殊的永磁材料，不需要电力支持就可以悬浮列车。我国磁悬浮技术虽然起步较晚，但是发展很快，2016 年自主设计、制造、施工、管理的中低速磁悬浮——长沙磁浮快线建成，标志着我国磁浮技术实现了从研发到应用的全覆盖，我国成为世界上少数几个掌握该技术的国家之一；2017 年北京磁浮线开通；设立广东清远磁悬浮旅游专线……此外还有多条规划建设的线路，如杭州钱江世纪城磁悬浮轨道项目、京沪磁悬浮高速铁路工程、新疆乌昌磁悬浮项目、山西转型综合改革示范区磁浮 Z3 线等。

接下来讨论一下高速轮轨和磁悬浮的主要性能，并不区分优劣。

加速度：磁悬浮列车的加速能力要大于轮轨列车，这主要是因为磁悬浮列车不受黏着力的限制。磁悬浮列车的加速度能够一直持续，甚至到达最高速度，不过出于乘客的舒适性和安全性考虑，最高加速度一般不会超过 4.55 km /h /s。而对于轮轨列车，速度提高，黏着系数会随之下降，阻力会随之升高。黏着下降，牵引下降，便会造成加速度无法稳定在高水平，因此磁悬浮达到最高速度所需的距离也更短。

最高速度：磁悬浮的最高速度理论上可以赶上飞机，最高速度已经超过了 600 km /h，考虑到地面人口稠密、环境复杂等因素，实际运行中的最高速度在 550 km/h 上下，只是我国也不必追求最高的速度，从北京到上海如果采用 500 km/h 的速度只需逾两个小时即可到达。轮轨列车在最高速度问题上稍显逊色，尽管也在测试中达到过 574 km/h 的成绩，但无法多次实现，商业运行的速度也低于磁悬浮列车。

线路建设成本：总的来说磁悬浮列车的成本要高于高速轮轨，磁悬浮列车所需桥梁主要需要混凝土梁、柱，似乎低于高速轮轨所需成本，然而磁悬浮线路需要在桥梁下方安装线圈，这是一个较高的成本。另外，悬浮要保持 10mm 的间距，这就对桥梁刚度提出了高要求，桥梁变形引发的挠度需要控制在极小的范围，这也变相提高了造价。此外，磁悬浮线路的运行完全依靠线下控制中心，运行控制成本也会更高。只有通过山区隧道或者高架桥时二者的建设成本才是接近的。虽然磁悬浮线路的选取比较有优势，可以节省高桥墩和隧道，但是这种绕行产生的轨道成本也是一笔不小的支出。

噪声：相比于轮轨噪声的多种来源（车体、车轮的空气动力学噪声；电机风机以及其他机械噪声；轮轨之间接触噪声；轨道和接触面板的振动噪声等），磁悬浮列车的噪声来源比较单一，主要就是车体噪声。中低速运行时，磁悬浮列车的噪声明显小于轮轨列车，甚至混杂在城市交通使人无法察觉。然而高速运行时二者基本上就没有了区别。噪声的评价体系比较复杂，不再赘述，值得注意的是，噪声提高对人造成的影响要比数字看上去大得多，如果超过一定标准是需要加装隔音板的。

截至 2021 年底，中国磁悬浮线路（含已运营、在建、规划）已达 23 条，超 1300 千米。相比于"中国高铁"的遍地开花，磁悬浮技术虽然也应用于不少地市，但还不算大规模的投入使用，这主要有以下几个原因。

造价问题。磁悬浮列车造价高昂，这在早期极为明显，例如全长 29.863 千米的上海磁悬浮线路每千米造价 2.98 亿元，几年后开工建设的京沪高铁每千米造价仅为 1.3 亿元。发展到今天仍然比轮轨贵了一大截。

兼容性问题。这点好理解，毕竟磁悬浮和轮轨所使用的轨道不同，既有铁路网不兼容，不能跨线安排列车，轨道也不能接入国家铁路网络，联系到中转换乘，比较影响使用效率[①]。

技术稳定性。这主要是考虑到如何使"原产"于德国的磁悬浮全面适应中国环境的稳定，气候、温度、湿度上都要适应建设场地，防止出现安全事故。陆地交通工具克服惯性主要靠轮子制动，万一突然停电，磁悬浮怎么办？摩擦着停下来是很危险的，现有的方法是机械臂锁死轨

① 参见吴丹：《高速磁悬浮列车运行控制与传统轮轨列车运行控制的比较》，《交通运输系统工程与信息》2003 年第 4 期。

道强制停车，总的来说还是比轮轨危险得多。

既然我国现如今已有了 23 条磁浮线，那就说明一定有过人之处，比如没有摩擦、节能环保、两倍高铁速度。再比如凤凰县政府看中了绿色、安全、无摩擦、低噪声的优势，在有效解决当地交通问题的同时还能将线路自身融入景区的一部分，便有了已建成的凤凰磁浮文化旅游项目。云南省认为高速磁浮适应地形能力强、对沿线周边及景区环境影响细微、选线也灵活，乘坐舒适，于是有了规划中的高速磁浮式昆（明）丽（江）高铁。

回顾我国新型交通工具的发展，“高磁之争”自 20 世纪 90 年代提上日程至今已 30 多年，“高速轮轨派”势头正盛，“磁悬浮派”也大放异彩。随着我国进入高质量发展阶段，人民对交通的要求越来越高，业已领先的高铁是否会被磁悬浮迎头赶上？一些此时看似天马行空的遐想又是否会诞生新的技术？相信未来会告诉我们答案。

第六节　无人机与无人驾驶技术

一、无人机技术

（一）什么是无人机

无人驾驶飞机简称“无人机”，英文缩写为“UAV”，是利用无线电遥控设备和自备的程序控制装置操纵的不载人飞机，或者由车载计算机完全地或间歇地自主地操作。与有人驾驶飞机相比，无人机往往更适合执行那些太“愚钝、肮脏或危险”的任务。无人机按应用领域，可分为军用无人机与民用无人机。军用方面，无人机分为侦察机和靶机。民用方面，无人机 + 行业应用，是无人机真正的刚需；在航拍、农业、植保、微型自拍、快递运输、灾难救援、观察野生动物、监控传染病、测绘、新闻报道、电力巡检、救灾、影视拍摄等领域的应用，大大地拓展了无人机本身的用途，发达国家也在积极扩展行业应用与发展无人机技术。

（二）无人机的分类

目前无人机是如何进行分类的？其实，现在无人机类型的划分并没有统一的标准，以用途作为划分无人机的标准，是比较常用的做法。按照用途分类，无人机可以分为军用无人机和民用无人机，目前超过70%的无人机用于军事。其次是从技术角度划分，将无人机分为六大阵营，分别是无人直升机、固定翼无人机、多旋翼无人飞行器、无人飞艇、无人伞翼机、扑翼式微型无人机。

无人直升机：一般这类无人机是靠一个或者两个主旋翼提供升力。如果只有一个主旋翼的话，还必须有一个小的尾翼抵消主旋翼产生的自旋力。优点是可以垂直起降，续航时间比较一般，载荷也比较一般，但结构相对来说比较复杂，操控难度也较大。

固定翼无人机：固定翼，顾名思义，就是机翼固定不变，靠流过机翼的风提供升力。跟我们平时坐的飞机一样，固定翼无人机起飞的时候需要助跑，降落的时候必须滑行。但这类无人机续航时间长、飞行效率高、载荷大。

多旋翼无人飞行器：由多组动力系统组成的飞行平台，一般常见的有四旋翼、六旋翼、八旋翼……甚至更多旋翼。多旋翼机械结构非常简单，动力系统只需要电机直接连桨就行。优点是机械简单，能垂直起降，缺点是续航时间最短，载荷小。

无人飞艇：飞艇是一种轻于空气的航空器，它与热气球最大的区别在于具有推进和控制飞行状态的装置。这类飞行器是一种理想的空中平台，可用来空中监视、巡逻、中继通信、空中广告飞行、任务搭载试验、电力架线，其应用范围是广泛的。

无人伞翼机：一种用柔性伞翼代替刚性机翼的飞机，伞翼大部分为三角形，也有长方形的。伞翼可收叠存放，张开后利用迎面气流产生升力而升空，起飞和着陆滑跑距离短，只需百米左右的跑道，常用于运输、通信、侦察、勘探和科学考察等。

扑翼式微型无人机：这类飞行器是从鸟类或者昆虫启发而来的，具有可变形的小型翼翅。它可以利用不稳定气流的空气动力学，以及肌肉一样的驱动器代替电动机。在战场上，微型无人机特别是昆虫式无人机，不易引起敌人的注意。即使在和平时期，微型无人机也是探测核生化污染、搜寻灾难幸存者、监视犯罪团伙的得力工具。

（三）无人机的发展历程

我们把无人机的发展历程分为三个时期：萌芽期、发展期和蓬勃期。

1. 萌芽期

1914 年，英国将军卡德儿和皮切儿最早提出“无人机”一词，他们设想能否有这样一种无人驾驶的飞机：能够装上弹药，朝着敌军的某一目标攻击，既能达到制胜的目的，又能减少人员的伤亡。直到 1927 年，A.M. 洛教授在英国的“堡垒”号军舰上成功试飞了其研制出的无人机，这架“喉”式单翼无人机问世，举世轰动，宣告人类从此拉开了无人机作战的序幕。英国因此把无人机的研制发展作为军事技术的一个重点，大力加以扶持。

1931 年，英国成功研制了“费利皇后”无人靶机，在一次海军舰队演习时，“费利皇后”无人靶机不仅成功躲开了空军的火力打击，而且飞行两小时仍然未被击中。这次演习验证了无人靶机在军事领域具有较强的实用性，此无人机是英国历史上第一架军用无人机。

2. 发展期

1986 年，据美国海军介绍，于 1986 年 12 月首飞的先锋系列无人机为战术指挥官提供了特定目标以及战场的实时画面，执行了美国海军“侦察、监视并获取目标”等各种任务，并首次投入实战。

2004 年，RQ−7B 幻影被美国陆军和海军陆战队用于伊拉克和阿富汗战场。这个系统能够定位并识别战术指挥中心 125 千米之外的目标，让指挥官的观察、指挥、行动都更加敏捷。

2005 年，火力侦察使用的是一种无人直升机，它可在任何能够起降飞行器的战舰上自行起飞并且在非预定地点着落，由美国军方于 21 世纪初开发。

3. 蓬勃期

2006 年，影响世界民用无人机格局的大疆无人机公司成立，先后推出的精灵（Phantom）系列无人机，在世界范围内产生深远影响。该公司研制的 Phantom 2 vision+ 还在 2014 年入选《时代》杂志。

2009 年，美国加州三维机器人（3D Robotics）无人机公司成立，这是一家最初主要制造和销售 DIY 类遥控飞行器的相关零部件的公司，在 2014 年推出 X8+ 四轴飞行器后声名大噪，成长为与中国大疆相媲美的无人机公司。

2014 年，一款用于自拍的无人机 Zano 诞生，曾经被称为无人机市场上的 iPhone。该机在众筹平台上筹款 340 万美元，获得超过 15000 多人的支持。随着科技的不断进步，无人机到现在一直都是发展上升时期。

（四）无人机在各行各业的应用

无人机最先从军事领域发展起来，如今日渐在民用领域发挥着越来越大的作用。民用无人机是从 20 世纪 80 年代开始起步的，与军用无人机的百年历史相比，要短得多。除了个人娱乐外，“无人机 + 行业应用”是真正的刚需。在民用方面，近年来，我国无人机技术弯道超车，已处于世界领跑水平，在各行各业发挥着重要的作用。

1. 灾害及医疗救治服务

2021 年 7 月，河南洪涝灾害告急。我国大型救灾无人机“翼龙 -2H”紧急出动，表现出色。救灾过程中，巩义市米河镇多个村庄通信中断，应急管理部紧急调派无人机空中应急通信平台，历时 4.5 小时的跨区域长途飞行，抵达通信中断区，利用无人机搭载的移动公网基站，实现了约 50 平方千米范围内约 5 小时的稳定连续移动信号覆盖，打通了应急通信保障的生命线，网友直呼：“这就是中国速度！”除此之外，当地面运输工具因特殊原因无法展开救援时，无人机可以快速运输药品、血液、逃生物资等紧急物品，快速对灾区空气和地表实施高效病菌灭杀作业，随时随地进入灾区进行侦查和探测。无人机还可以挂载探照灯，帮助搜救人员在黑夜里找到等待救援的灾民，或者在火场附近高温、高湿环境下进行勘察作业，帮助勘察火势及人员被困情况，为消防搜救提供及时的现场信息，争取最佳的救援时机。

2. 航空摄影与表演

航拍无人机是民用无人机当中最为常见的一个种类。如今，专门用于航拍的无人机可以实现“360 度无死角拍摄”，在事件记录、新闻报道和宣传片制作等方面正在发挥着越来越重要的作用。高性能的航拍无人机在提供稳定高效的画质方面，已经开始取代航拍直升机的角色。影视行业使用无人机的成功案例比比皆是，无论是综艺节目，还是电影大片，都有无人机的踪影。自 2012 年开始兴起的航拍纪录片，如《航拍中国》等，更是让航拍无人机的应用水平提升到了一个新的高度。

无人机不仅能被用来记录精彩时刻，成百上千架无人机编队本身就能呈现出动感立体的表演。通过编程，无人机编队能达到“不是烟花，胜似烟花”的效果。2021 年 6 月 30 日晚，1000 架无人机在广州完成了一场壮丽的灯光秀。表演的第一幕是无人机组成的广州中共三大会址纪念馆；随后，天空中出现紫荆旗和莲花旗，象征 1997 年香港回归和 1999 年澳门回归；然后是北京鸟巢与五环图案、神舟十二号载人航天飞船和“七一勋章”图案；最后是光芒璀璨的数字“100”图案，再现中国共产党的百年奋斗路，为党的百年华诞献上祝福，惊艳广州夜空。

3. 服务于农业与植物保护

2021 年 8 月，北京市针对京西稻、玉米和樱桃开展无人机飞防及专业化统防统治作业。此次飞防不仅仅使用了生物药剂，还首次采用无人机释放天敌昆虫——将装好卵卡的防水蜂巢均匀地放置在点位上。农用植保无人机喷药作业则在距离作物 1.5 —2 米的上方飞行，依靠螺旋桨下压风场进行药品播撒，几乎不受地形影响，也不需要预留通道，可以极大地提高施药效率，还能减少药品用量，提高药品利用率。除此之外，无人机还能帮助修复“地球之肾”——湿地。2021 年 3 月，上海一家公司利用大疆植保无人机，成功将 1200 万颗海三棱藨草种丸撒入浙江嘉兴平湖市白沙湾海堤附近，助力湿地修复。滨海湿地滩涂面积大，如果用人工播撒，一是效率低且压力不够，播下去的种子容易被潮水冲刷带走；二是人工行走不便，容易留下脚印。无人机可以定点、定时播撒，将草种精确“射”入滩涂泥面，其效率是人力的 50 倍。使用无人机播种 5 个月后，这里的海岸线已然形成一条岸美、滩绿的生态化景观带。

4. 管道与电路巡检

无人机在航油管道巡检、输电线路运维等方面也起到了很大的作用。2021 年 6 月，按照规划的航线，一架无人机在国家电网乌鲁木齐供电公司 220 千伏老满城变电站执飞精细化巡检任务。飞行航点覆盖断路器、隔离开关、电压互感器、电流互感器、变压器、穿墙套管、绝缘子、避雷针及龙门架等全站室外设备，共计 100 余个。过去，一个运行人员需要花费 4.5 小时才能完成 1 个 220 千伏变电站的巡视；如今，采用无人机自主巡视，巡视时间缩短至几十分钟。变电站的无人机自主巡视，人工巡视替代率达到了 79%，大大提高了巡视效率。

5. 地理测绘

2021 年 3 月，广西玉林市自然资源规划测绘信息院借助无人机，只用一星期左右就完成了一次农村“房地一体”不动产确权的登记工作，比传统全野外测量，即人工手持仪器逐户测量，在时间上缩短了 20 天以上。利用无人机倾斜摄影测量技术和激光雷达空中测量这两项技术，即可快速获得农村住房的占地面积、建筑面积、高度、外围地形地貌以及地理坐标经纬等详细信息。

6. 文物保护与测量

无人机测绘不仅能进行地理测绘，还能模拟“重建”古建筑。2019年3月，大疆公司与武汉大学张祖勋院士团队合作，为山西大同悬空寺建立高精度实景三维模型。悬空寺主体是利用峭壁的凹凸部分巧妙地依势而建，其险峻的地理位置对寺庙的三维建模工作是一项巨大的挑战。无人机重建的三维模型做到了精准还原建筑内的错落变化，大到滑坡，小至建筑内的一根木头断裂，皆可清晰重现。无人机航测不仅能提供有针对性的修复依据，还能助力文物古迹的数字化，推动文物的研究、分析及保护工作。

7. 疫情防控与社区治理

2021年7月，江苏省南京市的街道社区工作人员通过无人机携带的扩音喇叭对居民喊话，提醒广大居民配合防疫工作。与站在地面上用喇叭喊话相比，空中的传播范围更广，声音也更响亮，能够更好地起到防疫宣传的效果。

8. 社会治安与打击犯罪

民警也会利用无人机打击非法犯罪行为。在缉毒方面，我国已有科技公司发布了无人机载多光谱罂粟巡查系统，可有效识别拔节期、现蕾期、花期及果期的罂粟植株，时间跨度约40天。2021年6月，青海果洛州班玛县公安局禁毒大队民警就利用无人机对辖区内各小区花园、移民区、废弃院落等部位非法种植罂粟、大麻等毒品原植物进行全面巡查，共铲除野生罂粟花80余株，确保不留死角。2021年7月，浙江省宁波市生态环境局慈溪分局龙山所的执法人员利用无人机拍摄到了隐蔽在大面积农田中的非法排污点，并锁定了利用复杂环境的掩护进行逃窜的作坊员工。也是在这一年3月，合肥市公安局蜀山分局巧妙运用无人机侦查，成功剿灭了隐藏在荒野中的流动赌博窝点。

二、无人驾驶技术

（一）什么是无人驾驶

“无人驾驶”这一概念首先由美国工业设计师诺曼·贝尔·格迪斯提出[①]，按照美国汽车工程师学会（SAE）对自动驾驶汽车的定义，自动驾驶技术可分为0到5级。第0级是由人来完成“动态驾驶任务”，尽管可能有相应的系统来辅助驾驶员，例如紧急制动系统，但从技术方面来讲，该辅助系统并未主动“驱动”车辆，所以算不上自动化驾驶；第1级（L1）是以人为主，提供一项以上的驾驶支援功能，如转向或加速（巡航控制）；第2级（L2）为部分自动辅助驾驶，可以实现自动转向、自动加减速等，但驾驶者仍要随时监控周边的环境，特斯拉的Autopilot和凯迪拉克的Super Cruise系统都符合2级标准；第3级（L3）为有条件自动化驾驶，从这一阶段开始转向以车辆为主，驾驶员只提供适当操作。3级无人驾驶汽车具有“环境检测”能力，可以根据信息自己作出决定，如加速经过缓慢行驶的车辆。但是这个级别仍然需要人来操控。驾驶员必须保持警觉，并且在系统无法执行任务时进行操控；第4级（L4）为高度自动化驾驶，在限定的条件下可由无人驾驶系统完成，3级和4级自动化之间的关键区别在于，如果发生意外或系统失效，4级自动驾驶汽车可以进行干预；第5级（L5）为完全自动驾驶，即无人驾驶。无人驾驶汽车是通过车载传感系统感知道路环境，在不需要人为干预操控的情况下自动识别路面安全信息，并自动规划行车路线把人送到目的地的智能汽车。5级自动驾驶汽车不需要人为关注，从而免除了“动态驾驶任务”。5级自动驾驶汽车甚至都不会有方向盘或加速/制动踏板。它们将不受地理围栏限制，能够去任何地方并完成任何有经验的人类驾驶员可以完成的

---

① 参见王芳、陈超、黄见曦：《无人驾驶汽车研究综述》，《中国水运（下半月）》2016年第12期。

操控。

无人驾驶技术由多个子系统紧密协同形成，核心技术涉及环境感知、定位导航、路径规划和运动控制等子系统。随着汽车智能化与电动化的不断升级，无人驾驶汽车成为汽车产业变革的一大趋势。据有关资料显示，至 2035 年全球无人驾驶汽车销量将达到 2100 万辆，可见无人驾驶领域发展前景十分广阔，未来可撬动千亿元市场。

（二）无人驾驶技术在国内外的发展格局

美国加州是全球首个通过无人驾驶汽车正式法规的地区，获得加州无人驾驶路测许可的公司可以在加州特定的公共道路上进行无人驾驶车辆的测试。而美国谷歌则不仅是第一批获得无人驾驶路测许可的公司之一，同时也是最早研发无人驾驶技术的公司。

自 2009 年开始运行无人驾驶测试，截至 2018 年 10 月，谷歌旗下无人驾驶汽车 Waymo 的总路测里程已达到了 1000 万英里（约合 1600 万千米），是全球无人驾驶路测数据最高的公司；2018 年底，Waymo 宣布在美国亚利桑那州的凤凰城推出首个商业化打车服务，成为首家无人驾驶车辆商业化落地的公司，此举标志着谷歌无人车将进入下一个全新阶段。此外，像苹果、优步（Uber）等科技巨头也在近几年纷纷进军无人驾驶领域。

作为纯电动汽车的先行者，特斯拉一直以来是无人驾驶技术的积极推动者。2015 年，特斯拉正式启动 AutoPilot 自动辅助驾驶系统，但这套系统并不能实现完全的无人驾驶，到目前为止，特斯拉的 AutoPilot 2.0 依旧属于常见的第 2 级（L2）。而因为这套 AutoPilot 系统与全球多起交通事故有所关联，让特斯拉的自动驾驶技术深受争议。2019 年初，特斯拉公司首席执行官埃隆 · 马斯克表示，到当年年底，特斯拉将掌握完全无人干预就能上路行驶的技术。

在国内，虽然无人驾驶行业发展尚且不够成熟，但整体环境发展态势良好。就目前而言，国内已经涌现了一批走在无人驾驶技术前沿的代表，典型的比如百度、长安、上汽等企业。以百度为例，2013 年正式启动无人驾驶汽车研发计划，2016 年获得加州无人驾驶路测许可，2018 年百度获得北京市首批自动驾驶路测牌照并成功完成了公开路测。值得一提的是，在 2018 年央视春晚上，百度 Apollo 自动驾驶车队在港珠澳大桥亮相，并在无人驾驶模式下完成“8”字交叉跑的高难度动作。

（三）无人驾驶技术的应用场景

1. 物流行业

物流的核心在于调度，中间运输环节的核心则是安全和成本。借助无人驾驶技术，装卸、运输、收货、仓储等物流工作将逐渐实现无人化和机器化，促使物流领域降本增效，推动物流产业的革新升级。2018 年 5 月 24 日，苏宁物流的“行龙一号”无人卡车在上海完成行业首个 L4 级“仓到仓”无人驾驶物流场景作业。2018 年 6 月 18 日，京东配送机器人在北京海淀区亮相，这是京东正式启动全球全场景常态化配送货物的首次尝试。2018 年 7 月 4 日，百度联合新石器公司发布 L4 级量产无人驾驶物流车——“新石器 AX1”，并在常州、雄安率先落地试运营。2018 年 11 月 7 日，智行者宣布，旗下研发的无人驾驶物流配送车“蜗必达”迈入规模化量产的阶段，该车主要应用于小区或园区内的无人物流配送。除此之外，国内的阿里菜鸟、智加科技、慧拓智能、图森未来、主线科技等企业，对无人驾驶技术在物流领域的应用也有布局。

2. 共享出行

无人驾驶技术解决了目前共享汽车领域的诸多痛点，从“人找车”“人找位”，变成“车找人”“车找位”，还可实现“一键叫车”“一键泊车”。目前，国内一些企业已经开始无人驾驶共享汽车的应用测试。

2018 年 4 月底北京车展期间，北汽新能源轻享科技在奥林匹克水上公园，实现了国内首个封闭场景的无人驾驶共享汽车应用落地。2018 年 5 月 24 日，百度与盼达用车在重庆启动国内首次自动驾驶共享汽车试运营，6台搭载百度Apollo自动泊车产品的自动共享汽车将在园区内投入为期1个月的定向式运营。当前，国内在共享出行领域的无人驾驶队伍中，还有滴滴、Uber、中智行科技、初速度（Momenta）、驭势科技、零跑科技和美团等企业。

3. 公共交通

应用于公交车的无人驾驶系统，能及时对突发状况作出反应，可实现无人驾驶下的行人车辆检测、减速避让、紧急停车、障碍物绕行变道、自动按站停靠等功能。国内已有不少企业开启了无人驾驶在公共交通领域的技术研究和测试。

2015年8月29日，宇通无人驾驶客车在河南郑开大道开放道路测试，在开放道路交通条件下，全程无人工干预首次成功运行。

2018年7月4日，百度Apollo与金龙客车合作打造的“阿波龙”正式量产下线，量产的“阿波龙”将发往北京、雄安、深圳、福建平潭、湖北武汉、日本东京等地开展商业化运营。

2019年1月22日，山东首辆无人驾驶公交车正式上路运营，该车为中国重汽集团技术发展中心研发的L4级无人驾驶全智能客车试验车。

2019年1月18日，深兰科技主导研发的多功能“熊猫智能公交车”，在“新一代人工智能未来发展峰会”上正式发布，该车已在德阳、常州、衢州、池州等地试运行。

2018年11月1日，全国首辆自动驾驶出租车在广州大学城开始试运营，该辆无人驾驶出租车的技术支持来自文远知行WeRide.ai。

4. 环卫领域

一直以来，环卫领域都属于劳动力密集型行业，成本高、过程乱、质量差、风险大、经验缺一直是环卫行业的痛点。无人驾驶清洁车通过自主识别环境，规划路线并自动清洁，实现全自动、全工况、精细化、高效率的清洁作业，使其行业痛点得以克服。国内的无人驾驶清扫车的商业落地也已初现端倪。

2017 年 9 月 11 日，百度携手智行者推出国内首款无人驾驶环卫车，实现我国无人驾驶环卫车的首次商用。

2018 年 4 月 24 日，酷哇机器人携手中联环境发布全球首台具备全路况清扫、智能路径规划的无人驾驶扫地车，并于当年在芜湖、合肥、长沙、上海等四个城市商业化“落地”。

5. 港口码头

我国港口众多，每年都要完成大量的货物吞吐，对卡车司机的需求量大。对港口而言，以经济可行的方案，实现已建集装箱水平运输自动化，是向世界一流港口看齐的必由之路。无人驾驶技术在港口码头场景的转化应用，可有效解决传统人工驾驶时存在的行驶线路不精准、转弯造成视线盲区、司机疲劳驾驶等问题，节约人工成本。目前，国内已有多个港口迈出了关键性的一步。

2018 年 1 月 14 日，西井科技联合振华重工，在珠海港先后进行了跨运车（在码头搬运、堆砌集装箱的专用车辆）和集装箱卡车的无人化运行演示。

2018 年 4 月 19 日，中国一汽解放专为港口作业研发的 ICV 港口集装箱水平运输专用智能车全球首发，这是中国国内第一个实现 L4 级港口示范运营的智能驾驶运输车辆。此外，青岛、厦门、天津等城市的港口率先启动了无人化、自动化应用，成为高科技的自动化港口。

6. 矿山开采

无人驾驶在矿山开采中，通过技术支撑，矿山开采整体能耗下降、综合运营效益提升，提高了矿区安全生产工作，加快了智慧矿区的建设。近年来，矿山开采自动化已经成为大势所趋。

2018 年 6 月 14 日，由洛阳钼业公司与河南跃薪智能机械有限公司联合研发的 SY 系列纯电动矿用卡车，在三道庄矿区正式投入使用。

2018 年 9 月底，由内蒙古北方重工业集团有限公司研制的首台国产无人驾驶矿用车进入矿山测试。

目前，国内无人驾驶技术的商业落地还处于起步阶段，在构建的未来蓝图中已布局到多个适用领域，但距离全面实现生活化应用还有很长的路要走。未来，随着环境感知、导航定位、路径规划、决策控制等技术的发展进化，无人驾驶技术产品商业化落地也将沿着从低速到高速、从封闭到开放的路线逐步向前。

近年来，电子商务和物流行业的快速发展催生了快递末端配送“最后一公里”需求，为物流无人车技术的应用创造了市场空间。2021 年，我国日均快递配送量超 3.5 亿件，末端无人配送成为自动驾驶技术发展最快的千亿级市场。长沙行深智能科技有限公司与京东、美团、华为、中国邮政等合作打造末端智慧无人物流车，在校园、园区、景区、厂区等多个场景推出了基于无人驾驶技术的智慧物流场景。截至 2023 年 8 月，美团在深圳、上海等城市落地运营以无人车配送为基础的 3 千米 /15 分钟标准配送服务，累计完成用户订单超 18.4 万单。无人驾驶技术推动的智慧物流模式推动了我国物流行业的快速发展，是即时物流与零售新业态蓬勃发展的重要技术支撑。

第七节　以石墨烯为代表的新材料

石墨烯的发现，意义重大，它创造了诸多“纪录”。作为目前人类发现的最薄、强度最大、导电导热性能最强的一种新型纳米材料，石墨烯被材料科学家亲切地称为“黑金”。那么它究竟会给我们的生活带来怎样的变化呢?

一、什么是石墨烯

石墨烯（Graphene）是一种由单层碳原子组成六角型呈蜂巢晶格的片状结构的新材料，是只有一个碳原子厚度的二维晶体材料。把石墨烯卷成圆筒形，就是一维的碳纳米管。把石墨烯堆起来，就成为三维的石墨。与金刚石一样，它们都是碳的大家庭成员。石墨烯一直被认为是假设性的结构，无法单独稳定存在。实际上石墨烯本来就存在于自然界，只是难以剥离出单层结构。石墨烯一层层叠起来就是石墨，厚 1 毫米的石墨大约包含 300 万层石墨烯。铅笔在纸上轻轻划过，留下的痕迹就可能是几层甚至仅仅一层石墨烯。直至 2004 年，英国曼彻斯特大学物理学家安德烈·盖姆和康斯坦丁·诺沃肖洛夫，用微机械剥离法成功从石墨中分离出石墨烯，从而证实它可以单独存在。这以后，制备石墨烯的新方法层出不穷，经过 5 年的发展，人们发现，把石墨烯广泛应用于工业化生产领域已为时不远了。由此，盖姆和诺沃肖洛夫共同获得 2010 年诺贝尔物理学奖。

石墨烯常见的粉体生产的方法为机械剥离法、氧化还原法、SiC 外延生长法，薄膜生产方法为化学气相沉积法（CVD）[①]。在发现石墨烯以前，大多数物理学家认为，热力学涨落不允许任何二维晶体在有限温度下存在。所以，它的发现立即震撼了凝聚体物理学学术界。虽然理论和实验界都认为完美的二维结构无法在非绝对零度稳定存在，但是单层石墨烯能够在实验中被制备出来。这以后，制备石墨烯的新方法层出不穷。

2018 年 3 月 31 日，中国首条全自动量产石墨烯有机太阳能光电子器件生产线在山东菏泽启动，该项目主要生产可在弱光下发电的石墨烯有机太阳能电池（以下称石墨烯 OPV），破解了应用局限、对角度敏感、不易造型这三大太阳能发电难题。

二、石墨烯的特性

石墨烯的出现在科学界激起了巨大波澜，引发了人们的研究热潮。经过 10 多年的研发，人们逐渐认识到石墨烯所具备的独特价值。石墨烯具有优异的光学、电学、力学特性，在材料学、微纳加工、能源、生物医学和药物传递等方面具有重要的应用前景，被认为是一种未来革命

① 参见来常伟、孙莹、杨洪等：《通过“点击化学”对石墨烯和氧化石墨烯进行功能化改性》，《化学学报》2013 年第 9 期。

性的材料[①]。

（一）石墨烯是世上最薄的材料

石墨烯只有0.34纳米厚，十万层石墨烯叠加起来的厚度大概等于一根头发丝的直径，人们用肉眼是看不见它的。

（二）石墨烯是人类已知强度最高的物质

它比钻石还坚硬，单位重量的强度比世界上最好的钢铁还要高100倍。同时它还具有很好的韧性，可以弯曲，石墨烯的理论杨氏模量达1.0TPa，固有的拉伸强度为130GPa。而利用氢等离子改性的还原石墨烯也具有非常好的强度，平均模量可达0.25TPa。由石墨烯薄片组成的石墨纸拥有很多孔，因而石墨纸显得很脆，然而，经氧化得到功能化石墨烯，再由功能化石墨烯做成石墨纸则会异常坚固强韧。

哥伦比亚大学的物理学家用金刚石制成的探针测试石墨烯的承受能力，它们每100纳米距离上可承受的最大压力竟然达到了2.9微牛左右。这意味着，“如果用石墨烯制成包装袋，那么它将能承受大约两吨重的物品”。

（三）电子效应——石墨烯电阻率极低，电子迁移的速度极快

在石墨烯中，电子能够极为高速地迁移，常温下其电子迁移率超过15000cm^2/（V·s），迁移速率可达光速的三百分之一，这一数值超过了硅材料的10倍，是目前已知载流子迁移率最高的物质锑化铟（InSb）的两倍以上。在某些特定条件如低温下，石墨烯的载流子迁移率甚至可高达250000cm^2/（V·s）。与很多材料不一样，石墨烯的电子迁移率受温度变化的影响较小，研究人员发现，50—500K之间的任何温度下，单层石墨烯的电子迁移率都在15000cm^2/（V·s）左右。电子在石墨烯里边好像没有质量一样，运动速度非常快。因为有了电子能量不会被损耗

① 参见田甜、吕敏、田旸等：《石墨烯的生物安全性研究进展》，《科学通报》2014年第20期。

的特点，使这种材料具有了非比寻常的优良特性。

另外，石墨烯中电子载体和空穴载流子的半整数量子霍尔效应可以通过电场作用改变化学势而被观察到，而科学家在室温条件下就观察到了石墨烯的这种量子霍尔效应[①]。石墨烯中的载流子遵循一种特殊的量子隧道效应，在碰到杂质时不会产生背散射，这是石墨烯具有超强导电性以及很高的载流子迁移率的原因。石墨烯中的电子和光子均没有静止质量，它们的速度是和动能没有关系的常数[②]。

石墨烯是一种零距离半导体，因为它的传导和价带在狄拉克点相遇。在狄拉克点的六个位置动量空间的边缘布里渊区分为两组等效的三份。相比之下，传统半导体的主要点通常为 Γ，动量为零。

（四）热性能

石墨烯具有非常好的热传导性能。纯的无缺陷的单层石墨烯的导热系数高达 5300W/mK，是止导热系数最高的碳材料，高于单壁碳纳米管（3500W/mK）和多壁碳纳米管（3000W/mK）。而电阻率只约 10-6Ω · cm，比铜或银更低，为目前世界上电阻率最小的材料。因为它的电阻率极低，电子跑的速度极快，因此被期待可用来发展出更薄、导电速度更快的新一代电子元件或晶体管。当它作为载体时，导热系数也可达 600W/mK。此外，石墨烯的弹道热导率可以使单位圆周和长度的碳纳米管的弹道热导率的下限下移。由于石墨烯实质上是一种透明、良好的导体，也适合用来制造透明触控屏幕、光板甚至是太阳能电池。它的这些神奇的特性使它有望在现代电子科技领域引发一轮革命。随着批量化生产以及大尺寸等难题的逐步突破，石墨烯的产业化应用步伐正在加快，基于已有的研究成果，最先实现商业化应用的领域可能会是移动设备、航空航天、新能源电池等。

---

① 参见匡达、胡文彬：《石墨烯复合材料的研究进展》，《无机材料学报》2013 年第 3 期。
② 参见曹宇臣、郭鸣明：《石墨烯材料及其应用》，《石油化工》2016 年第 10 期。

（五）光学特性

石墨烯具有非常好的光学特性，透光率在97%以上，在较宽波长范围内吸收率约为2.3%，看上去几乎是透明的。在几层石墨烯厚度范围内，厚度每增加一层，吸收率增加2.3%。大面积的石墨烯薄膜同样具有优异的光学特性，且其光学特性随石墨烯厚度的改变而发生变化。这是单层石墨烯所具有的不寻常低能电子结构。

当入射光的强度超过某一临界值时，石墨烯对其的吸收会达到饱和。这些特性使石墨烯可以用来做被动锁模激光器。这种特性是由于入射光强超过该阈值而触发的，称之为饱和影响。石墨烯在近红外区域具有显著的激励作用，这得益于其光学吸收特性以及零带隙结构。由于这种特殊性质，石墨烯广泛应用在超快光子学。石墨烯/氧化石墨烯层的光学响应可以调谐电。更密集的激光照明下，石墨烯可能拥有一个非线性相移的光学非线性克尔效应。

三、石墨烯的应用

科学家对于石墨烯的研究还远未止步，人们还陆续发现了石墨烯的一系列超常特性。在材料科学界流传着这样一个说法：如果说20世纪是硅的世纪，那么石墨烯则开创了21世纪的新材料纪元。目前石墨烯已经被研发人员广泛应用于电子科技、网络通信、洁净能源、生物医学、航天军工、复合材料以及智能家居等诸多领域。

电子产品。传统的电导电极应用的是氧化铟锡，而这种材料脆度较高，比较容易损毁，透光率也比较低。与之相比，石墨烯不仅更加坚硬，性能也更好。石墨烯良好的电导性能和透光性能，使它在透明电导电极方面有非常好的应用前景。

除了运用于电子产品电导电极外，平板电脑、手机等数码产品对大尺寸触摸屏日益增长的需求也为石墨烯的应用提供了广阔的市场。利用石墨烯的柔韧性，可制作能拉伸、折叠的显示器。柔性显示未来市场广阔，作为基础材料的石墨烯前景也被看好。韩国研究人员首次制造出了由多层石墨烯和玻璃纤维聚酯片基底组成的柔性透明显示屏。韩国三星公司和成均馆大学的研究人员在一个 63 厘米宽的柔性透明玻璃纤维聚酯板上，制造出了一块电视机大小的纯石墨烯。他们表示，这是迄今为止“块头”最大的石墨烯块。随后，他们用该石墨烯块制造出了一块柔性触摸屏。研究人员表示，从理论上来讲，人们可以卷起智能手机，然后像铅笔一样将其别在耳后。[①] 如今，我们已经能用上速度更快、容量更大、可折叠的电子设备了。消费电子展上可弯曲屏幕备受瞩目，成为未来移动设备显示屏的发展趋势。

集成电路芯片的候选材料。由于基本物理规律的物理极限，硅芯片迟早有一天会因为尺寸无法继续缩小而走向终结。石墨烯由于导电性能极佳，非常适用于高频电路。目前的电子设备往往需要携带巨量的信息，因此必须使用更高的工作频率，然而工作频率越高，热量功率也就越高，高频的提升便受到限制。不过石墨烯的出现，可以代替硅成为芯片的基础材料，用以制造超微型晶体管和集成电路，这种电路将会更小、更快、更便宜，用它生产的电脑，不仅运算速率超高，而且体积也能大幅缩小——最小的机器人能做到蚂蚁一样大小。由石墨烯制造的超薄光学调制器（只有头发直径的 1/400）也将具备高速信号的传输能力，有望将互联网速度提高 1 万倍，要在一秒钟内下载一部高清电影对它毫无压力。2012 年，美国 IBM 公司成功研制出首款由石墨烯圆片制成的集成电路，使石墨烯特殊的电学性能彰显出应用前景。

新能源电池。石墨烯应用方面最新的也是最吸引人眼球的亮点是石墨烯电池。特斯拉公司董事长曾宣告，将推出续航里程为 800 千米的石墨烯聚合材料电池汽车。紧接着西班牙一家以工业规模生产石墨烯的 Graphenano 公司同西班牙科尔瓦多大学合作开发出首例石墨烯聚合材料电池，其储电量是目前市场最好产品的 3 倍，用此电池提供电力的电动车最多能行驶 1000 千米，而其充电时间不到 8 分钟。电池技术是电动汽车大力推广和发展的最大瓶颈，石墨烯储能器件研制成功后，若能批

① 参见曹宇臣、郭鸣明:《石墨烯材料及其应用》,《石油化工》2016 年第 10 期。

量生产，则将为电池产业乃至电动车产业带来新的变革。

石墨烯太阳能技术的光电转换效率高达 60%，是现有多晶硅太阳能技术的 2 倍。石墨烯的功率密度要比锂离子电池高许多，约为传统电容器的 30 倍，创造了储能技术新的可能，有望在新能源开发领域大显身手，应用于电动汽车、电动工具以及太阳能电池等方面。据估算，石墨烯阳极材料比锂离子电池中常用的石墨阳极充放电速度快 10 倍，如果用于电动汽车，只需 8 分钟就能完成一次充电，续航里程可达 1000 千米。如果在发电站的冷凝器上涂上石墨烯，节能效率可提高 2%—3%。美国加州大学洛杉矶分校的研究人员开发出一种以石墨烯为基础的微型超级电容器，该电容器不仅外形小巧，而且充电速度为普通电池的 1000 倍。这种超级电容器的储存能量密度会大于现有的电容器。另外，用石墨烯制造的光电化学电池，则可取代基于金属的发光二极管和传统灯具的金属石墨电极，使之更易于回收，利于环保。之前美国麻省理工学院已成功研制出表面附有石墨烯纳米涂层的柔性光伏电池板，可极大降低制造透明可弯曲太阳能电池的成本。

生物医学领域。医学家研究发现石墨烯的二维结构会与大肠杆菌上的磷脂分子产生交互作用，在拉扯下使大肠杆菌破裂，无法生存，而人类的细胞却能正常生长。这种物理性杀菌的方式，远优于目前普遍采用的化学性疗法，因此石墨烯材料可广泛用于制作止血绷带、抗菌服装，以及食品、药品等的包装材料。

石墨烯被用来加速人类骨髓间充质干细胞的成骨分化，同时也被用来制造碳化硅上外延石墨烯的生物传感器。同时，石墨烯可以作为一个神经接口电极，不会改变或破坏性能，如信号强度或疤痕组织的形成。由于具有柔韧性、生物相容性和导电性等特性，石墨烯电极在体内比钨或硅电极稳定得多。

物理学领域。它使一些此前只能在理论上进行论证的量子效应可以通过实验进行验证。在二维的石墨烯中，电子的质量仿佛是不存在的，这种性质使石墨烯成了一种罕见的可用于研究相对论量子力学的凝聚态物质——因为无质量的粒子必须以光速运动，从而必须用相对论量子力学来描述，这为理论物理学家们提供了一个崭新的研究方向：一些原来需要在巨型粒子加速器中进行的试验，可以在小型实验室内用石墨烯进行[①]。除此之外，石墨烯还有望帮助科学家在量子物理学研究方面取得新的突破。在一种格芬石墨烯矿物涂料中添加纳米纤维后，会在涂料中形成纳米网状结构，从而使其附着力更加牢固，更耐腐蚀，不易龟裂。由于石墨烯是优良热导体，能散射 99% 的红外线和 85% 的紫外线，因此可以制成节能降耗、保温隔热的功能材料，用于保温服、取暖器、散热地板等。同时，通过双层石墨烯之间生成的强电子结合，还可制造出能有效控制环境噪声的隔音材料。

海水淡化。石墨烯过滤器比其他海水淡化技术的使用要多。水环境中的氧化石墨烯薄膜与水亲密接触后，可形成约 0.9 纳米宽的通道，小于这一尺寸的离子或分子可以快速通过。通过机械手段进一步压缩石墨烯薄膜中的毛细通道尺寸，控制孔径大小，能高效过滤海水中的盐分。

航空航天。由于高导电性、高强度、超轻薄等特性，石墨烯在航天军工领域的应用优势也是极为突出的。2014 年，NASA 开发出了应用于航天领域的石墨烯传感器，能很好地对地球高空大气层的微量元素、航天器上的结构性缺陷等进行检测。而石墨烯在超轻型飞机材料等潜在应用上也将发挥更重要的作用[②]。

感光元件。以石墨烯作为感光元件材质的新型感光元件，可望透过特殊结构，让感光能力比现有 CMOS 或 CCD 提高上千倍，而且损耗的能源也仅需原本的 10%。可应用在监视器与卫星成像领域，也可应用于照相机、智能手机等[③]。

石墨烯的研究与应用开发持续升温，与石墨和石墨烯有关的材料被广泛应用在电池电极材料、半导体器件、透明显示屏、传感器、电容

---

① 参见唐娟、吴泽文、王雪娇等：《石墨烯量子反常霍尔效应体系中的量子干涉效应》，《中国科技论文》2016 年第 5 期。

② 参见林勇：《新型功能化石墨烯的制备及其在橡胶中的应用》，华南理工大学硕士学位论文，2014 年。

③ 参见张有光、王梦醒、赵恒等：《电子信息类专业导论》，电子工业出版社 2013 年版，第 83—85 页。

器、晶体管等方面。鉴于石墨烯材料优异的性能及其潜在的应用价值，在化学、材料、物理、生物、环境、能源等众多学科领域已取得了一系列重要进展[①]。研究者们致力于在不同领域尝试不同方法以求制备高质量、大面积石墨烯材料。并通过对石墨烯制备工艺的不断优化和改进，降低石墨烯制备成本，使其优异的材料性能得到更广泛的应用，并逐步走向产业化。

中国在石墨烯研究上也具有独特的优势，从生产角度看，作为石墨烯生产原料的石墨，在我国储能丰富，价格低廉。正是看到了石墨烯的应用前景，许多国家纷纷建立石墨烯相关技术研发中心，尝试使石墨烯商业化，进而在工业、技术和电子相关领域获得潜在的应用专利。如欧盟委员会将石墨烯作为“未来新兴旗舰技术项目”，设立专项研发计划，预计 10 年内拨出 10 亿欧元研发经费。英国政府也投资建立国家石墨烯研究所（NGI），力图使这种材料在未来几十年里可以从实验室进入生产线和市场。

石墨烯有望在诸多应用领域成为新一代器件，为了探寻石墨烯更广阔的应用领域，还需继续寻求更为优异的石墨烯制备工艺，使其得到更好的应用。石墨烯虽然从合成和证实存在到今天只有短短十几年的时间，但是已成为学者研究的热点。其优异的光学、电学、力学、热学性质促使研究人员不断对其进行深入研究，随着石墨烯的制备方法不断被开发，石墨烯必会在不久的将来被更广泛地应用到各领域。

尽管看起来石墨烯有着美好的应用前景，但从实验室到市场还有许多路要走。作为工业技术，石墨烯还有许多尚未克服的困难。首先，迄今为止所得到的石墨烯产品并不是完整的单晶，而是多晶的复合体。结果是石墨烯的优越性能大打折扣。所以，优质材料的制备技术是石墨烯应用的最大拦路虎。其次，石墨烯虽然是一良导体，但它在电子领域里有一个致命的问题，那就是它没有“带隙”，也就是说在价带和导带之

① 参见于琦、梁锦霞：《石墨烯制备与功能化应用的研究进展》，《中国科学：化学》2017 年第 10 期。

间没有禁止电子跃迁的间隙，无法控制电子的运动，也就是无法开关。要取代硅基的晶体管，我们必须人工植入一个带隙。最后，石墨烯产业化还处于初级阶段，一些应用还不足以体现出石墨烯的多种“理想”性能，而世界上很多科研人员正在探索“撒手锏级”的应用，未来在检测及认证方面需要面对太多挑战，有待在手段及方法上不断创新。这并不是一件容易的事。所以科学家们还需加倍努力，才能使它名副其实地才尽其用。

第八节　机器人

“崔筱盼”，因其优越的工作能力与表现获得了万科集团 2021 年年度最佳新人奖。这一消息刚一发布就冲上各大热搜，获得了极高的阅读量。为什么她会引起如此广泛的关注呢？主要在于这样一位高颜值、高能力的优秀职场新人并非真人，而是小冰公司推出的“虚拟职场人物”。这并不是虚拟人类（人工智能个体，AIbeings）第一次引起广泛讨论，从机器人到虚拟人物，人工智能演化出多种形式，一次次打破人们对于“机器人”的认知，同时也深刻影响着人类的发展。历史上最早的机器人见于隋炀帝命工匠按照柳抃形象所营造的木偶机器人，施有机关，有坐、起、拜、伏等能力。1959 年，英格伯格和德沃尔联手制造出第一台工业机器人，也是世界上第一台机器人。近百年的发展后，机器人也经历了三个成长阶段，从简单个体机器人（示教再现型机器人）到群体劳动机器人（感觉型机器人），再到当下的智能机器人，机器人的发展越来越向着有知觉、有思维、与人对话的方向发展，其性质、功能与发挥的作用也经历着深刻变化。

早期人们对于机器人的形容源于捷克语单词“Robota”，通常译作“强制劳动者”或“机器奴隶”，用于形容一种经过生物零部件组装而成的为人类服务的奴隶，这一词首先出现在卡雷尔·卡佩克（Karel Capek）于 1920 创作的科幻剧本《罗萨姆的万能机器人》中。同时，他用“Robot”来形容从培养缸中制造出来的人造人，而不是由许多部分拼合而成的机器人。随着时间的推进，Robot 的含义逐渐演化成我们所熟知的概念，也寄托着人们对于机器人能够像我们一样会思考、可以代替人类部分劳动的期待。国际标准化组织（ISO）2013 年对机器人的定义为“一种自动的、位置可控的、具有编程能力的多功能机械手，这种机械手具有几个轴，能够借助可编程序操作处理各种材料、零件、工具和专用装置，以执行种种任务”。根据不同标准，机器人可划分为多种不同类型。国际机器人专家将机器人分为制造环境下的工业机器人和非制造环境下的服务与仿人型机器人（International Federationof Robotics，2013）。工业机器人是指面向工业领域的多关节机械手或多自由度机器人，而服务与仿人型机器人则是除工业机器人外服务于人类的各种机器人，如服务机器人、娱乐机器人、农业机器人、军用机器人等。我国相关学会将机器人划分为工业机器人、服务机器人、特种机器人三类，也有学者依据面向对象的不同将机器人简单分为军用机器人与民用机器人两大类。

一、工业机器人

按照国际标准化组织对机器人的定义，工业机器人是面向工业领域的多关节机械手或多自由度的机器人，是自动执行工作的机器装置，能够靠自身动力和控制能力来实现制造过程中的各种功能；在人类的设定下，能够依据指定的程序进行制造与作业。工业机器人的典型应用包括焊接、喷涂、组装、采集和放置（如包装和码垛等）、产品检测和测试等[①]。作为先进制造业中的重要装备与制造方式，工业机器人成为衡量国家制造业水平与科技水平的重要标志。据统计，当下工业机器人占整个机器人市场的比例约为 54%，超过服务机器人与特种机器人之和，是机器人市场的主力军。2019 年我国机器人市场规模约为 86.8 亿美元，2014—2019 年的平均增长率达到 20.9%[②]。

① 参见王田苗、陶永：《我国工业机器人技术现状与产业化发展战略》，《机械工程学报》2014 年第 9 期。

② 参见赵杰：《我国工业机器人发展现状与面临的挑战》，《航空制造技术》2012 年第 12 期。

工业机器人具有工作效率高、稳定可靠、重复精度好、能在高危环境下作业等优势，在传统制造业特别是劳动密集型产业的转型升级中将发挥重要作用。从第一台工业机器人诞生后，发达国家工业机器人的应用范围不断扩大，其中较为典型的是在汽车生产线方面的应用与在制造业中的应用。如毛坯制造（冲压、压铸、锻造等）、机械加工、焊接、热处理、装配、检测及仓库堆垛等作业，提高了生产效率与产品的一致性①。

在此背景下，各个国家都将机器人研究与发展上升到战略层面，将机器人技术视为本国科技发展的重要方面。美国、日本、欧洲等国家和地区都非常重视机器人技术与产业的发展，均制定其机器人国家发展战略规划。美国机器人发展起步早，其发展思路是立足于相关机器人核心技术实现产业化，并提出了相关的工业机器人发展计划；日本提出了机器人路线图，包含三个领域，即“新世纪工业机器人”“服务机器人”和“特种机器人”，从技术图中的重要技术明确其性能和技术指标，并提到创建和扩大机器人的早期市场，缩短满足多种需求的机器人的开发时间、降低成本、扩大加入的企业②。

2021 年 12 月 21 日，工业和信息化部、国家发展和改革委员会、科学技术部等 15 部门印发《“十四五”机器人产业发展规划》，提出重点推进工业机器人、服务机器人、特种机器人重点产品的研制及应用，拓展机器人产品系列，提升性能、质量和安全性，推动产品高端化智能化发展。我国工业机器人尽管在某些关键技术上取得了重要成就，但还缺乏整体核心技术的突破，特别是在制造工艺与整套装备方面，缺乏高精密、高速与高效的减速机、伺服电动机、控制器等关键部件。需要对关键技术开展攻关，掌握模块化、可重构的工业机器人新型机构设计，复杂环境下机器人动力学控制，工业机器人故障远程诊断与修复技术等核心技术。我国工业机器人产业的发展空间巨大，制造业发展正处于工业

---

① 参见徐扬生、阎镜予：《机器人技术的新进展》，《集成技术》2012 年第 1 期。

② 参见王田苗、陶永：《我国工业机器人技术现状与产业化发展战略》，《机械工程学报》2014 年第 9 期。

化发展过程中，强调自动化、智能化、绿色化发展。一线产业工人减少的趋势不可逆转，我国制造业普遍需要技术和设备升级改造，以增强竞争力，提高经济效益。

二、服务机器人

2004 年 2 月 25 日，世界第一届机器人会议发表了《世界机器人宣言》，与会代表一致认为，在机器人领域，正经历着从产业用机器人时代向生活用机器人时代的转变。进入 21 世纪，护理型机器人、教育娱乐型机器人相继问世，这些智能型服务机器人为文化、福利、健康等领域带来了生机[①]。服务机器人尚未有一个权威、统一和官方的定义，通常指除从事生产、工业制造的机器人外，一种能够为人类提供有益服务的半自主或全自主机器人，其与工业机器人相比发展起步较晚，但应用前景十分广阔。服务机器人技术具有综合性、渗透性的特点，主要聚焦在利用服务机器人的相关技术、功能完成有益于人类的服务工作，同时具有技术辐射性强和经济效益明显的特点。服务机器人技术不仅是国家未来空间、水下与地下资源勘探、武器装备制高点的技术较量，而且将成为国家之间高技术激烈竞争的战略性新兴产业，包括助老助残、危险作业、教育娱乐等，它是未来先进制造业与现代服务业的重要组成部分，也是世界高科技产业发展的一次重大机遇[②]。

当下服务机器人已成为国内外的研究热点，国际上关于智能机器人技术研究的优势科研机构包括：MIT 计算机科学和人工智能实验室、美国斯坦福大学人工智能实验室、美国卡内基梅隆大学（CMU）机器人研究所、美国乔治亚理工学院人机交互实验室、日本早稻田大学仿人机器人研究院、日本本田公司机器人研究中心、日本筑波大学智能机器人研究室、德国宇航中心机器人研究室、西班牙赫罗纳大学水下机器人研究室等。据统计，2019 年全球服务机器人市场规模为 135 亿美元，占整体

---

① 参见熊光明等：《服务机器人发展综述及若干问题探讨》，《机床与液压》2007 年第 3 期。
② 参见王田苗、陶永、陈阳：《服务机器人技术研究现状与发展趋势》，《中国科学：信息科学》2012 年第 9 期。

机器人市场规模的45.9%，所占比例不断提高。欧美国家在服务机器人产品研制开发方面起步相对较早，欧洲在以康复机器人为代表的服务机器人方面的研究起源于20世纪70年代中期的斯巴达克斯（Spartacus）和海德堡（Heidelberg）操作手项目；虽然美国政府对于服务机器人的支持主要集中在作战机器人、反恐机器人方面，但其医用、家用服务机器人的研发也起步较早，并已推出部分代表性的产品；日本对机器人技术的研发一直非常重视。在服务机器人方面，自1993年以来，医疗和福利设备研发项目一直由ISTF（产业科学与技术前沿）计划提供支持。该项目旨在开发用于老年人和残疾人护理和康复的医疗和福利设备，以及人完全参与日常生活所需的支持设备。

在国家863计划、国家科学技术部、国家自然科学基金委员会等机构与相关政策的支持下，我国在服务机器人研究和产品研发方面已开展了大量工作，并取得了一定的成绩。在我国，老龄化社会和残疾人服务、青少年教育、娱乐与日常生活的需求较大，为国内服务机器人发展提供了广阔的生长空间，目前我国在一些关键技术上需要进一步的突破。此外，服务机器人产业作为一个新兴的产业缺乏行业标准，产品面市前尚需国家有关方面及时理顺市场准入机制，制定行业标准、操作规范以及服务机器人的评价体系。服务机器人作为21世纪高技术服务业的重要组成部分，能够为我国高科技产业发展注入新的活力，对于提升国家竞争力具有重要战略意义，需要大力发展服务机器人的核心技术、构建完善的服务机器人研发与市场应用体系，鼓励和扶持一批大中型企业发展服务机器人产业。

三、军用机器人

2020年1月3日，位于伊拉克首都巴格达的国际机场遭遇了三枚火箭弹的袭击，此次袭击导致2辆车被烧毁，另有至少8人死亡，其中就包括两名伊拉克高级民兵官员以及伊朗伊斯兰革命卫队的精锐部队“圣城旅”指挥官卡西姆·苏莱曼尼少将。在这次袭击中，美军使用的是

MQ-9“死神”无人机发射的“地狱火”导弹。这种无人机可以在7000米高空巡航14—28小时，作战半径达到1800千米，其上的MTS-B多频谱瞄准系统赋予了“死神”全天候的监视观测能力，可以精准快速地射进几千米外的一个窗户，并且不发出任何噪声，避免引起任何人的注意。而操作员则能够在千里之外喝着咖啡，制造死亡与毁灭。军用机器人受到各国军方的高度重视。

军用无人机是军用机器人在空中应用的重要体现，顾名思义，军用机器人是指主要面向军事领域、具有某种仿人功能的自动机器人。从物资运输到搜寻勘探以及实战进攻，军用机器人的使用范围非常广泛。机器人从军虽晚于其他行业，但自20世纪60年代在印支战场崭露头角以来，日益受到各国军界的重视，其巨大的军事潜力，超人的作战效能，预示着机器人在未来的战争舞台上是一支不可忽视的军事力量。从不同视角与特点，军用机器人可以划分为不同的类别：如按照传统部队编制来分类，可分为陆、海、空、天等；按照机器人设计功能进行分类，可分为作战与攻击、侦察与探险、排雷与排爆、防御与保安、后勤与维修、防化与防辐射等；从使用空间来看，可分为地面军用机器人、空中无人飞行器、水下军用机器人、太空机器人等①。现代军用机器人发挥着十分重要的作用，作为一种作战力量，可以延伸作战领域空间、降低人员伤亡；显著提高作战效能并降低作战成本；提高作战部队的灵活性与机动性，适应多种类型战争。

军用机器人引起多个国家的关注，并且处于很高的战略地位。目前，美国军用机器人技术无论是在基础技术、系统开发、生产配套上，还是在技术转化和实战应用经验上都处于世界超前领先水平。其特征表现在：开发理念超前，适应新军事变革发展；美国军用机器人开发与应用涵盖陆、海、空、天等各兵种②，美国是世界上唯一具有综合开发、试验和实战应用能力的国家。

---

① 参见李穗平：《军用机器人的发展及其应用》，《电子工程师》2007年第5期。
② 参见李鹏、胡梅：《国外军用机器人现状及发展趋势》，《国防科技》2013年第5期。

除此之外，一段时期内，遥控机器人占据俄联邦军队战斗力的30%，成为陆军与海军机器人化系统的补充，也体现了军事机器人在俄罗斯军事系统中的重要地位。法国军事部门研制的反坦克机器人也颇具威胁。这种机器人的体积仅相当于一个 10 岁小孩，但发射出的炮弹威力无比。我国政府一直非常重视军用机器人技术的研究与开发，尤其在军用无人机领域，实现了高速发展。我国的无人机虽然起步较晚，但发展迅速，发展出了“翼龙”系列无人机、“彩虹”系列无人机等性能优良的无人机，并且其中多个机型已经实现出口，走向世界。据沙利文中国（Frost&Sullivan）公布的数据，2019 年，中国军用无人机市场规模占比为 40%，约为 290 亿元，2020 年市场规模约为 399 亿元。据起点研究院（SIPRI）公布的数据，2019 年，在无人机出口市场，中国占全球军用无人机出口市场份额的 22%，仅次于美国，位居全球第二。经过国家计划的实施，我国在军用机器人技术方面已取得了突破性的进展，缩短了同发达国家之间的差距。但在机器人核心及关键技术的原创性研究、高可靠性基础功能部件的批量生产应用等方面，与其他发达国家相比仍存在一定差距。

在当下，军用机器人还需要进一步提高其灵巧性，不断改善其安全机制，提高机器人的智能化水平，对于我国而言，更需要实现军用机器人的产业与规模。为满足军用机器人在实际战场上的作战能力、发挥其相关优势，军用机器人必须从良好的互动能力及操作性、超强的自主化程度、先进的数据链、强大高效的动力与推进系统上突破，在变化不定的战场上完成其任务与使命。

四、医用机器人

2019 年 6 月 27 日，北京积水潭医院田伟院长在机器人远程手术中心，成功实现了世界首次利用 5G 技术同时远程操控两台天玑骨科手术机器人为不同地区医院的两名患者同时手术，是智慧医疗发展的重要成果。深化医用机器人的研究与应用，在提高治愈率、手术成功率等方面都将发挥重大作用。医用机器人是一项新的跨学科技术，集合了医学、生物力学、机械学、材料学、计算机科学和机器人技术，可以为医生提供视觉、触觉和听觉方面的全方位的决策支持和性能，拓展医生的操作技能，提高疾病诊断和治疗的质量与效率。迄今为止，医用机器人还没有明确、统一的分类标准。在已有的分类中，有的按医学学科类别进行分类，有的按医药、医学图像、人工组织、手术器械分类，有的按保健、诊断、治疗、康复、服务分类，按照其用途不同，有临床医疗用机器人、护理机器人、医用教学机器人和为残疾人服务机器人等。医用机器人技术的应用使临床医学进入了一个全新的时代，大量的临床研究证实了其在诊断、手术治疗、术后康复和家庭护理领域的巨大优越性[①]。

目前，医用机器人的研制主要集中在微创外科手术、康复和服务机器人系统等几个方面。与工业机器人不同，医疗机器人的服务群体包括医生及患者，对于机器人的准确度、智能性与灵敏程度都有较高要求。1985 年出现了第一台医用机器人，20 多年前机器人技术开始进入外科领域，在国内外的医用机器人研究人员近 40 年的不懈努力下，医用机器人不断趋向小型模块化，实现了医用机器人的多功能化。同时伴随 5G 等技术的普及，远程手术操作也成为可能，为医学领域带来了新的技术改革，具有广阔的发展空间。在此背景下，医用机器人和数字化医疗仪器设备得到了迅速发展，已经成为当今世界发展速度最快、贸易往来最活跃的高科技产业之一，堪称全球性的“朝阳工业”[②]。

早期医用机器人主要依托于工业机器人技术，因此存在较大的安全隐患，且与医生操作习惯不符。后期逐渐出现专用的外壳机器人，1987 年，美国 ISS 公司推出了 Neuro Mate 机器人系统，采用机械臂和立体定位架来完成神经外科立体定向手术中的导向定位，随后在 1999 年推出了无框架版本，大大减轻了手术创伤，并获得了美国食品与药品管理

① 参见田伟:《我国医用机器人的研究现状及展望》,《骨科临床与研究杂志》2018 年第 4 期。
② 参见丑武胜、王田苗:《医用机器人与数字化医疗仪器设备的研究和发展》,《机器人技术与应用》2003 年第 4 期。

局（FDA）的认证。医用机器人不仅可以协助医生完成手术部位的精确定位，而且可以实现手术最小损伤，提高疾病诊断、手术治疗的精度与质量，提高手术安全性，缩短治疗时间，降低医疗成本。许多发达国家纷纷设立专项计划，研究和开发微创外科机器人，并将研究成果迅速转化为产品，形成新的产业，其发展速度远远超过一般工业，估计在今后5年里还会以每年20%—30%的速度增长，2021年全球医疗机器人市场规模达到207亿美元。我国手术机器人的相关研究始于20世纪90年代中期。在我国各类科技计划项目的支持下，手术机器人的研发分别在神经外科、骨科、心血管外科及泌尿外科等领域取得了重要的突破。在普通外科领域，我国已有多种类似达·芬奇手术机器人的主从操作系统。虽然我国的机器人相关科研成果较多，但真正进入产业转化和产品开发的科技成果所占比例很低。

医用机器人的应用极大地推动了现代医疗技术的发展，是现代医疗卫生装备的发展方向之一。手术机器人具有高准确性、高可靠性和高精确性，提高了手术的成功率；康复机器人具有智能化，可为伤员、病人与老年人提供康复护理和服务。随着科学技术的不断更新、社会的老龄化以及医疗技术的发展，各医疗机器人及其辅助医疗技术将得到更深入而广泛的研究和应用，各种新型的医用机器人机构、新型手术工具、医学图像采集和处理技术、远程系统传输技术、智能传感器、智能轮椅及其他相关技术仍是研究热点。但仍有一些问题需要突破与解决，如匹配问题、定位问题、安全问题、远程操控问题等。随着技术的成熟，医用机器人将不断成熟与完善，与医生、研究人员一同提高手术的成功率与疾病的治愈率。

五、农业机器人

在美国，农民已经成为一种“职业化”的行业，从事农业的美国人多数都有着较高的文化水平和能力。据统计，美国农业人口只占全国总人口的2%左右，但他们却养活了美国3亿多人口。这样的成绩不仅得益于其自然地理条件，也与其农业现代化、机械化与信息化息息相关。机械化是建设现代农业的基础，是实现农业现代化的重要标志。农业机器人则是实现农业机械化、农业现代化的重要动力。

农业机器人是机器人在农业生产中的运用，是一种可由不同程序软件控制，以适应各种作业，能感觉并适应作物种类或环境变化，有检测和演算等人工智能的新一代无人自动操作机械。农业机器人面向农作物等生物，由于生物具有一定的脆弱性，对于农业机器人的性能与灵敏程度有较高要求。现代农业机器人需要多种前沿技术进行交叉与结合，包括传感技术、检测技术、人工智能技术、通信技术、图像识别技术、精密及系统集成技术等[①]。农业机器人的研究与应用能够大幅提升农业作业效率，解放人力代替手工劳动，对于农业人口较少的国家，农业机器人已经得到广泛应用。依据作业的侧重点不同，农业机器人大致可以分为机械手系列和行走系列两大类，机械手系列包括采摘机器人、嫁接机器人，行走系列可分为喷雾机器人、除草和施肥机器人、放牧机器人等，它们都在不同农业种类下发挥重要作用。由于农作物的脆弱性与时空分布的差异性，农业机器人具有作业环境的非结构性、作业动作的复杂性、作业的高难度性和不确定性、操作对象和价格的特殊性等特征。

受地理、气候、人口等因素的影响，日本十分鼓励农业机器人的发展，也是研究农业机器人最早的国家之一。日本的农业机器人发展居于世界领先水平，且已研制出多种农业生产机器人，如嫁接、扦插、移栽和采摘等机器人。依据国家农业发展的重点与特色的不同，许多国家根据自己的情况开发了各具特色的农业机器人，如澳大利亚的剪羊毛机器人、荷兰的挤奶机器人、法国的耕地机器人、日本和韩国的插秧机器人等。19 世纪末 20 世纪初，我国开始了对农业机械化的探索，1957 年开始，农业机械化发展呈现规模性与系统性。据《2020 年全国农业机械化发展统计公报》，2020 年我国全国农作物耕种收综合机械化率达

---

① 参见毕昆等:《机器人技术在农业中的应用方向和发展趋势》,《中国农学通报》2011 年第 4 期。

71.25%。总体来看，我国农机化保持了高速度、高质量发展态势，呈现以下几个主要发展特点：首先是农民对农业机械的需求日益扩大；其次是农业机械化的水平也大幅提高；再次是联合收割机的应用越来越广泛；最后是各种新技术也越来越多地被运用在农业机械装备上[①]。但与农业机械化相比，农业机器人的研究与发展起步较晚，在我国还是较为年轻的研究领域，且研究成果转化率低，主要存在农业机器人的智能程度未达到农业生产需要、农业机器人成本高无法达到市场需求两个关键问题[②]。

目前随着蔬菜嫁接、植物栽培、农产品收获、农产品分级等机器人的出现，助力我国农业生产技术的发展进入新的阶段。我国是农业大国，农业种类丰富、面积广大，农业机器人的应用前景十分广泛。随着国民经济和农业的发展，我国也迫切需要通过采用现代农业技术和装备，提高劳动生产率，提高农产品质量，促进我国农村的城镇化、市场化、信息化和现代化，促进我国的农产品走向国际市场。在《“十四五”机器人产业发展规划》中，对农业机器人的相关课题也进行了详细阐述：重点研制果园除草、精准植保、采摘收获、畜禽喂料、淤泥清理等农业机器人。农业机器人在一些发达国家的广泛应用已经证明了农业机械化能给现代农业带来巨大的经济效益。随着科学技术的不断进步，以及各国对农业机器人的重视程度越来越高，农业机器人将会被越来越多地应用到农业生产中。特别是在新冠疫情长期影响的背景下，在多个领域增加农业机器人的推广应用，可以帮助解决人工操作减少、人员间无法接触等实际困难。

六、机器人发展及其伦理

铁轨上有 5 个人，此时一辆失控的电车朝他们驶来，你可以通过拉

---

① 参见余利锋、肖新棉、兰海军：《国内外农业机械化现状与发展趋势》，《湖北农机化》2007 年第 6 期。
② 参见赵匀、武传宇、胡旭东等：《农业机器人的研究进展及存在的问题》，《农业工程学报》2003 年第 1 期。

杆让电车驶向另一条铁轨，问题是另一条铁轨上也有人，这时应当如何抉择？这就是著名的电车困境，这一问题最初由菲利帕·福特提出，也代表着无人驾驶技术及其他人工智能、机器人领域当下必须面对的伦理问题。无人驾驶的相关研究在20世纪已有数十年的历史，21世纪初呈现出接近实用化的趋势。无人驾驶技术的应用可以带来诸多好处，如减轻交通堵塞、降低交通事故、减轻环境负担等。但是，无人驾驶汽车面临多重伦理问题，如要怎样建立一套无人驾驶汽车应当遵循的伦理准则？这一问题不仅是生产厂商、伦理专家、政府监管部门需要研究的课题，也是消费者关心的问题。有学者提出，除核心与关键技术上的突破外，伦理问题成为包括无人驾驶在内的机器人发展的关键所在。

技术的发展往往要先于伦理道德发展的脚步，对于机器人伦理标准的制定需要有前瞻性的建构模式。在1978年，日本就发生了世界上第一起机器人杀人事件。日本广岛一家工厂的切割机器人在切钢板时突然发生异常，将一名值班工人当成钢板操作从而致人非命。到现在，机器人已经演化出各种不同的形式与功能，在许多领域发挥着重要作用，机器人的道德观念与伦理标准已成为人们不得不面对的问题。有学者提出机器人伦理的核心原则是“和谐”，这种和谐是机器、人类与自然的双向互动、共力达成的和谐。虽然目前机器人行业发展仍有较大空间，技术仍不充分，但是仍要求我们具有较强的超前意识，从道德的角度规范机器人研究者和使用者，用一套人类普遍认可的伦理规范约束机器人，使其能最大限度地为人类服务①。

第九节　新兴制造

2019年4月，以色列特拉维夫大学的研究团队公布首个3D打印的人造心脏诞生，引起世界范围内的广泛讨论；5月，美国莱斯大学与华

① 参见任晓明、王东浩：《机器人的当代发展及其伦理问题初探》，《自然辩证法研究》2013年第6期。

盛顿大学主导研究，用水凝胶3D打印出外形与人的肺部相似且模拟肺功能的气囊；8月，卡内基梅隆大学的科学家再次突破生物材料的技术障碍，用胶原蛋白作为生物墨水，打印出了具有更高分辨率、图案更复杂的、会跳动的“心脏”……近年来，3D打印在内的新型制造方式在医疗、建筑、航空航天等领域发挥着越来越重要的角色，技术的飞跃一次又一次颠覆了人们的想象，各个国家也不断强调要从传统制造向新兴制造转变。国务院下发的《国务院关于加快培育和发展战略性新兴产业的决定》将节能环保、新一代信息技术、生物、高端装备制造、新能源、新材料和新能源汽车7个产业列为新兴产业，该决定提出要用20年使这7大产业达到世界先进水平。新兴产业与新兴技术的发展为制造业带来了颠覆性的变革，在先进制造技术的驱动下，我国不断迈向“制造强国”。

一、智能制造

中国工程院院士周济提出，智能制造是“中国制造2025”的主攻方向，是全球制造业发展的重要趋势，是实现制造业由大变强的历史跨越①。互联网与大数据等技术的发展为智能制造注入了新的活力，在此背景下，智能制造的发展也更加趋于模块化、开源化和个性化②。对于智能制造的理解可以从字面意思出发，包括“智”与“能”两个方面，“智”主要强调知识与理论，“能”则强调运用已知解决问题的能力，智能制造就是通过人工智能与人类专家共同组成人机一体化的智能系统，在制造过程中进行一系列智能活动，诸如分析、推理、判断、构思和决策等。在人与智能机器的共力下，扩大、延伸和部分地取代人类专家在制造过程中的脑力劳动，提高制造效率与效能。

智能制造的发展源于对人工智能的研究，面对大量、复杂的工作，

---

①　参见周济：《智能制造——“中国制造2025”的主攻方向》，《中国机械工程》2015年第17期。

②　参见吕铁、韩娜：《智能制造：全球趋势与中国战略》，《人民论坛·学术前沿》2015年第11期。

制造系统需要从传统的能量驱动转化为信息驱动，表现出更高的灵活性与智能性。目前智能制造仍处于实验阶段，各国都十分重视智能制造的建设与发展，针对智能制造也提出了不同层次和阶段的发展计划。1992年，美国执行新技术政策，大力支持被总统称之的关键重大技术（Critical Techniloty），包括信息技术和新的制造工艺，智能制造技术自在其中，美国政府希望借助此举改造传统工业并启动新产业。日本1989年提出智能制造系统，且于1994年启动了先进制造国际合作研究项目，包括公司集成和全球制造、制造知识体系、分布智能系统控制、快速产品实现的分布智能系统技术等。我国在20世纪80年代末也将"智能模拟"列入国家科技发展规划的主要课题，已在专家系统、模式识别、机器人、汉语机器理解方面取得了一批成果。2021年，我国八部门联合印发《"十四五"智能制造发展规划》，为智能制造的未来发展提供了指导，国家发改委、教育部、科技部等多部门联合发布《关于加快推动制造服务业高质量发展的意见》，提出利用5G、大数据、云计算、人工智能、区块链等新一代信息技术，大力发展智能制造，实现供需精准高效匹配，促进制造业发展模式和企业形态根本性变革。此外，智能制造在"十四五"规划、政府工作报告中也被多次提及，都体现了智能制造在我国制造业发展中的重要地位。

智能制造技术体系主要包括智能装备、制造系统、智能服务与智能工厂四大内容，各类传感技术、从传感器获得知识的技术、推理决策技术、工业互联网、物联网等技术都是推动智能制造发展的重要技术。制造业数字化、网络化与智能化是智能制造的重要特点，也是新一轮工业革命中的核心技术[①]。与传统制造相比，智能制造也体现出更强大的学习能力，智能制造系统能够在实践中不断地充实知识库，具有自主学习功能。同时，在运行过程中可自行诊断故障，并具备对故障自行排除、自行维护的能力。这种特征使智能制造系统能够自我优化并适应各种复杂的环境。目前我国正在加快构建智能制造产业体系，与美国、德国等国

① 参见张曙：《工业4.0和智能制造》，《机械设计与制造工程》2014年第8期。

家相比，智能制造产业相对薄弱，高档数控机床与工业机器人、增材制造设备、智能传感与控制、智能检测与装备、智能物流与仓储是智能制造产业体系中的关键智能制造装备，这些装备的发展影响着智能制造产业的整体发展水平。

智能制造未来仍具有广阔的发展空间，需要以国家战略为导向，突破关键领域与核心技术，为中国制造业的发展提供持续动力。

二、绿色制造

制造业可以将资源转化为产品，但在产品的制造、使用与废弃处理过程中也会消耗甚至浪费其他资源，并且造成环境污染。有学者提出工业制造所产生的污染是当前环境污染问题的主要来源①。因此，缓解制造业面临的环境问题、促进可持续发展，实施绿色制造势在必行。2021 年底，工信部印发《“十四五”工业绿色发展规划》，提出坚持把推动碳达峰碳中和目标如期实现作为产业结构调整、促进工业全面绿色低碳转型的总体导向，全面统领减污降碳和能源资源高效利用。绿色制造又称环境意识制造、面向环境的制造等，是指在保证产品的功能、质量、成本的前提下，综合考虑环境影响和资源效率的现代制造模式。它使产品从设计、制造、使用到报废的整个生命周期中不产生环境污染或环境污染最小化，符合环境保护要求，对生态环境无害或危害极少，节约资源和能源，使资源利用率最高，能源消耗最低。

美国、日本及西欧国家已经在绿色制造行业处于领先地位，其拥有领先的绿色制造技术，并通过不同领域的政策法规予以促进。1991 年，日本推出了“绿色行业计划”，美国国会通过的《电子设备环境设计法案》《美国电子废弃物回收法案》、德国发布的《循环经济促进法》等都是与绿色制造相关的环保法案。除国家政策外，国外一些居民日常消费购买行为也进一步完善了环保机制，消费者趋于购买绿色环保产品的

① 参见刘飞、曹华军、何乃军：《绿色制造的研究现状与发展趋势》，《中国机械工程》2000 年第 Z1 期。

消费新动向，促进了绿色制造的发展。产品的绿色标志制度相继建立，凡产品标有“绿色标志”图形的，即表明该产品从生产到使用以及回收的整个过程都符合环境保护的要求，对生态环境无害或危害极少，并利于资源的再生和回收，这为企业打开销路、参与国际市场竞争提供了条件。德国水溶油漆自 1981 年开始被授予环境标志（绿色标志）以来，其贸易额已增加 20%。德国、日本、新加坡和马来西亚在 1992 年开始实施环境标志。绿色环境标识的出现与发展促进了这些国家“绿色产品”的发展，帮助其在国际市场竞争中取得更多的地位和份额。

我国科学技术部、国家自然科学基金委、工业和信息化部、教育部等部门大力支持针对绿色制造技术的科学研究，高校与科研院所都在积极进行绿色制造的探索。目前，我国需要加快节能减排核心技术的突破，采用绿色制造技术，在提高产品质量和附加值的同时，努力降低资源的能耗，这是未来制造业的发展方向。为此，我们需要加紧研制具有先进技术性能的能源技术装备，如煤的清洁高效开发利用、液化及多联产；复杂地质油气资源勘探开发利用；第三代 200MW 级高温气冷堆核电厂；提高可再生能源技术研发能力和产业化水平，包括风电机组、太阳能发电、生物质发电、地热利用等关键技术；节能工业设备和终端用能设备的开发[①]。将来绿色制造理论与绿色制造系统将应用于更多领域，绿色发展理念也将成为工业领域全过程的普遍要求，实现制造业发展与环境保护两个愿景的有机统一。

三、增材制造

虽然 3D 打印起源于美国，但要说相关理念的普及和应用，中国的起步并不比美国晚，我国一个传统的民间手工艺就能体现这一点，它就是糖画。这种手艺似乎没有任何高科技的参与，但其背后的理念和本质与 3D 打印是一样的，二者都是通过材料堆积形成物体，糖画是通过融

---

① 参见路甬祥：《走向绿色和智能制造——中国制造发展之路》，《中国机械工程》2010 年第 4 期。

化的糖汁借助勺子在平面上不断堆积形成龙、凤、鱼甚至小猪佩奇等形象，过程一气呵成，这也是3D打印的基本流程。增材制造又称为“材料累加制造”“快速原型”“分层制造”“实体自由制造”“3D打印技术”等，不同的叫法体现了该技术不同侧面的特征。该技术是通过CAD设计数据采用材料逐层累加的方法制造实体零件，与传统的制造技术相比，是一种“自下而上”材料累加的制造方法，可以快速精密地制作出想要的产品。

3D打印技术在建筑、医疗、航空航天等领域发挥着重要作用。增材制造技术是近40年快速发展的特种加工技术，其优势在于三维结构的快速和自由制造，被广泛应用于新产品开发、单件小批量制造[①]中，过程中不需要传统的刀具和夹具以及多道加工工序，在一台设备上就可快速精密地制造出任意复杂形状的零件，实现了零件“自由制造”，解决了许多复杂结构零件的成形问题，并大大减少了加工工序，缩短了加工周期。并且，产品结构越复杂，其制造速度的作用就越显著。该技术也是智能制造和绿色制造的重要组成部分，我国作为一个制造大国，面临着生产能力过剩、产品创新开发能力不足等问题，因此想要实现制造大国向制造强国的跨越，就需要通过增材技术等创业创新，开拓新的发展空间。

欧美国家在增材技术发展的方面相对领先于我国，美国已经成为增材制造领先的国家，3D打印技术不断融入人们的生活，在食品、服装、家具、医疗、建筑、教育等领域大量应用，催生许多新的产业。2012年，美国总统奥巴马将增材制造技术列为国家15个制造业创新中心，英国著名杂志《经济学人》发表专题报告《3D打印推动第三次工业革命》，推动3D打印发展的政治、经济力量正式形成，使得3D打印技术成为一股热潮并迅速吸引了全世界的眼球。[②]英国政府自2011年开始

① 参见李涤尘、田小永、王永信等：《增材制造技术的发展》，《电加工与模具》2012年第S1期。

② 参见朱艳青、史继富、王雷雷等：《3D打印技术发展现状》，《制造技术与机床》2015年第12期。

持续增加对增材制造技术的研发经费。以前仅有拉夫堡大学一个增材制造研究中心，诺丁汉大学、谢菲尔德大学、埃克塞特大学和曼彻斯特大学等相继建立了增材制造研究中心。此外，日本、德国、澳大利亚、法国等国家从政策与战略层面也不断增强对3D打印技术的支持。我国的3D打印技术也取得一定发展，我国高性能的大型金属激光直接制造技术也处于世界领先水平，并且应用于航空航天中的新型飞机研制，提升了我国飞机研发与制造的速度与效率。

增材制造技术的发展将有力提高我国工业产品和日用消费品的创新能力，支撑我国由制造大国向制造强国发展①。2012年1月11日，美国奇点大学学术与创新中心副主席维韦克·瓦德瓦（Vivek Wadhwa）在《华盛顿邮报》上发表文章《为何该轮到中国为制造业担忧？》。他认为“新技术的出现很可能导致中国在未来20年中出现美国在过去20年所经历的空心化”，引领技术之一是以3D打印为代表的数字化制造。“这样，中国还如何能与我们竞争”。他的观点或许值得我们借鉴，我们未来要在竞争中立于不败之地，今天就要毫不松懈地追赶和创造。增材制造已成为先进制造技术的一个重要发展方向，有着广阔的发展前景，也存在着巨大的挑战。如3D打印枪支、危险物品也更为便利，带来的伦理问题的思考也不容忽视。如2012年，出现第一支3D打印手枪，分布式防御公司（Defense Distributed）创始人、25岁的德州大学学生科迪·威尔森（Cody Wilson）决定开发全球首款利用3D打印技术制造的手枪，这意味着只要拥有相应材料与一台打印机，拥有枪支的3D打印图纸，任何人都可以在家里打印一把手枪，这也为这一革命性技术敲响了警钟。

四、微纳制造

在各种极端环境下，制造极端尺度或极高功能的器件和功能系统，

① 参见李涤尘、田小永、王永信等：《增材制造技术的发展》，《电加工与模具》2012年第S1期。

是当代极端制造的重要特征，集中表现在微制造、巨系统制造和强场制造方面，如制造微纳电子器件、微纳光机电系统、分子器件、量子器件等极小尺度和极高精度产品，制造空天飞行器、超大功率能源动力装备、超大型冶金石油化工装备等极大尺寸、系统极为复杂和功能极强的重大装备①。其中，微纳制造一般指运用微米、纳米级（0.1—100nm）的材料，进行产品的设计、制造、测量、控制、研究、加工等的应用技术。在基础科研以及制造行业中，微纳制造技术的研究从其诞生之初就一直牢固占据行业的尖端位置。对这一制造的研究最早可以追溯到对纳米技术的研究，前者是从“加工精度”的研究角度进一步延伸出来的。传统的制造业无法满足军工、高端精密仪器等相关领域的要求，因此需要从加工技术上提高精度：从毫米到微米再到纳米级，纳米技术也就应运而生。

微纳制造对于创新应用越来越重要，许多国家和地区都非常重视其发展。例如，在欧盟框架计划的支持下，欧洲微纳制造技术平台（MINAM）于2006年9月开始启动，于2008年初正式成立。MINAM致力于推动微纳制造技术的研发与产业化，为欧洲的微纳产品制造商及设备供应商提供技术支撑，帮助他们在关键技术领域建立、维持全球领先地位。MINAM发布的微纳制造技术前景展望总结了其战略研究议程（SRA）的要点，明确了微纳制造发展的新趋势，为维持和进一步增强欧洲工业在微纳制造技术领域中的领先地位，提供了未来投资和研发方向的战略指导。据不完全统计，我国已有100多个单位开展了微机电系统研发工作，虽然与世界先进水平仍有差距，但也取得了一定成就。早在1989年，我国就将MEMS列入863计划中的重大专项，加上教育部的教育振兴计划、中国科学院的知识创新体系、国家自然科学基金委和科学技术部新的立项以及地方和企业的投入，总经费约计5亿人民币以上。中国的MEMS研究（含部分纳机电系统，NEMS）已经形成覆盖多个研究领域的较为完整的体系，主要包含基础理论、微纳工艺、微纳器

① 参见钟掘：《极端制造——制造创新的前沿与基础》，《中国科学基金》2004年第6期。

件、微纳测试、微纳系统和微封装等。中国在MEMS研发方面取得了长足的进步，不少成果已经进行了产业化应用，标志性成果有：微惯性测量组合单元（MIMU）及单元器件在军事上的应用；神舟系列飞船测控系统采用了大量微传感器；多种传感元件用于民用产品；生物芯片、血液生化检测系统、智能药丸和智能内窥镜等开始用于临床[①]。

微纳制造技术是一项前沿高新技术，对国民经济、社会发展、国家安全等方面具有重要意义。当下，我国与世界其他工业发达国家相比，自主知识产权的研究成果相对较少，发展较为缓慢。因此，仍需在该类零件精密制造的基础理论和制造技术上开展持续研究和关键技术突破，以解决我国高性能零件精密制造中存在的性能指标保证和再提高难题，实现该类零件的数字化精密可控制造。随着高性能零件精密制造理论与技术的发展，在不远的将来定能像设计和建造房屋那样，按照所需功能来设计和制造新材料[②]。

五、再制造

再制造就是让旧的机器设备重新焕发生命活力的过程。它以旧的机器设备为毛坯，采用专门的工艺和技术，在原有制造的基础上进行一次新的制造，重新制造出来的产品无论是性能还是质量都不亚于原先的新品。从产业链的角度看，再制造是对产业链的延伸，也与绿色制造、先进制造等制造理念相一致。从工程的角度看，再制造工程是一个统筹考虑产品零部件全生命周期管理的系统工程，是利用原有零部件并采用再制造成型技术（包括高新表面工程技术及其他加工技术），使零部件恢复尺寸、形状和性能，形成再制造的产品。主要包括在新产品上重新使用经过再制造的旧部件，以及在产品的长期使用过程中对部件的性能、可靠性和寿命等通过再制造加以恢复和提高，从而使产品或设备在对环

---

① 参见王立鼎、褚金奎、刘冲等：《中国微纳制造研究进展》，《机械工程学报》2008年第11期。

② 参见郭东明、孙玉文、贾振元：《高性能精密制造方法及其研究进展》，《机械工程学报》2014年第11期。

境污染最小、资源利用率最高、投入费用最小的情况下重新达到最佳的性能要求。再制造工程被认为是先进制造技术的补充和发展，是 21 世纪极具潜力的新型产业。一般包括以下几个步骤：产品清洗、目标对象拆卸、清洗、检测、再制造零部件分类、再制造技术选择、再制造、检验等。

再制造在欧美发达国家已形成了巨大的产业。与欧美国家相比，虽然我国再制造产业起步较晚，但仍取得了较大成就。2005 年，国务院在《关于加快发展循环经济的若干意见》中明确提出支持发展再制造，第一批循环经济试点将再制造作为重点领域。2009 年 1 月实施的《中华人民共和国循环经济促进法》将再制造纳入法制化轨道。“中国制造 2025”提出，坚持创新驱动、智能转型、强化基础、绿色发展。再制造是绿色发展的重要方面，通过再制造提升资源的利用效率，为循环经济和节能环保产业提供更为坚实的技术基础，为推动再制造的进一步发展，需要从探索再制造的科学基础、创新再制造的关键技术、制订再制造的行业标准等三个层面展开研究工作，取得更为重大的突破，为绿色制造与先进制造提供更为广阔的发展空间。

我国基础设施建设领域持续高速发展，各种工程机械的需求量大增，已经成为世界范围内的工程机械生产大国。同时，我国机械工业市场巨大的保有量为再制造提供了无限商机。国家领导高度重视再制造产业发展，提出再制造是发展循环经济、扩大内需和环境保护的重要途径。装备再制造技术国防科技重点实验室的创造性工作为国家的再制造发展战略提供了重要支撑，发挥了引领和不可替代的作用。

六、云制造

云制造这一概念最早由中国工程院院士李伯虎及其研究团队提出，强调一种基于网络（如互联网、物联网、电信网、广电网和无线宽带网等）的、面向服务的智慧化制造新模式，它融合发展了现有信息化制造（信息化设计、生产、实验、仿真、管理和集成）技术与云计算、物联网、服务计算、智能科学和高效能计算等新兴信息技术，将各类制造资源和制造能力虚拟化、服务化，构成制造资源和制造能力的服务云池，并进行统一、集中的优化管理和经营，用户只要通过云端就能随时随地按需获取制造资源与能力服务，进而智慧地完成其制造全生命周期的各类活动，是“互联网+”时代的一种制造模式、手段与业态，也为中国从制造大国向制造强国迈进提供了一种新的模式和手段。

云制造的提出与云计算这一技术息息相关，云计算的理念是由专业计算机和网络公司（即第三方服务运营商）搭建计算机存储和计算服务中心，把资源虚拟化为“云”后集中存储起来，为用户提供服务。从技术上看，云计算是虚拟化和网格计算等的延伸，但更为重要的是云计算理念本质上带来的是服务模式的转变。云计算使得计算资源成为一种专业服务，并通过信息化的方式提供出来[①]。云制造的出现为解决我国大多数制造企业面临的产品附加价值低、产品开发和服务竞争力弱、产品制造能耗高，以及对环境造成的污染严重等诸多问题提供了新的解决方案。2011 年，国家 863 计划正式启动重大项目“云制造服务平台关键技术研究”，来自全国 28 个高校、科研院所和企业的 300 多名参研人员共同开展云制造技术的研究与应用，北京航空航天大学团队为该项目的牵头和总负责单位，云制造作为一个崭新的研究方向，许多关键技术在国内外都没有成功的先例。在国内学者们的不懈努力下，通过技术攻关以及应用企业的示范效果，建立了一套较为系统的云制造理论技术体系，分别针对集团企业和中小企业的特点，提出了云制造服务系统体系架构，制定了 4 项云制造国家标准草案。这些研究成果同时也引起了美国、德国、新西兰等国家的关注与认可，全球 3D 打印权威专家、美国康奈尔大学胡迪·利普森教授在其著作中也提出，云制造与 3D 打印的结合可能为未来制造业带来革命性变革。

虽然云制造的核心是智能制造，但二者仍有一定区别。智能制造概

① 参见李伯虎、张霖、王时龙等：《云制造——面向服务的网络化制造新模式》，《计算机集成制造系统》2010 年第 1 期。

念主要适用于制造领域，而云制造是大制造的概念，它突破了制造业领域，从制造、销售领域延伸拓展到使用、服务等领域。换言之，云制造以互联化、服务化、协同化、个性化、柔性化、社会化为主要特征，其外延比智能制造更宽泛。云制造是现有云计算和制造业信息化中的网络化制造、应用服务提供商（ASP）平台、制造网格等概念和技术的延伸和拓展。它融合了现有信息化制造技术及云计算、物联网、面向服务、高性能计算和智能科学技术等信息技术，将各类制造资源和制造能力虚拟化、服务化，构成虚拟化制造资源和制造能力池，并进行统一的、集中的智能化管理和经营，实现多方共赢、普适化和高效的共享和协同，通过网络和云制造服务平台，为用户提供可随时获取的、按需使用的、安全可靠的、优质廉价的制造全生命周期服务①。

当前，国际制造业正向着服务化、高效低耗、知识创新的方向发展，中国制造业面临着巨大的挑战与机遇。制造业信息化技术经历了信息集成、过程集成和企业间集成，目前，关注焦点日益集中于服务、环境、知识等核心价值因素。对云制造的研究与应用将会加速推进中国制造业信息化向“网络化、智能化、服务化”方向发展。先进制造业将成为引领我国制造业由大变强的利器。中国工程院院士柳百成表示，先进制造技术是制造业及战略性新兴产业的基础技术，对发展经济和维护国家安全至关重要。制造技术已成为发展我国制造业的薄弱环节，要十分重视发展先进制造技术。除以上制造技术外，仿生制造、精密加工技术等先进制造技术不仅取得了重要成就，未来在制造业发展过程中也将发挥重要作用。先进制造方式将进一步提升我国制造行业发展水平，促进工业大国向工业强国迈进，为我国经济社会发展保驾护航。

① 参见张霖、罗永亮、陶飞等：《制造云构建关键技术研究》，《计算机集成制造系统》2010 年第 11 期。

第十节　芯片与光刻机：从设计、开发到制造

在漫漫的人类历史进程中，什么才是最关键的影响因素？这也许要翻开历史书才能得到答案，从人类文明的起源一直到近代，许多历史教材都从政治、经济、文化三个方面展开叙述。诚然，在这一时间跨度内，此三者实为影响人类历史进程最关键的因素。到了最近几百年，有个新因素悄然出现并占据着愈发重要的地位，甚至开始左右世界格局的演变，这个重要因素就是科技。芯片和光刻机是影响当下人类文明进程最重要的科学技术。芯片是高端电子设备制造业的关键，在“中国制造”向“中国智造”的转型过程中，我国对芯片的需求不断增加[①]。海关总署公开的进出口数据显示，2021 年中国芯片进口额约为 4400 亿美元，原油仅为 2573 亿美元，中国芯片消耗量占世界的 1/3，80% 的芯片需要进口。在如今的数字化时代生活，信息成了我们赖以生存的“空气”，而这“空气”正是通过芯片的“光合作用”生产而来。

一、什么是芯片和光刻机?

芯片是半导体元件产品的统称，是集成电路的载体。半导体是指导电性介于导体和绝缘体之间的材料，比如硅、砷化镓等。而集成电路顾名思义就是在一块小小的芯片上采用一定的工艺，把一个电路中所需的晶体管、电阻、电容、电感等元件及布线互联在一起，然后封装在管壳内，成为具有所需电路功能的微型结构。每一部分集成电路都对应着一种实际功能：当你漫步郊外发现一道美丽的彩虹想要留住这一刹那的美好时，图像传感芯片和一种特殊的光电二极管就会发挥作用捕捉这绚烂的光线形成照片供你久久欣赏；当你搜索回家路线时，卫星定位芯片就会联手用于产生周期节奏的晶体管确定你的精确位置帮你规划路线；当你躺在舒适的沙发上摆弄着手机挑选照片点击“发送”到朋友圈时，无

① 参见龙学文、任禹凡、屈博:《芯片产业的世界经验与启示》,《企业管理》2021 年第 12 期。

线收发芯片就会协同负责功率放大的晶体管向亲朋好友展示你的喜好；“叮咚叮咚”有人点赞、有人评论就要归功于信息处理芯片和负责逻辑开关的晶体管。在同样大小的芯片上能承载的集成电路越多，我们所使用的手机、电脑等一系列电子产品的功能才能越先进、越全面，体积也才能越小，使用起来更得心应手。这一点，联想一下当初的“大哥大”到现在的智能手机，不难理解。

那什么是光刻机呢？光刻机又名掩模对准曝光机、曝光系统、光刻系统等。专业的光刻工艺要经历硅片表面清洗烘干、涂底、旋涂光刻胶、软烘、对准曝光、后烘、显影、硬烘、刻蚀等工序。光刻的意思就是用光来制作一个图形，在硅片表面涂胶，然后把模板上的图形转移到光刻胶上的过程。听起来似乎不好理解，这就像是生产车间的车床生产机器的过程。或者说是用凿子在石碑上刻字，凿子就是光刻机，石碑就是芯片，想在芯片上刻字，就需要用极其细微的“凿子”。

举个“砸坑”的例子。“砸坑”，砸的是芯片的坑。我们把芯片板比喻成一堵墙，要造芯片就要先在墙上砸坑，用这些坑来连接电路从而实现功能。那要怎么砸呢？用锤子吗？不，芯片那么小，一锤子下去不就碎了吗？用的是“砸坑小能手”：光刻机。顾名思义，是用身轻如燕、直来直往的刺客——“光”来砸坑。话说有了光，阿光同学的任务就是把光丢到墙上砸出坑来，可是丢了几次发现这样瞎丢，丢出来的形状千奇百怪啥也不是，于是意识到要设计个模板，模板上有阿光所需要的光的形状和位置，这个模板就是洞洞墙，把洞洞墙放到墙之前，阿光把光丢出来，穿过洞洞墙砸到墙上就有了预期的形状，按照洞洞墙来砸，就能实现“精准砸坑”。用这样的方法砸出许多坑就形成了芯片。这是光刻机造芯片的主要过程，后面还需要经过一些工序，才能得到完整的芯片。造芯片是在手指头大小的地方上砸出来上亿个坑，而且砸出来的坑，大小、形状需要和设计好的墙洞完完全全相同，不能相差一丝一毫。这是什么概念？纳米级的操作，一根头发就有几万纳米粗，再微小的晃动都会影响精度。比在 800 米外投篮还难。阿光还得丢得稳，力道不稳的话会晃动进而产生光的衍射，这在实际生产中也是需要突破的难点。除此之外，还有一点是影响光刻机技术的关键：坑的大小。坑越小，数量就越多，芯片性能也就越强悍、功能越复杂。光刻机的先进与否也体现在这里，目前荷兰的阿斯麦（ASML）公司一家独大，掌握了最先进的光刻机“砸坑技术”，在最高端的市场，占据了80%的份额。我国的光刻机技术还不是很成熟，而且国外还对我国各种限制封锁，所以想要好芯片，必须要加快升级光刻机。

二、怎么制造芯片？

在指甲盖大小的集成电路芯片中，应用极其精密的设计与工艺，让上百亿的晶体管发挥曾经巨型电路的作用，让体形较小的设备拥有低功耗和高性能，让便携式移动设备拥有更多可能，这就是芯片的内部世界，微小却又宏伟。那么，精密的芯片是如何一步步搭建的呢？芯片的设计与制造过程是非常复杂的，可以简单分为：前端设计、后端制作、封装测试。从原理上看，芯片的构建与建筑十分类似，只不过房屋由地基和钢筋水泥组成，芯片由硅晶圆和电路组成。钢筋就相当于电路，地基就相当于硅晶圆。芯片的前端设计相当于房屋的结构图设计。后端制造也就相当于具体施工。封装就是对房屋进行外部装修，留出与外部连接的水、电、网等通道，让房屋能正常运转。

芯片设计的第一步是了解和分析用户需求，确定芯片的框架。例如很多读者喜欢玩游戏，和平精英、王者荣耀等对于画质和流畅度的要求都高，那么CPU也就需要不断升级。第二步是输出芯片功能的具体实现方案，建立系统级架构设计。这就是根据需求制定规格、分配任务，例如团队一负责详细的电路实现方案，团队二负责接口信号及模块架构定义。在进行芯片架构设计的时候就需要考虑产品的需求、功耗以及面积等性能要求，同时还要考虑功能的实现。第三步是进行电路设计，也就是在芯片架构定义好之后，芯片工程师开始编辑逻辑代码。第四步是EDA验证：验证关键电路的规格是否完备，检查各个模块功能可否实现以及优化调整。还需要进行第五步：将RTL变成晶体管电路，得到完整的布局布线图。再加上一些检查完善和修改才是较为完整的前端设计环节。

在建造芯片这座“大楼”时，需要从沙子中提取“硅晶圆”为原料制作地基，之后按照芯片制造商提供的 GDS 图为模板进行刻蚀形成原始版芯片，再层层雕琢得到摩天大楼般的“最终版”。后端制造也基于此：半导体制造厂得到之前设计好的 GDS 文件，照这个示例将硅晶圆加工成裸 Die（未封装的芯片）。首先把光刻胶涂抹在硅晶圆上，使用紫外光穿透印有电路图的掩膜照射在硅晶圆上，这就可以把光刻胶融化而留下和电路图一样的图形。我们的目标不是光刻胶，所以还需要溶解掉暴露出来的硅晶圆留下光刻胶保护的部分。那如何令其具备晶体管的属性呢？答案是添加一些硼或磷到硅结构之中。加入一些铜用来互联其他晶体管。这就完成了一层结构，由于芯片一般情况下有几十层，所以还需要重复上述步骤。

最后的封装测试就是包装裸 Die，使之正常工作。包装裸 Die 首先切片硅晶圆，同时要在芯片上覆盖一层蓝膜用以保证切割后不易散落。切割好以后需要使用导线连接芯片上的连接点和引线框上的引脚，这是为了芯片能正常地与其他部件联合工作。之后要将装配好芯片的引线框放在模具中，再加上封装材料形成一层外壳。最后再刻上芯片的型号便能出品一款芯片。

三、芯片的“发家史”

芯片由起初单个的晶体管起步，多个晶体管放在一起就组成了集成电路。最初的一片芯片上只有 5 个元器件，如今的芯片动辄包含数十亿根晶体管，发展十分迅速。晶体管于 1947 年问世，这要归功于美国贝尔实验室的巴丁、布拉顿、肖克莱 3 人。轻巧灵便的晶体管的出现完胜体积大、功率消耗大的电子管。最著名的大规模运用电子管的仪器莫过于 1946 年诞生于美国的世界第一台电子计算机，“埃尼阿克（ENIAC）”号计算机应用了 17468 根电子管。再加上数量庞大的电阻、电容、电线，最终占地150平方米，重量高达30吨。由于电子管极高的功率，总体耗电量超过174千瓦每小时，甚至会影响到附近城镇居民的日常生活。也直接导致一刻钟就会烧掉一只电子管，以至于不得不密切关注其运行状态、频繁更换。而晶体管的出现极大地改变了他的存在形式，就像电影《蚁人》里，皮姆博士可以把大房子变成行李箱拎在手里一样，晶体管可以将整个房间的计算机微缩成火柴盒大小的微处理器，有时候现实就好像科幻的翻版。巴丁、布拉顿、肖克莱于1956年荣获诺贝尔物理学奖，其中肖克莱更被誉为“晶体管之父”。晶体管甚至被称为“人类继车轮之后最重要的发明”，足可见其地位。

任何事物都具有两面性，晶体管也不例外。灵巧的外形、较低的功耗带来了高昂的成本。电路系统的不断发展也造成体积的扩大，尤其生产一颗电晶体的成本高达10美元，怎么缩小元件体积、降低成本，变成应用上的大问题。这样一来，成本和体积也就成了晶体管广泛应用的桎梏。

让我们把目光聚焦于1958年9月12日美国得州仪器公司的一个办公室里，专注电路小型化研究的基尔比正在利用多数同事放假、无人打扰的两周思考一个难题。就在贝尔实验室庆祝发明电晶体10周年后一个月，基尔比灵光涌现，在办公室写下5页关键性的实验日志，这篇日志改变了世界，工程师基尔比成功地用热焊方式把元件以极细的导线互连，将20多个元器件集成在一块面积不超过4毫米的半导体材料上。基尔比的新概念“利用单独一片硅做出完整的电路，如此可把电路缩到极小”诞生之初，同事都怀疑是否可行。“我为不少技术论坛带来娱乐效果。”基尔比在他所著《IC的诞生》一文中这样形容。他在自述中说：“在大学里，我的大部分课程都是有关电力方面的，但因为我童年时对于电子技术的兴趣，我也选修了一些电子管技术方面的课程。我毕业于1947年，正好是贝尔实验室制造出第一个晶体管的那一年，这意味着我的电子管技术课程将要全部作废。”热爱电子技术的基尔比改变了世界，科技总是在一个个梦想的驱动下前进。次年，美国专利局正式宣布，将这种由半导体（Fairchild）元件构成的微型固体组合件命名为“集成电路”。后来仙童半导体公司的创始人罗伯特·诺伊斯发明了世界上第一块用硅制作的集成电路，也申请了发明专利。1966 年，基尔比和诺伊斯同时被美国富兰克林学会授予巴兰丁奖章，基尔比被誉为“第一块集成电路的发明家”，而诺伊斯则“提出了适合工业生产的集成电路理论”。三年后，美国联邦法院最终从法律上承认了集成电路是一项“同时”的发明。可惜诺伊斯于 1990 年去世，否则获得 2000 年诺贝尔物理学奖的就不只有基尔比了。

四、芯片的新发展

人工智能芯片勇立潮头。人工智能芯片是人工智能技术的核心硬件基础，对人工智能技术的发展影响巨大。人工智能是新一轮科技革命和产业变革的重要驱动力，当前，人工智能技术已全面渗透到制造、医疗、交通、金融、教育、安防等众多领域。算力、算法、数据是人工智能发展最重要的三大要素。其中，算力主要由人工智能芯片支撑，是承载人工智能核心技术的硬件基础，凸显了人工智能芯片的重要性。在 21 世纪之初，学界和产业界均对人工智能芯片没有特殊需求，因此，人工智能芯片产业的发展一直较为缓慢。在 2010 年前后，游戏、高清视频等行业快速发展，助推了 GPU（一种由大量运算单元组成的大规模并行计算架构芯片，主要用于处理图形、图像领域的海量数据运算）产品的迭代升级[①]。以云计算、大数据等为代表的新一代信息技术高速发展并逐渐开始普及更是进一步推动了人工智能算法的演进和人工智能芯片的广泛使用，同时也促进了各种类型的人工智能芯片的研究与应用。2016 年采用 TPU 架构的谷歌研发的 AlphaGo 击败了世界冠军韩国棋手李世石这一事件引发人们对人工智能的极大关注。自此，以深度学习为核心的人工智能技术走进了公众的“心田”。我国人工智能芯片发展迅猛，但设计能力与国外先进水平仍然差距较大，自主研发能力较弱。此外，我

① 参见商惠敏：《人工智能芯片产业技术发展研究》，《全球科技经济瞭望》2021 年第 12 期。

国尚未形成有影响力的“芯片—算法—平台—应用—生态”的产业生态环境，企业多热衷于追逐市场热点，缺乏基础技术积累，研发后劲不足[①]。

生物芯片逐步发展。进入21世纪，随着生物技术的迅速发展，电子技术和生物技术相结合诞生了半导体芯片的兄弟——生物芯片，这将给我们的生活带来一场深刻的革命。这场革命对于全世界的可持续发展都会起到不可估量的贡献。什么是生物芯片呢？简单说，生物芯片就是在一块玻璃片、硅片、尼龙膜等材料上放上生物样品，然后由一种仪器收集信号，用计算机分析数据结果。虽然，生物芯片和电子芯片确实有着千丝万缕的联系，但它们是完全不同的两种东西。生物芯片并不等同于电子芯片，只是借用概念，它的原名叫“核酸微阵列”，因为它上面的反应是在交叉的纵列中所发生。生物芯片在基因诊断、药物筛选、个体化医疗、基因测序等方面均存在较大发展空间[②]。

五、我国光刻机的发展现状

纵观世界光刻机发展史，前期的日本尼康是当之无愧的带头大哥，尼康也一直将光刻机作为自己的核心产品，一度成为日本企业引以为傲的“民族之光”，令无数日本青年心驰神往，直到1984年诞生的ASML异军突起。ASML的前20年也是表现平平，转折点发生在2009年。因为日本、IBM等无视了浸润式技术，日本的半导体厂商迅速衰落，尼康的一时失手，拖慢了日本半导体3个时代，这是ASML胜利的开端。2015年之后，ASML再无对手。而由于长期受国外技术封锁等多种原因，我国研发芯片最为关键的光刻机技术与世界先进水平存在巨大差距。目前我国也正在投入力量加快研究步伐，上海微电子在封装光刻机和LED光刻机领域都取得了突破，其封装光刻机已在国内外市场广泛销售，国内市场占有率达到80%，全球占有率也达到了40%。但是用

① 参见施羽暇：《人工智能芯片技术体系研究综述》，《电信科学》2019年第4期。
② 参见王芳：《生物芯片，下一个“芯”未来》，《经济》2018年第11期。

于生产芯片的光刻机目前仍在掌握了 28nm 级别徘徊，而世界顶尖水平已经逼近皮米级别。为什么研发光刻机如此困难？因为光刻机不仅需要体积小、功率高而稳定的光源，还需要极致的机械精度。中国科学院院士刘明表示虽然这些年我国在关于光刻机的很多领域取得进展，但是总体来说国内的光刻机技术与国外技术依旧有 15 年到 20 年的差距。

诚然，芯片与光刻机在现阶段是我国发展的软肋，“华为断供芯片”事件证明国外势力时不时还会以此“要挟”和“拿捏”我们，几十年的差距并非简简单单就能追上，在中国科技水平不断发展的今天，5G、高铁等一些技术的掌握确实令人瞩目，但我们也不得不承认在以芯片、光刻机为代表的一些高精尖领域我国依然有很长很长的路要走。“少年不惧岁月长，彼方尚有荣光在”，毛泽东也教导过我们，“前途是光明的，道路是曲折的”[①]。当我们于 20 世纪引爆了氢弹之后就应该明白，纷繁复杂的顶尖的人类最具杀伤力的武器都能被我国攻克，即已证明没有什么技术是我国攻克不了的。

2018 年中美经贸摩擦带来的华为技术断供事件，在遏制华为通过台积电代工获得麒麟芯片的同时，也促进了国产芯片技术的快速提升。技术断供使芯片产业链的上游制造商与下游华为零售商更加紧密地团结在一起，提高了国内企业进行自主创新激励和对高端芯片人才的追求，加之政府研发补贴等激励政策的扶持，我国掀起了一轮“造芯片热”。在芯片制造工艺上，中芯国际实现了 28nm、14nm、12nm、N+1(10nm) 制程芯片量产，N+2（7nm）技术开发也已经完成，自主创新进程大大加快。2019 年 9 月，华为发布了麒麟 990 5G 芯片，这款芯片采用了全球领先的工艺和技术，首次将 5G Modem 集成到 SoC 芯片中，具有强大的 AI 能力和 5G 水平，在全球范围内率先支持 NSA/SA 双架构和 TDD/FDD 全频段，是业界首个全网通 5G SoC。华为芯片的创新突破，标志着我国芯片制造在 5G 和 AI 两个领域实现了全球领先，提升和巩固了国产芯片在全球智能手机芯片市场中的地位。

---

① 《毛泽东文集》第 4 卷，人民出版社 1996 年版，第 29 页。

第五章
环境保护与风险治理

科技是一把双刃剑，在促进经济水平提升、加快城市化进程的同时，也带来了环境污染、生态破坏等负面问题。工业发展与环境污染之间的矛盾、水泥森林与蓝天白云之间的矛盾历来都是各国环境治理所面临的共同问题，各国在探索科技进步、社会发展的同时，也不得不思考各类矛盾风险的应对策略，完善城市建设和发展的模式，找到发展和保护二者的平衡关系。

工业发展和人类社会的矛盾究竟有何具体表现？全球气候环境与人类发展足迹之间究竟有何关联？人们为什么对一些工厂的建设和运营如此反对？城市应该如何提高抵御各类灾害与风险的能力？

本章将从以上几个问题切入，探索科技发展过程中的环境保护与风险治理。

第一节　PM2.5 污染来源与治理

2008 年，为迎接北京奥运会，国务院批准了《第 29 届奥运会北京空气质量保障措施》。北京及周边 5 省区市基本完成了要求，共同打造首都一片蓝天。而在奥运会开幕前，美国、日本、英国等国仍对北京的空气质量产生怀疑，给本国运动员分发口罩。当美国运动员到达北京首都机场后，其中 4 名戴上特制口罩，中国社会认为受到了严重的“冒犯和侮辱”。尽管从事件结果上来看，是中方“赢了”，获得了运动员的道歉，但北京空气污染问题开始被讨论，引起国内和国际广泛关注和深入探讨。同年，美国驻华大使馆配置了 MetOneBAM-1020 型颗粒物监测仪，每日在使馆区内测量空气质量，并在推持（Twitter）上公布监测结果。由于大使馆的数据与中国官方统计的数据不一致，在国内引起争议，事实上，美国驻华使馆的测量点单一，地理位置在朝阳区的繁华闹市，并且美国的空气质量标准与中国的不同，测量结果的科学性和有效性有待验证。这一举措至少将“雾霾”“PM2.5”等专业名词引入了公众视野。

2012 年 2 月 29 日，国务院常务会议发布新修订的《环境空气质量标准》，细颗粒物（PM2.5）终于写入“国标”，纳入各省市强制监测范畴。3 月，PM2.5 首次写入政府工作报告：“今年在京津冀、长三角、珠三角等重点区域以及直辖市和省会城市开展细颗粒物（PM2.5）等项目监测，2015 年覆盖所有地级以上城市。”

2013 年初华北大霾，下半年长三角大霾，其中上海经历了自监测 PM2.5 以来最严重的一场雾霾。从北方席卷到南方，雾霾覆盖了全国 25 个省份，最南的广东、海南也未能幸免于“霾伏”。南北方的霾各有各的特征——“一个带有涮肉的酣畅感，一个带有猫屎咖啡的细腻和情趣”。这种说法只是基于人处于雾霾中的直观感受，实际上是由于空气湿度和覆盖范围差异导致的。追溯南北方 PM2.5 中无机物的来源，北方是硫酸盐略占多数，比例达 30% 左右，到了南方，硝酸盐则是雾霾的主要来源。这是由气候条件、地理环境和经济社会发展水平等多重因素决定的。同年 9 月，国务院公布《大气污染防治行动计划》，首次将细颗粒物纳入约束性指标，并将环境质量是否改善纳入官员考核体系之中。关于 PM2.5 的治理被全面纳入顶层设计。全社会对空气污染的认识也从以前看得见的沙尘、废气深入看不见的细颗粒物。

一、PM2.5 的真面目

要问 PM2.5 到底是什么？说来简单，但也复杂。一方面可以简单地理解为细颗粒物，即细小的颗粒物，但它的成分是什么要具体讨论。

PM 是 Particulate Matter 的缩写，意为“悬浮颗粒”或“颗粒物”。PM 后边带的数字，是用来表示颗粒物大小的数值，一般用微米表示，1 微米 =1/100 万米，数值越大表示颗粒物越大，只不过这个数值是指颗粒物的空气动力学直径，表述粒子运动的一种“假想”粒度。PM2.5 指环境中空气动力学当量直径≤ 2.5 微米的颗粒，也称作细颗粒物、可入肺颗粒物（能进入肺部）。它的直径还不到人的头发丝粗细的 1/20，能较长时间悬浮于空气中。PM10 是粒径≤ 10 微米的颗粒物，指飘浮在空气中的固态和液态颗粒物的总称，它也叫可吸入颗粒物。两者是包含关系：PM2.5 是 PM10 的一种，约占 PM10 的 70%。

此外，还有大气中动力学直径≤ 1 微米和 0.1 微米的颗粒物，分别是 PM1.0 和 PM0.1，它们又被称为“可入肺颗粒物”和“超细颗粒物”。

从 PM2.5 产生过程而言，大致可以分为一次粒子和二次粒子。

一次粒子是指来自大自然或人为的不经任何转化直接排放的颗粒物，主要产生于化石燃料（主要是石油和煤炭）和生物质燃料的燃烧和道路扬尘，但某些工业过程也能产生大量的一次 PM2.5 粒子，如矿物质的加工和精炼过程等，其他的一些来源，如建筑、农田耕作、风蚀等的地表尘对环境 PM2.5 的贡献则相对较小。

二次粒子主要是人为排放的气体污染物（也称气体前体物）在空气中经过一系列物理化学反应形成的。主要的前体物包括二氧化硫、氮氧化物、氨气、挥发性有机物等。此外，还有在高温状态下以气态形式排出、在烟气的稀释和冷却过程中凝结成固态的一次可凝结粒子。多数气体前体物 PM2.5 由多相（气—粒）化学反应而形成，普通的气态污染物通过该反应可转化为极细小的粒子。在大多数地区，二氧化硫、氮氧化物、氨气、挥发性有机物等为所观察到的二次 PM2.5 气体污染物的主要组成部分，而且二次有机气溶胶在一些地区也可能是重要的组成部分。PM2.5 不仅仅来源广泛，成分也十分复杂。其主要成分是元素碳、有机碳化合物、硫酸盐、硝酸盐、铵盐。其他的常见的成分包括各种金属元素，既有钠、镁、钙、铝、铁等地壳中含量丰富的元素，也有铅、锌、砷、镉、铜等主要源自人类污染的重金属元素。气象条件对 PM2.5 生成也会造成比较大的影响，如气象动力因子（风速、风向），气象热力因子（太阳辐射量、大气层结构稳定性、气温垂直分布），天气形成以及大气层混合高度，大气中的水分（相对湿度、云、雨、雾）。

2000年有研究人员测定了北京PM2.5的来源：尘土占20%；由气态污染物转化而来的硫酸盐、硝酸盐、氨盐各占17%、10%、6%；烧煤产生7%；使用柴油、汽油而排放的废气贡献7%；农作物等生物质贡献6%；植物碎屑贡献1%。有趣的是，吸烟也贡献了1%，不过这只是个粗略的科学估算，并不一定准确。该研究中也测定了北京PM2.5的成分：含碳的颗粒物、硫酸根、硝酸根、铵根加在一起占了69%。类似的，1999年测定的上海PM2.5中有41.6%是硫酸铵、硝酸铵，41.4%是含碳的物质。

研究表明，导致PM2.5飙高主要有三个原因。

第一，猛增的汽车数量成为主因。随着小汽车走入寻常百姓家，汽车尾气正在成为城市的主要污染源。专家指出，迅猛增长的小汽车数量，让交通拥堵成了各大城市的梦魇。以北京为例，每天的拥堵时间已经从2008年的3.5小时，增加到现在的5小时以上。不仅增加油耗，也加剧了尾气排放。

第二，玻璃幕墙与PM2.5飙高暗藏因果联系。当城市出现大雾弥漫的阴霾天气，许多人都会选择躲在室内或者打车出行。城镇建设当中一些不环保的设计趋势，加大了燃煤负担，不但阻碍了节能减排，也严重影响空气质量。

第三，煤炭消耗激增。中国能源消耗在近十年来增长了1倍多，且能源结构中煤炭占比超过70%。中国的煤炭消费从2004年的14.45亿吨标煤上升到了2010年的32.4亿吨标煤，相当于美国的3倍，印度的6倍，是全球最大的煤炭消费国。

煤炭燃烧排放的烟尘中有许多无法去除的超细颗粒，是PM2.5细颗粒的主要来源。而煤炭燃烧排放的二氧化硫和氮氧化物与空气中其他污染物进行复杂的大气化学反应，形成硫酸盐、硝酸盐二次颗粒，由气体污染物转化成固体污染物，成为PM2.5升高的最主要原因。

二、PM2.5 有何危害

物体下降的速度与质量有关，细颗粒物由于体积小、质量小，能够长时间停留在大气中。PM2.5 与 PM10 相比，其粒径小，比表面积大，活性强，更易附带有毒、有害物质（如重金属、微生物等），且在大气中的停留时间长、输送距离远。

颗粒物对健康的影响与颗粒物的组成成分密切相关。颗粒物就像药房卖的各种胶囊，胶囊本身不治病，治病的是胶囊里边的药物成分，也就是说胶囊起到了一个运送药物的作用。PM2.5 可吸附多种有害气体和重金属，主要含黑炭、重金属、硝酸盐、硫化物、多环芳烃、汽车尾气颗粒物等，甚至还有细菌、病毒、真菌等微生物成分。由于污染来源不同，PM2.5 组成成分也不同。PM2.5 主要有三大特征：微细的颗粒体积、较大的表面积、较强的毒素吸收能力。这些特征使 PM2.5 易通过呼吸道进入肺部组织，沉积于肺泡，甚至进入血液循环，引起气管壁、肺泡壁、血管壁的炎症反应，既能引起呼吸系统疾病，也可对其他系统造成损害。

颗粒的大小是吸入时颗粒在呼吸道中停留位置的主要决定因素。较大的颗粒通常通过纤毛和黏液在鼻子和喉咙中过滤，但小于约 10 微米的颗粒物质会沉积在支气管和肺部并导致健康问题。10 微米的尺寸并不代表可吸入颗粒和不可吸入颗粒之间的严格界限，但大多数监管机构在监测空气中的颗粒物时以此为依据。由于体积足够小，大约 10 微米或更小的颗粒（粗颗粒物，PM10）可以穿透肺的最深处，例如细支气管或肺泡。当哮喘患者暴露在这些条件下时，会引发支气管收缩。

同样，所谓的细颗粒物（PM2.5），往往会渗透到肺部（肺泡）的气体交换区域，而非常小的颗粒物（超细颗粒物，PM0.1）可能会穿过肺部影响其他器官。颗粒的渗透并不完全取决于它们的大小，形状和化学成分也会产生影响。为了避免过于复杂，简单的命名法被用来表示 PM 颗粒相对渗透到心血管系统的不同程度。当它们被纤毛过滤掉时，可吸入颗粒不会比支气管更深入。肺部颗粒可以直接穿透到末端细支气管，而 PM0.1 可以穿透到肺泡、气体交换区域以及循环系统，因此被称为可吸入颗粒。类似的，可吸入颗粒物能够进入鼻子和嘴巴，可能沉积在呼吸道的任何地方。可入肺颗粒物是进入胸腔并沉积在肺气道内的部分。

最小的颗粒，小于 100 纳米的纳米颗粒物可能对心血管系统的伤害更大。纳米颗粒物可以穿过细胞膜并迁移到其他器官，包括大脑。现代柴油发动机排放的颗粒物（通常称为柴油颗粒物，或 DPM）通常在 100 纳米（0.1 微米）的范围以内。这些颗粒还带有吸附在其表面的苯并芘等致癌物质。颗粒物的质量不是衡量其健康危害的正确标准，因为 1 个直径为 10 微米的颗粒与 100 万个直径为 100 纳米的颗粒的质量大致相同，但危害性要小得多，因为它不太可能进入肺泡。因此，基于质量的发动机排放法规限制并不具有保护性。一些国家 / 地区提出了新法规提案，建议限制颗粒表面积或颗粒计数（数量）。

发表于《美国医学会杂志》的一项研究表明，PM2.5 会导致动脉斑块沉积，引发血管炎症和动脉粥样硬化，最终导致心脏病或其他心血管问题。这项始于 1982 年的研究证实，当空气中 PM2.5 的浓度长期高于 $10\,\mu g/m^3$，就会使死亡风险上升。浓度每增加 $10\,\mu g/m^3$，总的死亡风险会上升 4%，心肺疾病带来的死亡风险会上升 6%，肺癌带来的死亡风险会上升 8%。此外，PM2.5 极易吸附多环芳烃等有机污染物和重金属，使致癌、致畸、致突变的概率明显升高。中国科学院陈竺院士等研究者，于《柳叶刀》杂志上发表的文章中估计中国每年因室外空气污染导致的早死人数在 35 万—50 万。

国际环保组织绿色和平与北京大学公共卫生学院联合发布的报告《危险的呼吸 2：大气 PM2.5 对中国城市公众健康效应研究》指出，全国 31 座省会城市和直辖市因大气 PM2.5 污染造成超额死亡率接近千分之一，即每 10 万人中死亡人数约 90 人。其中最严重的是石家庄、济南、长沙、成都、南京、武汉等城市，每 10 万人中死亡人数超过 100 人。结论显示，2013 年全国 31 座省会城市和直辖市因大气 PM2.5 污染导致的超额死亡达 25.7 万人，即每 10 万人中死亡人数高达约 90 人，死亡率达 0.9 ‰。根据中国官方公布的数据，2012 年全国平均因吸烟导致的死亡率超 0.7 ‰，而交通事故所致的死亡率为 0.09 ‰。在国家环境空气质量二级标准（年均 35 μg/m^3）浓度水平下，除拉萨、海口及福州三座已经达标的城市外，其他 28 座省会城市及直辖市，相应的超额死亡人数可下降约 11.2 万人（约 45%）。

三、雾霾天气中如何防护

雾和霾总是被混为一谈，实际上雾和霾是完全不同的概念。雾是指在相对高的空气湿度下，在贴近地面的空气中形成的几微米到 100 微米、肉眼可见的微小水滴（或冰晶）的悬浮体，是一种自然的天气现象。由于液态水或冰晶组成的雾散射的光与波长关系不大，因而雾看起来呈乳白色或青白色。而霾则是悬浮在空中肉眼无法分辨的大量几微米以下的微粒，是水平能见度小于 10 千米的天气现象。通常把湿度大于 90% 时的低能见度天气现象称之为雾，而湿度小于 80% 时称之为霾，湿度在 80%—90% 则形成雾霾。

在无风、逆温和高湿等不利气象条件下，污染物在空气中堆积导致出现空气污染现象，已经被世界卫生组织列为一级致癌物。而重污染天气一般是指空气质量指数大于 200，即环境空气质量达到重度及以上污染程度的空气污染现象。我们所说的“雾霾”天气就是以 PM2.5 为首要污染物的重污染天气。人们在短时间内吸入污染物会引起咳嗽、咽喉痛、眼部刺激等症状，并且可诱发支气管哮喘、慢性阻塞性肺疾病、心脑血管疾病等慢性疾病的急性发作或病情加重。

霾天气的形成需要多种条件：一是相对湿度比较大，就是空气中要有相当的水汽，水汽含量比较高；二是大气处于静稳状态，不利于大气中悬浮颗粒物的扩散稀释，容易在城区和近郊区周边积累；三是垂直方向上出现逆温，空气中悬浮颗粒物难以向高空飘散而被阻滞在低空和近地面；四是要有降温条件等。气象因素是形成雾霾污染的外因。形成霾的前提还是空气中的细颗粒物足够多，否则就达不到霾的标准。

我国气象部门分别对雾天气和霾天气进行预警，由低级到高级分为黄色、橙色和红色三级。霾预警分为中度霾、重度霾和极重霾，可反映空气污染的不同状况。在霾预警级别的划分中，将反映空气质量的 PM2.5 浓度与大气能见度、相对湿度等气象要素并列为预警分级的重要指标，使霾预警不仅仅反映大气视程条件变化，更体现了空气污染的程度。

“阴霾天气比香烟更易致癌。”钟南山曾指出，近些年来，我国公众吸烟率不断下降，但肺癌患病率却上升了 4 倍多。这可能与雾霾天增加有一定的关系。雾霾的成分非常复杂，包括数百种大气颗粒物。其中危害人类健康的主要是直径小于 10 微米的气溶胶粒子，它能直接进入并黏附在人体上下呼吸道和肺叶中，引起鼻炎、支气管炎等病症，长期处于这种环境还会诱发肺癌。

除了癌症，雾霾天还是心脏杀手。有研究表明，空气中污染物加重时，心血管病人的死亡率会增高。阴霾天中的颗粒污染物不仅会引发心肌梗死，还会造成心肌缺血或损伤。雾霾笼罩时气压较低，空气中的含氧量有所下降，这时易感到胸闷。潮湿寒冷的雾和霾，还会造成冷刺激，导致血管痉挛、血压波动、心脏负荷加重等。同时，雾霾中的一些病原体会导致头痛，甚至诱发高血压、脑出血等疾病。有心血管疾病的人，尤其年老体弱者，最好不要在雾霾天出门，以免发生意外。

大雾有非常强的吸附力，能吸附大量有毒害的酸、碱、盐、胺、酚、病原微生物等物质，然后形成非常大的雾核，极易被人体吸收。这些有害物质会刺激人体的敏感部位，容易诱发或加重气管炎、咽喉炎、结膜炎等一些过敏性病症。因此在雾霾天气，人们需要更加注意保护自身健康。

第一，减少户外活动，减少外出。剧烈运动时，身体内吸进的有害气体比平常多。同时，雾霾天气污染较重，不利于空气流通、灰霾扩散，户外体育运动的老人和儿童就更加容易吸进灰霾。早上 10 点之前空气没有升温，缺少空气对流，霾还沉积在地面，不宜晨练。

第二，外出需要佩戴口罩。医用口罩的作用较好。常见的 N95、

KN90 等型号的口罩都对 PM2.5 的防护作用很好。但特殊人群如哮喘、肺气肿病人需要注意咨询口罩使用的注意事项。尽量减少去人多的地方，例如超市、商场，这些地方空气流通差，易造成呼吸系统疾病交叉感染。

第三，在室内减少开窗通风，空调应该保持内循环。定期打扫卫生，保持室内干净清洁。可以适当种植绿植和使用空气净化器来维护室内空气。

第四，注意个人卫生，外出归来及时清洗脸部及裸露皮肤，也可用清水冲洗鼻腔。平时应多饮水、清淡饮食、多进食蔬菜水果，进食富含蛋白的食物，增强免疫力。

四、PM2.5 的防治措施

2013 年 9 月，《大气污染防治行动计划》由国务院印发，计划指出要“经过五年努力，全国空气质量总体改善，重污染天气较大幅度减少；京津冀、长三角、珠三角等区域空气质量明显好转”。文件更给出了具体的指标：到 2017 年，全国地级及以上城市可吸入颗粒物（PM2.5）浓度比 2012 年下降 10% 以上，优良天数逐年提高；京津冀、长三角、珠三角等区域可吸入颗粒物（PM2.5）浓度分别下降 25%、20%、15% 左右。《大气污染防治行动计划》提出了十条措施来实现这些目标，也被称为“大气十条”（后来又相继发布了“水十条”和“土十条”）。“大气十条”是首次经过中央政治局常委会和国务院常务会议审议通过的重要环境保护文件。文件提出到 2017 年“北京市细颗粒物年均浓度控制在 60 微克 / 立方米左右”的目标，也被称为“京 60”。

2014 年 2 月初，李克强主持召开国务院常务会议，研究部署进一步加强雾霾等大气污染治理工作，原则通过了落实《大气污染防治行动计划》22 条配套政策措施。一场治理雾霾的攻坚战、持久战首先在能源行业打响。

自“大气十条”颁布以来，中国能源行业，特别是煤电领域发生了脱胎换骨的变化，中国打造出了全世界最大的清洁煤电供应体系，提前完成电力部门超低排放改造和“十三五”规划的要求。从2012年至2017年，中国煤电行业二氧化硫、氮氧化物、烟尘排放量从859万吨、1086万吨、178万吨下降至120万吨、114万吨、26万吨，降幅分别达86%、89%、85%。火电机组供电标煤耗从325克/千瓦时下降至312克/千瓦时，75%以上的煤电机组达到超低排放限值（到2020年，已经有86%的煤电机组达到了超低排放限制）。

类似电力部门，钢铁、水泥、化工、玻璃等部门也在“大气十条”发布后加快了大气污染治理步伐，一方面修订工业锅炉和各行业的排放标准，要求各工业企业达标排放，另一方面抓产能建设，严控高耗能、高污染和资源性新增产能，加快落后产能淘汰。根据2017年开展的第二次污染普查数据，和2007年相比，全国造纸、钢铁和水泥行业的产品产量分别增加61%、50%和71%，但重点行业主要污染物排放量大幅下降，造纸行业化学需氧量减少84%，钢铁行业二氧化硫减少54%，水泥行业氮氧化物减少23%。

交通行业也经历了自我革新，全面升级。从2014年到2017年底，我国淘汰了2000多万辆黄标车和老旧车，黄标车（指未达到国一排放标准的汽油车或未达到国三排放标准的柴油车）基本成为历史。环保部也联合其他部门进一步推行新机动车排放标准和油品标准，从国一进化到国六车油标准体系。

随后，家庭燃煤取暖被提上治理日程。经过评估后，2017“煤改气”“煤改电”工程全面上马，《北方地区冬季清洁取暖规划（2017—2021年）》明确了清洁取暖的目标和实施路径。截至2021年4月，清洁取暖试点示范工作前三批43个试点城市合计完成清洁取暖改造面积39.10亿平方米、改造户3526万户。其中，城区完成清洁取暖改造9.58亿平方米、869万户，城乡结合部、所辖县及农村地区完成清洁取暖改造29.51亿平方米、2657万户。“十三五”时期清洁取暖率大幅提升，空气质量得到明显改善。

五、大气污染不只 PM2.5

经过十几年的发展，我国在大气污染治理方面取得了其他发达国家几十年的治理成果，空气质量有了明显提升，大气污染治理建立起完善的制度保障，在全社会开展得如火如荼。与此同时，我们不能安于现状，更不能掉以轻心。

（一）臭氧污染

有研究指出，2013 年到 2017 年，中国东部 PM2.5 的浓度下降了近 40%。但在同样的时间内，大城市的臭氧浓度却上升了 5%—10%。空气中的这些颗粒物就像小海绵，能吸附化学自由基，以阻止臭氧的产生。当 PM2.5 浓度降低，细微颗粒减少时，对反应物的吸附量也会减少，最终导致大气氧化性增加，促使挥发性有机物和氮氧化物转化成了臭氧。此外，如果 PM2.5 浓度过高，光照和辐射就会减弱，达不到臭氧生成的条件，反过来，PM2.5 等细微颗粒降低，光照增强可能会促发臭氧的浓度增加。

距离地球表面 15 —50km 的平流层中有一层高浓度的臭氧层，能吸收掉阳光中的大量紫外线，被称为地面生物的“保护伞”。但由于臭氧的强氧化性，当它分布在地面上时，就变成了另一种角色。空气中的臭氧污染主要来自化学反应，有三个主要因素：氮氧化物、挥发性有机物和强烈阳光。浓度超过一定值的臭氧，是光化学烟雾的主要成分。高浓度的臭氧会损害眼睛、呼吸道等，严重的还会导致肺气肿、意识障碍和死亡。

随着全球气候变暖、人为污染排放及区域大范围的传输等，全球臭氧背景浓度呈增长趋势，平均每年上升 1 微克左右，这与中国的情况较为一致。温度升高有利于臭氧的形成。2019 年，全国 337 个城市中有 30% 的城市臭氧超标，仅次于 PM2.5，其中京津冀和长三角区域臭氧污染尤为突出。

（二）多环芳烃污染

多环芳烃（PAHs）是一类分子中包含两个及以上苯环的有机化合物，属于半挥发性有机化合物（SVOCs）。PAHs 是含碳有机物热解过程中的产物，在家居环境中其主要来源包括用于采暖或烹饪的固体燃料的不完全燃烧、吸烟和烹调油烟。大气中 PAHs 的人为源还包括汽车尾气和工业排放等。空气中低环多环芳烃主要以气相形式存在，高环多环芳烃主要以颗粒相或吸附在家具表面和室内降尘上的形式存在。人体通过吸入、摄入和皮肤接触的方式而暴露于多环芳烃。多环芳烃具有较强的致癌、致畸、致突变性，会损坏人体肝脏和肾脏等器官功能，干扰神经系统和内分泌系统，威胁人类健康。

美国国家环境保护局（USEPA）曾公布 16 种 PAHs 作为优控污染物，其中 1 级、2A/2B 级致癌物共 7 种。在暴露危害评估及相关标准制定过程中，通常以苯并芘用作 PAHs 暴露的标志，并以苯并芘等效毒性当量表征 PAHs 健康危害。

2022 年 1 月，冬奥会临近之际，北京空气质量首次全面达标，PM2.5 和臭氧首次同步达标，分别达到国家二级标准。大气污染物实现协同控制，大气污染治理取得里程碑式突破。北京市生态环境局副局长于建华介绍，在区域空气质量同步改善、气象条件较常年整体有利的情况下，2021 年北京 PM2.5 年均浓度、臭氧浓度分别降至 33 微克 / 立方米、149 微克 / 立方米，首次同步达到国家二级标准，为 2013 年 PM2.5 数据有持续监测记录以来最优。这是我国近十年大气污染治理交上的最好答卷，也是为冬奥会准备的最佳礼物。

第二节　全球气候变化与我们

2001 年 11 月 15 日，南太平洋岛国图瓦卢宣布：迄今为止所有对抗海平面上升的努力都宣告失败，图瓦卢居民将按批次搬离，新西兰已经同意接受每年固定配额的移民，但其他国家未有反应。从 1993 年至2017年，图瓦卢的海平面总共上升了9.18厘米，按照这个数字推算，50年之后，图瓦卢海平面将上升37.6厘米，这意味着图瓦卢至少将有60%的国土彻底沉入海中。至此，这个由9个珊瑚环礁组成的岛国将在不远的未来成为人类历史上第一个因全球气候变暖而消失的国家。面对如此天灾人祸，图瓦卢人无能为力，图瓦卢就像一面镜子反射出了太平洋一众小岛国的未来，图瓦卢是第一个，紧跟着就会有第二个、第三个……

一、全球气候是怎么变化的：人类对未来的摸索

全球气候变化是指全球气候平均值和离差值两者中的一个或两者同时随时间出现了统计意义上的显著变化。平均值的升降，表明气候平均状态的变化；离差值增大，表明气候状态不稳定性增加，气候异常愈明显。地球本来就是一个生态平衡的大环境，地球气候有着较有规律的变化。地球从太阳那里吸收热能后向外再散发出来，这就形成了一个相对平衡的气候稳定因素。大气中的一些重要气体，像一个保温层帮助地球保持较稳定的气温。这些气体在没有外来气体的影响下，是比较固定的。这些气体被称为温室气体，这种效应就被称为温室效应。由于造成温室效应的气体相对稳定，因此，地球的温室效应也比较稳定，体现在全球气温的变化上也较稳定。全球气候维持着常态化稳定状态。但随着人类社会的不断发展，人类居住的领域空前扩大，人类利用科技对全球气候的影响也日益增加，这就使造成温室效应的气体大量增加，尤其是二氧化碳的含量增多，还包括一些别的气体的出现。这就使大气层的温室效应受到了人类的干预，温室效应更加明显，全球气候有了逐渐变暖的趋势。

全球气候变暖的成因是多方面的，目前人类论证的成因主要有：（1）太阳活动、地球轨道及地磁的变化。（2）臭氧层厚度的持续衰减。（3）深海藏冷效应和海洋锅炉效应。（4）深海地震的降温效应。（5）地表火山的躁动。（6）潮汐震荡。（7）温室效应。

在20世纪60年代到80年代上半期，全球变暖这一问题并未受到重视，当时的热点话题是全球变冷。当时，受国际政治大气候即冷战的影响，各国政府和科学界更关心“核冬天”对全球气候变化的影响。当时科学家指出，一旦发生一场中等规模的核战争，由于核爆炸释放大量的烟尘，它们会在高空形成不断飘浮的、浓密的大范围烟云。这些烟尘是太阳短波辐射的强吸收物质，因而会像火山爆发喷发大量尘埃的情况一样，它们可以拦截入射到地球的大量太阳辐射，阻止它到达地面，其结果是高层大气加热，同时地面出现冷却。有人曾计算过，一场中等规模以上的核战争，可以释放近3000万吨烟尘，如果散布在北半球中纬度地区，可以减少到达地面的太阳辐射达90%以上，从而造成30 ℃左右的严重降温，在几天内使温度下降到0 ℃以下，并且天空黑暗如夜，犹如严寒的冬天一般。这就是“核冬天”得名的缘由。突然大幅降温和缺少阳光，必然会对全球和区域的农业、生态、人类健康等产生重大影响。另外，从20世纪50年代开始，直到70年代后期，气象学家发现，地球正处于一个冷期，温度比20世纪20年代至40年代要偏低很多。根据上述人类活动的影响和气候的自然波动，有些科学家认为，今后地球将进入一个寒冷的时期，这就是后来那么多末日系列的科幻电影有全球急剧变冷设定的科学背景。

与此同时，很多科学家看到的是气候变化的另一方面，即由于人类活动排放的温室气体不断增加，由此产生的温室效应可以使地球的温度上升。因而，未来地球气候变化可能不是变冷而是变暖。这两种截然不同的观点，争论了几十年，加之媒体有时对变冷或变暖的作用进行夸大或片面性的报道，结果使各国政府和科学界对气候变化的前景预估处于迷惑甚至混乱的状态。在这种情况下，为了科学全面地回答全球气候变化的前景，澄清不同的观点与争论，以避免政府和国际组织应对气候变化的行动建立在个别科学家的观点之上，世界气象组织（WMO）和联合国环境规划署（UNEP）在1988年11月建立了政府间气候变化专门委员会（IPCC），开始了全球气候变化的科学评估工作。其任务是定期对有关气候变化研究的最新结果进行评估，以向国际社会和各国政府提供有关气候变化的科学、技术信息。自成立以来，IPCC 出版了 6 次有关气候变化的评估报告。

1990 年：第 1 次评估报告：IPCC 第 1 次评估报告明确检测到温室效应增强，并指出“应该关注因为全球温室气体排放导致的可能的气候变化”。

1995 年：第 2 次评估报告：在这次评估报告中，IPCC 得出结论“人类活动对气候有‘明显’的影响”。

2001 年：第 3 次评估报告：IPCC 第 3 次评估报告提出“有新的有力证据表明，过去 50 年观察到的大部分变暖都归因于人类活动”。在极端天气频发的情况下，发展中国家和穷人最容易受到气候变化的影响。

2007 年：第 4 次评估报告：这次报告的有力发现包括：全球变暖是不容置疑的事实，并且由于一些极端天气事件的频率和强度增加，气候变化的影响很可能会扩大。

2014 年：第 5 次评估报告指出，我们对于气候的破坏会带来更加广泛、不可逆转的影响，但同时，我们有办法控制气候变化并建立一个更加繁荣、可持续的未来。

2018 年：《全球温升 1.5 摄氏度特别报告》：这是 IPCC 最广为人知的一份特别报告，它明确指出 1.5 摄氏度是全球变暖的温控底线。报告认为与此前《巴黎协定》制定的 2 摄氏度温升目标相比，将全球变暖控制在 1.5 摄氏度，能够降低许多不可逆转的气候变化风险。

2021 年 8 月 9 日，IPCC 出版了第 6 次评估报告第一工作组报告《气候变化 2021：自然科学基础》。该报告的撰写工作历时 6 年，来自全球 65 个国家的 234 位作者，通过对 1.4 万多篇文献的综合评估，以最新数据、翔实证据、多元方法提供了全球和主要区域气候变化自然科学的最新研究认识。

二、全球气候变化的现状与未来：人类的红色警报

长达 4000 页的 IPCC 第 6 次评估报告第一工作组报告是一份里程碑

式报告，强有力地揭示了一个不容忽视的事实——气候危机正在进一步恶化，全球变暖已经无可避免。

（一）在未来 20 年内，地球温升将达到 1.5 摄氏度

在 IPCC 研究的情景中，2021 年至 2040 年达到或超过 1.5 摄氏度目标的可能性超过 50%。在高排放情景下，世界达到 1.5 摄氏度温升的速度更快（2018—2037 年）。如果世界走一条碳密集型道路（SSP5—8.5），那么到 21 世纪末，全球变暖可能比前工业化水平高出 3.3—5.7 摄氏度。作为比较，世界已经 300 多万年没有经历过温升超过 2.5 摄氏度的变暖过程，我们处在一个截然不同的气候时期。与此同时，报告显示，即使采取了严格的减排措施，气候系统已经形成变暖的惯性，我们肯定会面临比今天看到的更危险、更具破坏性的极端天气事件，这突出表明我们需要在增强适应性和恢复力方面投入更多资金。

（二）到 21 世纪末将全球变暖限制在 1.5 摄氏度仍然是可及的，但需要变革

如果世界在未来 10 年采取雄心勃勃的行动来遏制排放，我们仍然可以在 21 世纪末将温升限制在 1.5 摄氏度。这一情景包括 2041 年至 2060 年可能出现 1.6 摄氏度的温升，之后到 21 世纪末，温升将降至 1.5 摄氏度以下。为此，小规模的努力是不够的，我们需要迅速的变革。

截至 2020 年初，世界剩余的碳预算（将温升限制在 1.5 摄氏度仍然可以排放的余量）只有 4000 亿吨二氧化碳（如果将甲烷等非二氧化碳排放量考虑在内，这个数字可能会增加 2200 亿吨）。按照最近全球排放水平（每年 364 亿吨二氧化碳），这相当于还有 10 年我们就将耗尽碳预算。

限制气候变化的危险影响，要求世界实现净零二氧化碳排放，并大幅削减甲烷等非二氧化碳气体排放。碳去除有助于补偿较难减少碳排放部门的排放，例如通过植树等自然方法或直接空气捕获和储存等技术方法。然而，IPCC 指出，气候系统不会立即对碳去除作出反应。某些气候影响，如海平面上升，即使在排放量下降后，至少在几个世纪内都是不可逆的。虽然实现控制温升 1.5 摄氏度的目标将是困难的，但它也提供了巨大的机会：转型可以带来更高质量的工作、健康福利和人民生计。政府、公司和其他行动者正在慢慢认识到这些好处，但我们需要采取更大、更快的行动。

（三）我们对气候科学的理解——包括与极端天气的联系比以往任何时候都更加深刻

人类造成的排放，如燃烧化石燃料和砍伐树木，是造成气候变暖的原因。在工业时代以来我们所看到的 1.1 摄氏度温升中，IPCC 发现由于自然因素造成的如火山或太阳的变化造成的温升低于 0.1 摄氏度。

此外，由于更多的观测数据、古气候重建、更高分辨率的模型、更高的模拟分析技术，我们可以确认人类的影响是更频繁、更强烈的降水事件的主要驱动力，例如飓风哈维带来的倾盆大雨；地中海、美国、澳大利亚和南欧不断变化的天气条件与火灾风险之间也存在联系。最近的一项研究发现，极端高温（由于人为引起的气候变化，极端高温的可能性至少增加了一倍）是澳大利亚最近发生火灾的主要原因。另一项初步研究表明，如果没有人为造成的气候变化，美国和加拿大西北部太平洋的极端高温几乎不可能发生。

科学家还发现，人类的影响是冰雪、海洋、大气和陆地许多变化的主要驱动力。例如，在过去的一个世纪里，海洋热浪变得更加频繁。自 1950 年以来北半球春季积雪减少；20 世纪 70 年代以来全球海平面上升；20 世纪 70 年代以来，北极海冰减少；20 世纪 90 年代以来，人为变暖很可能是冰川退缩的主要驱动力；2006 年以来，人类活动造成了 84%—90% 的热浪。

（四）我们已经看到的变化是近代史上前所未有的，将影响到全球每个地区

气候变化已经影响到地球上的每个地区，打破了一项又一项关于气候变暖和其他影响的纪录。IPCC 的报告显示，地球上没有一个地区不受气候变化影响，其巨大的人力和经济成本远远超过气候行动成本。南部非洲、地中海、亚马孙河流域、美国西部和澳大利亚的干旱和火灾持续增加，继续影响生计、农业、水系统和生态系统。雪、冰和河流洪水的变化预计将影响北美、北极、欧洲、安第斯山脉等地区的基础设施、交通、能源生产和旅游业。风暴可能会在北美、欧洲和地中海的大部分地区变得更加强烈。

（五）每一次变暖都会导致更危险、更昂贵的影响

IPCC 报告概述了全球温升 1.5 摄氏度、2 摄氏度或 4 摄氏度下的不同影响，包括极端降水的强度和频率、干旱和热浪、冰雪严重程度。随着时间的推移，气候变化的许多后果将变得不可逆转，最显著的是冰盖融化、海平面上升、物种减少和海洋酸性增加。随着污染物排放量的增加，影响将继续加剧。

报告发现，未来规划中不能排除超出临界点的可能性，如冰原崩塌或海洋环流变化导致的海平面上升。它们的可能性随着更大的变暖而增加。预测表明，如果温升分别在 3 摄氏度和 5 摄氏度下，格陵兰岛的冰盖（其冰量足以使海平面上升 7.2 米）将最终几乎完全消失，而南极洲西部冰盖（其冰量相当于海平面上升 3.3 米）也将最终完全消失。这一级别的融化将重新定义全球各地的海岸线。

报告还发现，我们宝贵的碳汇——陆地和海洋——面临着巨大的风险。它们目前吸收了世界排放的二氧化碳的一半以上。随着排放量的增加，吸收二氧化碳的效率会降低。在 IPCC 研究的某些情况下，土地碳汇最终会变成一个排放源，排放二氧化碳而不是吸收二氧化碳。这可能导致气候变暖失控。我们已经在东南部亚马孙雨林看到了这一点，由于当地气候变暖和森林砍伐，该雨林不再是碳汇。这不仅影响世界控制气候变化的努力，而且对该区域各国的粮食和水安全构成重大风险，并可能导致不可逆转的生物多样性丧失。

总之，自 2014 年 IPCC 发表评估报告以来，全球二氧化碳排放量仍

在以惊人的速度增长。如果我们在 2030 年前未能遏制排放，且在 2050 年前后未实现二氧化碳净零排放，那么我们将温升限制在 1.5 摄氏度将是遥不可及的。

三、全球气候变化及其导致的灾害：电影中的现实

（一）高山冰川加速消退，“雪盖”或将成为历史

根据瑞士苏黎世大学世界冰川观测中心的数据，2006 年全球 9 座山脉的 30 个冰川的厚度平均减少了 1.4 米水当量（1 米水当量相当于冰川厚度 1.1 米），大大超过 2005 年减少的 0.5 米水当量。具体到我国的情况，中国共有冰川 46298 条，冰川面积占亚洲冰川的 1/2，占世界冰川的 1/4，仅次于加拿大、俄罗斯、美国，居世界第四位。从山脉来看，以昆仑山和喜马拉雅山的冰川及永久积雪最大，分别为 11639 平方千米和 11055 平方千米。由于近些年来气候逐渐变暖，冰川和永久积雪地均有明显退缩现象。

山脉冰川和雪盖融化之后将会制造海量的冰碛物堆积体，进而在河流中段形成堰塞湖，庞大的堰塞湖必然引发洪水，严重威胁下游地区。

（二）全球气候变暖将会严重威胁海洋生态

含量剧增的二氧化碳正在快速降低海水的 pH 值，浮游生物将首先遭受重创，随后是以浮游生物为食物的海洋生物，维持数亿人生计的远洋渔业也将会受到重创。同时，全球变暖将会威胁两极和格陵兰岛的冰盖，冰盖融化后，冰冷的雪融水直接注入大洋，存在扰乱大洋洋流的风险。最危险的是格陵兰岛的冰盖，由于特殊的地理位置，格陵兰岛的冰盖若是在短期内大量融化，奔腾的雪融水将直接截断大西洋暖流，如果这种事情真的发生，届时不仅海洋生态系统面临重新洗牌，地球也将会在变暖的途中突然变冷，电影《后天》中的场景也将在欧洲变成现实。

（三）全球气候变暖到一定程度会解冻西伯利亚和加拿大的冻土平原，在冻土下蛰伏数万年的甲烷将会被释放

2018 年 4 月 2 日，美国能源部劳伦斯伯克利国家实验室的研究人员，利用俄克拉荷马州南大平原观测站 10 年来获得的对地球大气的综合观测数据，首次直接证明了甲烷导致地球表面温室效应不断增加。和二氧化碳一样，甲烷也是一种温室气体。对全球增温潜势（GWP）的分析显示，以单位分子数而言，甲烷的温室效应要比二氧化碳大 25 倍。

研究发现，大气中已存在的二氧化碳将大多数波段的辐射都吸收了，因此新排放到大气中的二氧化碳只能在波段的边缘继续发挥作用。但甲烷等占少量的温室气体能够吸收剩下大多数未被吸收的辐射，导致了从地面发射回大气的辐射被严重阻挡了去路，因此温室效应加剧了。如果西伯利亚的甲烷冻土持续解冻，引起的连锁反应将会使全球气候变暖的进程大大加快，气候变化中的不确定性也将大大增加。

（四）海平面上升

海水受热膨胀，同时两极和格陵兰岛的冰盖融化，海平面上升。如果地球表面温度按现在的速度持续升高发展，到 2050 年全球温度将上升 2 到 4 摄氏度，南北极地冰山将大幅度融化，导致海平面大大上升，一些岛屿国家和沿海城市沙滩的海水冲蚀将加速，地下淡水也将会被上升的海水推向更远的内陆地方，更严重的后果是整个城市将被淹于水中，其中包括几个著名的国际大城市：纽约、上海、东京和悉尼。现在位于南太平洋国家巴布亚新几内亚的岛屿卡特瑞岛，岛上主要道路水深及腰，农地也全变成烂泥巴地——全球第一个被海水淹没的有人居住岛屿即将产生。世界银行的一份报告显示，即使海平面只小幅上升 1 米，也足以导致 5600 万发展中国家人民沦为难民。预计 1900—2100 年地球的平均海平面上升幅度介乎 0.09—0.88 米之间。

（五）地球气候反常，海洋风暴增多

许多人看过美国电影《后天》，对其中所描绘的全球气候异常所带

来的灭顶之灾感到恐慌，而近几年地球上出现的天灾似乎预示这一天的来临并不遥远。如2008年我国就出现了罕见的雪灾，20个省份受到不同程度的低温、雨雪、冰冻灾害影响。五百年一遇的热带风暴“纳尔吉斯”于同年5月初重创缅甸，风灾共夺走逾13万条人命。几乎全球所有地域都遭到气候反常不同程度的影响。全球降水量重新分配，引起洪水和干旱，沙漠面积增大。如果二氧化碳的浓度达到目前的双倍将会导致两种后果：一是大气中水蒸气增加；二是低气压的频度和范围会发生变化，从而引起降水量发生变化。这就意味着部分地区会暴雨成灾，洪水泛滥，像北美的中部、中国的南部、地中海沿岸等地区。另外也会出现严重缺水的危险，如亚热带地区降水量减少。此外，温度的升高会增加水分的蒸发，这会给地面上水源的运用带来压力。

四、人类社会可能采取的措施：亡羊补牢

全球气候变暖不仅危害自然生态系统的平衡，还直接威胁到人类的生存。应对气候变化是人类的共同使命，世界各国都在密切注意这一全人类共同面临的变化。从大的方面来看，应对气候变化主要有两种方法：一是主动预防——通过改变人类活动来延缓气候变化的发生；二是被动防御——在气温升高的条件下如何保障人类的生产生活。从长远来看，应以预防为主，防御为辅，将全球升温控制在一定幅度内，人类生活不致有大的改变，这是最理想的情况，也是《巴黎协定》想要达到的目标。

由于气候变暖对人类生产生活各方面的影响，一些适应气候变化影响的行动措施也可及时实施，比如，农业方面，可以改良作物品种，培育和选用抗逆新品种，调整粮食产业结构和布局，研制开发节水灌溉技术，发展节水农业等；水资源方面，加强水资源管理和调控，建设淡水调蓄工程，节约用水，研制开发海水淡化技术等；沿海地区，加强对海平面上升的动态监测，建立相应的预警系统，逐步迁移低海拔地区的人口，修建坝堤等防护工程设施，制订生态系统保护措施等。被动的防御

气候变暖的措施并不能逆转变暖趋势，采取主动措施才是治本的方法。主流观点认为全球气温升高主要源于人类活动和二氧化碳排放的增加，因此限制排放二氧化碳等温室气体成为釜底抽薪的解决措施。许多国家都承诺逐步减少化石能源使用，减少温室气体排放，同时大力发展可再生清洁能源；逐步淘汰内燃机引擎，转而使用电动交通工具；照明市场使用节能的发光二极管，减少能源消耗。目前我国二氧化碳、甲烷、氧化亚氮等温室气体的排放量居世界前列，因为受自身技术、经济能力和经费所限，减排进展还较为艰难。但我国政府已决定在节能减排上承担大国责任，推出退耕还林还草等举措，并设定到 2030 年，非化石能源在总能源当中的比例要提升到 20% 左右。中国的水能资源正加快开发，风能发电量呈指数增长，太阳能发电设备安装也呈现急剧增长。

气候变暖已经严重影响人类生活质量并威胁人类安全，因此我们必须积极应对，寻求行之有效的对策。

应对全球变暖，主要依靠三大方面。

（一）减少目前大气中的二氧化碳

具体措施为：（1）全面禁用氟氯碳化物；（2）广泛植树造林、加强绿化、停止滥伐森林，促进森林再生；（3）开发绿色新能源，提高能源使用效率，对石化燃料的生产与消费依比例课税，鼓励使用排放二氧化碳较少的天然瓦斯，同时鼓励使用诸如太阳能这样的绿色能源作为当前的主要能源等。其中世界主要能源消耗国在减排领域应该承担相应的责任。

（二）全面削减二氧化碳的排放量

在机动车和工厂的废气中，含有大量的氮氧化物与一氧化碳，因此希望减少其排放量。这种做法虽然不能达到直接削减二氧化碳的目的，却能够产生抑制臭氧和甲烷等其他温室效应气体的效果。说到减排，不得不提在 1997 年 12 月 11 日结束的《联合国气候变化框架公约》缔约方第三次大会（日本京都会议）上，各国签署通过的《京都议定书》，这是一份具有约束力的国际减排协议。此议定书规定，到 2010 年，所有发达国家六种温室气体（二氧化碳、一氧化二氮、甲烷和三种氯氟烃）的排放量要比 1990 年水平减少 5.2%。面对如此形势，同时作为气候变化影响的最大受害者，中国政府深感积极应对气候变化的必要性和重要性，政府采取了积极的应对气候变化的政策，将应对气候变化作为中国可持续发展战略的重要组成部分，以科学发展观为统领，把资源节约作为基本国策，发展循环经济，保护生态环境，建设资源节约型、环境友好型社会，促进经济发展与人口、资源、环境相协调，实现可持续发展。

（三）应对气候变化和防御极端气候灾害

极端气候灾害对经济发展、土地的人口承载力乃至社会的安定都有重要影响。严重的气候灾害不仅会造成大量的人员伤亡和巨大的经济损失，还会对社会安定造成重大冲击。在气候变暖背景下，发生类似于 20 世纪 60 年代初的连年、连片极端自然灾害的可能性会大大增加，应对不当不及时，经济发展就会停滞甚至倒退。研究极端气候事件的演变与发生规律，提高我国对极端气候事件的监测、预测、预警、影响评价和应急决策等灾害风险管理能力，有效减轻灾害损失，这既是一项刻不容缓的重大科学任务，也是关系国计民生的重要政治任务。

（四）加快建设国家气候变化应对科学工程

研究和掌握自然规律，准确把握人类活动与气候变化的关系，是促进人与自然和谐的基础和前提。气候变化影响长远而广泛，超出了一般意义上的大气和水污染等环境问题，适应难度大。气候变化成因十分复杂，大气、海洋、陆地和人类活动之间相互影响，关系错综复杂，减缓难度大。适应和减缓气候变化，必须深刻理解和认识气候变化的科学问题，力求有效把握气候变化以及气候变化预测的不确定性。在气候变化背景下，未来的极端气候灾害强度、频次、发生区域、影响范围究竟如何？重大工程建设与布局、经济结构调整、能源结构调整如何适应气候变化规律等，都需要国家拿出相对可靠的科学结论和决策依据。建议设立国家应对气候变化重大科技专项。

第三节　PX产业与邻避效应

一、邻避效应的内涵与特点

邻避效应（NIMBY）是针对邻避设施而言的一种公众风险感知和行动策略，指当地民众因为担心设施的潜在风险会对自身的利益产生负面影响而产生的厌恶情绪和反对态度，主要表现为抵制设施建设在自家周边和要求相应的赔偿。

邻避设施是指人民生活和社会发展必不可少、能够带来整体性的社会福利，同时又会给当地的生活环境、居民生命健康与经济财产等方面带来负外部效应的公共设施和工业设施，主要包括环保型邻避设施、风险集聚型邻避设施和心理不悦型邻避设施三类。环保型是指设施本身具有一定的环境污染特性，或在运营过程中会不可避免地造成生态破坏和环境污染，例如垃圾填埋场、焚烧发电站等；风险聚集型是指设施的建设、运营和维护需要专业知识保障，且设施本身的技术、安全和风险均具有高度的不确定性，例如核电站、化工厂等；心理不悦型是指设施本身不会造成直接的经济与环境损失，但会触犯文化禁忌或不符合价值认同，例如殡仪馆、火葬场、精神病院等。

负外部性和成本效益不均衡性是邻避设施的显著特点。前者是指设施本身的修建和运营会对当地的资源环境、居民健康、经济发展和文化认同等造成不利影响，后者是指邻避设施所在地的民众承担了绝大部分的负外部效应，而设施产生的利益却由社会大众共享，由此造成的相对剥夺感将使当地民众产生维护自身利益的动机，并将随着“维权”动机的增强而演变为群体性抗争。

公众对邻避设施的看法和态度因其类型和特点的不同而有所差异，感知利益和感知风险对民众和公众的接受程度有显著影响。邻避设施的风险因素主要是指对环境和人类健康的负面影响，特别是潜在的污染和事故，直接威胁人们的生命。邻避设施的利益因素主要是指它对当地居民的经济和其他利益，例如，创造当地新的就业机会、拉动当地 GDP 增长。按照利益—风险的二维分类方法，可以将邻避设施分为四类，下面以对二甲苯化工厂、风电场、垃圾焚烧和核电站这四类中国背景下最典型的设施为例进行介绍。

对二甲苯项目（PX）被认为是高风险和高效益的设施，用于制造纯化对苯二甲酸。近年来石油化工产业发展和市场多元主体需求的增加使其成为一个高利润的行业。然而，PX 易燃易爆的特性及在生产、运输过程中的不稳定性等因素，使得 PX 项目的建设和经营对周边环境安全存在较高的潜在风险。风电场是可再生能源项目，被认为是高效益、低风险的设施，可以为当地人民和政府带来就业和经济增长。但也有一些负面的结果，如噪声和对当地景观的破坏等，不过这些负外部性不会危及当地居民的健康和生命安全。垃圾焚烧厂被认为是低风险、低效益的设施，因为成熟的技术保证和风险的较低不确定性能够保证其稳定运行，并且可以把与污染有关的排放控制在可接受的限度内。核电站被认为是高风险、低效益的设施，因为核事故和有害辐射被普通人认为是可怕的和未知的风险，特别是居住在核电站附近的当地人。然而，核电具有正外部性的特征，其对社会发展、环境保护等方面带来的好处是普通公众的利益，被全社会共享，但是建设和运营过程中的风险往往由当地居民承担。

二、邻避冲突的特点与主要原因

邻避设施通常在建立之初就会遭到当地居民的抵制，或在建设和运行过程中因暴露出问题而引发更强烈的群体性抗争，这种由当地民众发起的抵触、抗拒、破坏等行为被称为“邻避冲突”。发起抵触运动的人一般处于一个共同的地域范围内，容易基于一定的地缘关系形成相对稳定的社会网络，从而引发群体性的抗争行动。这类行动中的成员具有较大的社会压力，因为不参与行动而坐享行动成果的人会被认为是搭便车者，并且也会担心由于不参与行动而错过某些好处或补偿。

（一）邻避冲突是公众对政府不信任的外在表现形式

在决策科学化的要求下，政府对邻避设施的相关决策一般建立在专家论证和第三方评估的基础上，但专家和公众的风险判断存在较大的差异。在判断角度方面，专家倾向于从客观测量的角度，以统计和测量为判断的基础，民众倾向于从主观感受的角度，以个人和社会利益的潜在损失作为判断的主要标准；在判断方法方面，专家强调利用科学方法进行推理和实验，并遵循相关理论和作用机理的指导，民众则强调通过对政治文化的审视、对执法过程和民主过程的监督来调整主观认知；在判断依据方面，专家对风险进行判断的主要依据是相关的知识和理论，或依据科学方法的推理和论证。公众的风险判断则更多是基于自身的人格特质、心理图式和外来经验。公众和专家在风险感知方面存在诸多差异，当二者的认知不一致时，邻避设施当地的民众会认为专家是在为政府决策的科学性作辩护，并且把政府、开发商和专家看作是利益共同体，自己则是相对的利益受损方。风险感知的差异性和利益方向的不一致会导致公众将政府、专家和开发商置于对立面，对专家和政府的解释不信任，对开发商的方案不认可，进而表现为维护自身利益的抗争和冲突。

（二）利益诉求、风险感知和风俗传统是造成邻避冲突的主要因素

利益诉求是存在于各类邻避冲突中的重要影响因素，一方面是因为设施的负外部性和成本效益不均衡性会损害当地民众的切身利益，另一方面是因为民众希望通过这种“讨价还价”过程为自己争取更多的实质性补偿；风险感知会影响公众对邻避设施的认知和态度，公众对邻避设施抵制反映出了对它潜在风险的担忧，高不确定性、高危害性的风险最容易引发公众的恐慌和抵制，其中最典型的邻避设施是核电站与PX项目。此外，由于缺乏相应的知识来评价现实风险，公众对邻避设施的风险存在非理性的认知，且容易受到情绪的左右和舆论、谣言的误导而夸大风险、加剧恐慌；风俗传统这一影响因素主要存在于心理不悦类邻避设施中，当地民众会因为污名、耻辱等影响而抵制设施的建设。此外，这种因不符合传统风俗而建立的邻避设施会间接影响当地的房价等切实利益。

三、邻避效应的新特征

（一）新型邻避效应方兴未艾，超出传统邻避设施范畴

传统的邻避效应主要存在于有形的项目建设中，强调当地民众反对有负外部性的设施建在自家周围，不愿意为公共的社会福利而无偿牺牲自身的利益。随着社会信息化水平的提高和通信网络的发展，邻避效应也适用于某项政策或社会提案的试行。

与传统邻避效应不同的是，民众不是群体性地抵制政策的实施或发生邻避冲突，而是产生了成本效益不均衡所带来的相对剥夺感的类似心理，并通过网络和新媒体等渠道进行表达。另一类新型的邻避效应被称为社区邻避效应，表示市民对外来农民工的接纳程度。一项关于南京市民对农民工接受度的调查显示，当某小区的农民工居住比例超过 13.33% 时，则会有 5.04% 的市民表示不能接受，0.54% 的居民想要搬走，仅 16.55% 的居民不介意小区中农民工居住的比例。本地市民对农民工的态度倾向于愿意接纳他们来城市工作和生活，但与农民工相距最近的同一个社区的居民却不愿意和他们长期居住在同一小区或近距离接触（如做邻居、朋友等），市民主要存在“影响孩子成长”“缺乏安全感”“不太好相处”等方面的担忧。社区邻避效应既没有强烈的抵制和对抗冲突，也没有明显的抱怨情绪，而是身份认同与社交融合方面的排斥。社区中会有一部分居民认为农民工进城所带来的经济、社会等方面的利益由农民工群体和社会共享，而相应的成本却由当地社区居民承担，例如生活环境的宁静状态被打破、心理舒适度降低等。

（二）邻避效应突破空间限制，形成连锁反应

传统对邻避效应的关注只局限于以邻避设施为中心，如今随着社会信息化水平的提高和信息传播速度的加快，某项邻避设施及其安全事件的影响已经突破了地域的限制，并形成了一系列的连锁反应。2007年，福建省厦门市居民率先对海沧半岛计划兴建的对二甲苯（PX）项目进行抗议，大连（2011年）、宁波（2012年）、茂名（2013年）等地随即发生了抵制PX项目的群体性事件。2019年3月，江苏盐城响水天嘉宜化工有限公司的重大爆炸事故造成了严重的人员伤亡和经济损失，并造成了当地民众极大的恐慌情绪，消息公开后，迅速在全国范围内掀起了一阵舆论热潮，不少民众开始担心自家居住地附近化工厂、核电站等邻避设施的安全问题，引发了不同程度的紧张和焦虑。

响水化工厂爆炸事件发生后一个月，一项关于不同地区化工厂中心区域民众对该企业风险感知的调研数据显示，因化工厂存在而产生严重心理紧张的人群比率高达66.48%，并且这一人群不支持工厂的建设或运营。此外，民众在某一邻避设施抗争中的胜利会影响其他地区民众对邻避设施的接受度，其主要表现为取消设施立项意愿的增强和对预期利益期待值的增加。民众对邻避设施抵制的背后是利益的博弈和对风险不确定性的担忧，风险感知会对个体或群体的行为选择产生直接的影响，风险感知程度越高，越有可能采取自我保护行动，其中最直接的表现就是出于维护自身利益而产生抵制情绪和邻避冲突。

一项关于浙江省某地居民对核电站接受程度的调研发现，当地民众抵制核电站建设的一项重要原因是政府给予的补偿没有达到他们的预期，而他们的预期是否来自对其他邻避设施中群众利益所得的参考和博弈经验的借鉴，则是有待研究的问题。

四、邻避效应的典型案例——PX产业

对二甲苯（PX）是一种无色透明且具有芳香气味的液体，属于芳烃产品，是在石油提炼汽油过程中产生的一种非常有用的化工原料。从结

构上看，PX 是一种简单的化合物，就是在苯环上结合了两个甲基，其中苯环是由六个碳原子构成一个六元环，结构为平面正六边形，而甲基则是甲烷分子去掉一个氢原子后剩下的电中性的一价基团。从它的性质来看，PX 的熔点为 13.2 摄氏度，低温状态下可形成结晶，PX 具有可燃性，其蒸汽与空气结合可形成爆炸性混合物，属于危险化学品。因此，PX 对储存、运输条件有较高的要求，远离火种、避免阳光直晒、保温、防止泄漏是最基本的要求。我国目前每年 PX 的生产量为数百万吨，主要以石化企业等大型炼化厂为依托，由于 PX 的生产和运输需要丰富的水源，我国 PX 项目主要集中在东部沿海地区。

PX 本身是一种毒性较低的化学物质，虽然美国国家环保局和国际癌症研究署认为对二甲苯是致癌物质，但实际上目前暂无科学证据表明它会致癌或致畸形。PX 主要用于加工生产聚酯产品，它与我们的日常生产生活紧密相关。聚酯可生产涤纶和饮料瓶所用的塑料，常见的存放药片胶囊的瓶子就通常采用 PX 作为生产原料。目前，PX 大部分都被制作为聚酯纤维原料，其中涤纶的产品已占我国合成纤维的 80% 以上，各类服装、家用纺织品、工业纺织品、医用无纺布等都以对二甲苯为主要原料，对于人们生产生活所需的纺织用品不可或缺。与生产同等数量的自然纺织纤维相比，以 PX 为原料的合成纤维需要的耕地数量比前者少两倍①。

PX 不溶于水只溶于有机溶剂的特性，使它被用于生产树脂、涂料、染料、农药、油墨等，具有良好的应用前景和较大的市场需求。除此之外，PX 在减少空气污染、提高环境质量方面也具有十分重要的价值。最常见的做法是将 PX 作为一种清洁材料添加到汽油中，从而增加汽油中的辛烷值以生产低硫清洁汽油。油品中的含硫量越低，燃烧后对空气的污染越小，对于降低大气污染物 PM2.5 具有积极的作用。

PX 对社会的威胁性主要是由于它易燃易爆的化学属性，因为 PX 生

① 参见宫雨、秦曼曼、姜洪殿等：《对我国 PX 产业发展的战略思考》，《现代化工》2017 年第 3 期。

产需要使用环丁砜、氢气等易燃易爆物质，存在较高的火灾、爆炸等突发事件风险隐患，并伴随毒性、噪声和机械伤害等安全威胁，但这些隐患的主要威胁对象是企业中的工作人员，只有当火灾、爆炸等事件爆发成为突发事件时，才会威胁到周围的居民。随着生产技术的进步和企业监管的完善，PX 项目在正常生产条件下对周边环境影响很小，基本能够做到安全可控。尽管如此，我国厦门、大连、宁波、九江、昆明、茂名、古雷等地都先后发生过多起因当地民众抵制 PX 项目建设而导致的大规模群体性事件，各地甚至一度“谈对二甲苯色变”，导致大量 PX 项目因民众抵制而“一闹就停”，给企业发展、地方经济和政府公信力都造成了极大的负担①。

在各类邻避设施中，PX 项目属于高风险高收益的类型，民众对项目的选址、建设及运营过程中的风险因素尤为敏感，各地多次因建设 PX 项目而爆发大规模的群体性事件，民众以静坐、游行、网络舆论等方式抵制项目的落地、争取更大的补偿，催生了较多社会问题和不稳定因素，给社会和谐发展带来较大压力。PX 事件往往存在政府、企业和民众等利益相关方的博弈，信息不对称、利益不均衡、认知不一致等都是导致 PX 事件爆发的原因。在面对 PX 项目时，人们往往倾向于把其中的危险性因素扩大，把可能的后果在脑海中不断“妖魔化”，使自身的风险认知偏离实际情况，对企业发展、地方经济、政府公信力、公民权益等各方利益都造成了不同程度的破坏。反对 PX 项目的民众往往给这个项目贴上致癌、污染、爆炸等标签，但实际上，PX 本身是一种毒性较低的化学物质，只有长期接触或短期吸入过量时才会对人体健康产生较为严重的危害。就致癌性而言，人们通常将其与有毒物质苯关联在一起，但实际上，二者是不同的物质。在国际上，美国、澳大利亚等国家都没有把 PX 列入危险化学品行列，而我国将其列入危险化学品主要是基于其易燃易爆的属性，且随着生产技术、行业监管的不断进步和完善，PX 在正常生产过程中对周边环境的威胁是很低的。PX 事件的发

---

① 参见林培妍：《PX 项目社会稳定风险研究》，哈尔滨工业大学硕士学位论文，2014 年。

生，往往具有以下几个突出特点：一是 PX 项目选址阶段缺乏民众的充分参与；二是对利益相关方的补偿存在不平衡、不协调问题；三是对群体性事件的处理较为生硬。

随着工业的发展，PX 在各种产业链中发挥着越来越重要的基础性作用，世界范围内 PX 化工项目也不断涌现。PX 产品广阔的市场前景和良好的经济效益促使各国积极发展这一产业，日本、韩国、新加坡等国家是亚洲 PX 的生产和出口大国，其中韩国 PX 产品有八成以上都销往我国。尽管我国的 PX 生产能力有较大提高，但无论与市场实际需求相比，还是与国际生产力水平相比，我国的 PX 产能增速都相对不足，较大的供需缺口使得我国不得不依靠大量的 PX 进口来弥补差额。与我国相比，这些国家的 PX 项目选址距离居民区往往更近，例如韩国鲜京（SK）集团的 PX 工厂距离周边居民区最近的地方仅数百米，日本吉绅控股（JX）旗下的 PX 项目产量居亚洲之首，其项目所在地距离居民区最近的地方不超过百米，工业发展与居民生活和谐发展，且附近东京湾地区是当地人民心目中的美景胜地。

我国 PX 项目的生产在技术上已经和国际前沿接轨，安全、环保等各方面均具有较充分的技术保障和监管保障，且厦门 PX 项目选址地与居民区最小距离为 1500 米，远远大于亚洲其他国家的距离水平，但民众的接受度仍较国际水平有较大差距，PX 仍然是社会公众“避之不及”的危险代名词。政府对邻避设施的治理存在信任困境、参与困境、发展困境和认知困境。信任困境表现为民众对政府的不信任，民众、政府、开发商等利益相关方的信任鸿沟以及开发商对民众的不信任；参与困境表现为民众在邻避设施建设全过程的参与缺失，特别是在建设选址和环保评估环节的参与缺失，这是民众质疑政府决策，造成信任困境的重要因素，但由于民众认知水平、知识储备等方面的局限，如何保证参与的质量和方式是一个尚待回答的问题；发展困境表现为在短期内无法实现各方的效益最大化，即一方的发展不可避免地会损害另一方的既得利益，这种困境集中体现在经济发展和环境保护二者的矛盾中；认知困境表现为民众、政府、专家、厂商等各方对邻避设施的风险认知存在较大差异，即民众由于缺乏相关知识和受舆论、谣言影响等原因而夸大对风险的感知，对邻避设施的认知与政府、专家和开发商均不一致，从而降低对设施的接受度。如何有序、有效地引导 PX 项目顺利落地，促进 PX 产业健康发展，避免邻避效应对经济发展的阻碍，需要进一步探索 PX 生产与居民生活的和谐发展之道。

第四节　海绵城市设计与建设

一、什么是海绵城市

《海绵城市建设技术指南——低影响开发雨水系统构建（试行）》对海绵城市进行了如下定义：城市能够像海绵一样，在适应环境变化和应对自然灾害等方面具有良好的“弹性”，下雨时吸水、蓄水、渗水、净水，需要时将蓄存的水“释放”并加以利用。海绵城市的建设改变了传统的“尽快排出、避免灾害”的城市防洪排涝思想，把雨洪资源作为重要的水资源进行管理，尽量减少对生态环境的影响。

海绵本身主要具有两个方面的特性，即水分特性和力学特性。海绵的水分特性表现为吸水、持水、释水；力学特性表现为压缩、回弹、恢复。

“海绵城市”包括三个方面的含义。

（1）从资源利用的角度。城市建设能够顺应自然，通过构建“建筑屋面—绿地—硬化地面—雨水管渠—城市河道”五位一体的水源涵养型城市下垫面，使城市内的降雨更能被有效积存、净化、回用或入渗补给地下。

（2）从防洪减灾的角度。城市能够与雨洪和谐共存，通过预防、预警、应急等措施最大限度地降低洪涝风险、减小灾害损失，能够安全度过洪涝期并快速恢复生产和生活。

（3）从生态环境的角度。城市建设和发展能够与自然相协调。也就是说“海绵城市”应当能够很好地应对重现期从小到大的各种降雨，使其不发生洪涝灾害，同时又能合理地资源化利用雨洪水和维持良好的水文生态环境。

二、海绵城市理念的提出

基于极端气候变化和城市水环境问题的日益加剧，人们开始寻求理想的城市建设与管理方法来提高应对灾害的能力和消除这些负面影响。“海绵城市”的理论基础是最佳管理措施（BMPs）、低影响开发（LID）和绿色基础设施（GI），都是将水资源可持续利用、良性水循环、内涝防治、水污染防治等作为综合目标。

20 世纪 70 年代，美国提出了“最佳管理措施”，最初主要用于控制城市和农村的面源污染，而后逐渐发展成为控制降雨径流水量和水质的生态可持续的综合性措施。

在最佳管理措施的基础上，20 世纪 90 年代末期，由美国东部马里兰州的乔治王子县和西北地区的西雅图、波特兰市共同提出了“低影响开发”的理念。其初始原理是通过分散的、小规模的源头控制技术，来实现对暴雨所产生的径流和污染的控制，减少城市开发行为活动对场地水文状况的冲击，是一种发展中的、以生态系统为基础的、从径流源头开始的暴雨管理方法。1990 年，马里兰州乔治王子县环境资源部首次正式倡导和提出低影响开发雨水系统的设计理念和策略。1998 年，乔治王子县推出了第一个 LID 的使用手册，后被修改扩展为向美国全国发行的 LID 手册，该手册于 2000 年正式出版。LID 是一种基于小尺度、分散式、以修复和维持天然条件下的水文生态自循环为目标的可持续综合雨洪污染控制与利用模式。同传统的雨水管理系统设计方法不同，LID 理念重视雨水排放的源头控制，强调人工排水系统应最大限度模拟自然界的水文环境，尽可能降低雨水系统对自然环境的影响。它融合了绿色空间、自然景观、大自然原有的水文地理功能及其他多学科的技术，达到减少建设场地雨洪水排水量及污染负荷的目的。它也是美国绿色建筑委员会“LEED”（Leadership in Energy and Environmental Design）认证中可持续的场地设计策略之一。其核心是维持场地开发前后水文特征不变，包括径流总量、峰值流量、峰现时间等。从水文循环角度考虑，采取渗透、储存等方式来维持径流总量不变，实现开发后一定量的径流量不外排。要维持峰值流量不变，就要采取渗透、储存、调节等措施削减峰值、延缓峰值时间。

1999 年，美国可持续发展委员会提出绿色基础设施理念，即空间上由网络中心、连接廊道和小型场地组成的天然与人工化绿色空间网络系统，通过模仿自然的进程来蓄积、延滞、渗透、蒸腾并重新利用雨水径流，削减城市灰色基础设施的负荷。

上述 3 种理念在雨洪管理领域既存在差异也有部分交叉，均为构建“海绵城市”提供了战略指导和技术支撑。

2012 年 4 月，在“2012 低碳城市与区域发展科技论坛”中，“海绵城市”的概念首次被提出；2013 年 12 月 12 日，习近平总书记在中央城镇化工作会议的讲话中强调：“在提升城市排水系统时要优先考虑把有限的雨水留下来，优先考虑更多利用自然力量排水，建设自然积存、自然渗透、自然净化的‘海绵城市’。”①

海绵城市是一种城市发展的新理念和新模式，建设海绵城市就是要转变传统的城市开发模式，从粗放的建设模式向生态绿色文明的发展方式转变。传统城市建设模式主要依靠管渠、泵站等“灰色基础设施”来组织排放径流雨水，以“快速排除”和“末端集中”控制为主要设计原则，而海绵城市则强调优先利用植被草沟、雨水花园、生物滞留池、下沉式绿地等“绿色基础设施”来组织排放径流雨水，以“慢排缓释”和“源头分散”控制为主要设计理念，强调采用低影响开发理念，合理利用城市雨洪资源，通过加强城市规划建设管理，实现雨水径流的有效控制，从而建立新的城市发展模式，实现资源与环境的协调发展。我国大多数城市土地开发强度普遍较大，仅在场地采用分散式源头削减措施，难以实现开发前后径流总量和峰值流量等维持基本不变，所以还必须借

① 《习近平生态文明思想学习纲要》，学习出版社、人民出版社 2022 年版，第 42 页。

助于中途、末端等综合措施，来实现开发后水文特征接近于开发前的目标。

海绵城市的理念改变了我国城市排水系统只排不蓄、只排不用的缺陷；用绿地广场、绿色房顶、人工沟渠，抓住雨水，让其下渗、滞留；用河边的生态滤池，过滤雨污水，净化水体。收集、净化后的雨水，可以用于绿地浇灌、道路清洗、景观水体补充等。变“工程治水”为“生态治水”，促进城市顺畅“吐纳呼吸”[①]。

三、海绵城市建设的任务与内容

海绵城市的建设包括对雨洪的调蓄、对雨水资源的收集以及对地下水的利用等多方面的内容，由应对城市雨洪问题逐渐变为解决城市水与生态问题的综合性方法。就现阶段而言，建设具有吸、放功能的海绵型城市，将城市变为能够吸存水、过滤污染物以及空气的大海绵，给城市带来降温、防洪、捕碳等效益，能彻底解决原来人为造成的城市对水和生态的阻绝问题。

海绵城市建设的核心是雨洪水管理，其中具有代表性的建设理念包括美国的低影响开发，即通过分散的源头管理来控制暴雨产生的径流，从而防治内涝灾害；英国的可持续排水理念，即通过储水、渗水、湿地等方式来消化雨水，降低城市排水压力；澳大利亚的水敏感理念，即将城市雨水、污水、地下水等联系起来，形成高效的城市水循环系统，从而提高城市对洪涝灾害的抵抗力。

海绵城市建设的主要途径包括三个方面，一是对城市原有生态系统的保护：城市原有生态系统是城市径流雨水排放的重要通道、受纳体及调蓄空间，最大限度地保护原有的河流、湖泊、湿地、坑塘、沟渠等水生态敏感区，留有足够涵养水源，应对较大强度降雨的林地、草地、湖泊、湿地，维持城市开发前的自然水文特征，这是海绵城市建设的基本

① 参见吴丹洁、詹圣泽、李友华等：《中国特色海绵城市的新兴趋势与实践研究》，《中国软科学》2016 年第 1 期。

要求。二是生态恢复和修复：对传统粗放式城市建设模式下已经受到破坏的水体和其他自然环境，运用生态的手段进行恢复和修复，并维持一定比例的生态空间。三是低影响开发：按照对城市生态环境影响最低的开发建设理念，合理控制开发强度，在城市中保留足够的生态用地，控制城市不透水层的面积比例，最大限度地减少对城市原有水生态环境的破坏，同时，根据需求适当开挖河湖沟渠、增加水域面积，促进雨水的积存、渗透和净化。

城市中水的问题非常复杂，既相互关联，又自成系统，海绵城市是将这些子系统整合起来，综合考虑解决城市内涝、水环境污染、水资源利用和水生态保护的最佳方案。因此，海绵城市建设是一项复杂的系统工程，和目前政府大力推进的黑臭河整治、排水防涝、水资源利用和水生态保护相互关联，涉及排入河道的出口、污水截留干管、市政及小区管网收集系统、污水处理、再生水利用等。由此可见，海绵城市建设内容涉及城市建设的很多方面，除了在建筑与小区、道路与广场、公园与绿地采取源头控制的措施外，还涉及市政基础设施的建设、改造和优化。无论采取何种“渗透、滞流、蓄存、净化、利用、排放”手段和措施，目的都是缓解城市内涝，控制水体污染，提高雨水资源利用率，实现城市的可持续发展。

海绵城市建设重在全流程管控，从规划、设计、建设到考核验收，每一个环节都严格把控，遵循相关标准规范。其中，在规划阶段应明确海绵城市建设的要求和相关指标，从而使整个城市规划体系能够系统性、综合性地体现和落实海绵城市规划建设的理念、原则、方法以及技术措施。在设计阶段，应将规划的主要相关控制量，如年径流控制率、内涝防治指标、径流污染控制指标等通过不同的设计手法予以落实，并采取有效措施予以保障。在建设阶段，城市建设主管部门应通过“两证一书”等途径进行整体指标的控制，并在后续的管理中严格要求工程项目实施必须遵循海绵城市建设要求，完成规划设计的建设任务，并达到相关考核验收标准的要求。海绵城市的验收环节关系着考核是否达标以及绩效评估体系如何执行，是考核海绵城市建设运营成效的重要工具。

四、海绵城市的功能

为了在城市化和自然环境之间取得长期平衡，“海绵城市”认真考虑了“自然设计”的智慧。该理念致力于通过渗透、停滞、储存、净化、利用和排放等方法，引导传统城市快速排放雨水向城市多目标全过程综合雨水管理的转变。更具体地说，海绵城市理念体现和提升了以下六个方面。

（一）雨水的渗透

传统城市中许多保留雨水的地区，如水道、湿地和绿地，被覆盖在不透水的表面上。根据海绵城市概念，道路、广场、公园等公共空间的水密表面被透水沙质材料、绿色屋顶或屋顶花园所取代，并建立湿地、草地和下沉式绿地。当出现强降雨时，除直接补充湖泊和河流外，其余预计将顺利渗透和保留。

（二）雨水的停滞

传统城市中很大比例的不透水地表区域导致渗流减少，城市径流和峰值流量增加，因此城市洪水将更频繁地发生。相反，海绵城市大量的雨水渗入地表，径流和流量集中过程减慢，然后径流的总量和峰值流量相应减少。此外，为了增加雨水的停滞时间，应广泛建造雨水花园、人工湿地和生态滞留池等。

（三）雨水的储存

传统城市往往把雨水看作一种潜在的灾难，雨水通常会尽快通过当地的排水系统排出。在海绵城市概念下，雨水被认为是城市水资源的重要组成部分。许多储水设施，如储存池和住宅雨水收集系统都建在这些城市。海绵城市建设旨在收集和保存雨水在水箱或地下水库，供以后使用，而不是让雨水流失或造成损害。

（四）雨水的净化

在传统城市，雨水与废水混合在一个联合下水道系统。在暴雨期间，水量超过了联合下水道系统的储存和输送能力，这种溢流是水污染的主要原因。在海绵城市中，随着雨水通过植被、土壤和湿地从下水道系统分流，雨水的自然渗透能力大大提高，其杂质被自然过滤，从而提高其质量。此外，海绵城市还建造了许多过滤池、吸附池和人工设施，雨水被排放在单独的排水系统中进行进一步处理，这也将防止污染物进入水体。

（五）雨水的利用

传统城市快速排水浪费大量雨水，海绵城市的主要目的是以成本效益高的方式充分利用雨水的潜力，以补充地下水资源。此外，许多雨水是利用各种雨水收集技术、处理和回收基础设施以及遍布海绵城市的设施储存的。这样，储存的雨水可以在旱季重复使用，用于家庭生活、街道清洁、景观美化、消防等。

（六）雨水的排放

对于许多传统城市来说，它们的排水系统是不充分和落后的，不适合城市化速度。在雨季，多余的雨水经常无法充分排放，城市积水严重。在海绵城市建设过程中，应更新排水管道，建设互联互通天然水排水系统。如果雨水不能完全吸收，高容量的城市排水系统就会迅速将其排出城市。[①]

五、海绵城市的建设试点实例

中国在学习借鉴国外知识和经验的基础上，进行了生态城市、低碳城市、智慧城市、水生态文明城市建设的实践，并创新地提出了建设自然积存、自然渗透、自然净化的“海绵城市”的宏伟计划。

---

① 参见张亚琼：《“海绵城市”的理念与功能》，《山西水土保持科技》2021 年第 2 期。

（一）中国古代海绵城市建设

我们总是将经济发展视为城市建设的首要目标，而并没有对雨洪管理和废水处理进行有效管控。LID 强调雨水是一种资源，而非“废物”，其主要利用小型、广泛、低成本的景观化措施控制径流和污染。与常规的灰色基础设施相比，LID 不仅建设和维护成本更低，而且能够为城市环境提供更高效的保护。

在古代，中国城市的排水设计首要考虑的是如何适应当地气候。像北京北海公园的团城（建于金朝，1115—1234 年），这一于 12 世纪就已出现的透水设施，在当代仍被认为其具有一种 LID 设计的关键特质。编著于战国时期的《周礼》一书中记载了一段关于排水系统总体布设的文字。书中提到，城市建设应当从规划伊始就进行排水设计，而这一建议在当今往往不被遵循。在扬州这种气候湿润的地带，城市雨洪系统通常由无数河道、池塘和湿地构成，扬州当地的水系与主要的河流和湖泊都相互连通，再大的降雨也能够被相互连通的系统如同海绵一般吸收。另一处古代海绵城市设计的范例是菏泽。菏泽最初拥有 72 处池塘，占城市面积的 30%。这些池塘在抵御洪水、调控气候和蓄水层补给方面起到了重要的作用。由于近年来城市化发展，截至 2000 年，菏泽市的水体已经减少了近一半，仅占城区面积的 16.2%。水面面积的下降造成了该城市严重的内涝和更高的洪水风险。

（二）厦门海绵城市建设试点

海绵城市建设是对传统城市建设模式、排水方式进行深刻反思的重要成果，是城市生态文明不可或缺的组成部分。厦门是一座“一岛一带双核多中心”的组团式海湾城市，在早期城市建设过程中，厦门主要流域人为干扰严重，填塘平沟、截弯取直、天然水道屡遭破坏，河道硬质化，渠道暗涵化，明沟“三面光”，造成渗、蓄、净能力降低及水生动植物生存条件差，环境容量有限，环境承载力不足，生态系统脆弱的后果。改革开放以来都是以湾区为重点发展，而湾区水体是潮水的末端，污染物质不易扩散，水体自净能力弱；城市初期雨水和部分合流污水沿地面径流和排水系统进入湾区，常常造成近岸水体污染；暴雨与高潮遭遇容易产生洪涝灾害。因此，厦门的湾区既是城市景观的亮点，也是城市水问题集中凸显的地方，这严重制约了各湾区城市品质的进一步提升。

按海绵城市建设要求，建设低影响开发雨水系统是解决厦门水资源、水安全、水环境、水生态面临的问题的必由之路。根据《美丽厦门·共同缔造——厦门市海绵城市建设试点城市实施方案》，厦门将马銮湾片区选作“海绵城市”建设试点区域。马銮湾试点区包含了建成区、建设区、水域整治区和溪流治理区。“方案”中规划项目总数达到59个，2015年至2017年的专项总投资为55.7亿元。包括：新建、改造小区绿色屋顶、可渗透路面及自然地面；建设下凹式绿地和植草沟，保护、恢复和改造城市建成区内河湖水域、湿地，来增强城市蓄水能力，以及建设沿岸生态护坡等。

涵盖“渗、滞、蓄、净、用、排”六大方面的工程内容。“渗”工程共有37个项目，主要包括建设或改造建筑小区绿色屋顶、可渗透路面及自然地面等，主要目的是从源头减少径流，净化初雨污染。“滞”工程共3个项目，主要包括建设下凹式绿地、植草沟等，主要目的是延缓径流峰值出现时间。“蓄”工程共5个项目，主要包括保护、恢复和改造城市建成区内河湖水域、湿地并加以利用，因地制宜建设雨水收集调蓄设施等，主要目的是降低径流峰值流量，为雨水利用创造条件。“净”工程主要包括建设污水处理设施及管网、综合整治河道、建设沿岸生态缓坡及开展海湾清淤，主要目的是减少面源污染，改善城市水环境。“用”工程主要包括建设污水再生利用设施及部分片区调蓄水池雨水利用设施，主要目的是缓解水资源短缺、节水减排。试点区域污水再生利用工程为马銮湾再生水水厂，其近期规模5万m^3/d，远期15万m^3/d；调蓄水池雨水利用规模计划为1万m^3/d。“排”工程主要包括村庄雨污分流管网改造、低洼积水点的排水设施提标改造等，主要目的是使城市竖向与人工机械设施相结合、排水防涝设施与天然水系河道相结合以及地面排水与地下雨水管渠相结合。通过高标准高起点建设马銮湾，不仅可以为厦门已建湾区的改造提升提供经验，为厦门新建湾区的开发建设提供示范，还可以为全国滨海城市建设提供全新的样板[①]。

（三）哈尔滨相关实验工程

哈尔滨的相关实验工程主要包括哈尔滨群力湿地公园、六盘水明湖湿地公园及金华燕尾洲公园的消纳、减速与适应实验工程。“海绵城市”的理念是解决地下水下降、水体污染、生物栖息地消失、城市绿地缺乏等问题，强调用人水共生的理念、用系统的方法和整合的生态技术，来解决城市中突出的各种与水相关的问题；同时“海绵城市”也是城市的建筑、基础设施建设与自然（如洪涝）过程相适应的新策略。这三个实验工程通过消纳、减速与适应三个关键技术组合运用，形成“源头消纳滞蓄，过程减速消能，末端弹性适应”的基本模式[②]。

随着我国城镇化进程的加快，强降水引发的极端水文事件持续凸显，城市极端洪水灾害与内涝发生的频次更加频繁，影响范围与程度逐渐扩大。2014 年 3 —5 月，深圳市连续遭受五场特大暴雨，造成全市水浸 400 余处，公共交通大面积停运。2021 年，郑州遭遇“7 · 20”特大暴雨灾害，持续强降水导致严重的城市内涝、河流洪水、山洪滑坡等灾害并发，造成河南省 150 个县（市、区）1478.6 万人受灾。2023 年，台风“杜苏芮”持续北上引发福建、涿州、保定等多地持续强降水，城镇出现大面积严重积水，部分村庄、小区被洪水围困，断水停电无网络信号。这些事件为城市防洪敲响了警钟，对于如何科学规划海绵城市建设，避免或减少城市化过程中的极端灾害与灾害损失已经成为亟待研究的热点。

---

① 参见王宁、吴连丰:《厦门海绵城市建设方案编制实践与思考》,《给水排水》2015 年第 6 期。

② 参见俞孔坚:《海绵城市的三大关键策略：消纳、减速与适应》,《南方建筑》2015 年第 3 期。

六、展望

“海绵城市”的哲学是对简单工程思维的反思。海绵城市相对于常规的水利和雨洪管理、城市基础设施及建筑工程，在哲学层面上有以下几个特点：第一，完全的生态系统价值观，而非功利主义的片面的价值观；第二，就地解决水问题，而不是将其转嫁给异地；第三，分散式的民间工程，而非集中式的集权工程；第四，慢下来而非快起来，滞蓄相对于排泄；第五，弹性应对，而非刚性对抗①。近年来，中央政府高度重视城市雨洪问题及水环境的综合整治，2012 年相继发布文件（国发 23、国办发 36 号文），指导城镇排水防涝基础设施的建设，提出了《城镇排水（雨水）防涝综合规划》编制要求与总体方向。2014 年《海绵城市建设技术指南——低影响开发雨水系统构建（试行）》的发布以及海绵城市建设试点，在全国掀起了海绵城市的建设热潮。但在各城市真正推进工作过程中，还存在不少困惑和问题，直接影响试点城市的推行效率以及实施方案的科学性②。“海绵”的概念不但应在城市范围内体现，也应该在区域和国土范围内体现，所以，海绵城市长期的远大目标应该是大视野的海绵国土。

北京建筑大学教授车伍认为，海绵城市建设的热潮为行业发展带来重大机遇与挑战，更面临着诸多有待探讨的现实问题。海绵城市建设的理念和愿景很好，但是如果认识不到问题的实质，并且不能踏踏实实地将其解决，海绵城市建设可能会半途而废③。中国工程院院士王浩认为：海绵城市建设要处理好 7 个关键问题，包括城市海绵体规划技术；“渗、滞、蓄、净、用、排”措施的布局及调度运用技术；城市排水系统规划技术；城市排水规划标准完善；设计方法改进；城市洪涝预警调度系

① 参见俞孔坚：《海绵城市的三大关键策略：消纳、减速与适应》，《南方建筑》2015 年第 3 期。
② 参见车伍、赵杨、李俊奇：《海绵城市建设热潮下的冷思考》，《南方建筑》2015 年第 4 期。
③ 参见车伍：《建设海绵城市要避免几个误区》，《城市规划通讯》2015 年第 10 期。

统；海绵城市建设目标的可达性分析①。

长期来看，我国城市雨水系统建设模式必然向海绵城市——低影响开发雨水系统建设模式转变。无论是工程界、学术界还是政府管理者都清晰认识到原有的目标单一、高碳排放、高污染、粗放型的雨水排放模式已经难以为继。但从一些雨水管理领先国家的推进经验来看，这一转变和新体系的建立绝非一蹴而就的事，而是一个长期而艰巨的系统工程，必须在管理理念、政策机制等方面有重大突破和重点支持，必须建立系统的基础理论、工程技术体系、专业人才队伍和培育新型的产业等，期望短期内快速见效恐欲速而不达。我国海绵城市建设的试点，正是向这个方向转变迈进的一大步和跨越式发展的尝试。这就难免出现偏差甚至错误，我们应该让海绵城市建设真正成为"美丽中国"和未来"绿色城镇化"的有力抓手和一种长效机制，充分发挥其在我国的城镇化和城市群建设发展过程中的重要作用，为我国人民共谋宏伟福祉、共创安康环境服务，为中华民族的伟大复兴和繁荣富强奠定良好的地理环境和资源条件。

第五节　韧性城市与减灾防灾

一、什么是韧性城市

（一）城市韧性的定义

韧性（resilience）来自拉丁语 resilio、resilire 和 resalire，被描述为"受挫折后恢复原状的能力"。这可理解为系统受灾后回弹到原始状态，是对动态过程的揭示，而非静止的概念。韧性不仅仅指应对灾害的准备和减少灾害损失的能力，还包括对灾害的响应和适应能力，是一个全过程的概念。

20 世纪 50 年代，物理学中的韧性表示"在负载下韧性偏转而不会

① 参见王浩：《海绵城市建设要处理好七个关键问题》，《中华建设》2015 年第 7 期。

断裂或变形，在压力作用下反弹复原的能力”。物理学中的韧性研究逐渐演化为“工程韧性”，韧性概念被用作衡量某个系统或者个体在压力下保持功能并返回原功能的能力，韧性大小用系统恢复平衡的速度来衡量。但是工程韧性仅适用于线性变化或接近线性变化的系统行为，不适用于解决非线性的复杂问题。

20 世纪 60 年代初期，生态学家通过研究生态种群系统稳定性理论，提出了“韧性”观点。1973 年，加拿大生态学家霍林（Holling）将韧性概念引入生态学领域，认为系统可能存在多种平衡，着重于研究系统远离平衡的状态。韧性内涵表现为生态系统自身重组能力和适应恢复到稳定状态的速度和能力（Fiering，1982）。

可以看出，虽然不同学科、不同研究领域对韧性的定义略有差异，但仍可发现它们的共通性：（1）从结果或是过程来对韧性进行界定；（2）定义的前提都是基于对象或系统受到外界干扰而面临某些具体（特殊）的破坏等[①]。

城市韧性一词源于 20 世纪 90 年代后期，学者开始将韧性理念或韧性思维应用于复杂的生态系统——城市，主要是解决与气候变化和灾害风险相关的问题，强调预防和缓解措施。城市韧性是指城市系统及其组成部分在面对外界干扰时保持自身功能或迅速恢复预期功能的能力。城市韧性与城市的各个组成部分密切相关，是城市系统及其所有的社会、生态、技术网络要素韧性的总和。城市韧性有四个主要的组成部分，即基础设施韧性、制度韧性、经济韧性和社会韧性。基础设施韧性是指在面对外界干扰时，基础设施有一定的适应能力，能够承受和吸收一部分干扰能量并尽快恢复至可运行状态的能力；制度韧性是指多元主体联合的、运行机制灵活的并以不断创新学习为基础的治理模式；经济韧性是指一个地区或区域经济系统适应不断变化的经济环境的能力；社会韧性是指社会在遇到破坏性冲击时，依靠社会、结构的力量，实现社会有效

① 参见侯俊东、肖人彬、吕军：《地质灾害系统的经济弹性及其结构研究》，《灾害学》2013 年第 3 期。

整合，从而调整适应和恢复重建的能力。

（二）韧性城市的特点及维度

1. 韧性城市的特点

经过梳理与总结相关研究和案例，我们认为韧性城市的主要特征包括以下几点：

鲁棒性（Robustness）：城市抵抗灾害，减轻由灾害导致的城市在经济、社会、人员、物质等多方面的损失。

可恢复性（Rapidity）：灾后快速恢复的能力，城市能在灾后较短的时间内恢复到一定的功能水平。

冗余性（Redundancy）：城市中关键的功能设施应具有一定的备用模块，当灾害突然发生造成部分设施功能受损时，备用的模块可以及时补充，整个系统仍能发挥一定水平的功能，而不至于彻底瘫痪。

智慧性（Resourcefulness）：有基本的救灾资源储备以及能够合理调配资源的能力。能够在有限的资源下，优化决策，最大化资源效益。

适应性（Adaptability）：城市能够从过往的灾害事故中学习，提升对灾害的适应能力。

2. 韧性城市的四个维度

技术（Technical）：减轻建筑群落和基础设施系统由灾害造成的物理损伤。基础设施系统损伤指交通、能源和通信等系统服务的中断。

组织（Organizational）：包括政府灾害应急办公室、基础设施系统相关部门、警察局、消防局等在内的机构或部门能在灾后快速响应，包括开展房屋建筑维修工作、控制基础设施系统连接状态等，从而减轻灾后城市功能的中断程度。

社会（Societal）：减少灾害人员伤亡，能够在灾后提供紧急医疗服务和临时的避难场地，在长期恢复过程中可以满足当地的就业和教育需求。

经济（Economical）：降低灾害造成的经济损失，减轻经济活动所受的灾害影响。经济损失既包括房屋和基础设施以及工农业产品、商储物资、生活用品等因灾破坏所造成的财产损失，也包括社会生产和其他经济活动因灾导致停工、停产或受阻等所造成的损失。

（三）韧性城市国内外发展历程

1. 韧性城市理念在国外的发展历程

1964 年，美国阿拉斯加地区发生 9.2 级大地震，造成约 3.11 亿美元的财产损失。灾后，美国联邦政府对民众居住地的危险程度、城市适应危害的能力以及社会对风险的容忍程度进行评估，并且向州政府及地方官员传达研究报告。

1989 年，美国进行了第二次城市抗灾能力评估。抗灾城市的理念逐渐萌芽，人们开始强调自然和人类社会以及建筑环境之间的关联性，并认识到可持续发展的理念对城市建设的重要性。

1987 年底，在摩洛哥和日本联合倡议下，几十个国家联名向第 42 届联合国大会提出减灾议案。该提案于当年 12 月 11 日被大会通过并形成 169 号决议，决定把从 1990 年开始的 20 世纪的最后十年定为“国际减轻自然灾害十年”，简称“国际减灾十年”。

根据 1990 年联大决议，每年 10 月的第二个星期三为“世界减灾日”。1994 年，第一届世界减灾大会在日本横滨举行。这是第一次专门讨论减少灾害风险和社会问题的联合国世界会议。

1999 年 7 月 5 日至 9 日，联合国组织的国际减灾十年活动论坛于瑞士日内瓦召开。本次会议全面总结世界各国开展国际减灾十年活动的成就，共同制定 21 世纪减灾行动计划，为下一阶段的减灾工作提供检验和技术支持。

2000 年 9 月，联合国发布新世纪《千年宣言》及其所附的千年发展目标，涉及了 18 个有时间限制的目标和 48 个具体指标。这些指标现在已成为所有签署国评估其在全球减贫努力中取得的进展的基准。人们越来越多地意识到减少贫穷与抵御自然灾害之间的联系。

2002 年，倡导地区可持续发展国际理事会（ICLEI）在联合国可持续发展全球峰会上提出“韧性”概念。

2005 年 1 月 18 日至 22 日，第二届世界减灾会议在日本兵库县神户市举行，会议通过的《兵库宣言》将防灾、减灾、备灾和减少城市脆弱性的观点纳入可持续发展政策。同时此次会议正式将“韧性”一词纳入灾害讨论的重点。

2005 年 8 月，飓风“卡特里娜”先后登陆美国南部佛罗里达州、路易斯安那州，共造成 1800 多人死亡，经济损失超过 1000 亿美元，成为美国历史上损失最为严重的自然灾害。受灾最为严重的新奥尔良至今仍没有恢复。

2012 年 11 月，飓风“桑迪”横扫美国西海岸，造成逾 100 人死亡，数十万人无家可归，经济损失约 620 亿美元。这一事件直接推动了《纽约适应计划》的出台，也间接推动了美国各地的适应行动。同年，联合国减灾署启动亚洲城市应对气候变化韧性网络的建设。

2013 年，洛克菲勒基金会启动“全球 100 韧性城市”项目，涵盖了巴黎、纽约、伦敦等国际都市。中国黄石、德阳、海盐、义乌四座城市也成功入选。

2016 年 10 月，第三届联合国住房与城市可持续发展大会（人居Ⅲ）在厄瓜多尔首都基多举行，会议倡导将“城市的生态与韧性”作为新城市议程的核心内容之一。

2. 韧性城市理念在中国的发展历程

2013 年，洛克菲勒基金会启动“全球 100 韧性城市”项目，旨在提升城市韧性，应对 21 世纪物理、社会和经济等各项挑战。2014 年 12 月 3 日，四川德阳、湖北黄石入选“全球 100 韧性城市”项目；2016 年 5 月 25 日，浙江义乌、浙江海盐入选。

2016 年 7 月 28 日，习近平总书记在唐山地震四十周年祭的讲话中指出，我们“要总结经验，进一步增强忧患意识、责任意识，坚持以防为主、防抗救相结合，坚持常态减灾和非常态救灾相统一，努力实现从注重灾后救助向注重灾前预防转变，从应对单一灾种向综合减灾转变，从减少灾害损失向减轻灾害风险转变，全面提升全社会抵御自然灾害的综合防范能力。”[①]

2017年9月29日，《北京城市总体规划（2016年—2035年）》公开发布，其中第90条指出“加强城市防灾减灾能力，提高城市韧性”。

2017年11月20日，2017中国城市规划年会自由论坛十九——“城市如何韧性”召开，与会专家就韧性的概念、韧性城市的建设问题和当前韧性城市建设情况和基本策略进行了讨论。

2018年1月4日，《上海市城市总体规划（2017—2035年）》正式发布，其中第七章提到“加强基础性、功能型、网络化的城市基础设施体系建设，提高市政基础设施对城市运营的保障能力和服务水平，增加城市应对灾害的能力和韧性”。

2018年11月29日，中国灾害防御协会城乡韧性与防灾减灾专业委员会成立，同步推出了以“推动抗震韧性城乡建设、提高自然灾害防治能力”为主题的《韧性城乡科学计划北京宣言（草案）》。

2019年11月，北京市召开推进北京地震安全韧性城市建设新闻发布会。

2020年6月，开展第一次全国自然灾害综合风险普查，提升全社会抵御自然灾害的综合防范能力，要充分利用专业第三方力量。

2020年10月，中国共产党第十九届五中全会首次正式提出了“韧性城市”命题。

2020年10月，《中共中央关于制定国民经济和社会发展第十四个五年规划和二〇三五年远景目标的建议》提出建设韧性城市。

2021年5月，《浙江省新型城镇化发展“十四五”规划》提出建设韧性城市。

---

① 《习近平在河北唐山市考察：落实责任完善体系整合资源统筹力量 全面提高国家综合防灾减灾救灾能力》，《人民日报》2016年7月29日。

2021 年 6 月，建设“安全韧性城市”2021 城市风险管理高峰论坛在上海举行。

二、韧性城市——先进地区经验介绍

（一）美国：更具韧性的纽约

纽约市在“桑迪”飓风袭击后发布了《一个更强大、更具韧性的纽约》总体规划，该规划重视战略的落实，提出了包括组织安排、策略、措施、行动倡议的完备的行动指南。

规划旨在全面提升纽约应对未来气候灾害风险的能力，包括：（1）评估纽约市 2050 年之前的气候风险及其潜在损失。（2）针对主要风险，按主题对基础设施系统进行风险评估，包括海岸线保护、住房重建、防护设施、能源系统、医疗保障、通信、交通、给排水等，并明确重点建设领域、具体措施和优先工作。例如，编制海岸线综合保护规划时提出 4 项治理策略，每项策略包含具体的实施措施和行动倡议。（3）分别对纽约市 5 个行政区开展风险评估，并编制社区重建和韧性规划，提出各类基础设施的行动计划、重点领域和优先工作。（4）拟定资金安排，包括资金筹集、分配和管理，其中 80% 的资金用于受灾社区，推动社区重建和更新改造，尤其是边缘群体居住的老旧社区。（5）明确组织安排，明晰权责划分，由市政府领导，多方力量积极参与，组建长期规划和可持续办公室，统筹协调计划和执行，下辖 3 个跨部门合作的联席工作组，同时各部门还负责对口的专项倡议行动。

规划以基础设施恢复和社区重建为重点，以资金和制度为保障，规划意图大部分得以落地，可实施性较强，指导受灾社区迅速有序开展恢复重建，成为韧性城市建设的典范。

（二）英国：注重风险管理与韧性提升的伦敦

伦敦针对气候变化编制了《风险管理和韧性提升》，该项战略着力于日常预防措施，降低灾害事前、事中、事后的破坏影响，强调评估城市的敏感性、抗扰能力与对风险的适应性差隙。首先确定敏感性的阈值，进而基于适应性差隙制定可负担、可持续的适应性行动方案。战略行动分预防、准备、响应和恢复 4 个阶段，主要内容包括 4 部分：（1）针对洪涝、干旱、高温 3 种极端气候，提出“愿景—政策—行动”风险管理框架，依次按背景分析、风险评估、情景预测、风险管理的程序进行分析；（2）针对健康、环境、经济和基础设施 4 个交叉公共领域，预测极端气候对各类基础设施运行的影响；（3）从上述 4 个领域出发，提出具体的行动，并制定韧性行动路线图，包括领导机构及相关责任机构、责权机制和日程安排；（4）强调政府、规划力量、气候研究组织、媒体等 30 多个机构进行跨部门、跨领域合作。此外，伦敦政府还制定了实施情况监测评估机制，以便及时调整行动策略。

（三）日本:《国土强韧化规划》

日本作为灾害多发的国家，在韧性战略上延续了强调政府主导和计划控制的制度特征，以立法先行，自上而下推动韧性战略，建立了国土强韧化规划体系。国家层面，2011 年东日本大地震后，日本提出构建“强大而有韧性的国土和经济社会”的目标。2012 年，发布了《国土强韧化计划》，从多方面着手筹备，以保障规划的有效编制和实施。例如，法律方面，2013 年 12 月颁布《国土强韧化基本法》，以立法的形式确保防灾减灾措施落实。2014 年 6 月发布《国土强韧化基本规划》（以下简称《基本规划》）作为最上位法定规划，赋予国土强韧化规划法律效力。组织方面，日本政府成立了专门的内阁官房国土强韧化推进办公室，专项负责《基本规划》编制工作，以及制订年度行动计划。《基本规划》采用 PDCA Cycle 模型，即“规划（plan）—实施（do）—反馈（check）—调整（action）”，侧重规划环节的灾害脆弱性评估，实施环节以国土保护部、土地利用部、环境部等 12 个部门以及技术研发等 3 个横向议题指导推进行动[①]。

① 参见邵亦文、徐江：《城市规划中实现韧性构建：日本强韧化规划对中国的启示》，《城市与减灾》2017 年第 4 期。

地方层面，府县市各层级均编制有国土强韧化地域规划，通过纵向传导来落实韧性目标。地域规划是对《基本规划》的细化和调适，内容构架相似，但更强调实施行动方案。以东京市为例，《东京都国土强韧化地域规划》是地方最上位规划，针对东京市主要灾害类型，提出4项基本性目标和8项特定城市功能系统的针对性目标，规划涉及关东地区多个领域的公共机构。

（四）新加坡：可持续和韧性的未来城市

面对自然条件的硬约束，新加坡政府积极作为，实施了具有系统性的、相互联系的整体规划，对自然资源、公共服务等资源进行优化配置。战略性的概念规划、总体规划和详细规划组成了新加坡的规划体系。其中，概念规划是长期的、综合性的发展计划，是对未来40—50年的展望，主要制定土地和交通的规划蓝图，是其他规划的基础，每10年进行检查和复核。这一规划体系按照人口密集程度，对区域相关产业布局、交通设施及配套公共设施进行详细的设计。总体规划是对未来10—15年的展望，一般每隔5年进行修订完善，规划中将土地划分为900多个区域，分别进行详细规划。在规划的落实上，新加坡强调部门合作，使土地的规划利用与经济发展、社会进步、环境保护的需求相统一。严密的规划设计和严格的执行实施贯穿于新加坡城市建设和发展的全过程，为提高城市综合承载力奠定重要的基础。

（五）中国:《黄石韧性战略报告》

中国湖北省黄石市于2014年自主申报，成为中国首批跻身“全球100韧性城市”项目的城市之一。近年来，黄石市韧性建设进度领跑该项目第二批试点城市，并发布了《黄石韧性战略报告》。战略报告由4部分构成:（1）黄石韧性发展史：战略基于对黄石市韧性背景的叙述，从城市建设、水环境、人居住房3个领域出发，梳理黄石地方发展和韧性建设的挑战和探索，应用项目提供的评估工具总结黄石市的韧性特征;（2）韧性目标：基于前期的3项城市子系统评估报告，明确地方面临的首要的冲击与压力，结合地方既有建设行动、利益相关人认知、地方资产评估，制定了包括经济转型与多元发展、水环境治理、住房与人居环境宜居建设 3 大领域、9 大目标、18 项倡议行动的战略目标体系；（3）具体目标与行动安排：针对各项行动，明确安排具体的工作内容、实施年限、相关部门等；（4）部门分工：落实项目实施涉及的责任部门和相关任务。

黄石自下而上的试点建设对我国自上而下的防灾减灾体系进行了有益补充，其成功经验包括：（1）明确组织体系建设：由分管建设的副市长担任“首席韧性官”，统筹韧性城市建设，组建领导小组和专家委员会，并成立由市建委主任领导、聘请全职人员组成的韧性办公室，明确各项行动计划牵头部门和配合部门的职责；（2）充分利用项目平台作用：依托项目平台，黄石争取了来自平台和战略合作伙伴的能力培训、技术咨询、投融资支持，如就韧性问题和清华大学建立了合作伙伴关系，邀请武汉大学等高校参与调研评估与报告编制，解决了中小城市韧性建设面临的智力、资金等资源困境；（3）注重衔接国家战略：基于地方发展所面临的冲击与压力，黄石将地方韧性建设议程与生态文明建设和高质量发展等国家战略紧密衔接，确保了韧性战略的可实施性。

第六章
高技术的落地与产业化

高技术（HighTechnology）的概念最初源于20世纪70年代出现的一批新技术，这些技术与科学技术融为一体，所以常被称为“高技术”。一般认为，高技术包括电子计算机技术和微电子技术、光通信和传感技术、机器人和人工智能技术、生物工程、航天技术、海洋工程、新能源技术、新材料开发等。高技术的出现造就了一批知识密集的新型行业，为国民经济发展和日常生活都带来了巨大的改变。

落地与产业化是高技术的重要一环，本书前五章讨论了航空航天技术、海洋技术、信息技术、生物技术、能源材料与制造技术、环境保护技术等，这些技术最终都需要落地与产业化，才能将技术转化成产品，通过市场流通和使用，产生实际的经济效能。本章选取了多色农业、工业互联网、数字经济、融媒体、智慧城市、抗击新冠疫情这6个在不同领域具有代表性的行业，介绍其中的高技术，以及实现产业化的途径。

第一节　多色农业

彩色的稻田、农田里“长”出来的鲜活文字和图案、五彩斑斓的花卉……精彩纷呈的农田俨然成了乡村一道靓丽的风景线，这一切都要归功于多色农业。多色农业让昔日单调衰败的乡村焕发生机，已经成了城市近郊旅游的重要目的地。

一、什么是多色农业?

（一）多色农业是面向未来的高科技农业

多色农业通过改变植物的光、温、水等生长环境，辅之以先进的信息管理和农业培育技术，让植物精准地呈现出特定的颜色，并在大区域形成独特的色彩和形态组合，成为一道独有的景观。多色农业对农业技术、生物技术和信息技术都提出了极高的要求，也是精准农业的一种表现形式。

随着现代农业科学技术的发展，农学家认为未来的农业将是彩色的，而彩色农产品的陆续问世预示着多色农业时代的到来。彩色薄膜的问世以及色光生物学在农业上的运用给观光农业旅游的快速发展带来了机遇，如使用彩色农膜培育农作物，这不但可以使其产量增加，而且还能缩短农作物的成熟生长周期。多色农业是一种高科技农业，是最具有发展潜力的农业类别；多色农业也是一种花卉农业或园艺农业，是一种创意农业。多色农业主要指采用先进的农业技术或运用科学规划的理论、方法，改良或培育出新型农产品或运用观光农业、立体农业的设计理念营造具有丰富色彩的农业景观；多色农业以丰富原农作物或农产品的颜色达到增加多种颜色的景观效果[①]。

近年来，在农业领域高科技手段的推进背景下，多彩的玉米、棉花等产品在市场上出现，这一类型的彩色农产品不仅具备优异的质量，而且具备一定的纯天然特点，为此被社会大众所认同与关注。在此背景与前提下，多色农业应运而生。它属于一种崭新形态的农业，具备一定的低排放优势以及十分长远的发展道路。多色农业重视降低消耗与排放，实现生态环境与农业生产和谐共赢。现阶段，我国多色农业在低碳理念下，对于农业构造革新、生态环境保护具有关键作用。可以说，多色农业是面向未来的高科技农业，必将在农村环境优化、农民生活改善甚至乡村振兴战略中发挥独特作用[②]。

（二）多色农业是低碳农业的重要抓手

农业是温室气体的第二大重要来源。由低碳经济的概念可以推及，

① 参见周连斌：《彩色农业旅游发展研究》，《湖南财政经济学院学报》2014 年第 149 期。
② 参见方芳、方耀如：《环境保护视域下彩色农业与乡村景观的互动研究》，《河南农业》2021 年第 35 期。

低碳农业经济应当是在农业生产、经营中排放最少的温室气体，同时获得整个社会最大收益的经济[①]。我国乡村地域辽阔，农业生产类型多样，民俗文化各异；绿色农业生产基地、循环农业经济、观光农业旅游等低碳农业经济模式早已广泛存在于我国广阔的乡村地域中。但是人们对低碳农业的认识还不深刻，且成熟的低碳农业技术推广和发展尚需时日。随着现代农业科学技术和农业旅游的发展，彩色玉米、彩色棉花、彩色花生、彩色梨等彩色农产品陆续问世，这些彩色农产品以其特有的颜色、优良的品质和天然的风味等特点深受消费者的喜爱。

多色农业是一种创意农业，也是一种低碳农业，是最具有发展潜力的农业类别。从农业景观视觉审美角度看，多色农业以“彩色”为限定词，以“农业”为核心词，彩色是其属性，农业是其本质，是指农业景观在表现形式上具有彩色的效果和彩色形象，是区别于其他农业的一个类别。

从低碳农业经济角度看，多色农业也体现了低碳农业中尽可能多地减少能源消耗，减少碳排放，实现农业生产发展与生态环境保护双赢的特点。第一，天然彩色产品因其具有自然、安全、健康、环保和生态等优势，走俏市场。第二，低碳农业就是生物多样性农业[②]。而多色农业景观的表现形式正是维持生物多样性的一个体现，只有选育多种不同品种才能营造更为丰富的多色农业景观；只有在低碳农业理念指导下营造的多色农业景观才能更符合现代旅游业所倡导的生态旅游发展理念，更能满足旅游者回归自然、贴近自然、融合自然的要求。第三，多色农业也是以高科技为支撑的创意农业，是在绿色农业和观光农业的基础上进行高效的农业生产。多色农业技术的进步和发展对培育适应低碳环境的优良农产品品种具有重大的现实意义。第四，多色农业栽培技术简单，易于在我国广大的乡村地区推广。从一定程度上看，它也符合低碳农业技术的节约型特征。总之，由于我国多色农业发展还处于初级阶段，以低

① 参见方芳、方耀如:《环境保护视域下彩色农业与乡村景观的互动研究》,《河南农业》2021 年第 35 期。
② 参见周连斌:《彩色农业与乡村景观的互动研究》,《经济地理》2010 年第 7 期。

碳农业理念为发展方式和目标的多色农业对调整农村产业结构、提升乡村景观的环境质量以及减少农业温室气体的排放都具有重要的现实意义[①]。

（三）多色农业为乡村振兴插上翅膀

当前，我国已开启全面建设社会主义现代化国家新征程，“三农”工作转入全面推进乡村振兴、加快农业农村现代化的新阶段。中央农村工作会议强调，要加快发展乡村产业，顺应产业发展规律，立足当地特色资源，推动乡村产业发展壮大，优化产业布局，完善利益联结机制，让农民分享更多的产业增值收益。农业农村部印发的《全国乡村产业发展规划（2020—2025年）》提出，“要发掘乡村功能价值，强化创新引领，突出集群成链，培育发展新动能，聚集资源要素，加快发展乡村产业，为农业农村现代化和乡村全面振兴奠定坚实基础”。

生物技术、人工智能在农业中广泛应用，北斗、5G、大数据、云计算、物联网、区块链等与农业交互联动，新产业新业态新模式不断涌现，引领乡村产业转型升级，以数字技术为代表的新科技浪潮进一步强化了科技创新对于乡村产业发展的驱动引领作用。数字农业、智慧农业等一批新的理念和生产运营方式应运而生，加速了农业生产、流通、消费和经营管理各领域的深刻变革，推动农业农村现代化高质量发展。“悬浮365新型智慧多色农业”项目在广州花博园中凯花卉产业园启动，广东花卉行业发展迎来新的里程碑。现代科技赋能乡村产业，助力全面推进乡村振兴；江苏扬州富硒稻种出“彩色稻田”，特色农业助力乡村振兴多色农业；昆明西山区“彩色水稻”绘就乡村振兴新图景等融合了信息技术、农业技术、生物技术等多种高精尖技术，为农民增收、乡村更美带来新的契机，必将在乡村振兴中发挥重要作用。

---

① 参见周连斌：《彩色农业与乡村景观的互动研究》，《经济地理》2010年第7期。

二、多色农业的典型应用

（一）大地为幕，彩稻作笔，文化着色——宜良彩色稻

宜良县，隶属云南省昆明市，位于云南省中部，整体地势北高南低，2017 年被住建部命名为“国家园林县城”、2018 年荣登“中国幸福百县榜”。宜良县始建于西汉时期，是昆明市的近郊农业大县，素有滇中粮仓、花乡水城、烤鸭之乡之称。自 2017 年起，宜良县政府开始引入“中国彩色稻创新创意”项目，在农业农村部创意农业重点实验室的理论支持下，在浙江大学农学院的高科技彩色稻育种技术支持下，宜良县开始着力打造“中国彩色稻创意农业之乡”品牌，并取得了较好的经济效益和社会效益。

2017 年，宜良县首次在耿家营乡河湾村引进设计种植彩色水稻及其图案“彝族女神阿诗玛”，为创意彩稻的宣传营销打响了第一枪；2018 年，同样在耿家营乡河湾村创意种植的彩色水稻苗族美神“仰阿莎之引枫蝶舞”图案，使耿家营乡河湾村成为网红村、入选农业农村部首届“中国农民丰收节”100 个特色村之一、入选文化和旅游部首批全国重点乡村旅游示范村；2019 年，宜良县全县彩色水稻创意农业开始全面开花，比如在耿家营乡河湾村、马蹄湾种植有以庆祝中华人民共和国成立 70 周年为主题的“爱我中华”系列图案；在九乡乡麦地冲村种植有“彝乡欢歌”“阿细跳月”图案；在九乡乡小河村委会“中国宜良 · 万家河卧龙谷”种植有以“诸葛亮七擒孟获”历史文化为元素创作的“二龙戏珠”“龙凤呈祥”图案；在县城南“宜良羽弘创意农业试验示范园”荷花基地种植有荷花仙子、荷花童子图案。宜良县创新发展经验被《求是》杂志社、中央电视台《新闻联播》、农业农村频道《致富经》栏目 45 分钟专题片等媒体进行了广泛的宣传报道。

2020 年 8 月，由浙江大学农学院与宜良县文联策划和组织，以“彩稻情牵，宜结良缘；携手共进，畅叙未来”为主题的“中国首届彩色稻创意农业研讨会”在宜良县成功召开，宜良县被授予“农业农村部创意

农业重点实验室宜良示范基地”称号，为宜良县乃至全国彩色稻创意农业的发展奠定坚实的基础。2021年，宜良县在巩固与提升上狠下功夫，代表性的彩色稻田画有以庆祝中国共产党建党100周年和世界生物多样性大会为主题的彩稻图案、以“三牛精神引领乡村振兴”为主题的彩稻图案、全新打造的以“少女心灯，明月河吊坠”为主题的稻田文化等，这些项目的成功建设引来了全国更多游客的关注，为宜良县全力打造“中国彩色稻创意农业之乡”奠定坚实的基础[①]。

以大地为幕，以彩稻作笔，以文化着色，宜良县文联为全省彩色稻创意农业的发展作出努力和探索，走出了一条“文化+产业”的发展之路，在“云岭大地”上描绘了一幅幅乡村振兴的新画卷！

（二）创业大学生种出“文玩玉米”

玉米是人们再熟悉不过的谷物之一，每天都可能出现在千家万户的餐桌上。糯玉米、水果玉米等不同种类的玉米有着不同的色泽和口感。试想，玉米除了吃、用作饲料，还能用来做什么？在山西晋中国家农业高新技术产业示范区，创业大学生张焱就培育出了一种可以盘的“文玩玉米”。这种玉米个头小巧，但颜色丰富、颗粒饱满、玉润通透。经过挑选、清理、安装配件、加固、编织、上油，一个个精致的文玩挂件就做成了。

1989年出生的张焱毕业于山西农业大学，他的兴趣是“多色农业”。“附加值高，我不想简单种地。”张焱说，在“文玩玉米”前，他的“彩色蘑菇”项目就在山西省星火项目创业大赛中获过奖。2015年张焱接手了一个农光互补项目，由于项目需要，光伏板下必须种植矮化农作物。当时，他选取了一种矮化的爆裂玉米，个头只能长到1.5米左右。等到玉米能吃的时候，张焱发现淀粉味太浓，口感很差。再加上玉米个头小，他一度想放弃种植。到了秋天，玉米成熟，张焱有了新的发现。“把老掉的玉米剥开，看见里面色泽鲜艳，扔了怪可惜的，就把两亩地

① 参见王建、张宇曼、刘伟等：《大地为幕 彩稻作笔 文化着色——彩色稻创意农业绽放田园农耕新画卷》，《云南农业》2021年第9期。

的玉米收回去，加配件加绳，试着来玩一玩。”“文玩玉米”由此产生。

盘了一阵子，第一代“文玩玉米”出现了脱粒的现象。为提升产品质量，张焱在种子改良上下起了功夫，这一干就是六七年。自然界中的玉米原本是五颜六色的，传统玉米的育种方向是提升产量，这就导致常见的玉米粒以黄色为主。张焱的育种方向正好相反，他专门筛选个头较小、米粒紧凑、颜色好看、水分较少的品种。经过连续几年的杂交育种，张焱改良的爆裂玉米紧凑度明显提升，成熟后的玉米含水量降至3%，脱粒的现象明显改善。

2018 年，张焱开始宣传推广。根据不同品相，单个“文玩玉米”的售价在数十元到数百元乃至数千元不等，几乎把玉米卖出了“天价”。普通玉米中，最贵的水果玉米也只能卖出每根几元的价格。

“文玩玉米”采取“公司 + 合作社 + 农户”的形式进行推广，目前种植范围已拓展至河北、陕西、甘肃等 7 个省份，种植面积超过 500 亩。据测算，农户种植“文玩玉米”，每亩收入在 6000 元至 8000 元，是种植普通玉米收入的 3 倍以上。这种独特的文玩产品，一度受到市场热捧。但张焱清醒地认识到文玩只是小众市场，相比之下，旅游文创、家居装饰的市场空间更加广阔。即便是品相不好的玉米，也是富含花青素的特色杂粮。下一步，张焱打算继续改良玉米品种，提升玉米附加值，依托科技引领，把“文玩玉米”打造成一个全新产业链，也让更多农户从中受益。

（三）色彩斑斓的“五彩米”

平常我们吃的大米大都是白色的，你是否想过大米也能够五颜六色呢？来自湖南省隆回县高坪镇的农民袁忠福，家中世世代代都是以种地为生的农民，依靠着自己不怕吃苦、勇于开拓的优良品质，最终带领乡亲种出了色彩斑斓的“五彩米”。

刚开始，和许多农民一样，袁忠福每日在田中辛苦劳作，日出而作，日落而息，盼望春华秋实，来年满载而归。但是每次收获的粮食只能够糊口，很少有余粮，因此袁忠福开始思考是不是自己的种子出了什么问题。因此袁忠福开始广泛搜集水稻种子信息，开始搞水稻优良品种的试验。他先后从外地引进早稻新品种 3 个、中稻新品种 4 个、旱稻新品种 3 个，经过一年的试种，水稻产量、质量都有了可喜的突破。

之后，袁忠福又想着培育出营养价值高、稀有少见的黑、紫、绿、红、黄五彩稻，他相信这种水稻如果能够成功培育出来，一定会有产销市场。他通过各种渠道引进了株形不一、颜色各异的有色稻共 15 个品种，其中黑稻新品种就有 7 个。为了进行试验，他将自家的 3 亩多责任田划成小块，一块地种一个品种，后来田地不够，就向邻近的农民租用。

刚开始，袁忠福选择的 5 个彩色水稻品种中，黄、绿两个品种抵抗稻瘟病的能力不强，产量也不高。他反复琢磨，多次试验，攻克一道道难关，使这两个品种的抗病能力大大增强，亩产也由原来的 250 千克提高到 450 千克。历尽 10 年艰辛，袁忠福终于培育出抗病能力强、适种土壤广泛、亩产超 500 千克的“五彩稻”。

袁忠福组织成立了“隆回香花树五彩特优稻种植专业合作社”，并成立“隆回县高坪特优稻米研究会”，现有入会社员 200 多个，发展彩色水稻种植已成为高坪镇的特色产业，面积达 5000 多亩。由于彩色水稻生态环保无公害，营养价值高，价格高于一般大米，种植 1 亩五彩稻比一般水稻增收 800 多元，产销无忧。2013 年袁忠福引进新品种，示范种植的枸杞红米稻和人参黑米稻 1 号、2 号等天然珍稀彩色水稻，虽然遇到了罕见的高温干旱，但也获得了前所未有的丰收。

三、展望未来：多色农业旅游

（一）多色农业旅游的丰富内涵

多色农业旅游是以多色农业旅游资源为基础，以多色农业文化为核心，并通过对多色农业旅游资源的精心研究与科学开发，为游客提供多色农业旅游产品经营活动的综合业态。其中，多色农业旅游是以农业旅游发展为导向，其发展理念融入了乡村旅游产品观光、休闲、娱乐、度假的感知与体验。多色农业旅游在农业景观的表现形式上具有彩色的效果和彩色的形象，它赋予农业景观更独特的观赏性。例如，彩色田园因其本身比绿色田园更具有观赏性、更具美感，它在乡村田园风光的表现更能给游客美的享受①。

根据多色农业的科技含量多寡，可将多色农业旅游划分为传统多色农业旅游与现代多色农业旅游两类。传统多色农业旅游是一种字面意义的多色农业，科技含量低，主要指在不改变农产品基因或生产条件的前提下，主要通过将不同种类或所产地域不同的农作物作合理规划后种植，或在传统农作物中间种、套种具有视觉冲击效果的农作物，以弥补视觉上的单调。有以农家特色田园为依托，绿色生态休闲为主题，或者以规模化种植的花卉、果林、茶园为依托，以观花采果品茶体验为主题等类型。现代多色农业旅游既是一种创意农业，也是高科技农业，主要指运用现代农业高新技术，改良或创造农产品品种并在其基础上开发旅游的类型，它是一种“创造性”的观光农业旅游模式。

（二）多色农业旅游发展现状与问题

1. 多色农业景观特征不明显，旅游经营活动内容单一

越来越多丰富多彩的城市景观的出现是导致农业景观视觉审美价值下降的主要因素。多色农业的发展可以进一步充实农业旅游景观的种类，从而创造出更多别具一格、独具特色的景观类型来迎合游客的审美喜好。但现有的多色农业旅游地并不被大家广泛熟知，这表明在某种程度上多色农业旅游还没有塑造出属于自身的鲜明特色。这主要有两个原因，一是目前多色农业景观的规划、开发、建设尚处在初步阶段，并不成熟。由于农业种植结构错综复杂，目前多数多色农业景观主题的开发还存在着定位不清、相互模仿的问题。二是从整体角度出发，我国多色农业旅游产业缺少宏观的统一规划协调和管理营销，目前只停留在为游

① 参见方芳、方耀如：《环境保护视域下彩色农业与乡村景观的互动研究》，《河南农业》2021 年第 35 期。

客提供休闲层面的活动，缺少深层次的如知识、兴趣与参与等方面的活动内容。

2. 文化挖掘深度不够，主题特色不鲜明

通过调查可以发现目前我国多色农业旅游产品的同质化现象非常明显，旅游娱乐休闲活动的开发缺乏一定的深度和创造性，导致农业旅游发展停滞在一个低水平层次，而这早已不能满足越来越追求个性化风格游客的心理需求。虽然经过不断的改进提高，现有的多色农业旅游产品较从前有了很大的进步和提升，但如何通过文化输出运用常规的标准运营模式给游客留下良好的体验感受仍然是有待突破的难题。另外，多数多色农业旅游产品目前还存在盲目照搬的情况，不能结合自身特点打造出属于自己的景观特色。这就导致了多色农业旅游目的地在主题形象定位上无法有效区别于周边的花卉基地、农业观光园等农业旅游产品，这难以对乡村旅游消费市场形成持久吸引力，究其根源，在于对地方主体文化挖掘不够，缺乏地域感。

3. 旅游季节性明显，设施设备闲置严重

由于受自然环境条件和季节的影响，多色农业旅游受到环境条件和季节的影响而有了明显的旅游淡旺季之分。以成都市龙泉驿区为例，在3—4月桃花盛开的季节，龙泉驿区每天平均接待游客6万—8万人次，许多景区常常人满为患，个别景点更是有超负荷接待的现象。然而花期结束后，游客人数骤然下降，景区又回归到往日游客寥寥无几的状态。对于多色农业旅游产业而言，淡旺季的差异无疑会给当地的生态、经济造成一系列连带的影响，花季过后，游客就很少了。旺季和淡季的差异也给旅游目的地的经济、社会和生态带来了一定的负面影响。比如，一些多色农业旅游目的地在建设时缺乏科学合理规划和交通路线设置，这直接导致了在旅游旺季交通高峰的出现，一些景点由于无法承受超载接待的压力而不得不采取限制每日客流量的做法，这从一定程度上降低了游客的旅游体验质量和印象分，同时也影响了当地居民的正常生活；而在淡季时每日游客寥寥无几，景区内旅游休闲设施经常处于空闲状态，这又会导致旅游设施的闲置和投资的不经济。

（三）多色农业旅游发展未来展望

1. 创新旅游产品开发，丰富旅游活动内容

创新理念应该贯穿于多色农业旅游产品开发的全过程中，包括项目研究、主题确定、产品设计营销、产品管理等多个方面。首先，创造性地开发多色农业旅游景观资源，是培育优质多色农业旅游产品的基础。比如，通过引进色彩斑斓的农作物和能够带来良好旅游效果的农作物，在同一区域内通过合理布局和安排，为游客带来“眼前一亮”的旅游体验，给游客留下深刻印象。其次，要主动通过多色农业旅游产品的开发来创造新的市场需求，引导市场消费，而不是只停留在以市场和产品为导向的阶段。通过多视角、多入口点来规划开发多色农业旅游资源，吸引游客参与体验，通过游客的良好观光体验来为多色农业旅游目的地做最有价值的宣传，可以极大提高目的地的知名度和吸引力。最后，除了关注多色农业旅游产品本身的创新性、内容丰富性以及独特性之外，也需要从游客的角度出发，尽可能地增加游客对产品的认知、参与和体验，从而打造更加牢固的多色农业旅游产品品牌。

2. 丰富旅游产品的文化内涵，树立鲜明的旅游形象

丰富的文化内涵是打造多色农业旅游产品竞争力的核心要素，也是保持多色农业旅游产品持久竞争力的关键所在。首先，要充分了解当地乡村农耕文化的内在文化价值。重点就是要依托旅游目的地的历史文化资源，通过全方位的设计打造、运营管理，使其能够充分展现在游客面前，让游客拥有“大饱眼福，开阔眼界”的切身感受。其次，要充分发挥出多色农产品集观赏性、保健性及食用性于一身的特点，着重发展旅游节庆、饮食文化、民间手工艺等文化资源的创新开发，提高多色农业旅游产品的内在文化价值。然后，进一步加强多色农业旅游景观的开发

建设，在依托于不同类型的旅游项目的基础上，以多色农业旅游景观资源为载体，结合气候、天文特点，将多色农业文化融入旅游过程的各个环节，用浓厚的文化氛围去感染游客，为游客带来全身心的放松和美的享受。总的来说，多色农业旅游的发展要密切结合区域农业发展和当地文化特色，将历史和文化通过美丽的多色农业旅游景观来体现，从而打造出特色鲜明的多色农业旅游品牌形象。

3. 以特色产业支撑为基础，带动相关产业和谐发展

产业支撑是多色农业旅游发展的基础，要积极实施农业产业化经营，通过开展土地流转，引进农业产业化经营企业，加大农业产业结构调整力度，大力发展特色产业。特色产业就是一个国家或一个地区在长期的发展过程中所积淀、成型的一种或几种特有的资源、文化、技术、管理、环境、人才等方面的优势，从而形成拥有国际、本国或本地区特色的具有核心市场竞争力的产业或产业集群。一方面，特色产业要做到较大的规模，这样就解决了多色农业旅游的季节性问题和重游率的发展瓶颈问题，同时还可以带动周边相关产业发展，可谓一举两得。另一方面，要大力发展成长潜力大、竞争力强、经济效益高的周边配套产业，不断扩大产业链，努力提高农业经济效益。发展多色农业旅游产业的关键就在于以特色产业支撑为基础，其核心的价值来源就是多色农业本身，这与传统的以直接收益最大化为目的的旅游产业不同，多色农业旅游就是针对获得最佳旅游效果的要求来选择农林种植与养殖类型、品种和生产方式的旅游农业。

第二节　工业互联网

在过去的200多年中，世界经历了4次主要的创新浪潮，最近工业互联网的兴起是在人类历史上前几次工业和技术革命的基础上产生的。第一次工业革命是在18世纪下半叶，蒸汽机的出现推动了第一次工业革命，蒸汽机所带来的自动化使工业生产从纯手工劳动升级到工业

化生产，从此我们从纯手工劳动时代进入机械化时代，这极大地促进了生产力的发展。自 19 世纪 70 年代，电力对蒸汽的替代和劳动分工导致了另一场工业革命和生产力爆炸，这便是第二次工业革命。第三次工业革命，即被称为“数字化”，大约在 20 世纪 60 年代引入。先进的电子产品和可编程逻辑控制器的发展进一步提高了生产效率并促进了自动化系统的产生。从 20 世纪中期到 21 世纪初，信息和通信技术飞速发展，并呈指数级增长，这导致了一系列新技术的出现，如射频识别（RFID）（1940）、人工智能（AI）（1950）、传感器网络（1970）、3D 打印（1980）、互联网（1990）、网络物理系统（2005）、云计算（2006）、大数据（2008）等。这些技术通过提高传感（RFID 和 IoT）、网络（传感网和云计算）、决策（人工智能）等方面的智能，大大改善了工业生产流程。

怀着将先进的信息技术与传统产业相结合的愿景，工业互联网诞生了。它将先进的信息技术与传统产业相结合，从而极大地改变了人类社会。“工业 4.0”一词在 2011 年的汉诺威工业博览会上首次使用，指的是第四次工业革命，并在欧洲引起了广泛关注。德国联邦政府宣布工业 4.0 是其国家高科技战略的关键举措之一。2012 年，通用电气公司（GE）提出了类似的愿景，并将其称为工业互联网。2014 年美国成立了“工业互联网联盟”，2016 年我国也成立了“工业互联网产业联盟”，积极推动了工业互联网的发展。

一、工业互联网体系及架构

工业互联网一般被理解为信息物理系统（CPS）的应用，是一个通过互联网将全球工业系统中的智能物体、工业互联网平台与人相连接的系统，通过工业系统中智能物体的全面互联，获取智能物体的工业数据，通过对工业数据的分析，获取机器智能，以改善智能物体的设计、制造与使用，提高工业生产力[①]。基于工业互联网平台的智能优化系统由智能边缘层、基础资源层、智能平台层、应用服务层和系统管理模块五部分组成。

智能边缘层主要提供数据采集、数据处理、边缘计算、芯片适配、边缘管理控制等功能，实现边缘设备的实时连接和业务流程控制。

基础资源层包括计算资源模块、存储资源模块和网络资源池模块。作为云计算的核心资源，计算资源模块实现了云计算的合理和高效利用计算资源。存储资源模块是服务器和存储设备的集合。利用成熟的资源分配调度技术，大大减少了存储的服务器数量，提高了系统性能和效率，实现了整个系统的高效稳定运行。网络资源模块实现了整个网络资源池的按需调度，保证了网络资源利用的有效性。

智能平台层分为高性能编译器模块、工业智能模块和智能开发服务模块。高性能编译器模块兼容大多数工业硬件架构，支持各种编程语言，包括 MATLAB、Python、R 等，而且兼容市面上主流的 AI 框架和算法，实现了替代框架的兼容。工业智能模块提供强大的数据管理引擎、丰富的工业智能模型库、完善的组件环境和业务开发引擎，助力工业智能。智能开发服务模块主要提供开发相关的工具、框架和服务管理。智能平台层是工业互联网的核心，主要解决以下三类问题。

预测。从感知识别层获得海量数据，利用机器学习算法进行分析，可以预测事情发生的可能性。例如在工业上，在机器出现故障征兆时发出预警，从而给各部门生产计划打好提前量，进而在故障发生前就消除故障因素，避免故障的发生，减少非意愿损失。

分析。数据分析层有强大的分析能力。对于许多工业上的难题，很难构造有效的模型，而大数据分析方法可以对复杂问题进行分析，并找到问题的解决方案。

反馈。将通过工业大数据分析获得的结果反馈到产品的设计中，从

① 参见夏志杰：《工业互联网的体系框架与关键技术——解读〈工业互联网：体系与技术〉》，《中国机械工程》2018 年第 10 期。

而改进下一代的产品设计。

应用服务层为终端用户提供相应的商业智能能力，如针对产品外观的质量检测、基于设备运行状态数据的预测性维护、基于质量大数据的流程优化以及针对产品设计的数据优化能力。

系统管理模块包括支持整个流程的用户管理和安全管理。用户管理支持用户注册、角色控制、权限控制、授权管理、子账户管理等功能。安全管理支持加密认证、访问控制、隐私保护、访问安全、权限管理、主机反病毒、DDOS（分布式拒绝服务）保护、漏洞扫描、入侵检测、设备隔离、数据隔离等，实现平台安全管理服务。

二、工业互联网的行业应用场景

当前，全球化、运营化、协作化、服务化是制造业管理变革的主要趋势，工业互联网为制造业转型提供了重要支撑，其作用正逐步显现。工业互联网在制造业的应用涉及企业管理办公室、ERP 等企业数据管理、制造业产品运营服务、产品全生命周期管理等。产品设计与创新、决策支持等是工业互联网在制造业应用中的价值挖掘。它还可以把所有制造硬件资源、软件资源、企业资源、专家资源、知识资源，通过未来提出的云数据模型，放在云系统下的制造新发展模式下。随着工业互联网服务平台的相继建成，工业互联网服务将进一步扩大规模、形成集群、创新发展，成为战略性新兴产业的重要组成部分。

（一）工业互联网在智能行业的应用

工业互联网是数据流、硬件、软件和智能方法的交互。数据智能设备和网络存储大数据分析工具可以用于数据分析和可视化。智能信息可以在机器、网络、个人或群体之间共享，以促进智能协作，更好地作出决策。这使得更多的涉众能够参与到资产维护、管理和优化过程中，并确保那些具有本地和远程机器专业知识的人员能够在适当的时候进行集成。智能信息也可以反馈给主机，不仅包括由主机产生的数据，还包括增强操作或维护机器、单位和更大系统的能力的外部数据。这种数据反馈回路使机器能够从历史数据中学习，并通过车载控制系统进行更智能的操作[①]。

（二）工业互联网在航空工业中的应用

近年来，航空制造业面临着开发周期缩短、新产品数量激增、交付质量要求越来越高的巨大压力。当前的协同制造模式中，大型机及配套厂商的信息相对滞后，难以满足大型机开发生产的需要，也会导致研制任务无法顺利完成。为此，航空产业正努力构建“小核心、大协作、专业化、开放型”的高效航空产业链协同研发体系，推动航空产业研发生产模式转型升级。航空模型的开发正从单一工厂向多工厂合作、同一区域向多场地联合开发转变。当前新一代信息技术与制造业深度融合，推动传统制造业数字化、智能化转型发展，推动商业模式深刻变革。

在这一关键环节，将搭建复杂航空装备协同制造的工业互联网平台，构建面向全社会的航空研发产业链生态，推动产业升级，实现航空制造的智能化生产、网络化协作、个性化定制、服务化延伸。它不仅是满足当前复杂航空装备研制生产需求的必要手段，也是面向未来航空装备制造新模式的应对措施[②]。航空公司可以主动使用软件分析和诊断工具来查明阻碍航班正常运行的问题。利用工业互联网，航空公司可以收集发动机运行的实时信息，提供故障信息的早期预警，帮助航空公司更高效地运行和维护。

（三）工业互联网在石化行业中的应用

石化行业工业互联网应用实践的主要方向以装备运行、生产管控、安全环保场景为主，主要原因是这些场景的自动化、信息化、技术成熟度相对较高，在业务与工业互联网平台结合过程中，投资见效快，企业积极性高，形成正向循环。

---

① 参见李培楠、万劲波：《工业互联网发展与“两化”深度融合》，《中国科学院院刊》2014年第2期。

② 参见蒋敏、郑力：《面向航空协同制造的工业互联网架构研究与应用》，《中国科学：技术科学》2022年第1期。

1. 装备运行应用

在装备的运行优化方面，石化企业主要利用工业互联网技术实现大机组装备的在线运行分析优化，通过对设备运行数据、设备效率数据的全面采集和分析，建立设备性能模型，可进行典型设备的状态分析和效能分析；核算设备实际效率和能耗，并与设计指标进行偏差分析，找到优化方向，提高设备的利用率，降低运营成本。

2. 生产管控应用

石化行业生产管控一体化主要通过数据技术和网络技术综合集成企业资源管理、供应链管理、制造执行系统、先进控制系统、分布式控制系统等系统，从而构建实时感知、及时响应的生产管控一体化平台，实现企业从原油选择、采购、生产加工过程到油气产品出厂全过程的智能化生产及管理。生产链条长，产品复杂，可实现资源优化配置和生产控制的协同优化，提升生产效率，减少产品质量冗余。生产管控一体化可以提升生产运行状态的感知、预测预警及科学决策；可以以生产管控为核心，提高调度精准执行，主动应对；辅以低碳生产、全面风险管控，提高生产运营的效益；在环保合规的同时，提高企业可持续发展的能力。

3. 安全环保应用

通过工业互联技术实现智能安全监控，利用工业无线、4G、NB-IoT 等网络技术，实现石化行业安全相关信息的全面感知和汇聚，建立包含生产装置运行参数、厂区的生产动态信息、人员操作信息等关键数据的信息平台，并结合人脸识别、机器学习等分析技术构建关键生产装置、现场作业、人员、环境的全局化监控体系，对异常状态和安全风险能够实时报警，并通过数据分析结果支撑现场人员、消防中心的网络化协同，迅速处理安全隐患，确保企业生产的安全性和连续性①。

① 参见刁俊武、曹晓红:《工业互联网技术发展及石化行业应用展望》,《石油化工自动化》2021 年第 6 期。

（四）工业互联网在钢铁工业中的应用

在钢铁行业中，结合钢铁行业生产和管理流程现状，工业互联网在钢铁行业的应用场景，主要分为智慧生产和智慧管理两大部分。

1. 智慧生产

根据钢铁行业生产工艺流程，分出了多个具体应用场景：3D 数字料场，皮带智能纠偏与巡检，堆取料机无人化系统，焦化四大机车远程控制，智能配煤，高炉出铁口铁水温度远程监测，铁水车无人驾驶 + 智能调度，智能加渣，智慧天车，带钢表面缺陷监测，废钢智能判级，钢铁厂环境监测，AR 远程装配、维修、培训。

2. 智慧管理

除生产外，能耗、安全管理也是钢铁企业的重要工作，利用 5G+ 工业互联网，可以打造人员、车辆、能耗、园区设备多方位智慧管理体系。智慧管理主要包括：能耗监控与优化、车辆电子围栏、人员合规 + 人流检测、园区智能巡检[①]。工业互联网实现了智能生产管理和设备生命周期管理，改进了生产流程和系统可靠性，同时数据管理带来了更好的产品质量分析，节省了人力成本，提高了生产效率。

（五）工业互联网在金融业的应用

1. “工业互联网＋保险”模式

“数据 + 保险”模式是一种较常见的工业互联网金融服务应用模式，如中国平安保险集团在进行环境污染责任险业务的办理时，就联合相关工业互联网平台对工业排污企业的各项生产和征信数据进行收集和整理，并通过工业大数据等技术进行分析，从而判断排污企业的环境监管

---

① 参见荀志伟、李维汉、贾捷等：《5G+ 工业互联网在钢铁行业的应用研究》，《邮电设计技术》2021 年第 7 期。

风险，进行精准投保；树根互联与久隆保险合作，基于设备物联数据与保险理赔报案情况，依托业务场景实际异常判断规则进行风险分析，久隆保险每月可以减少约 300 万元的保险理赔损失。

2.“工业互联网＋信贷”模式

“数据＋信贷”模式的主要案例有海尔金控（海尔集团旗下互联网金融平台），利用 COSMOPlat 平台（海尔集团推出的工业互联网平台），与地方商业银行、金融信息服务商合作，基于中小企业的生产信息和物流信息获取和分析，尝试共建场景金融的新模式，为中小企业提供融资借贷等金融服务。又如超过 13000 家中小微企业接入至天正公司的 I−Martrix 平台，通过对生产设备数据与工业信用数据的交叉分析，使金融机构能够更准确评估中小企业的信用等级，从而实现精准放贷。

3.“工业互联网＋租赁”模式

“数据＋租赁”模式是现阶段应用最广泛的工业互联网金融服务模式，如徐州工程机械集团基于汉云平台连接的海量工业设备，在工业互联网业务中进行经营租赁模式的尝试，融资租赁率超过 80%；中科云谷基于平台对设备租赁进行全过程管理，实现租赁回款管理等功能；航天科工金融租赁有限公司凭借中国航天科工集团旗下的航天云网 INDICS 平台获取和集成中小企业的生产经营数据，让接入工业互联网平台的广大中小企业借助平台金融服务获取设备租赁和潜在市场机会[①]。

（六）工业互联网在其他领域的应用

在其他一些领域，工业互联网也有应用。在水处理领域，工业互联网技术提供了远程监控和诊断系统，在节省人力成本的同时，实现对耗水和化学剂量的控制；在交通运输业中，工业互联网的数据分析能力，可以帮助铁路运输更好地解决速度、可靠性和运能等难题；在医疗行业

① 参见孙茂康：《工业互联网在金融服务中的应用研究》，《中国信息化》2021 年第 12 期。

中，可以提升设备安全，促进高效运营，提高利用率，并扩大基层医疗服务覆盖面，为更多患者服务[①]。

三、工业互联网的企业应用案例

工业互联网可以助力制造商、公用事业公司、农业生产商和医疗保健提供商通过智能和远程管理来提高生产率和效率。例如，英国最大的饮用水和废水处理服务提供商泰晤士水务公司（ThamesWater）正在使用传感器、实时数据采集和分析来预测设备故障，并对泄漏或不利天气事件等紧急情况作出快速响应。Utilityfirm 已经在伦敦安装了超过 10 万个智能电表，其目标是到 2030 年覆盖所有拥有智能电表的客户。到目前为止，在客户管道上检测到了 4200 多个泄漏点，该计划为伦敦每天节省了大约 93 万升水。日本鹿岛的三菱化学工厂部署了 800 个可寻址远程传感器高速通道开放通信协议（HART）设备用于实时过程管理，每天节省 20 美元到 3 万美元，提高了生产绩效，还避免了 300 万美元的停产。

工业互联网支持的精准农业可以帮助农民更好地测量农业变量，如土壤养分、使用的肥料、种植的种子、土壤水分和储存产品的温度，可以通过密集的传感器部署监控到平方米，从而将生产率提高近 1 倍。

工业互联网也会对医疗保健领域产生重大影响。在医院中，由错误警报、响应缓慢和信息不准确导致的人为或技术错误仍然是造成患者死亡和痛苦的主要原因。通过使用技术连接分布式医疗设备，医院可以显著克服这些限制，从而保障患者安全，改善其体验，并更有效地利用资源。

工业互联网还为工人提供提高效率、安全性和工作条件的机会。例如，使用无人机可以检查石油管道；使用传感器可以监控食品安全，并最大限度地减少工人在工业环境中接触噪声、有害气体或化学物质的

---

① 参见李培楠、万劲波：《工业互联网发展与“两化”深度融合》，《中国科学院院刊》2014 年第 2 期。

机会。

通过由工业互联网支持的远程监控和传感，采矿业可以大幅减少安全事故，同时使在恶劣地点的采矿更加经济高效。例如，领先的矿业公司力拓集团（RioTinto Group）打算通过其在澳大利亚的自动化运营，为其所有矿山预演一个更高效的未来，以减少对人类矿工的需求。

工业互联网还可以帮助落后工业产业向数字化、智能化转型。某钢材生产企业利用基于工业互联网平台的智能优化系统来预测螺纹钢的产量，帮助企业提高产品质量，降低成本。该企业使用 2015 年至 2018 年的历史数据作训练模型，并预测 2019 年每个月的钢筋产量。该模型预测的螺纹钢产量年平均误差率和环比增长率分别低至 4.9% 和 3%，为钢铁企业的原料采购和库存控制提供决策支持，有效地降低了生产成本，提高了生产效率。据粗略估算，螺纹钢产量预测结果精度每提高 1%，可为钢铁行业节约上亿元。该系统面向制造业数字化、网络化和智能化的需求，构建了基于工业互联网平台的工业智能优化系统和海量数据收集、汇总、分析和服务系统；支持了制造资源的无处不在的连接、柔性供应和高效配置。优化系统推动制造业向数字化、智能服务、协同制造等方向发展。该系统还收集工业互联网平台上的工具、知识、设备和需求数据，并连接各种设备，从而实现工业优化的对接，减少工业数字化和智能化。综上所述，该系统在实现海量数据快速存储和计算的基础上，解决了当前落后工业企业数据的复杂、混乱等问题，生成了符合企业需求的产品服务和解决方案。

四、工业互联网的发展意义及作用

工业互联网是一个快速增长的行业，占全球互联网支出的最大份额。其对助力制造业高质量发展具有重要意义。

（一）工业互联网助推制造强国

推动数字技术产业化和传统产业数字化，为经济发展注入新动力，已成为全球共识。我国制造业门类齐全，互联网产业发展位居世界前列。“互联网 +”概念和商业实践的普及相对成熟，具有发展工业互联网、实现“换道超车”的独特优势。具体而言，工业互联网在制造业中的几个主要用途如下。

1. 数字化 / 网络化工厂

支持互联网的机器可以将操作信息传输给制造商或现场工程师等合作伙伴，这将使运营经理和工厂负责人能够远程管理工厂单元并利用过程自动化进行优化。同时，数字连接单元将建立更好的命令行，并帮助确定经理的关键结果区域。

2. 设施管理

在制造设备中使用互联网传感器可以实现基于状态的维护报警。有许多关键机床需要在特定的温度和振动范围内运行。互联网传感器可以主动监控机器，并在设备偏离其指定参数时发出警报。通过确保机器的指定工作环境，制造商可以节省能源，降低成本，消除机器停机时间并提高运行效率。

3. 生产过程监控

制造过程中的互联网可以实现从精炼过程到最终产品包装的全面生产线监控。这种对过程的全面（近乎）实时监控为运营调整提供了一系列建议，以便更好地管理运营成本。此外，密切监控可以识别生产滞后，消除浪费和不必要的产品库存。

4. 库存管理

互联网应用允许监控整个供应链中的所有事件。使用这些系统，可以在项目级别全球范围内跟踪库存，并且可以向用户通知与项目相关的任何重大偏差。这提供了库存的跨渠道可见性，并为经理提供了可用材料、产品和新材料到达时间的实际估计。最终，这可以优化供应并降低价值链中的共享成本。

5. 工厂安全和安保

互联网结合大数据分析，可以提高工厂员工的整体安全保障系数。通过监测健康和安全的关键绩效指标，例如受伤和疾病的发生率、未遂事故、偶尔和长期缺勤、车辆事故以及日常运营中的财产损失或其他损失，可以确保更好的安全性，并且可以解决滞后指标（如果有的话），从而确保健康、安全和环境问题得到妥善解决。

6. 质量控制

互联网传感器可以收集和汇总产品数据以及来自产品周期各个阶段的其他第三方数据。该数据涉及原材料成分、温度和工作环境、废物、运输等对最终产品的影响。此外，如果在最终产品中使用，互联网设备可以提供关于客户产品使用体验的数据，并且可以在以后分析所有这些客户的使用数据，以识别和纠正产品质量问题。

7. 包装优化

通过在产品和包装中使用互联网传感器，制造商可以从多个客户那里了解产品的使用模式和处理方式。智能跟踪机制还可以跟踪产品在运输过程中的劣化以及天气、道路和其他环境变量对产品的影响。这将提供可用于重新设计产品和包装的见解，以便实现更好的客户体验和降低包装成本。

8. 物流和供应链优化

工业互联网可以通过跟踪供应链中材料、设备和产品的移动来提供对实时供应链信息的访问。有效的报告使制造商能够收集交付信息并将其输入 ERP 、PLM 和其他系统。通过将工厂与供应商连接起来，供应链中涉及的各方都可以跟踪相互依赖性、物料流和制造周期时间。这些数据将帮助制造商预测问题，减少库存和资本需求。

（二）工业互联网驱动创新发展

工业互联网不仅是一种新的工业生态，也是技术创新的基础设施。促进产、学、研协同创新，既有利于满足企业更加多样化、差异化的需求，又有利于促进不同领域的发展、商机的碰撞，带来更多的创业机会。通过工业互联网，龙头企业的引领作用和资源开放共享的效益将进一步放大，小微创业将获得更多有力支持。依托工业互联网平台还可以创造更多的市场需求和挖掘潜在的市场空间，进一步深化和细化产业分工，为数字创意、工业设计、金融科技等新兴生产性服务业的发展提供“沃土”。工业互联网可以有效优化资源配置效率。通过推动各种产业资源的“云化”，工业互联网可以像电、水等原材料一样“按需分配”，实现更高效、更精准的配置。工业互联网有利于扩大有效供给，解决低端产能过剩、高端供给不足的问题，通过准确分析用户需求和偏好，获取用户反馈，提供更优质、高附加值的定制产品和服务。

（三）工业互联网实现产业智能

工业互联网可以实现智能生产、网络化协作、大规模定制和服务扩展。例如，人工智能技术的广泛应用，可以实现制造业各方面的在线动态感知和智能识别判断，同时借助数字孪生等技术，促进生产决策的优化、生产效率和产品质量的提高。工业互联网为不同地理位置、不同生产环节、不同规模的企业提供一体化平台，在研发、设计、制造、供需对接等方面优化分工协作，从而使以前封闭的、独立的个体生产逐渐转向更有效的协作生产。厂商还可以依靠工业互联网加强用户交互，实时监控产品使用状态，提供故障预测、远程维护等增值服务。

（四）工业互联网拉动“新基建”

当前工业互联网蓬勃发展，也有助于扩大有效投资和扩大内需，对冲新冠疫情给经济带来的下行压力，是考虑到短期有效需求刺激和长期有效供给增加的首要选择，为维护产业链、供应链稳定提供有效支撑。它可以发挥乘数效应，创造巨大的有效投资需求，推动5G、人工智能、大数据中心、互联网等新型基础设施建设布局，带动旧设备改造，撬动新兴消费市场，培育和发展新兴消费模式，促进消费回潮，挖掘消费潜力。还可以通过“一业百业”实现新基础设施和新产业的“双轮驱动”，使更多的新产业、新模式不断涌现，推动传统产业数字化转型和智能化升级。利用工业互联网平台，可以进一步促进产业链供应链的协同和优势互补，加强原材料、技术、产能的高效配置和精准对接，从简单的上下游连接向更加多样和复杂的生态系统转变，从而增强产业体系的韧性[①]。

五、工业互联网的发展前景

从经济、能源、资产的角度来看，工业互联网都有相当广阔的发展前景。

首先，从经济角度来看，工业互联网涉及的行业范围比传统经济范畴更广。按照传统的经济衡量标准，工业活动约占所有经济活动的 1/3，这一比例因各国的经济结构和资源禀赋而异。但这还不足以反映工业互联网的巨大潜力。例如，工业互联网涉及航空、铁路、海运等工业运输车队和大型运输行业，以及医疗、政府等服务领域，可以将传统产业与交通运输、医疗保健结合起来，全球经济的 46% 或全球产出的 32.3 万亿美元，将受益于工业互联网。到 2025 年，工业在全球经济中的份额预计将增长到 50%，或占未来全球产出中的 82 万亿美元。

其次，从能源消费的角度来看，工业互联网的兴起可能是对资源约束和稀缺的直接回应。智能技术和强大网络融合的主要好处是节约能源和降低成本。目前，能源体系的局限性越来越明显。世界普遍面临着资源短缺、环境污染和基础设施落后的问题。因此，另一个审视工业互联网机会规模的视角可以从理解全球工业体系的能源轨迹开始。大量的能源被用来生产世界需要的商品和服务。如果能源生产和转换被视为制造业和运输业

① 参见武汉大学工业互联网研究课题组：《“十四五”时期工业互联网高质量发展的战略思考》，《中国软科学》2020 年第 5 期。

的附加物，工业互联网将对全球一半以上的能源消费产生有益的影响。

最后，从资产角度来看，工业互联网的资产配置能力及其提升服务和安全的能力将促进资源的流动和优化。随着网络信息技术的发展、新设备与旧设备的技术融合，工艺优化过程将产生新的可能性，将有助于提高全要素生产率，优化成本结构①。

第三节　数字经济

数字经济是指以数字化的知识和信息为关键生产要素，以数字技术创新为核心驱动力，以现代信息网络为重要载体，通过数字技术与实体经济深度融合，不断提高传统产业数字化、智能化水平，加速重构经济发展与政府治理模式的一系列经济活动。

数字经济作为一个内涵比较宽泛的概念，凡是直接或间接利用数据来引导资源发挥作用，推动生产力发展的经济形态都可以纳入其范畴。在技术层面，包括大数据、云计算、物联网、区块链、人工智能、5G通信等新兴技术。在应用层面，“新零售”“新制造”等都是其典型代表。由于其他章节已经对相关技术进行了详细介绍，在此就不再赘述，本小节将对近些年来提出的与数字经济相关的新概念、新应用以及未来规划蓝图进行介绍与阐释。

一、元宇宙：一种未来社会的可能性

一段时间以来，互联网领域最受追捧的热点非元宇宙（Metaverse）莫属。国内外各大科技公司纷纷布局相关领域、加码相关赛道。微软在Ignite2021技术大会上宣布，计划通过一系列整合虚拟环境的新应用程序实现元宇宙，让数字世界与物理世界共享互通。脸书（Facebook）宣布战略转型，更名为Meta，聚焦元宇宙生态构建，未来10年将在社交、

① 参见李培楠、万劲波：《工业互联网发展与“两化”深度融合》，《中国科学院院刊》2014年第2期。

游戏、工作、教育等各个领域发力，构建一个数字虚拟新世界。

（一）什么是元宇宙?

“元宇宙”一词出自作家 Neal Stephenson 的科幻小说《雪崩》。在这部小说中，人类通过“Avatar”（数字替身），在一个虚拟三维空间中生活，作者将那个人造空间称为元宇宙。从构词上看，Metaverse 一词由 Meta 和 Verse 组成，Meta 在希腊语中表示“超出”，Verse 代表宇宙“universe”，合在一起的意思就是所谓“超越现实宇宙的另一个宇宙”，具体地说，就是指一个平行于现实世界运行的人造空间[①]。

根据维基百科的解释，元宇宙 Metaverse 被定义为“一个集体虚拟共享空间，由虚拟增强的物理现实和物理持久的虚拟空间融合而创造，包括所有虚拟世界、增强现实和互联网的总和”。元宇宙将实现现实世界和虚拟世界的连接革命，进而成为超越现实世界的、更高维度的新型世界。本质上，它描绘和构造了未来社会的愿景形态。中国移动通信联合会区块链专委会副秘书长、科幻作家高泽龙提出，“我们不难看出，元宇宙的本质就是数字经济未来可能达到的一种状态和目标”。

（二）泡沫还是绿洲，元宇宙将会带来什么?

元宇宙概念中所畅想的世界是一个多技术复合的世界，在硬件上来看，广泛而泛在的网络连接是元宇宙存在的基础，能够支撑强大算力和生理数据传输的远端是元宇宙的地基，能够搭载我们的精神连接并且将复杂的精神交互有效呈现的设备终端是元宇宙“大脑的神经末梢”。在技术延伸了我们的四肢、双眼双耳、声音、大脑之后，技术又延伸了我们的全身的存在。元宇宙的生存不是一种“截除”，而是一种具身的感官平衡的传播互动。

不少专业人士指出，当前对元宇宙的讨论存在过度预期的风险。当我们思考元宇宙真的能够给人类文明带来什么的时候，会发现我们对于

---

① 参见喻国明:《未来媒介的进化逻辑:“人的连接”的迭代、重组与升维——从“场景时代”到“元宇宙”再到“心世界”的未来》,《新闻界》2021 年第 10 期。

元宇宙的想象过于“乌托邦”了。现代社会的主要矛盾依然是经济财富的分配问题、阶层的矛盾问题、人类的健康问题，究其根本，我们依旧与理想中的精神家园的构建存在距离。那么我们建立“元宇宙”的真正目的是什么呢？开辟一个重新进行权利和财富分配的空间吗？但是，只要是社会系统，只要与人类人性有关，就一定存在分化、极化与不平等，我们在元宇宙中的财富和权利必然也会受到现实世界的影响。我们要建立一个逃避苦难的精神绿洲吗？现实中灵魂所不能承受的苦难，选择另一个世界去逃避不会带来任何实际意义的改变。人类恒久追求的依然应该是对真理、对世界的“真实”的追求，去切实地踏在土地上，去感受真实的世界与精神的连接，而不是将精神放到一个与现实更远的地方去。从社会发展的角度来看，财富的积累与技术的掌握密不可分，数字技术也是同样的道理。元宇宙或许只是资本为我们描绘的乌托邦，而权利聚集的规则、技术背后的意识形态依旧由资本书写，我们则只是沉浸在一个技术神话和商业狂欢的幻想世界中。

喻国明提出，在承认当下数字技术发展水平距建构真正意义上的元宇宙还有很大一段距离的同时，更需意识到，“泡沫”的存在及其程度是技术对于现实关联的深刻性与改变程度的一项指标——足够重要、足够深刻，社会才会聚焦；越突破、越有想象力，讨论才越热烈。从这个角度看，社会各界对元宇宙的热议与畅想恰恰是因为元宇宙作为未来互联网全要素关联融合的愿景，激活了人们对于未来互联网发展的极大想象力。因此，尽管元宇宙概念的社会性膨胀中确有巨大的“泡沫”，但它的深远价值在于从更高的维度确立了未来互联网的发展方向。换言之，元宇宙从互联网发展的终极形态的技术意义上，定义了今天的技术迭代和产业的发展方向。必须面向未来，深入认知和理解元宇宙，探究元宇宙构造的未来媒介化社会的生态图景，把握未来传播发展的换轨升级。

“任何的新媒介都是一个进化的过程、一个生物裂变的过程，它为人类打开了通向感知和新型活动领域的大门。”“元宇宙”的概念是创新的，是富有对于未来的想象力的，但是我们同样要警惕其背后深层所暗含的资本扩张和技术崇拜的逻辑。因此，无论离元宇宙还有多远，人始终是媒介的尺度，是媒介演进中不变的中心点。面向元宇宙与未来媒介传播，要始终以人为基础，让技术更能服务于人的需要，以人本思维引导未来传播。

二、数字中国：向着社会主义现代化强国迈进

（一）数字中国的构想

数字中国的内涵十分丰富，简单地说是指中国的数字化或数字化的中国，它包括数字经济、电子政务、数字民生、数字文化、数字军事等各个领域。

“数字中国”的理论与实践源于新一代信息技术革命的大背景，但最直接的动因是习近平同志在福建工作期间的“数字福建”实践探索以及他在 2015 年底有关“数字中国”的重要讲话。“数字中国”的发展经历了萌芽起步、地方探索、国家战略三个阶段，现已成为中国国家信息化体系建设的标志。作为中国科技创新的重大战略，“数字中国”建设必将在经济、政治、文化、社会和生态诸多方面对中国未来产生全方位的影响。

从技术层面来说，“数字中国”建设内容广泛，包括互联网、大数据、人工智能、区块链、5G 通信、量子信息与量子计算机等一系列具体的新兴信息技术。从国家科技战略来说，它将让中国抓住新一代信息技术革命的机会，实现换道超车。

持续推进数字中国战略是“十四五”规划的明确要求。当前，国内学界有关数字中国的研究数量较多、范围较广，已取得了较为丰硕的理论与实践成果，为未来数字中国研究奠定了较好的基础。

（二）机遇与挑战并存

对于数字经济方面存在的挑战，学界认为主要包括技术、市场与隐私层面。

在技术层面，要力争突破核心技术和关键领域的“卡脖子”问题。

李雪娇（2021）提出，建设数字中国安全是刚需，“让技术走在框架内”才能实现可持续发展。我国的高端芯片、工业控制软件、核心元器件、基本算法等与数字经济发展相关的关键技术仍受制于人，制约了数字技术的产业化应用和推广。面对中美技术脱钩的挑战，需大力开展核心技术、非对称技术和颠覆性技术等战略性前沿技术的攻关，推动高校院所、行业研究机构和龙头企业建设各类创新平台，构建完善的多层次自主创新体系，增强自主可控技术的研发创新能力。

在市场层面，闫德利指出，当下数字红利释放遭遇瓶颈，是由于以下问题造成的：一是基础研究薄弱；二是驱动力单一；三是国内市场趋向饱和而国外市场难以扩展；四是新冠疫情的冲击。因此，要大力推动数字技术与实体经济的深度融合，实行数字产业化和产业数字化“双轮驱动”战略；推动传统制造企业向网络化、数字化、智能化转型升级，促进数字技术在生产制造环节的融合应用；延伸服务业产业链，纵深推进工业设计、金融服务、现代物流、供应链管理等生产性服务业数字化转型；加强人工智能、云计算、物联网、区块链等与生活性服务业线上线下的深度融合①。

在隐私层面，有学者指出，在大数据时代应当警惕个人行踪记录售卖、朋友圈信息盗用、电商数据外泄与隐私形似泄露等用户信息安全问题。任仲文（2018）指出要坚持促进发展和监管规范两手抓的原则，强化数字经济治理体系建设。现阶段企业和个人获取公共数据的渠道不畅，政企数据共享的权责边界模糊，数据安全监管体系滞后，因此有待打破各行业各部门的数据封闭、信息孤岛状态，有效实现数据共享，让数据流动与交互起来。针对数据安全问题，还需及时完善相关法律法规，加强云平台安全管理，以及重要网络基础设施的安全防护，同时加大对技术专利、数字内容版权和个人隐私数据的保护力度。建立全方位、多层次和立体化的监管体系，保障数字经济持续、快速和健康发展。

① 参见闫德利：《“数字中国”建设的成就与挑战》，《小康》2020 年第 33 期。

如何加快数字中国建设步伐，学界就数字社会、数字政府、数字生态等领域提出路径策略。倪光南（2021）认为，要通过信创科技自立自强建设数字中国，需要注重基础研究与原始创新，发挥举国体制的总体优势以及对标发达国家在数字技术方面取长补短[①]。洪宇指出，数字中国战略通过新型传播——技术聚合体的深度嵌入，使得社会过程进一步物质化与体制化，将对数字社会的传播可能、技术意识与系统风险发生改变[②]。江小涓指出要利用新兴的数字化智能技术与市场经济协调衔接，在保障监管的前提下推进要素的数字化与公共化[③]。邵春堡提出完善国际协调机制建设、重视核心数据防范、号召维护全球数据信息安全、破除制约数据交互的体制机制障碍等完善数字生态的途径[④]。

"数字中国"建设已经成为中国的重要战略，它将成为指引中国国家信息化建设的国家战略，并指引中国从全面小康走向现代化强国，成为中华民族伟大复兴的重要科技发展战略。相信在不久的未来，在中国共产党以人民为中心的发展思想的指引下，学界有关数字中国战略的研究将更加深入、更具现实意义。更为重要的是，数字中国战略将在未来对中国的经济、政治、文化、社会、生态各个方面产生全方位的影响，助力中国实现 2035 年进入现代化强国之列，并最终实现中华民族伟大复兴。

三、数字经济与抗疫：疫情下的"数字防线"

短短数年时间，数字经济迅速崛起、爆发式增长，成为新冠疫情后经济复苏的新动能和新引擎，成为增强国家竞争新优势的重要力量。中国凭借巨大的国内市场优势，倒逼技术突破与模式创新，数字经济体量

---

① 参见倪光南：《坚持信创科技自立自强建设网络强国和数字中国》，《信息安全研究》2021 年第 1 期。
② 参见洪宇：《以数字中国为方法：新全球化语境下整体传播命题及学理路径重塑》，《现代传播（中国传媒大学学报）》2021 年第 1 期。
③ 参见江小涓：《以数字政府建设支撑高水平数字中国建设》，《中国行政管理》2020 年第 11 期。
④ 参见邵春堡：《数字中国图景渐趋清晰》，《国企管理》2021 年第 7 期。

位居全球第二，规模超过数万亿美元。

在抗击疫情过程中，以数据生产要素为基础的数字经济依托新技术优势和大平台优势，通过信息聚合、数据共享，为全社会资源调配、物资流转、网上办公等起到了重要的支持作用。

（一）医疗应对

在这次抗疫工作中，以 5G、大数据为代表的信息通信技术为疫情防控提供了非常强大的支撑，在态势的研判、信息共享、流行病学的分析等方面显示了巨大的能量。

通过“5G+ 医疗”，多学科、多专家远程为重症患者协作诊疗，提升抗疫一线医疗救治水平。智慧物流打通物资流通堵点，保障民生物资有效供给，包括医疗防护服等抗疫物资的紧急调配。

疫情期间，全国 210 多家医院紧急建设 4G、5G 网络，搭建起一条条通信生命线。在武汉雷神山医院，北上广多家医院的专家通过 5G 连线开展远程会诊，对重症患者的 CT 影像进行研讨并确定治疗方案。得益于 5G 等新技术深入应用，我国防疫抗疫能力大幅提升，为取得抗疫胜利提供了重要支撑。

5G 技术除为在线医疗、视频会议、在线办公等远程服务顺利运行提供有效网络保障外，还与红外测温技术融合，打造测温 5G 警用巡逻机器人，实现了 5 米内一次性 10 人快速体温测量，从而协助民警在危险、高强度环境中完成排查防控。智能客服机器人可提供智能疫情通知回访、重点人群随访调查、智能处理咨询来电、疫情心理慰问师等在线服务，缓解线下医疗资源的紧缺问题。也有一些智能机器人用于替代医务人员，参与疫情防控一线工作，有效避免了交叉感染。例如，火神山医院的“豹小递”可按医院的需求递送化验单与药物，钛米机器人可 24 小时为医院进行消毒服务。

依托疫情防控大数据平台，有关部门开展流行病学和溯源调查，对密切接触者“追踪”，大幅提高了防控精准度和筛查效率。对于病毒携带者与疑似感染者的病情状况、密切接触人群与位置等信息，做到精准溯源、精准追踪、精准定位、精准隔离。不同互联网平台企业在政府引导下联合组建更大的疫情防控信息平台，助力统筹协调。

为保证疫情信息的真实性与准确性，有关部门引入以不可篡改性和安全性为特性的区块链技术，利用算法等技术将病患人数、患者病情、所在位置等信息准确无误地传送到有关部门，为决策提供精准的信息保障。同时也要做好个人信息保护工作，避免患病人员与疑似患者不宜公开的个人信息在社会上公开泄露，避免对患者的人身安全、隐私声誉、财产安全等带来危害。

在政府倡议开展互联网诊疗服务的引导下，全国上百家医疗机构、企业针对疫情开通免费在线问诊服务。一方面，互联网医疗可帮助慢性病患者取药并对疑似患者进行隔离就诊引导，以缓解线下实体医院诊疗压力，降低物理空间交叉感染风险。另一方面，互联网医疗可普及疫情防护相关知识，开展防护药品配送，快速实现规模化用户服务需求，缓解公众恐慌情绪，避免疫情大规模扩散。

（二）经济恢复

在新冠疫情影响下，实体经济短期内受到较大冲击，特别是餐饮、电影、教育、旅游、地产、交通等线下人员容易密集接触的行业尤为明显。相关数据显示，餐饮零售业仅 2020 年春节 7 天内的经济损失约为 5000 亿元，全国有 40 余万家教育培训机构暂停线下授课，100 多家商场闭店，约 96 家房地产企业破产。

同时，疫情也促使消费需求由线下向线上快速转移，为在线教育、在线医疗、远程办公、生鲜电商等带来发展契机。这些在线服务减少了人员流动，降低了疫情传播风险，也为稳定经济增长作出积极贡献。数字技术可以辅助流行病学的调查，追踪疑似病例，隔离控制疫情蔓延，还能最大限度地满足广大人民群众越来越多的日常生活需求，比如学生上网课、企事业单位在线办公、电子商务、视频会议等。大量企业利用远程会议、在线营销等数字化应用，快速实现复工复产。线上消费、在线教育等新业态不断涌现，增强了疫情期间的经济发展韧性。

在此背景下，数字经济成为关键增长引擎。受疫情冲击，2020 年上半年国内 GDP 下降 1.6%，但数字经济仍然增长 14.5%。数字经济平台应承接国家灵活适度的货币政策，助力支持防疫物资生产企业，对受疫情影响较大的地区、行业、企业提供差异化的金融优惠服务。

疫情让一些实体经济企业面临经营困难，也给一些数字经济企业带来发展生机。如很多餐饮行业的员工处于停工赋闲状态的同时，很多互联网企业业务激增，人手紧缺，出现用工荒。面对用工需求错位的情况，数十家不同行业的企业发布了“共享员工”计划，推出就业共享平台，实现跨行调配、互助就业。这种模式将社会、企业和员工个体资源进行整合、统筹、组合和灵活化使用，既帮助互联网企业迅速补充人力、降低人力成本，还解决了传统企业员工待岗问题和企业成本压力，为后续恢复营业确保人员劳动状态提供一定保障。多地支持企业开展线上招聘、远程面试，促进就近就业。这背后不仅反映了互联网技术的全面渗透，更折射出数字经济对增加就业弹性、刺激零工经济繁荣的显著作用。

（三）信息安全

疫情暴发以来，世界各国遭到网络攻击的频次增多，烈度也加强。仅 2020 年就发生了多起网络攻击事件，当年 3 月，捷克的一家医院遭到攻击；4 月，葡萄牙一家跨国能源公司遭到攻击；5 月，委内瑞拉国家电网遭到攻击；6 月，巴西一家电力公司遭到勒索；7 月，德国硅晶圆厂遭到攻击；8 月，美国百福门酒店遭到攻击；9 月，以色列芯片巨头遭到攻击；10 月，印度一家专门生产新冠疫苗的工厂遭到攻击。奇安信科技集团股份有限公司董事长齐向东指出，在疫情期间，我国并没有发生大规模的或者是灾难性的重大网络安全事故，这就说明我们已经有了抵御网络攻击的基本能力。即使还有很多不足，但网络安全领域的专业人士加班加点、严防死守，也能够基本上解决我们的网络安全问题。

世界卫生组织指出，在病毒肆虐的同时还存在另一种疾病——“信息疫情”（Infodemic），并将其界定为“在线上和线下的信息泛滥，包括故意散布错误信息以削弱公共卫生举措，推进个人或群体所提出的不同倡议”。信息疫情可分为两类：一是误传信息（Misinformation），包括扩散关于疫情传播、治疗秘方、病毒消失日程表或世界政要感染病毒的谣言。二是恶意传谣（Disinformation），指故意或恶意传播错误信息，如宣传某些国家隐瞒疫情真相，将病毒传播归咎于少数族裔，指责他国蓄意传播病毒等。

有学者指出，为防止疫情升级，政府需要迅速出台应急措施，因此往往来不及全面评估新技术的潜在弊端。新冠疫情为人工智能技术监控人们的日常生活“开了绿灯”。各国普遍使用智能手机追踪病毒传播轨迹，监控人们是否遵守居家隔离指令。这些软件搜集用户的历史位置等个人信息，在第三方服务器上储存这些信息，有些商家还在软件中嵌入了秘密搜集用户信息的“后门”功能。人工智能时代，无处不在的电子摄像头不间断地记录用户出行轨迹、消费习惯和个人爱好等数据，这些隐私数据很可能被用于商业目的，需要加强对用户隐私权的保护。

数字信息时代个人信息不仅表现着信息主体的人格尊严、自由与安全，还广泛表现为个人信息在政府公共管理与商业经济领域的广泛开发与利用所带来的巨大价值。由于个人信息所承载的个人利益与社会公共利益的对立性与复杂性，特别是突发公共卫生事件中个人信息之于疫情防控的重要意义，需要梳理个人信息保护规范，重新定位个人信息的价值与利益，平衡公共利益与个人利益。

第四节　融媒体

媒介融合（Media Convergence）的思想最早由美国麻省理工学院教授浦尔在其著作《自由的技术》中提出，指的是各种媒介之间呈现出多功能一体化的趋势。2003 年，美国西北大学教授戈登归纳了五种“媒介融合”的类型：所有权融合、策略融合、结构融合、信息采集融合和新闻表达融合。其中前三种是从“媒介组织行为”的角度来划分的，后两种则是以“业务人员行为”进行划分的。

从狭义上来说，媒介融合是指将不同媒介形态“融合”在一起，形成新的媒介形态，如电子杂志。从广义上来说，媒介融合包括一切媒介及其有关要素的融合，不仅包括媒介形态的融合，还包括技术融合、平台与市场的融合、组织结构的融合及传播与用户的融合。在当前互联网迅猛发展的情况下，传统媒体受到巨大冲击，媒介融合是“媒体转型”的发展方向，而这一趋势是不以人的意志为转移的。

一、为什么要进行媒介融合?

（一）如何理解媒介融合

彭兰①提出可以将媒介融合理解成物质、操作和理念三个层面上的融合。

一是物质层面的融合，即工具层面的融合。媒介作为传播信息和观念的工具，得益于新媒体技术的发展，其功能相交融、被打通，“你”中有“我”、“我”中有“你”。报纸网络版、电子报自不必说，网络电视、网络广播也是如此。

二是操作层面的融合，即业务层面的融合。这种融合是基于前一种融合，或者说在相当程度上是由前一种融合决定的。没有物质层面上的融合，就不会有对工具加以操作的新闻业务层面上的融合，也就不会有利用工具进行赢利运作的媒介经营层面上的融合。媒介融合要求新闻从业者掌握为不同媒介做报道所必须掌握的、与以往为单一媒介和特定媒体供稿时有所不同的操作技能，能撰稿、能摄影、能摄像、能编辑，通文字、通声频、通视频、通网络，几乎是无所不能，而不是只具备其中的一种技能。这是媒介融合时代的新闻从业者与先前的新闻从业者呈现出很大不同的地方。

三是理念层面的融合，即意识层面的融合。在被称为传统媒体的时代，不同的媒介之间界限分明、互不交融，没有必要，也没有可能实行

① 参见彭兰：《社会化媒体：媒介融合的深层影响力量》，《江淮论坛》2015 年第 1 期。

媒介融合。与此相对应，人们对媒介及媒介之间关系的理解相对比较刻板，体现出思维空间封闭和狭窄的特点。这是与当时的时代特点相一致的，也是与媒介形态的实际情况相吻合的。

（二）媒介融合是必然趋势

在新媒体技术迅猛发展的当下，媒介融合是大趋势，其出现和发展具有必然性。其中，技术驱动、政策引领、受众需求以及媒介自身的需求是其融合发展的重要推动力。

技术进步是媒介融合的先决条件。技术的因素不仅以媒介融合必不可少的支撑性条件的面目出现，而且直接参与构成了媒介融合的现有局面。当下，移动互联网已经成为信息传播的主渠道。随着 5G、大数据、物联网、云计算、人工智能等技术不断发展，移动媒体将进入加速发展新阶段。

政策是媒介融合的外在助力。政治力量对媒介发展的作用是毋庸置疑的，而政治生态更是媒介发展的重要制约因素。改革开放以来相对宽松的政治环境，是中国媒介融合得以试水并蓬勃发展的不可或缺的条件。

受众需求是媒介融合的内在驱动。受众的消费需求在相当程度上影响着媒体的生存发展，满足受众的消费需求，是传媒产品价值实现的重要路径和最后环节。受众有着突破时空限制、方便快捷接收信息的内在要求，这正好是媒介融合的动力所在。

媒介自身的求生欲直接推动媒介的发展。商业利益对于媒体而言常常体现出不容低估的驱动作用，市场竞争于媒体具有无可回避的逼迫作用，受众的消费需求对媒体有着某种刺激作用。上述三种作用，对媒介融合都构成了助推之力。在市场上，媒体作为经营主体，经营的优劣与其生存和发展状况直接挂钩，由此，它们方才具有媒介融合的不竭动力和积极性。市场竞争使任何一家媒体都不能对媒介融合趋势视而不见，因为这是一个关系到其在未来能否立足、何以安身立命的重大问题。

（三）媒介 VS 媒体之概念辨析

媒介是指可以承担传输信息功能的若干种渠道方式和物质实体，而媒体则是指具有组织性质，能够自主进行传媒实践的某一经济体甚至是文化产业中的重要组成部分。由于媒体能够进行适当的调试以适应当下的信息传播环境，在自组织的情况下转变信息传播策略，所以，无论是在以人口红利扩张为主导的前互联网时代，还是在当下以智能化、数据化和社交化为核心的移动互联网时代，都不可将“媒体”与“媒介”二者混为一谈，以此消减思考的辩证性。

如果当下的媒介转型研究已经足够兼顾多元行动主体，那么人类身体使技术形态与感官接合，创造知觉方式，进而勾连到人的社会关系网络，则是考察媒介转型与融媒体生产变革过程中很容易被忽视甚至于被轻视的重要维度。关注媒介转型之于身体的关系，意味着一贯作为内容产品和组织形态的融媒体需要被重新定义，“融媒体是技术进一步的具身化，是人类感官重组与知觉再造的持续性过程”。

二、纵向延伸：中国媒体融合发展历程

从渠道上说，媒体融合进程可以分为两种模式，行政力量推动的媒体融合以及市场力量推动的媒体融合。

（一）行政力量推动的媒体融合

2014 年被业内称为中国媒体融合发展元年。该年 8 月，中央出台了《关于推动传统媒体和新兴媒体融合发展的指导意见》，指出“推动传统媒体和新兴媒体在内容、渠道、平台、经营、管理等方面的深度融合，着力打造一批形态多样、手段先进、具有竞争力的新型主流媒体”。至此，在顶层设计的支持与引导下，我国媒体融合逐步推进。

2016 年 7 月，国家新闻出版广电总局发布《关于进一步加快广播电视媒体与新兴媒体融合发展的意见》，指出“在‘十三五’后期，融合发展取得全局性进展，建成多个形态多样、手段先进、具有竞争力的新

型主流媒体”。

2018 年 8 月，习近平总书记在全国宣传思想工作会议上指出：“扎实抓好县级融媒体中心建设，更好引导群众、服务群众。”这一重要指示将县级融媒体中心建设上升为国家战略，凸显了基层网络建设在党和国家工作大局中的重要地位。

县级媒体是一种基层媒体形态，在发展道路上“复制了中央、省、市三级的媒体管理体制和资源配置方式，作为县域空间大众传播资源的垄断者而深嵌于区县行政体系”。县级媒体由于地域优势，也是现代传播体系的基础环节，承担着联系和服务基层群众的职能。在中央的部署指导下，县级融媒体中心广泛建立，标志着媒体融合从中央级、省级媒体过渡到县级媒体，推动媒介融合实现全国范围内的全面打通。

2019 年 1 月，中共中央宣传部、国家广播电视总局联合发布《县级融媒体中心建设规范》，提出“县级融媒体中心应整合县级媒体资源，巩固壮大主流思想舆论，不断提高县级媒体传播力、引导力、影响力、公信力”。

2020 年 6 月，习近平总书记召开中央全面深化改革委员会第十四次会议并发表重要讲话。会议审议通过了《关于加快推进媒体深度融合发展的指导意见》等文件。会议强调，推动媒体融合向纵深发展，要深化体制机制改革，加大全媒体人才培养力度，打造一批具有强大影响力和竞争力的新型主流媒体，加快构建网上网下一体、内宣外宣联动的主流舆论格局，建立以内容建设为根本、先进技术为支撑、创新管理为保障的全媒体传播体系，牢牢占据舆论引导、思想引领、文化传承、服务人民的传播制高点。

行政力量推动的媒体融合有不少成功的例子。甘肃省玉门市地处河西走廊的咽喉要道，为“一带一路”沿线重镇，因玉门关和玉门油田而闻名。2017 年，玉门市积极响应中央媒体融合战略号召，玉门市广播电视台在全国范围内寻找媒体融合的榜样，学习他人经验。经充分考察论证，结合玉门县级媒体特点，开始实施“数据融合服务中心暨融合媒体共享平台项目”建设，正式开启媒体融合进程，提出了“新闻＋政务

+应用服务”的融媒体建设思路，重点打造以“一中心四系统+爱玉门App”为技术架构的云计算融合媒体共享平台：“祁连云”数据融合中心、融合生产系统、融合媒体报道指挥系统、中心媒资管理系统、高清全景演播室系统。

2018年8月，由索贝设计并完成建设的玉门市融合媒体共享平台成功落地并正式投入使用，作为一个地处西北的县级广播电视台，玉门市的探索对如何在中国推进县级媒体融合发展具有一定的借鉴意义。

依托融合媒体共享平台，玉门市广播电视台整合了区域内机关事业单位和社会新兴媒体平台，形成资源共享、载体多样、渠道丰富、覆盖广泛的传播矩阵。结合自有的App、微信和微博，打通央视新闻、甘肃视听、今日头条、腾讯视频等合作传播渠道端口，将传统广电媒体“单一、定向、固定”的传播方式和相对简单的节目形式，变为新兴媒体“多屏、移动、社交”的融合传播方式和多样态融合产品，实现区域内的最大范围传播，提升主流媒体在网络空间的传播力和影响力。同时，通过融合媒体共享平台，可运用数据抓取、云计算、大数据分析、移动直播、无人机采集、全景拍摄、虚拟现实、H5、机器人写作等先进的生产技术，整合内容资源、丰富表现形式，为各传播载体生产高效率、高质量的新闻内容，充分发挥广播、电视传统媒体的专业采编优势、信息资源优势、媒体品牌优势，发挥微信微博、手机App等移动终端新媒体的开放性、时效性、海量性、易检性、个性化等独特优势，形成载体多样、渠道丰富、覆盖广泛的传播矩阵。

可以看出，县级融合媒体中心是基层顺应媒体融合发展趋势，推进基层宣传思想文化工作创新的重要成果。

（二）市场力量推动的媒体融合

市场力量推动的媒体融合分两种情况：一种是国有媒体主动吸纳市场资源、主动迎接市场挑战、主动拥抱其他媒体，是一场媒体融合的“自由恋爱”，如下文中所提到的浙江长兴传媒集团。另一种是新媒体或者其他行业主动示好传统媒体或者其他新媒体，最后在市场“媒人”

的撮合下形成“跨业”婚姻，譬如百度、阿里巴巴、腾讯等互联网龙头企业在媒介融合领域的拓展业务。

这里，我们可以举一个县级单位发展媒体融合的故事。长兴是浙江湖州下辖的一个县，2021 年末户籍总人口 63.75 万人，全年出生人口 3983 人，死亡人口 4112 人，人口自然增长率为 −0.2 ‰，是个十足的“小城”。虽是小城，但经济体量却不算小。该县多年蝉联“全国百强县”称号，地区生产总值连续六年保持上升趋势，2021 年地区 GDP 为 801.39 亿元。在传媒领域，这座小城里也拥有一家和其县域经济地位相匹配的传媒集团，成功吸引了全国数百批次的考察团队前来取经。

在媒体融合上，这家县级的长兴传媒集团，囊括了报纸、广播、电视、网站和客户端等全媒体介质，改革与发展的步伐也紧紧跟上这个融合转型的新时代。2011 年 4 月，长兴县委、县政府整合原长兴县广播电视台、长兴县宣传信息中心、长兴县委报道组、长兴县政府网等媒体资源，组建了长兴县传媒集团，是全国首家县级融媒体集团。浙江长兴传媒集团的媒体融合实践，被国家新闻出版广电总局列为 2016 年面向全国推广的 17 个典型案例之一，有其自身特色。

长兴融媒体平台是面向“报台网”全业务融合、全流程再造、共平台一体化生产的融合媒体平台，是首个媒体业务向全媒体汇聚、共平台生产、多渠道分发的新型媒体融合生产格局转变的县级传媒集团，通过大数据抓取与分析、PGC 爆料、热线电话等多种手段，实现多源线索素材汇聚，高效支撑选题策划，构建贯穿“策、采、编、发、评”的统一内容发展业务运行机制。同时，全面整合频道、频率、报纸、新媒体等优质内容和传播渠道，打通频道、频率、纸媒、新媒体等各端口，实现了资源共享、一体化的发布，并且通过指挥调度与采编联动机制，采访、融媒体编辑、高端制作三大主体统分结合，实现了采编力量跨部门、跨终端协同作业，能够统筹支持电视、报纸、广播、新媒体各端业务。

长兴县模式最大的特点在于深入改革县级融媒体中心的机制体制，在组织架构上，长兴县传媒集团归县委宣传部管理，以事业单位企业化形式运作，由党委会领导，内部设立董事会、编委会、经委会。用集团的形式运作，借助市场力量为其注入活力，逐步实现盈利，并且在延伸产业链的过程中不断提升影响力。长兴县传媒集团这种“媒体 + 产业”的发展模式有助于帮助市场空间较为狭小的县域媒体突破单一的盈利模式，发挥媒体优势，借助跨界合作实现经营融合，向纵深方向延展产业链，既能培育强大的经营实力，为融媒体中心的运作注入活力，又带动了县域产业经济，赢得社会认可，形成品牌效应。而这一模式的形成源于长兴作为全国百强县，其经济实力、媒体资源和市场环境都具有优势。

长江云平台是由省委省政府主管、省委宣传部主办，湖北广播电视台承办，湖北长江云新媒体集团建设和运营的全省移动政务融媒平台。2016 年 2 月 29 日，湖北省委常委会作出决定，在湖北广播电视台新媒体云平台的基础上，建设“覆盖全省、功能完备、互联互通、运行通畅”的长江云移动政务融媒体平台，在全国较早开始了媒介资源、政务信息、技术应用、平台终端、管理手段等多种要素有效整合，互联互通的探索实践。

在技术价值上，长江云平台实现了后台打通，具有平台快速复制以及一键部署的能力，架构延展性强。多个产品可以共享后台，长江云能够支撑万级产品、连接亿级的用户，同时包含中央厨房 + 云稿库能力，覆盖全面的终端产品。

在宣传价值上，平台整合了 300 余家媒体、2220 家党政部门、8192 万余用户，所有信息被整合进中央厨房，通过专属的私有云，与省市县互联互通，发布在诸如广播、电视、报纸、网站等 8112 个产品上。通过 5 种形态进行全平台传播：标配频道 + 共享专题 + 全媒行动 + 联动直播 + 创意表达。

在运营价值上，长江云在政务上覆盖省市县三级移动政务大厅，提升全省政务信息公开移动化水平，在媒体 + 政务信息化上，拓展传播阵地；开通问政栏目，通过网络走群众路线；建立湖北应急信息共享平台，形成长江云舆情产品；推进多样化民生服务融合发展，打通 42 类

152 项民生服务接口等。

在社会价值上，参与全国县融技术标准制定，2019 年 1 月 15 日，中共中央宣传部、国家广播电视总局联合发布的《县级融媒体中心省级技术平台规范要求》《县级融媒体中心建设规范》，都充分吸收了长江云平台多年的实践探索。

三、横向对比：新旧媒体的融合之路

（一）媒体融合期

2001 年至移动互联网融合这一阶段的媒介融合，只是电视媒体向 PC 端的延伸、向互联网的单向接入，也就是“简单等同于建立网络终端，把互联网平台作为电视内容的延伸播出端”。

在这一时期，电视媒体牢牢占据着存量优势，凭借强势覆盖和优质内容，呈现出稳定乃至加速增长的态势。有线电视数字化的大幕开启，数字革命拓展了电视的内容空间和服务功能，大幅提升了节目质量，网络新媒体顽强生长、摸索前行，从无到有、由小到大，扮演着视听产业的增量角色。

（二）融合媒体期

在 2008 年至 2014 年，新旧媒体尚处于分庭抗礼的阶段。网络新媒体以空前的增量潜能、横向的重构性力量，在传统媒体之外搭建起数字时代的新传播生态和新基础设施，并反过来激发了后来的传统媒体自我革命。

电视媒体却依然坐拥传统媒体的资源优势和权威地位，在即将到来的广告收入断崖式下跌之前，与迅速上升的网络新媒体形成了中国传媒业的均势格局。但传统媒体对收视群体代际更替和群族差异的漠视，也在快速而庞大的用户迁移过程中，失去了与以二次元文化群体为代表的数字原住民的有机关联，为后续基于收视率的单一商业模式埋下了隐患。

2009年，融媒体这一概念在《从“融媒体”中寻求生机的思考与探索》一文中被首次提出，认为融媒体是一类以互联网平台为基础，对广播、报纸、电视等功能互补的媒体进行资源融通、内容兼容的新型媒体，带来了媒介门类融会贯通的理念更新。2014年，习近平总书记在中央全面深化改革领导小组第四次会议强调，要坚持传统媒体和新兴媒体优势互补，推动二者在内容、渠道、平台、经营、管理等方面深度融合。

技术是媒介发展的核心推动力，5G技术的发展进一步推动新闻报道向高速率传播、超高清内容呈现发展，带来了媒体内容生产的智能化倾向。

5G的快速布局将催化和加速接收终端的融合和传输平台的统一，进而倒逼供给侧的内容生产革命，以及媒体生产流程的系统性重组。在体制机制上，束缚媒体转型升级的旧体制机制被持续打破，新的体制机制普遍建立，但这一进程并不彻底，原有观念、制度制约着媒体发展。在平台发展方面，广泛探索、全面试水的阶段已经过去，平台已近饱和。深度整合资源，发挥矩阵优势，均成为媒体发挥平台优势的选择。在内容生产方面，视频化等视觉化表达方式被更广泛运用，人工智能深入内容制作和分发流程，引领新的内容生产趋势。

（三）智能媒体期

AIGC（AI Generated Content），即人工智能生成内容，这将是智能媒体与融合媒体的本质差异。以AI全面接入传媒内容生产为标志，智能媒体将依托AIGC，全面整合PGC（Professionally-Generated Content）和UGC（User-Generated Content），形成崭新的内容生产格局。

智媒化指的是媒体的智能化，是未来物与物、物与人充分连接前提下媒体发展的新趋势。所谓智媒体，是指立足于共享经济，充分发挥个人的认知盈余，基于移动互联、大数据、虚拟现实、人机交互等新技术的自强化的生态系统，形成了多元化、可持续的商业模式和盈利模式，实现信息与用户需求的智能匹配的媒体形态。人民网副总裁官建文认为：未来的媒体应该是智媒体，具有感知能力，能够提供多方面、多层次、个性化、小众化信息服务。

彭兰在《网络传播概论》一书中提出，未来的智能化媒体将具有万物皆媒、人机合一、自我进化的特征。在过去，媒体是以人为主导的媒体，而未来，机器及各种智能物体都有媒体化可能。智能化机器、智能物体将与人的智能融合，共同作用，构建新的媒体业务模式。人机合一的媒介具有自我进化的能力，机器洞察人心的能力、人对机器的驾驭能力互相推进。

近年来，社会化媒体应用、移动互联网、大数据、云计算等技术的广泛应用构成了互联网泛在智能发展的基础，而人工智能、物联网、VR/AR 等技术的发展则成为驱动媒体智能化的直接技术动因，并最终使“智媒”成为未来媒体发展的一种主要趋向。

四、面向未来：融媒体能为我们带来什么

2022 年 2 月 4 日 20 时整，北京冬奥会正式拉开序幕。作为世界体坛级别最高、影响力最大的综合性运动会之一，冬奥会既是各国各地区运动员竞技的舞台，也是世界各地媒体展开激烈比拼的赛场。

北京冬奥会在奥运史上首次用 8K 视频技术直播开幕式和转播重要赛事。8K 技术需要与 5G 技术同时使用，除了转播外，还非常适合在体育赛事、演唱会等大型活动中用作大屏幕展示。每一个项目的特点与运动员的“精彩”都会被镜头完美捕捉，以自由式滑雪大跳台项目为例，360 度“自由视角”系统为观众多角度重现运动员的高光时刻；还有冰壶比赛中的“子弹时间”技术，任意视角切换、自由缩放、随时暂停、定格旋转、慢动作环绕……手持 5G 手机，点开应用程序，手指触动屏幕的瞬间，即可实现任意视角的自由观赛。

根据国际奥委会发布的数据，北京冬奥会开幕首周便吸引近 6 亿中国观众，使其成为有史以来观看人数最多的一届冬奥会。截至 2 月 10 日，有超过 5.15 亿观众通过中国中央广播电视总台收看了冬奥赛事。在

美国，北京冬奥会也成为收看人数最多的一届，超过1亿人收看赛事。在欧洲，北京冬奥会赛事开始4天后，通过流媒体观看北京冬奥会赛事的观众人数就超过平昌冬奥会的观众总数。除了观看电视转播，观众在社交媒体上表现得也很积极，仅在奥运频道的互动就超过25亿人次，这令北京冬奥会成为有史以来数字化参与程度最高的一届。

在媒体融合的大背景下，前方记者利用媒体已有的官方微博、新闻客户端、公众号、抖音号等网络平台，发挥其“短平快”的特性，在重要节点抢得先机，并充分扩大传播效果。随着冬奥会的进行，中国选手谷爱凌和苏翊鸣这两个名字疯狂在各个社交媒体刷屏，尤其是谷爱凌获得金牌当天，与她有关的信息几乎承包了微博热搜榜的半壁江山。中国联合国协会理事林琳说，北京冬奥会在社交媒体推广激发了本不会被冬季体育运动项目吸引的人们的兴趣，“运动员们像明星一样，他们有照片墙个人主页，会和网民交流。比赛从未像现在这样如此多维度”。

在愈发多样的报道形式下，也出现了一些很有意思的新闻报道现象，比如媒体有意识地打造更接地气的报道，本次冬奥会的吉祥物新晋“顶流”冰墩墩，凭借其呆萌可爱的外形迅速出圈，网友直呼要求实现“一户一墩”。媒体使用更亲切具体与更潮流的互联网表达方式，大大拉近了与受众的距离。

面向未来，随着人类不断弥补前一传播媒介的局限，媒介技术将永远处于进化中，媒体也将随之获得持续发展。县级融媒体逐渐向具有社会服务和治理功能的新闻传播机构转变，开发出政务服务和民生服务的接入口，极大地方便了基层的社会管理和群众自治。在内容生产方面，智能技术辅助内容生产与分发，从选题、编辑到信息分发，乃至播报领域的AI主播，新闻生产的各个环节都能看到智能技术的身影。媒介进化与智能升维使媒体融合发展的未来图景逐渐显现。

第五节　智慧城市

电影《流浪地球》通过科幻的形式，描绘了未来智慧城市的概貌。该片背景设定在2075年，彼时太阳即将毁灭，地球已经不适合人类生存。面对绝境，人类开启“流浪地球”计划，试图带着地球一起逃离太阳系，寻找新的家园。由于地表严寒，人类在地底建设了“地下城”。地下城整体基本为2019年城市地面部分的复刻版，用屏幕播放的春天的画面，延续着人们对现代城市的认知。地面部分包含了工程车、人员定位、地卫通信设施。工程车的主要功能是运输，具备定位和通信的功能。相比于现在，《流浪地球》中的工程车统一接受领航者卫星的调度和分配，并在维修地球发动机的任务中被领航者卫星全程监控。据了解，在现实生活中，目前阿里城市大脑已经具备了全球人工智慧公共系统，已具备信号灯优化、应急车辆优先调度、交通事件实时感知等功能，并孵化出一系列世界领先的技术，被称为人工智能领域的“登月计划”。工程车需要用卡片识别身份授权之后才能启动，现今的很多汽车已经开始应用芯片卡作为车钥匙。

电影中的防护服具有定位和生命体征检测功能。在现今智慧城市的项目中，通过保安和保洁佩戴的智慧电子工牌，能够准确监控其轨迹和位置，实现考勤打卡智慧化和无感知。通过给工人佩戴智慧工牌和安全帽，不仅能够实现智慧考勤，还能实现工人的位置监控、危险区域预警、跌落检测、一键求救等功能。在智慧养老项目中，通过给老人佩戴智慧手环，不仅能监控老人的位置，还能实现心率监控和一键求救等功能。

电影中还提到通过木马程序黑掉监控卫星。在现今社会，传感器是物联网的基石，是让物理设备开口说话的关键。智慧城市的传感终端涵盖了智慧制造、智慧物流、智慧安防、智慧建筑、智慧家居、智慧能源、智慧城市等多个应用领域。这些传感终端就像人的神经末梢一样能够感知外界环境的细微变化，通过与慧联无限的物联网基站进行通信进而将数据传输至慧联无限云平台，最终得以实现万物互联。

一、智慧城市的内涵与特点

智慧城市是以科技与产业的融合创新、群体性突破为动力形成的一种新型的经济社会形态。智慧城市的主要特点为经济智慧、人群智慧、管理智慧、交通智慧、环境智慧、生活智慧。经济智慧主要考察社会的创新意识、企业家精神、经济形象和商标、生产力、劳动力市场的灵活性、国际化程度和流通转换能力等要素。人群智慧主要考察资质等级、社会和种族的多元化、灵活性、创造力、世界性和开放性、公众参与等人力资本要素。管理智慧主要关注行政权力的运行，包含决策参与度、公众与社会服务、透明的管理、政治策略和观点等要素。交通智慧主要考察国内与国际交通的可达性，信息与通信基础设施的可获得性、可持续性，创新与安全的交通系统等要素。环境智慧主要考察气候、绿地、开敞空间等自然条件的吸引力、污染状况、环境保护和可持续的资源管理等要素。生活智慧主要考察文化设施、健康条件、个人安全、住房质量、教育设施、旅游吸引力和社会凝聚力等要素。

欧盟在 21 世纪初期提出了智慧城市的 6 个组成维度，分别是智慧经济、智慧城市、智慧管理、智慧交通、智慧环境和智慧生活。[①] 日本学者将智慧城市定义为：一个充满活力、适宜生活的社会，能够将所需的物品、服务在所需之时按所需之量提供给所需之人，精细化、精准化地应对社会各种需求，跨越年龄、性别、地区、语言等障碍，使每个人都能享受到高质量的服务。

国内学者将智慧城市的含义界定为以科技和产业的融合创新、群体性突破为动力形成的一种新型的经济社会形态[②]。将智慧城市分为智慧教育、智慧金融、智慧交通体系、智慧农业、智慧服务业 5 个部分。智慧城市不仅仅是技术层面的创新，更是一种群体开放式的思维创新，在真正的智慧城市中，每个人将可以通过更少的时间实现经济自由，实现真

---

① 参见毋冠桦、肖莹光：《国外智能城市研究与实践》，《规划师》2013 年第 S1 期。
② 参见何汉明：《基于角色的多智能体社会模型研究与应用》，西北工业大学博士学位论文，2006 年。

正的、有益于社会的“不劳而获”。《三体智慧革命》一书中阐述了社会智慧的基本原理，指明我国将在互联网＋诱发创新、三体（人造智慧、数字虚体、认知引擎）化一的背景下走向智慧城市。大数据是土壤，从农业社会到工业社会，再经过短暂的信息社会，进入大数据时代，人类社会正借助数据向智慧城市迈进。

智慧城市是信息革命以来出现的社会信息化发展模式，是信息技术不断进步和社会信息化不断深化的必然结果。智慧城市是通过在社会内部形成和建立特定的运行和发展机制而使其逐步向“智慧”演进的。作为一个复杂的复合巨系统，智慧城市具有复杂系统所具有的层次结构特征，首先由各种不同的元素组合成相应的子系统，然后再由各种不同的子系统复合成更高一层级的系统，层层嵌套，最后形成一个复杂的大系统。对智慧城市发展现状的研究主要集中于展现智慧城市的新技术及其社会意义。智慧城市的新技术将首先实现人工生命的高级演化。人工生命的研究已经逐渐从器官和个体级别演化至群体和生态系统级别，而无线传感器网络和网格技术将使传统意义上的人工神经网络在社会范围内规模应用，并将导致社会具有生命系统的一些初步特征，从而形成高度自治的复杂系统。并且，由于网络的无处不在，虚拟社会和现实社会将会无缝融合在一起。

二、智慧城市的实践

国外在智慧城市包含的相关领域都起步较早，如智慧制造、智慧医疗、智慧交通、智慧电网、智慧购物、智慧农业等方面。

（一）智慧制造

随着世界经济的发展，发达国家“再工业化战略”的实施和深入推进，今后国外智慧制造研究领域的文献数量仍将保持快速增长[①]。国家和地区分布方面，在智慧制造研究领域发文量居首位的国家是美国，发表

① 参见王友发、周献中：《国内外智能制造研究热点与发展趋势》，《中国科技论坛》2016年第4期。

论文 412 篇，占文献总量的 26.3%。国内智慧制造研究起步较晚，最早开始于 1992 年。近年来，在“中国制造”转型升级背景下，智慧制造受到社会各界越来越多的重视，该领域的文献数量进入迅猛增长阶段，但总量依然偏少，2014 年时还不到 30 篇①。这表明，中国智慧制造研究尚处于快速发展初期，与国外相比还存在较大差距。

（二）智慧医疗

智慧医疗的发展分为业务管理系统、电子病历系统、临床应用系统、慢性疾病管理系统、区域医疗信息交换系统、临床支持决策系统、公共健康卫生系统七个层次。总体来说，我国处在第一、二阶段向第三阶段发展的阶段，还没有建立真正意义上的智慧医疗，主要是缺乏有效数据，数据标准不统一，加上供应商欠缺临床背景，在从标准转向实际应用方面也缺乏标准指引。

（三）智慧交通

美国已经建立了较为完善的智慧交通系统。从应用上来看，目前智慧交通系统在美国的应用已达 80% 以上，而且相关的产品也较先进②。此外，日本的动态车载导航系统在国际上处于领先地位。到 2010 年，日本车载动态交通信息与导航系统车载机保有量达到 3000 万台，这是世界上有动态导航最大的系统。自 20 世纪 90 年代以来，智慧交通技术开始受到国内学者的关注和重视，并逐步开展 ITS 方面的理论、技术研究与工程试验，我国 20 多家单位共同开展道路交通安全领域技术的研发，形成的系列科技成果在全国 14 个省、自治区、直辖市实施应用示范，并取得了良好的成效。但仍然存在一些不足，如存在智慧化交通控制技术基本上依赖进口、智慧车载信息综合服务方兴未艾、智慧车路协同技术刚刚起步、产学研结合不足等情况。

---

① 参见张祖国：《基于社会化的协同智能制造系统研究》，中国科学院国家空间科学中心博士学位论文，2015 年。

② 参见陈桂香：《国外智能交通系统的发展情况》，《中国安防》2012 年第 6 期。

（四）智慧电网

与国外智慧电网不同，我国智慧电网的首要任务是满足不断增长的电能需求。而国外智慧电网更多地关注配电领域，就此国内学者建议我国需要更多地关注智慧输电网领域，把特高压电网的发展融入其中，保证电网的安全可靠和稳定，提升驾驭大电网安全运行的能力。有学者认为我国缺乏统一的操作标准，缺乏评估智慧电网性能的模型和仿真工具，缺乏改进调度决策的高保真预测分析能力，因此提高这些相关领域的技能储备是发展智慧电网的当务之急。

（五）智慧购物

在智慧购物方面国外的发展迅速。如在智慧购物车的发明与应用方面，微软公司与零售商 Media Cart 于 2008 年推出带有电子操作系统的购物车。2012 年，全食（Whole Foods）公司使用 Kinect 和 Tablet 制作出能自动跟着主人走、自动计算出购物车内物品总价值的智慧购物车[①]；在智慧试衣方面，加拿大 Unique Solutions 公司是全球首家提供全装身体扫描系统的公司；在智慧眼镜方面，谷歌公司 2012 年 4 月发布的谷歌眼镜掀起了穿戴计算的新浪潮。Facebook 花费 20 亿美元的天价并购了 Oculus，三星内部将 Gearglass 视为重点项目，初创团队大相科技也推出了多款智慧眼镜。

我国在智慧购物方面发展迅速。在智慧试衣方面，2011 年，“3D 互动虚拟试衣间”已经在海宁皮革城应用，深圳市美丽同盟科技有限公司也开发了试衣魔镜；在智慧语音购物方面，近两年国内外都有尝试，天猫已在 2012 年推出“喵一声，赢千元”活动，这是国内互联网企业首次尝试声音游戏互动；在视频购物方面，天猫取得了显著的成就；在智慧眼镜方面，已有初步研究，但还未在市场上进行大力推广。在我国，越来越多的网络购物通过移动客户端进行，这与移动智慧终端产业的迅

① 参见凌崇森、刘晋兰、黄天展等：《智能购物车研发与营销》，《科技视界》2016 年第 16 期。

速发展有紧密的联系。

（六）智慧农业

早在19世纪40年代，美国就率先实施机械代替人工的粮食生产模式。美国投入大量的人力物力发展精准农业和智慧农业，从播种、田间管理、收获等环节改良设备，致力于实时跟踪、监控设备的作业情况。设施农业装备已经发展到了较高水平，其主要发展方向是实现更高水平的自动化、网络化和智慧化。

在我国，温室生产管理实现数字化和网络化，具备远程监控能力。水肥管理是设施农业作物种植过程中影响设施农业生产效率和品质的关键环节。目前国内外也有很多机构研究水肥管理，已经取得了进展。精准化、智慧化的施肥灌溉技术已经逐步得到大面积应用，但在设施水肥管理技术方面与国外还存在较大差距，另外，农业相关配套设施不齐全，智慧农业发展还受到很大局限。

三、我国智慧城市发展政策

作为我国重要的战略发展方向，近年来党中央、国务院多次出台重要文件，明确智慧城市建设的发展方向和策略举措。2012年11月，《国家智慧城市试点暂行管理办法》出台，明确智慧城市试点申报、评审、过程管理和验收办法，开启了我国智慧城市建设的新篇章。2014年8月，《关于促进智慧城市健康发展的指导意见》发布，指出了智慧城市发展的主要思路、原则、目标以及措施，对于推进智慧城市建设具有重要指导意义。2015年10月，《关于开展智慧城市标准体系和评价指标体系建设及应用实施的指导意见》出台，明确提出要加快形成智慧城市建设的标准体系和评价指标体系，加强重点标准的研制和应用，开展智慧城市评价工作，充分发挥标准和评价对智慧城市健康发展的引导支撑作用。2016年8月，《新型智慧城市建设部际协调工作组2016—2018年任务分工》印发，对未来三年我国智慧城市建设进行了总体部署，对各部门、各领域工作进行了统筹协调。2016年11月，《新型智慧城市评价指标（2016年）》印发，智慧城市建设有了科学的评价依据。这对加强顶层设计、统筹“条块”建设、推动智慧城市各领域应用具有十分重要的作用和意义。

在国家政策的支持与引导下，福建、天津等多个省市陆续出台智慧城市专项政策，积极响应党中央号召，加强智慧城市建设顶层设计，强化统筹推进，切实提升智慧城市建设水平。早在2012年3月，北京市政府就发布了《关于印发智慧北京行动纲要的通知》，明确智慧城市建设重点领域的发展目标、行动计划和关键举措，有效指导政府、企业和社会开展工作。2014年4月，福建省政府出台《关于数字福建智慧城市建设的指导意见》，提出智慧城市建设的发展目标、主要任务等，是全国率先出台的省级智慧城市建设指导意见。2020年10月，山东省政府印发《关于加快推进新型智慧城市建设的指导意见》，在明确工作目标、总体架构、保障措施的基础上，强调优化政务服务、拓展便民应用、推动精细治理等意见。作为中国特色社会主义先行示范区，深圳市深入贯彻落实国家发展战略，相继出台了《深圳市新型智慧城市建设工作方案（2016—2020年）》《深圳市新型智慧城市顶层设计方案》《深圳市新型智慧城市建设总体方案》等政策，高标准打造国家新型智慧城市标杆市。

标准化是推动智慧城市健康发展的基础支撑，在指导顶层设计、规范技术架构、促进融合应用等方面发挥着重要作用。2017年以来，我国制定了多项有关智慧城市的标准体系，涵盖智慧城市的总体框架、顶层设计、技术模型和基础设施等方面。2019年，国家质量监督检验检疫总局、国家标准化管理委员会批准发布了多部智慧城市建设国家标准，包括《信息安全技术智慧城市安全体系框架》《信息安全技术智慧城市建设》《信息安全保障指南》等。

四、智慧城市的发展趋势

在智慧制造方面，国外主要关注的是智慧设计、智慧生产、智慧制造服务、智慧管理等。国内关注的热点是智慧制造理论研究、智慧制造与产业的相关研究、智慧制造与企业的相关研究、智慧制造其他方面的研究等。

在智慧交通系统方面，我国需提升综合交通运输系统效能，从提升交通服务水平、缓解城市交通拥堵、改善交通环境、加大交通信息化程度、促进产学研结合等方面着手，同时对国外的智慧交通系统前沿进行技术跟踪，如车路协同智慧控制技术、汽车安全多系统协同控制技术、大城市区域交通控制技术等方面。

智慧农业的未来发展需以农业物理环境参数的信息采集技术、作物生长过程信息的实时采集监测与处理技术、智慧农业生产过程中所涉及的生产技术的规范化和标准化技术等为核心，并加大新产品新技术的宣传及推广力度，大力示范推广设施农业的设施装备技术、农业环境调控技术、节能减排技术和作物信息管理技术等。

在智慧医疗方面，我国的远程智慧医疗发展比较快，比较先进的医院在移动信息化应用方面已经走到了世界的前列，未来我国智慧医疗的发展趋势主要是从第二阶段（电子病历系统）进入第五阶段（区域医疗信息交换系统），这涉及许多行业标准和数据交换标准的形成，也是未来需要改善的方面。

在智慧电网领域，学者董朝阳认为智慧电网未来应该是朝着能源互联网的方向发展。同时，在发电领域，需要把那些新能源和可再生资源进行充分利用，使日益严重的能源危机得到缓解。将智慧电网新技术运用到配电领域，从而补充新能源，使智慧电网本身得到更好的发展，自身的功能得到更好的发挥。

五、智慧城市的风险

当今社会智慧化、信息化的加速使社会风险不断扩张。随着现代化水平的提高和人类对未知领域探索的深入，新兴技术和新兴产业如雨后春笋般涌现。各种新技术在各行各业的广泛使用，对人类本身造成了巨大的挑战，这是一个巨大的潜在风险。传统社会治理中对传统风险的治理是自上而下的，是单一的，是命令指挥式的，而随着社会制度的不断变革，治理理念的不断更新，新兴风险的治理越来越强调治理方式民主化、治理主体多元化、管理方式协作化。

智慧城市作为能够引发诸多颠覆性变革的前沿领域，发展超乎想象，迅速席卷全球。但是，科技高速发展的同时，人们也常常担心科技的过度发达可能会带来某种异质性，“科技是把双刃剑”，所以全体人类也在时刻关注并反思科技应用过程中所涉及的伦理、道德和法律问题。近年来的科幻题材的电影就很好地传达了现代信息技术，或者说人工智能过度发展所带来的风险问题。充分发展的人工智能将会对人类社会造成什么样的影响？人类会不会像许多科幻电影所展现的那样，最终被人工智能所统治？还是说人类将会利用人工智能，实现某种“乌托邦”抑或“反乌托邦”？倘若人工智能统治了世界，人工智能和人工智能之间的政治又会是什么样子的？文艺工作者用影视作品的方式来表达内心的困惑和忧思，其实在学术领域，专家们早已对这个问题进行了激烈的探讨。随着人工智能被广泛应用于行政管理领域，行政效率得到了显著提升。但是，算法偏见、算法操纵对政治公平正义的侵蚀引发了学者对于“算法政治”主题的讨论。“无人驾驶”的出现给汽车行业带来新的革命，但其同时也引发了“道德困境”、生命伦理冲突、“技术性失业”等新的风险问题；信息技术正常运作给经济带来增长，但是，网络基础设施的瘫痪又可能引发新的经济危机，“技术休克”可能引发如何尽可能提升信息系统的“鲁棒性”的思考。因此，在认识到智慧城市优势和态势的前提下，人们不得不辩证地看待智慧城市背后所隐藏的风险，理性、有预见性地对智慧城市的风险提出相应的治理策略。

第六节　抗击新冠疫情

时间回到 2019 年的冬天，新冠病毒突如其来，春节假期延长、人员流动受限、各地延迟复工，疫情的冲击改变了人们的生活。在党中央的正确领导下，全国上下发动各方力量共抗时艰，各级迅速响应，我国的防疫工作取得重大成果。新冠疫情给全球带来重创，但也加速了全球科技创新的进程，促进了很多新技术、新应用场景的诞生。疫情造成社交阻隔的同时，也激发了人们的灵感和能动性，利用全新科技手段解决物理上的疏离问题，远程办公、无人配送、智慧工厂等新技术的转化率显著提升，这被称为“新冠加速”。随着接种疫苗的比例不断增加及相关治疗手段的发展，社会也进入了新冠疫情的后疫情时代。这样的现实情况不断推动科学技术的突破，促进社会的数字化、智能化、信息化发展，使科技更加为人们的切身需求服务，向以人为本的方向发展。而科学技术的发展也将更加便利人们在后疫情时代的生活，使人们的出行、工作与生活更为安全和便捷。

在抗击疫情与疫情常态下的防控工作中，人工智能、云计算、大数据等一系列新兴技术开始扮演重要角色，有效减少了不必要的人员接触，在信息共享、医疗等方面也都发挥了巨大作用。同时，针对新冠疫情的疫苗与特效药研发也取得了重大成果，为便利人们出行提供了十分坚实的保障，并且实现了一定的产业化与规模化发展。本节内容将从抗击新冠疫情的角度看高技术的落地与产业化。

一、疫情防控需求下的新兴制造：防疫物资生产的“智能工厂”

抗击疫情过程中，防疫物资是疫情防控的重要保障，口罩、护目镜、测温器与防护服更是保障一线工作人员安全的基本需求。在这样的背景下，对于相关产品的需求不断增加，在数量、质量和效率上都有极高的要求，智能制造与新兴制造在防疫物资生产中的应用就显得尤为重要。许多生产厂家都引入 3D 打印机、全自动生产机器等制造技术，提高相关防疫物资的生产效率。

3D 打印技术在新冠疫情中发挥了重要作用且应用十分广泛，极大程度上缓解了各地疫情防控物资紧缺的情况，在测温器、护目镜、口罩等物资的生产上都发挥了重要作用。湖南云箭集团有限公司利用自身既有 3D 打印技术，紧急研制生产医用护目镜，支援抗击疫情前线。该项目得到了国防科工局、兵器装备集团以及湖南省的关注和大力支持，通过开辟“绿色通道”，以最快速度审批资质。从学习消化国家标准、优化设计到通过反复验证花费仅仅 7 天时间，就完成了第一型产品定型设计。传统的护目镜制作开模时间长达 14 天，且一旦成形很难进行更新迭代。而利用 FDM3D 打印技术生产的医用护目镜，不仅生产速度快，密封度高，重量只有普通护目镜的 3/4，而且可根据个人面部数据实现私人化定制，最大限度满足防疫一线需求。

额温枪是对发热病人进行排查的重要医疗保障物资，传统开模至少需要 20 天的工作量。2020 年 2 月 28 日，重庆领航新智诚科技利用 SLA3D 打印技术，在 10 天内就完成了 2200 套手持式红外线测温仪的外壳制造，缓解了物资紧张局面。此外，面对不同的抗击疫情的要求，许多医护人员也发挥了能动性，通过 3D 打印技术更好地保障了医护人员的安全。在武汉市第一医院参与支援的李佳，联合苏北人民医院骨科的张文东医生，用 PLA 材料和 3D 打印设备制作了简易的口罩固定装置。有了这个装置，皮筋就可以固定在头顶，在保证口罩面部部分不漏气的前提下减轻了耳朵的压力，并且能有效地防止皮筋下滑[①]。

除了国内，国外也通过 3D 打印技术设计出了不同类型的疫情防控物资。澳大利亚通过 3D 打印技术生产呼吸机的关键零件，美国通过此技术制造防护面罩与测试棉签，智利采用相关技术打印铜口罩等，一系列产品都进一步展示了 3D 打印技术在生产制作防疫物资中极大的优越性。

口罩成为疫情与后疫情时代的生活必需品，也是个人疫情防护的基础防线。疫情暴发初期，出现了口罩等防疫物资紧缺的情况。经过两年多的时间，口罩生产已经基本可以满足生产生活所需，不同种类、功能与外形的口罩也在市场中络绎不绝地出现。极高的生产率离不开全自动化口

① 参见丁红瑜、唐佩尧：《3D 打印技术在抗击新冠肺炎疫情中的应用》，《就业与保障》2020 年第 8 期。

罩生产机器的努力，在疫情的加速下，一些智能化手段让相关零件与生产仪器自主可控，大大提升了全自动口罩生产机器的制造效率。上海在智能工厂这一数字经济新赛道提前布局，新时达机器人超级工厂的机器人密度高达 1080 台 / 万名工人。上海市给予智能装备、智能机器人巨大且丰富的应用场景，在抗击疫情中发挥了重要作用。一般全自动口罩机每分钟出 60 片，但 2020 年疫情非常时期，上海大量原本与口罩完全不沾边的制造企业，都能火速跨界生产高速口罩机，一分钟出产可达到 1000 片。济南一家主营工业机器人研发和制造、控制系统开发、视觉系统开发等业务的科技公司，口罩的生产、包装，甚至是灭菌，都可以通过自动化设备来实现，其口罩生产速度可达到 24 小时生产口罩 16 万只。

智能制造在本次抗击疫情中的应用与取得的成果为下阶段整体推进智能制造的发展，提供了快速增长的市场需求和更高的技术期待，帮助人们更加深刻认识与感受智能制造的便捷性与优越性。

二、智能机器人解放双手：高效提供核酸检测、消毒与巡逻等服务

2020 年中国人工智能产业发展联盟发布的《人工智能助力新冠疫情防控调研报告》指出，在 500 余款人工智能抗疫产品中，智能服务机器人、大数据分析系统、智能识别（温测）产品是疫情防控中使用最多的人工智能产品。其中，智能外呼机器人和具备医疗场景的智能服务机器人应用量最高。为了减少不必要的人员接触，保障在医院、基层等地工作的人员的基本安全，许多机器人代替了相关工作，进一步巩固了疫情防控成效，各具特色的智能机器人也成为全民抗疫战斗中不可忽视的力量。智能机器人应用在防疫消杀、防疫巡逻、核酸检测及无接触配送等防控疫情的各个环节，提升了工作效率，缓解了疫情防控在人员、时间和空间上的紧缺状况。

在日常的疫情防控中，定时定点消杀已经成为习惯，智能消毒机器人的出现就可以代替一部分手工劳动，保护人们的健康。以机器人为载

体，在机器人或无人机内部装置消毒系统产生消毒气体，利用机器人的气动系统将消毒气体快速地在室内外空间扩散，增加消毒的覆盖面和均匀性，能有效、无死角地杀灭空气中的致病微生物。消毒机器人能够根据设定的路线自动、高效、精准地进行消毒防疫。在这样的消毒机器人背后，还包括全息感知、物联网等技术原理。如机器人在作业中，可以提前规划消毒路径，并且通过 360 度的全息感知系统，对周围环境进行识别、规避障碍，自主规划路线。同时，消毒机器人可以通过智能终端与所在的工作区建立物联网联系，可以自主搭乘电梯，在场所内自由移动，形成自主消毒的闭环。此外，一些地区也通过无人机的形式进行大规模的病毒消杀，社区通过无人机在一定高度向下喷洒，让消毒液随着气流扩散到整个公共区域，相比地面喷洒的消毒效果，无人机的喷洒面积更广、效率更高。

在减少不必要的人群聚集上，尤其在车站等人群集中的公共场所，一些巡逻机器人的参与能极大地便利旅客与车站工作人员。广东、上海等地在春运中投入使用 5G 智能机器人，为旅客提供多样化智能服务。如有问题可以直接向机器人说出相关关键词，机器人便可快速识别并立刻进入购票程序，相比自助购票机更加灵活便捷，更好地实现“智能防疫、科技防疫”。此外，无人机巡逻在宣传广播上也备受关注，在动员社区居民核酸、疏散聚集人群的效率和覆盖范围方面都有很强的优越性。“各位居民朋友们，请大家严格遵守封控区的防疫规定，严禁出门下楼。封控区域的围合居民要一个不漏核酸检测，每日一检……”2022 年初深圳局部暴发的疫情中，当地基层工作人员使用无人机在社区用安装的大喇叭提醒大家配合防疫工作。社区通过无人机空中视角进行全方位巡视，不仅可以督查管控区和封控区域情况，同时也减少了人员接触的机会，且覆盖面更广、效率更高。

核酸检测也是疫情病例筛查的重要防线。针对核酸机器人的初步研究显示，其在核酸检测数量和效率上都有较大进步，为避免交叉感染、疫情防控常态化提供重要支撑。2021 年 5 月 17 日下午，一名为“鹏程青耕”全自动采集鼻咽拭子的核酸采样机器人原型机面世，可以在无需人工干预的情况下，完成核酸采样全过程，最快45分钟就可以出结果。

三、AI技术便利出行：满足自我防护与疫情监测的双重需求

借助人工智能技术，能够高效、精准、及时地为疫情防控工作提供帮助，满足群众出行中自我防护与疫情监测的双重需求。人工智能技术一般可以分为基础层、感知层和认知技术。测温是疫情排查中最基本的方法，在人群聚集的公共区域如地铁站、火车站、机场等，需要在尽量不摘掉口罩的要求下，快速高效地完成测温，这就需要人工智能助力。

基于图像识别技术和红外成像技术研发的人工智能远距离非接触式体温测量系统，可以有效、准确、无接触地检查高温人群，辅助人员快速检测异常体温，与传统体温检测相比，具有降低交叉感染风险、节省人力资源、提高检测效率等优点。在疫情防控的关键时期，口罩影响人脸识别的特性，但依托现有的人脸识别模型等成熟模型，可以快速进行针对性的定制算法开发和数据训练，使人工智能测温系统可以快速投入疫情调查的第一线。互联网公司快速响应，百度、旷视科技发布了远距离非接触式体温检测解决方案，并在人口密集的地铁站、火车站等流动场所使用，还有一些技术公司将测温系统与5G技术结合，更加提高了这类测温系统的效率，为春运这样的特殊时期提供安全保障①。此外，戴口罩已经是人们日常出门的基本需求。这样的背景为人脸识别提出了新的要求，国内外多个公司投入研发戴口罩的人脸识别技术，保障人们出行对于安全的基本需求。日本电气股份有限公司推出了一款新型人脸识别系统，这款系统的方便之处在于戴着口罩也能识别出来，识别时间不到1秒且准确率高达99.9%。目前，我国腾讯优图也已经通过AI技术实现了人脸识别。官方显示这套AI系统可以对戴口罩的员工进行有效的人脸识别，又能发现口罩佩戴错误人员，口罩佩戴识别准确率超过99%。

① 参见宗淙：《人工智能技术在疫情防控中的应用及发展态势研究》，《中国信息化》2020年第2期。

除了满足出行的需求，AI 算法在筛查病例上也有很大的优势。核酸检测阴性报告成为跨省（直辖市）流动的基本通行证，也是局部疫情暴发后进行筛查的重要工具。但由于人口众多、流程长，大量的样本将导致检测耗费较多的时间。在此背景下，浙江省疾控中心于 2020 年 2 月 1 日上线了自动化的全基因组检测分析平台。该平台引用 AI 算法弥补了传统检测中需要大量纯手工操作的缺陷，实现了核酸检测的自动化，提高了核酸检测的效率，将整个核酸检测周期由原来的最快数日缩短至 1 日。后期，各地核酸检测时间结果逐渐缩短，为跨省流动办公提供了极大的便利。

后疫情时代的日常生活与公共服务离不开技术的支持，在疫情中以及后期都让人们看到远程互动成为可能。为尽可能减少不必要的人员接触、避免交叉感染，办公、教学甚至就诊都走向无接触模式，借助各项技术，远程互动成为可能。在一些像医院、公司写字楼等的公共场合，电梯可能成为交叉感染的载体，因此有机构就从这个方面入手，利用“可交互全息空气成像”技术，将电梯按钮以实像形式呈现在空气中，并完成交互操作。使用者不用接触屏幕，在空气中就能完成所有的操作。南山企业深圳市旺龙智能科技有限公司与华为联合推出无接触电梯智能系统，借助 App、小程序等方式输入出发楼层与目的楼层就可以便捷乘梯。此外，还有中科微影血管成像仪，通过对数字影像的处理，将皮下血管原位投影显示在皮肤表面，方便穿戴厚重防护设备的医护人员辨识患者皮下浅静脉血管，也减少了在就诊过程中的人员接触，减少了交叉感染的可能性。受疫情影响，教学与办公方式也变得更为灵活，居家教学和居家办公开拓了新的学习和工作场域。总之，疫情深刻影响了社会生活及其规范，后疫情时代，科技将进一步展现其优越性，促进各项科技的落地和应用。

四、疫苗研发与产业化：构筑坚实疫情防线

2011 年，以 SARS 为灵感的电影《传染病》在美国上映，影片讲述

了一种仅依靠空气就可以传播的致命病毒席卷全球，各地医疗机构和组织积极研发疫苗的故事。这部影片最精彩的地方不仅在于紧张的剧情，还在于疫苗研发出来以后并不能马上满足全世界对于疫苗的需求，这时疫苗应当如何分配？谁来决定疫苗接种人群的优先级？影片中最后选择了直播抽签的方式，抽到对应日期生日的人才可以接种疫苗。出乎意料的是，不到 10 年时间人们真实地面临了电影般的情节，新冠病毒席卷全球，人们的生活再一次被打乱。庆幸的是，在疫苗分配方面的可怕程度没有影视作品那样戏剧化。相反的是，疫苗研发与试验后投入大批量生产，在我国基本上人人皆可免费接种，疫苗产业也形成规模。

有数据显示，迎战 SARS，从公布病毒的基因组到研发出可用于人体试验的疫苗，人类用时约 20 个月；迎战寨卡病毒这一过程用了 6 个月；而现在，这个时间被进一步缩短。2020 年 1 月 22 日，国家科技部“新型冠状病毒感染的肺炎疫情科技应对”第一批应急攻关项目启动，快速疫苗研发是重要研发任务之一。国家成立了科技攻关组，发挥全国一盘棋的体制优势，各种资源综合利用，研发、监管、临床、生产同步行动，夜以继日，全力以赴，争取以最快的时间早日研发出新冠疫苗。

2020 年 1 月 24 日，中国疾控中心已成功分离中国首株新型冠状病毒毒种。国家病原微生物资源库发布了这一株病毒（新型冠状病毒武汉株 01）的毒种信息和电镜照片，也公布了新型冠状病毒核酸检测引物和探针序列等重要权威信息。这些都为疫苗的开发奠定了基础。2020 年 3 月 16 日开始，美国宣布新冠肺炎疫苗进入人体试验阶段，同时期我国相关疫苗研发也陆续进入人体试验阶段。2020 年 4 月 12 日，国药集团中国生物武汉生物制品研究所申报的新型冠状病毒灭活疫苗是全球首次获得临床试验批件的新冠病毒灭活疫苗。

2020 年 12 月 31 日，国务院联防联控机制发布，国药集团中国生物新冠灭活疫苗已获得国家药监局批准附条件上市。从疫苗研发到上市，历经不到一年的时间。在政策引导与公民积极参与下，疫苗接种工作顺利进行，我国疫苗行业也逐渐进入蓬勃发展阶段，受政策推动影响，疫苗行业走向规范化发展，行业集中度不断提升；我国疫苗产品不断丰富，且价格体系维持好；局部仍有疫情，且病毒不断突变，受多种因素影响，我国疫苗接种意识不断增强。截至 2022 年 1 月 14 日，依据国家卫健委公布数据，全国累计报告接种新冠病毒疫苗 292898.1 万剂次，完成全程接种的人数超 12.2 亿人。

钟南山院士出席某次论坛时曾表示，达到理论群体免疫接种率，需 83% 的人口完成全程接种，依据我国的基本情况，已经基本达到了群体免疫的理论要求。疫苗生产的规模化与产业化为疫情防控构筑了一道坚固的防线。不仅如此，我国率先承诺将疫苗作为全球公共产品，2020 年 5 月 7 日、6 月 1 日，世卫组织先后将我国国药中生北京所和北京科兴中维新冠灭活疫苗列入紧急使用清单。2021 年，中国成了全球对外提供新冠疫苗最多的国家，共计向全球 120 多个国家和国际组织提供了近 20 亿剂疫苗，体现了我国在人类命运共同体理念中的担当和大国气概。

五、新冠特效药的研发与产业化：提高新冠肺炎疾病治愈率的制胜法宝

疫苗能够帮助群体有效预防新冠肺炎，而针对新冠病毒导致的肺炎研发的“特效药”才能抑制新冠病毒，对感染者进行更为高效的救治。因此，除了疫苗的研发，各国也在关注针对新冠的特效药。2021 年 10 月 1 日，美国默克公司（在北美地区之外为“默沙东”）和里奇巴克生物医药公司公布了二者研发的口服抗新冠药物莫那比拉韦的三期临床中期数据。综合数据看，该药物可将轻度至中度症状新冠患者的住院或死亡风险降低约 50%。随后，默克公司第一时间向英国、美国、欧洲等国家和地区监管机构提交了紧急使用授权申请。11 月 4 日，英国药品与保健品管理局宣布，已批准莫那比拉韦用于特定新冠患者。

2021 年 12 月 22 日，辉瑞公司的口服新冠药“Paxlovid”当天成了美国首个获批的口服抗新冠病毒药物。辉瑞 12 月 14 日公布的临床试验数据显示，在预防重症高风险患者住院和死亡方面，该药物的有效性为 89%，用于治疗轻中度新冠肺炎，适用人群为 12 岁以上、体重 40 公斤

以上的高危患者。2021 年 12 月 8 日，我国首个抗新冠病毒特效药——安巴韦单抗 / 罗米司韦单抗联合疗法特效药获得中国药监局的上市批准，这标志着中国拥有的首个全自主研发并证明有效的抗新冠病毒抗体特效药正式问世，该药物研发由清华大学医学院教授、全球健康与传染病研究中心主任张林琦牵头负责。临床试验数据显示，安巴韦单抗 / 罗米司韦单抗联合疗法特效药能够降低高风险新冠门诊患者 80% 的住院率和死亡率，主要作用以治疗为主。同时，抗体在人体内可存留 9 个至 12 个月的时间，对预防感染也有一定作用。这是目前全世界范围内抗新冠病毒特效药中最好的治疗数据。

一般来说，一种药物的研发需要依据病毒结构进而寻找药物结构，通过不断地研究遴选、试验，最终投入使用，实现产业化。而面对新冠这种传染性较强的疾病，对于药物研发的时间要求较高。因此，也有机构从同样病毒特征的治疗药物中筛选筛查可能符合新冠的治疗药品，从已有药物中进行遴选、试验，增加或改变已有药物的结构进行探索，而非完全“从头开始”进行药物的研发。因此对新冠特效药的研发，也可以从研究埃博拉病毒、流感及 SARS 病毒的经验中“对症下药”，寻找不同病毒间的相似点来研究药物研发的突破口。如加拿大不列颠哥伦比亚大学约瑟夫 · 彭宁格（Josef Penninger）研发新冠病毒对抗药时，从多年前 SARS 药物研发经验中寻找灵感。在 SARS 暴发期间，他发现了一种名为 ACE2 的酶是病毒进入健康细胞的“大门”。在这种酶上，病毒进行复制，并破坏人体组织。该研究团队则从这个方向入手，通过关闭“大门”，阻止病毒进入健康人体组织。

总之，从疫情防控到疫苗与新冠特效药，我们的生活处处与高技术有关，机器人、人工智能与新兴制造渗透在抗击新冠的方方面面。新冠疫情促进了高技术的落地和转化，后疫情时代，科技的优势将进一步凸显，需要政府、研究机构与企业等共力，补齐我国在重大关键科技领域的短板，使科技进一步便利后疫情时代的日常生活，构筑抗击疫情的科学防线。

后 记

幻想已经走进现实

张海迪高位截瘫却依然能够战胜命运。看了大量关于她的事迹，我震惊于当时医生对她病情的诊断，医生诊断张海迪从发现病症到去世，存活的时间估计只有几年。但是，她凭借顽强的生命力，通过自学和努力，成为一代楷模。

如今，已经几十年过去，张海迪也刚刚卸任中国残联主席团主席，她的身体状态依然很好。我不断地猜测为什么她能够推翻医生对她病情以及生命时长的判断。是因为她遇到了更好的医生，是医疗技术不断提升，还是个人的意志力战胜了疾病？后来我想，应该都有。

后来，我们又遇到了霍金这样更为极端的情况，他 21 岁就得了渐冻症，但是依靠越来越高明的技术手段，他不但可以继续生存下去，还能做黑洞物理这样极端抽象领域的科研，并用眼神的变化形成文字以完成和大家的深度交流，他所乘坐的轮椅也可以听从他的命令而移动。这也是技术的力量。

基于科技的力量，2019 年诞生了世界上第一个真正的电子人——彼得·斯科特·摩根，当时其本体已经 61 岁，他遭遇的身体问题比霍金还要严重。医生在 2017 年诊断他活不过两年，这一点和张海迪何其相似。但是，他利用 AI 和机器人技术对自己进行了改造，把自己身体中因病萎缩的器官都替换成了机械装置，还创造出了一个外挂大脑和虚拟形象（基础则来自他本人的真实形象），进化成了彼得 2.0。2021 年，他甚至写了一本书将这一过程记录了下来。彼得 2.0 之后，和大家交流的彼得不再是一个如霍金那样借助于机械电子设备的人，而是人与机械的融合体——Cyborg（赛博格）。

这一融合体在未来甚至可以通过更高妙的技术手段获得永生。这就使得即使人类的肉体消亡，但是其知识、思想和行为模式都还可以继续以电子的方式在真实空间或虚拟空间里存在下去。而对于他人而言，在他对面的赛博格和以前所熟悉的那个人并没有区别，甚至连开玩笑的方式都是他人熟悉的。

人类一度羡慕的某些低等动物可以通过脱胎换骨实现永生，正如忒修斯之船那样，不断更换部件而永续存在。人类这样的高级动物通过现代的技术手段也一样可以做到，而做到的途径和方式相比前者则要可靠得多。从某种意义上说，通过这种方式获得的新生要更强健稳定。

实际上，本书第三章所介绍的基因技术、农业新技术、粮食危机、精准医疗、远程医疗、疫苗研发、“脑”研究，以及健康产业，就是为人类本身存在和发展乃至继续进化奠定基础和作为先锋的。

这就是技术的力量！它能够提升人的生活质量，延长人的存活时间，甚至能够最终将人的生命在某种意义上无限延长下去。所以，技术的不断升级换代，也是为人服务的。

本书第一章讲到的上天—下海—入地技术，一方面能够帮助我们更准确、更深入地认识我们所处的这个物质世界，另一方面为人类继续更好地在这一环境中生存与发展奠定了更坚实的基础。

只要想去某个地方就可以瞬间抵达，这是《西游记》里描写的一个筋斗十万八千里，驾起祥云而无所不至的场景。龙宫、地府、天宫、西天，思想一动身体即达。这是为人类基于极短的时间而快速扩展空间的初心，也是远古时代的人就已产生的欲望。技术正是为实现这些最初想法而不断升级换代和完善的。

包括 ABCDEF（AI、BlockChain、Cloud Computing、Big Data、Edge Computing、Firewall）在内的各种不同类型的信息技术，是为了解

决人与人之间沟通交流的不便，解决人类肉身亲自往返某地所面临的时间和空间上的阻碍而搭建的。人类在这方面的需求还非常大。

能源、材料与制造新技术则是人类拥有这些解决问题的能力所借助的介质，是我们披挂的战袍。

环境保护与风险治理则是为了消解这一过程中大量的不确定性而需要努力的方向。

以上这些技术都是人类的梦想和未来。所以，一个地区或城市的主政者需要抓住这样的机遇，形成产业化规模，助力该地的发展跨上骏马，跑得更远。科技进步不仅是技术与产业领域的重大发展，更是人类生产生活方式的综合变革。人工智能技术的兴起开启了一个新的未知空间，机器化、算法化、技术化已逐渐成为社会各领域的标签，由此产生的隐私和数据安全、算法偏见和歧视、人类控制和自主性也成为制约发展质量的潜在风险。“创新”与“安全”的协调，“速度”与“温度”的平衡是这匹骏马行稳致远的重要保障。

等这些高技术产业布局完整、开始生产、持续完善之时，我们就会发现，以前的幻想，后来的梦想，已经成为现实，它们就在我们身边、身上甚至体内。

陈 安

2024 年 2 月 6 日